"神话学文库"编委会

主 编
叶舒宪

编 委
（以姓氏笔画为序）

马昌仪	王孝廉	王明珂	王宪昭
户晓辉	邓 微	田兆元	冯晓立
吕 微	刘东风	齐 红	纪 盛
苏永前	李永平	李继凯	杨庆存
杨利慧	陈岗龙	陈建宪	顾 锋
徐新建	高有鹏	高莉芬	唐启翠
萧 兵	彭兆荣	朝戈金	谭 佳

"神话学文库"学术支持

上海交通大学文学人类学研究中心

上海交通大学神话学研究院

中国社会科学院比较文学研究中心

上海市社会科学创新研究基地——中华创世神话研究

国家出版基金项目
"十四五"国家重点出版物出版规划项目

神话学文库
叶舒宪 主编

刘晓霜 著

荣格自性理论与神话治疗

JUNG'S THEORY OF THE SELF AND MYTHIC THERAPY

陕西师范大学出版总社　西安

图书代号　SK24N2308

图书在版编目（CIP）数据

荣格自性理论与神话治疗 / 刘晓霜著. -- 西安：陕西师范大学出版总社有限公司，2024.12. --（神话学文库 / 叶舒宪主编）. --ISBN 978-7-5695-4556-2

Ⅰ. B84-065；B932

中国国家版本馆 CIP 数据核字第 20240QP347 号

荣格自性理论与神话治疗
RONGGE ZIXING LILUN YU SHENHUA ZHILIAO

刘晓霜　著

出 版 人	刘东风
责任编辑	张旭升
责任校对	王文翠
出版发行	陕西师范大学出版总社
	（西安市长安南路 199 号　邮编 710062）
网　　址	http://www.snupg.com
印　　刷	中煤地西安地图制印有限公司
开　　本	720 mm×1020 mm　1/16
印　　张	21
插　　页	2
字　　数	348 千
版　　次	2024 年 12 月第 1 版
印　　次	2024 年 12 月第 1 次印刷
书　　号	ISBN 978-7-5695-4556-2
定　　价	96.00 元

读者购书、书店添货或发现印刷装订问题，请与本公司营销部联系、调换。
电话：(029) 85307864　85303629　传真：(029) 85303879

"神话学文库"总序

叶舒宪

神话是文学和文化的源头，也是人类群体的梦。

神话学是研究神话的新兴边缘学科，近一个世纪以来，获得了长足发展，并与哲学、文学、美学、民俗学、文化人类学、宗教学、心理学、精神分析、文化创意产业等领域形成了密切的互动关系。当代思想家中精研神话学知识的学者，如詹姆斯·乔治·弗雷泽、爱德华·泰勒、西格蒙德·弗洛伊德、卡尔·古斯塔夫·荣格、恩斯特·卡西尔、克劳德·列维－斯特劳斯、罗兰·巴特、约瑟夫·坎贝尔等，都对20世纪以来的世界人文学术产生了巨大影响，其研究著述给现代读者带来了深刻的启迪。

进入21世纪，自然资源逐渐枯竭，环境危机日益加剧，人类生活和思想正面临前所未有的大转型。在全球知识精英寻求转变发展方式的探索中，对文化资本的认识和开发正在形成一种国际新潮流。作为文化资本的神话思维和神话题材，成为当今的学术研究和文化产业共同关注的热点。经过《指环王》《哈利·波特》《达·芬奇密码》《纳尼亚传奇》《阿凡达》等一系列新神话作品的"洗礼"，越来越多的当代作家、编剧和导演意识到神话原型的巨大文化号召力和影响力。我们从学术上给这一方兴未艾的创作潮流起名叫"新神话主义"，将其思想背景概括为全球"文化寻根运动"。目前，"新神话主义"和"文化寻根运动"已经成为当代生活中不可缺少的内容，影响到文学艺术、影视、动漫、网络游戏、主题公园、品牌策划、物语营销等各个方面。现代人终于重新发现：在前现代乃至原始时代所产生的神话，原来就是人类生存不可或缺的文化之根和精神本源，是人之所以为人的独特遗产。

可以预期的是，神话在未来社会中还将发挥日益明显的积极作用。大体上讲，在学术价值之外，神话有两大方面的社会作用：

一是让精神紧张、心灵困顿的现代人重新体验灵性的召唤和幻想飞扬的奇妙乐趣；二是为符号经济时代的到来提供深层的文化资本矿藏。

前一方面的作用，可由约瑟夫·坎贝尔一部书的名字精辟概括——"我们赖以生存的神话"（Myths to live by）；后一方面的作用，可以套用布迪厄的一个书名，称为"文化炼金术"。

在21世纪迎接神话复兴大潮，首先需要了解世界范围神话学的发展及优秀成果，参悟神话资源在新的知识经济浪潮中所起到的重要符号催化剂作用。在这方面，现行的教育体制和教学内容并没有提供及时的系统知识。本着建设和发展中国神话学的初衷，以及引进神话学著述，拓展中国神话研究视野和领域，传承学术精品，积累丰富的文化成果之目标，上海交通大学文学人类学研究中心、中国社会科学院比较文学研究中心、中国民间文艺家协会神话学专业委员会（简称"中国神话学会"）、中国比较文学学会，与陕西师范大学出版总社达成合作意向，共同编辑出版"神话学文库"。

本文库内容包括：译介国际著名神话学研究成果（包括修订再版者）；推出中国神话学研究的新成果。尤其注重具有跨学科视角的前沿性神话学探索，希望给过去一个世纪中大体局限在民间文学范畴的中国神话研究带来变革和拓展，鼓励将神话作为思想资源和文化的原型编码，促进研究格局的转变，即从寻找和界定"中国神话"，到重新认识和解读"神话中国"的学术范式转变。同时让文献记载之外的材料，如考古文物的图像叙事和民间活态神话传承等，发挥重要作用。

本文库的编辑出版得到编委会同人的鼎力协助，也得到上述机构的大力支持，谨在此鸣谢。

是为序。

序 一

纳日碧力戈

荣格的分析心理学与原型理论是文艺学的重要理论流派。根据这个学派的理论，神话和类神话的象征性文学作品都属于潜意识投射；被文艺女神缪斯附体的人，能够成为最有才华的诗人；文学作品所蕴含的潜意识灵感则可应对总体精神偏颇，治疗现代精神疾病。此外，当人们认同并融入这些象征性文学作品时，便可以获得神圣的内在相连，取得平衡身心的疗效。原本归入心理学的荣格思想，因其对文学作品的解读具有独特且重要的作用，而与文艺学息息相关。

刘晓霜博士的专著《荣格自性理论与神话治疗》，聚焦"神话"这一典型文艺题材，继续深描荣格学派的文艺学思想。本书以荣格的自性理论为框架，从荣格学派提出的"潜意识""原型"等概念出发，对萨满教文化现象进行心理学和超心理学的阐释。这个课题十分具有批判性与前沿性，在萨满人类学和心理学方面都有重要的理论意义。作者根据潜意识心理学分析所提出的原型治疗理论，在医学人类学领域也值得继续深入研究。刘晓霜博士为了写作本书，做了比较充分的理论探讨和文献梳理，也对萨满文化做了田野调查，表现出打通不同学科、驾驭诸多理论的基本能力，扩展讨论了潜意识自准原则、萨满出神与神话体验之间的关系，特别是比较深入地剖析了神话治疗的核心问题。该研究有助于从神经科学、医学人类学等实证角度理解荣格的神话理论，为文艺心理学、文学人类学和审美人类学研究提供了有价值的参考。

本书在借鉴荣格神话理论与其他相关理论的基础上做出了独立分析，有以下突出特色：

第一，利用荣格心理学思想中与神话相关的神话理论——自性理论，解析萨满文化与神话治病等现象，借助文献研究法、比较分析法、田野调查法与心理分析法拟达成这样一个目标：通过神话视角的注解，更深入地阐释荣格心理学思想，同时在心理学与神话现象彼此揭秘的过程中，使人们对潜意识与相关文化现象有更清晰的认识。

第二，对以下三种神经质现象与潜意识的关系进行介绍分析。一是对于现在社会而言，神经质是压抑潜意识遭其反噬的后果，即潜意识过"少"；二是还有一些部落中人、艺术创作者等因过于投入潜意识、不能控制潜意识而形成的神经质倾向，即潜意识过"多"；三是使得巫师萨满成为巫师萨满的带有神经质性质的疾病入会礼，此时的神经质是强烈发展的内在灵性力量迫使个体向前发展的一种方式。这些形形色色的神经质都是在不同的语境下由于潜意识造成的意识的暂时分裂所致，并拥有不同的表现与目的。

第三，对荣格思想中早期与后期理论的区别进行分析。该著作深入辨析荣格思想中早期与后期理论各自发生的背景与理论焦点。早期的原型理论发现于20世纪前半叶，此时物质基底的形而上学取代精神主导的形而上学，"丢失灵魂的现代人"这一现象刚露端倪，于是前期理论主要关注错用潜意识的病态文化现象，针对的是无法控制投射的现代精神病人。后期，以荣格思想为先导的超个人心理学理论诞生于20世纪60年代末70年代初。这时，西方社会已经不满于建立在工业革命基础上的现代文明，视其为"诅咒"，开始向东方社会、"原初"人群学习，对灵性的兴趣陡增，试图将世界精神传统的智慧整合到现代西方心理学的知识系统中，以实现现代人的精神自愈。于是后期理论关注的重点转移到像"高峰体验"之类的善用潜意识的现象，针对的人群是像萨满巫师一类有过特殊经历与训练，从而拥有超意识的神秘家们，并就他们的萨满病，进而拥有的出神体验及治病的功能等进行探讨说明。

第四，对荣格自性理论作批判性总结与升华。荣格语境中的自性理论是一种客观心理，解释了象征性神话的起源，深刻也偏颇。比如自性理论忽略文化历史的影响，片面强调原型的先验、神秘、普遍、遗传性等，未清晰表明"心"与"灵"的关系等。正是在偏颇之处可推测自性理论的某种矛盾性、开放性与大胆的创新性，即自性在心理学与宗教、形而上学间徘徊的属性，进而启发人们进一步思考神话的性质与终极答案。

刘晓霜博士深入挖掘荣格心理学中的自性理论，将其与神话治疗、萨满文化等文化现象相结合，相互阐释、补充、反思，努力阐释其理论和文化的交互性关系，使读者对不确定的文化现象和深奥的理论探究逐步有了相对清晰的认识。我相信，刘晓霜博士在踏入神秘文化解析之旅的路途中，也会达成自心的历练与洞察，这有助于她未来的研究。祝贺并祝福这位充满希望的年轻学者。

纳日碧力戈，全国首位人类学/民族学长江学者，内蒙古师范大学民族学人类学学院一级岗资深教授，复旦大学博士生导师，国家民委民族研究重点基地内蒙古师范大学中华民族共同体研究基地首席专家，全国政协委员。

序 二

高有鹏

喜读刘晓霜博士论著，其深刻论述了荣格神话思想及其在文化（文学）治疗方面的应用，论证深刻，富有创见，可谓中外文明对话理论的一项重要突破。

作者在把荣格作为内心探险者，论述其潜意识理论生成的同时，又从人类文明的广大格局中，透视荣格神话思想的形成、发展与变化，进而于笔锋下又呈现出大视野、大格局、大贡献。这不由使人想起欧洲文化艺术思想史从苏格拉底和亚里士多德，到尼采和弗洛伊德一路以来的整个历史变迁过程，他们的学术逻辑更多归属于社会科学的进化。直至荣格的出现，在某种意义上他的理论创见相当于在欧洲文化艺术思想史上进行了一次神话思想革命，将所探索到的心理学用于解析神秘神话，有力促进整个人类文明关于民族精神的科学进展。本书从历史文化发展变化中论述荣格神话思想，表现出突破性的见识。

文化艺术调解、参与精神文明而形成的治病救人典型，中外皆有。中国文化历史上有黄帝神话中的医圣岐伯，包括后来的扁鹊、张仲景、华佗、孙思邈等文化群体，表现出中国医学文化的科学性。这是中华民族对人类文明的贡献。深入研究中国文化治病救人的核心，可以看到三才、五行中所蕴含的神话意识。荣格的神话思想不仅是欧洲文明的结晶，也与中国文化有着深厚的渊源。其独特之处在于，它凝练的精神科学为身心健康提供了新视角，并在文化艺术思想史上引发了神话思想的革命性变化。本书非常细致地剖析了荣格文化艺术思想的精神实质，揭示了荣格学说中的神话思想理论，同时阐释了精神医学的历史逻辑问题。荣格学说中的神话思想突破了社会进化论的局限性，并在一定程度上引领了后工业社会的文化理论。尤其是在当前人工智能热潮的背景下，荣格学说在文化（文学）治疗方面的应用更值得关注。很明显，本书的理论价值在于对当前文明对话理论的发展，其应用价值当为社会实践所验证。本书作者长期关注萨满巫术问题，并在荣格神话思想的框架下深入研究了人类文明原始崇拜的文化基因，其理论表现出体系性，这也是难得的。

总体上讲，本书体现了作者在文化研究方面的宏观把控力，也见证了作者在经过博士训练后学术思考能力的飞跃性进展。同时，我希望作者在未来的研究中更多地关注文明对话、文化共同体建设等问题，尤其关于文化融合发展与民族精神差异等问题，进而做到更好地平视世界。文明的变化日新月异，问题的关键在于发现、在于探索。思想研究是学术的难题，是挑战，是考验，更是机遇。期待作者在有关这些问题的思考中，学术造诣更上一层楼。

高有鹏，上海交通大学媒体与传播学院教授、博士生导师，上海交通大学马克思主义民间文艺学与文化传播研究中心主任。中央电视台《百家讲坛》主讲人，联合国教科文组织民族节庆委员会委员，中国长篇历史小说研究会副会长，中国神话学会副会长。

目　录

绪论 / 001

 第一节　研究缘起 / 001

  一、荣格：灵魂的探险者 / 001

  二、荣格神话理论的意义与创新之处 / 004

 第二节　研究综述 / 006

  一、国外对荣格思想及其神话理论的研究综述 / 007

  二、国内学界对荣格的译介和研究 / 015

 第三节　研究思路与方法 / 018

  一、研究思路 / 018

  二、研究方法 / 021

第一章　荣格神话理论：潜意识与自性原型 / 022

 第一节　体验性的潜意识与否定性价值观、女性、孩子及老人的表征关系 / 022

  一、潜意识概览 / 022

  二、体验性的潜意识 / 030

  三、潜意识与否定性价值观、女性、孩子及老人的象征性关系 / 037

  四、灵性传统中的潜意识 / 053

  五、小结 / 067

 第二节　大脑中的神话 / 067

  一、体验型神话在大脑中的分布与表现 / 068

  二、虚构型神话在大脑中的分布与表现 / 078

  三、小结 / 089

· 1 ·

第二章　神话与潜意识的关系 / 090

第一节　神话：意识与潜意识的连接枢纽 / 090

一、神话的发生机制：潜意识投射 / 090

二、何以投射：意识的增长 / 097

三、投射的终极：现实是一个梦 / 105

四、小结 / 108

第二节　作为创造性源头的潜意识 / 109

一、潜意识对艺术、宗教神话、哲学、科技产生的影响 / 109

二、潜意识与精神原型 / 122

三、潜意识与动物助手 / 163

四、小结 / 176

第三章　神经质表现中的潜意识 / 177

第一节　过犹不及：不同比例的潜意识与神经质 / 178

一、不及：压抑潜意识所导致的神经质 / 178

二、过：过于亲近潜意识而导致的神经质 / 194

三、小结 / 198

第二节　灵性危机与潜意识 / 199

一、作为精神潜能探索者的萨满巫师 / 199

二、灵性危机与探索者 / 205

三、超个人心理学中的灵性危机 / 224

四、阈限礼仪与灵性危机 / 230

五、小结 / 235

第四章　原型的治疗 / 236

第一节　自性化的超越功能及治愈力 / 236

一、荣格对于潜意识的建设、前瞻观 / 236

二、自性原型的完整性对意识思维的补偿 / 238

三、自性化的超越功能 / 244

四、小结 / 251

第二节　作为原型表达的神话的治愈力 / 251

　　一、病人依靠神话原型自我医治 / 251

　　二、萨满巫师运用神话原型为病人治病 / 262

　　三、小结 / 271

第三节　作为文化资源的虚构型神话的治愈力 / 271

　　一、医学人类学的疾病治愈观 / 273

　　二、神话仪式治愈功能的医学人类学解释 / 278

　　三、神话故事治愈功能的医学人类学解释 / 289

　　四、小结 / 296

第五章　结语 / 297

参考资料 / 305

绪　　论

第一节　研究缘起

一、荣格：灵魂的探险者

卡尔·古斯塔夫·荣格（Carl Gustav Jung，1875—1961）是 20 世纪十分重要的心理分析学家和精神病学家。多数涉猎与研究过荣格心理学说的人，都会惊叹于荣格思想的精微、广博、深邃、超远。但同时，由于他不拘一格的原型写作风格、前后不一致的内容表述，使得专业人士都不免抱怨其语言晦涩，更是让初入门的学者有如坠入云里雾里，深陷有关心灵表述的谜团。于是，人们对荣格思想自然是又爱又恨，学者们对荣格思想的研究也大都流于表面，多是各取所需，难以驾驭荣格思想的全部精髓。

以上种种与荣格选择以玄奥艰深的灵魂主题进行探索，以及由之而建立的更完整的"人学"不无相关。荣格所理解的人，不仅包括意识、个人无意识（弗洛伊德语），还包括更为普遍、先验、神秘的潜意识（unconsciousness），又称集体无意识（collective unconscious）。潜意识属于深层心理的范畴，借由情感、想象等勾勒某种内在精神图像，具有精神方面的指涉，常呈现为某种玄之又玄而人们又未曾完全把握的心理，有时被称作人的本性与天性。作为内在启示，潜意识给人带来建议、灵感、创造力与喜悦；同时作为治愈能量，它对身心进行治疗。相较于弗洛伊德的个人无意识，荣格的潜意识概念有着更广阔的文化背景，涉及生物学、考古学、社会学、哲学、神学、占星术、物理学、心理学、文化艺术等。因此，荣格的影响不仅限于心理学领域，而是广泛地辐射文学、艺术、神话、宗教等各个文化门类。在荣格的描述中，来自深层心理的潜意识显然比来自大脑和意识领域的心智（mind）与始于生物领域的个人无意识,来得根本且重要。①

普遍认为,潜意识的发现来自荣格对精神病人幻觉的考察。而随着2009年《红书》的出版,人们才意识到,与其说基于对精神病人的幻觉考察,莫若说是通过荣格自己的出神体验,他才提出了只有体验才能够感知到的潜意识心理。荣格以赤勇的胸襟单枪匹马地踏入人类心灵未知的领域,从中带回来珍贵以至于永恒的思想宝藏,供人们检验与审视自己的那一颗心、心灵的疆域以及有关心灵真实的含义。对潜意识的探索也是对人内在的探索,其旨在整合心理各方面内容,以期让人们更深入地体悟与认知心灵、自我乃至宇宙本体,从而得到全方位的发展。同时,潜意识以及与潜意识相关的诸灵性思想、灵性研究也为从古至今的神秘文化提供了心理的注脚,进而使人们对这些现象有着更清晰的认识。

鉴于荣格有如此突出的贡献,他被当时的人称为圣人、巫师,坎贝尔形容荣格为"奠基于永恒而在时间的领域中行动"②,莫瑞·斯坦(又译莫瑞·史坦)则称之为"发现内在世界的哥伦布"③。然而荣格却说自己只是一个被潜意识驱使,匆匆赶路的傻瓜。荣格似乎是一个被选中的人,对于他来说,与超越者相隔的那扇门是透明的,这赋予他内心某种确然性。他感叹于内在神秘力量的鬼斧神工,并致力将内在心理整合进自我人格,于是,荣格走在只属于自己的那条神话道路上。幸与不幸,外人不好判断,我们知道的便是,通过内心的探险,荣格最终成为如今呈现在人们面前的那个荣格。

荣格思想与中国文化有着深厚的渊源,广博深邃。随着时代的发展,它的有效性并没有消失,反而愈放光彩。可以说,荣格找到了那把通往人类永恒心灵的钥匙,而与荣格先进、深邃的思想相比,我们现在才刚刚开始认识到其观念的价值。如今,荣格吸引了越来越多人的注意,人们正在重新评估属于他的作用。美国心理学家G.墨菲、J.柯瓦奇在《近代心理学历史导引》中写道:

> 年复一年,愈益明朗的是,对于荣格不能再仅仅根据他同弗洛伊德的关系来加以说明了。他不是又一位心理分析家;他甚至也不是又

---

① 蔡昌雄:《荣格对当代心灵探索的启示》,见[美]莫瑞·史坦:《荣格心灵地图》,朱侃如译,蔡昌雄校,立绪文化事业有限公司,2017年,导读第5—7页。
② [美]戴安娜·奥斯本编:《坎贝尔生活美学:从俗世的挑战到心灵的深度觉醒》,朱侃如译,浙江人民出版社,2017年,第107页。
③ [美]莫瑞·史坦:《荣格心灵地图》,朱侃如译,蔡昌雄校,立绪文化事业有限公司,2017年,第5页。

一位深奥的心理学家。他是某种不同的什么——让我们说，就象罗尔沙赫，或皮亚杰，或甚至巴甫洛夫那样的不同。①

精神分析学家安东尼·史蒂文斯在《两百万岁的自性》中这样评价荣格的贡献：

> 作为荣格心理学的基本概念，原型的意义堪与牛顿物理学中的地球万有引力定律、爱因斯坦物理学中的相对论，或达尔文生物学中的自然选择相比拟。它就是心理学的量子论：是20世纪出现的最重要的观点之一。②

1972年，玛丽-路易斯·冯·法兰兹（Marie Louise Von Franc）在《荣格：他的神话与我们的时代》中对荣格思想如此评价：

> 荣格的工作囊括了如此众多和如此不同的兴趣领域，他所产生的影响，迄今只能说刚刚开始。今天，人们对荣格的兴趣正越来越浓厚，特别在年轻一代中更是如此。与此相应的是：他的影响日益增长，迄今也只能说仍然处在早期阶段；从现在起，三十年之后，我们可能会用完全不同的话语来讨论他的工作和他的著作。也就是说，荣格是如此领先于他的时代，以至今天人们也只能逐渐地追赶他的种种发现。③

当然，这只代表学术界的一种看法。

目前，以荣格的思想理论为先导的心理学第四大势力——超个人心理学派（transpersonal psychology）正在如火如荼地展开关于多重意识状态的研究，前后盛行的美国新时代运动、神话主义、新神话主义、萨满热、瑜伽热等全球灵性运动，无一不受到荣格思想的影响。配合着全球灵性热的趋势以及《红书》的出版，荣格重新火了起来。结合新的灵性学说，荣格思想重新被诠释，出现了新荣格理论一说。相较于荣格思想的火热，国内关于荣格思想全面而深入的研究仍旧略显欠缺。就像蔡昌雄教授所观察到的：

> 不仅荣格原著的翻译严重不足，本土学者从东方文化观点整理写作的荣格心理学著作，也几乎付之阙如，更不用说从荣格观点引申的比较研究专著了。无论从荣格对现代西方社会的重要程度而言，从荣格心理学与东方宗教和神秘学的密切关系而言，或是从西方与邻邦日本关于荣格论述典籍汗牛充栋的情况而言，都足以使我们对现有微薄

---

① [美] G. 墨菲、[美] J. 柯瓦奇：《近代心理学历史导引》，林方、王景和译，商务印书馆，1980年，第403—404页。
② [英] 安东尼·史蒂文斯：《两百万岁的自性》，杨韶刚译，北京师范大学出版社，2014年，第11页。
③ 转引自冯川：《荣格对当代思想的影响》，载《社会科学研究》1999年第1期，第113页。

的资源与研究感到汗颜。①

对荣格思想的深入研究是国内急需填补的学术空白。如果说荣格因为先见之明不被他的那个时代理解，领先于他的那个时代，那么我们应该通过研究，使他不至于仍领先于我们这个时代。

二、荣格神话理论的意义与创新之处

研究者多是从文艺、文化、心理的角度解读、应用荣格思想，而对荣格思想中的神话观关注不足。如果说国内对荣格思想的研究相对不足、落后，那么从神话视角切入荣格思想，并展开相关讨论更是稀缺。然而，神话才是荣格思想的重镇。正是在对古代象征神话、原住民②心理以及精神病人的幻觉体验比较的过程中，荣格提出了潜意识与自性③概念，可称为荣格神话理论。荣格认为，精神病人的幻觉体验与象征性神话的内容相似，它们都来自潜意识心理。这种潜意识在原住民的心理表现中尤为明显。原住民神话式地认识世界，他们主要凭借投射到世界的原始意象来经验世界，而投射的目的是自性的实现。与此同时，我们可以借助荣格思想中的神话理论，继续解读神话中诸如萨满迷幻、神话治疗一类的神秘现象。荣格本身就对萨满教颇感兴趣，在其作品中多次论述萨满教，其治疗形式被比作医者和病人的萨满改造。他对许多萨满教著作的影响是清晰可见的，伊利亚德即深受荣格思想的影响。④那么，选择从神话视角对荣格思想进行解读，并将其继续应用于神话领域，便具有重要意义。

1. 意义

（1）从荣格神话理论入手才能切入潜意识核心，更好地把握荣格深邃的思

---

① 蔡昌雄：《荣格对当代心灵探索的启示》，见［美］莫瑞·史坦：《荣格心灵地图》，朱侃如译，蔡昌雄校，立绪文化事业有限公司，2017年，导读第10—11页。

② 荣格在文章中经常使用"原始人"这一称谓来概括原住民文化，但他解释说："我所说的'原始的'一词的意思是'在时间顺序上最早'，不包含任何价值判断。同样，我提到原始状态的'遗迹'，并非说这一状态迟早会终结。相反，我看不出它有什么理由不与人类一起延续下去。"（参见［瑞士］卡尔·古斯塔夫·荣格：《心理结构与心理动力学》，关群德译，国际文化出版公司，2018年，第73页。）因研究荣格神话理论，本节有时同样沿用荣格的"原始人"概念统称原住民。与此同时（甚至更为重要），也沿用荣格关于此称谓的解释。

③ 在荣格思想体系中，作为内在心理意象的自性原型是潜意识的核心原型、终极原型、原型的原型，几乎所有的原型都是自性原型的表现。它是潜意识的调节中心，也是心灵的整体与所有能量的来源，代表秩序与整合。自性理论是荣格思想的核心，也是荣格神话理论的主要表征，因此作为本书题目以表示荣格神话理论，它是解析萨满迷幻与神话治疗的理论武器。

④ 郭淑云：《国外萨满生理和心理问题研究述评》，载《民族研究》2007年第4期，第98页。

想,并用以丰富现代人的精神生活。荣格从心理学的视角阐释神话的由来,认为神话源于潜意识心理的投射,提出与虚构型神话说相对立的体验型神话说。体验型神话为潜意识概念提供注脚,潜意识心理也为神话提供心理层面的解答。两者相互阐发,才能更深入地认识荣格思想与潜意识概念。

(2) 对荣格神话理论展开研究,也是将其作为个例与切入点,结合诸多与之相关、相似的灵性思想与灵性研究,从心理视角对神话中的神秘现象予以说明。于此,神话的发生、萨满的迷幻出神、萨满病与神话治疗等概念将会呈现全新的解读,使人们从心理层面对这些略显神秘的神话运作机制有了更为清晰的认识。

(3) 宗教、神话的相关研究一直处于西方社会思潮的发展脉络中,对荣格神话理论的关注,也是我们了解当今西方社会思潮的一面镜子。尤其是如今西方火热的神话、宗教研究,几乎全都与心理学挂钩。以萨满教的发展为例,在中世纪,萨满教被称为"魔鬼的异教";理性启蒙时期,萨满教又被视为"骗子的伎俩";而到现在,萨满教以改头换面的姿态又开始复兴,出现现代萨满主义。之所以出现上述转变,与20世纪60年代以来西方的文化倾向有关。这时,西方社会已经不满于建立在工业革命基础上的现代文明,视其为"诅咒",开始向东方社会、"原初"人群学习,对灵性的兴趣陡增,试图将世界精神传统的智慧整合到现代西方心理学的知识系统中,以实现现代人的精神自愈。于是,一些人类学家和心理学家开始将萨满教与拓展人类潜能的心理学结合起来,将萨满教看作原初的自我实现方式。西方核心萨满教的创始人、人类学者迈克尔·哈纳(Michael Harner)发起了当代西方的"现代萨满"活动。他成为全职的西方萨满,提出萨满意识状态(The Shamanic State of Consciousness)一说,在美国建立了萨满研究中心和萨满研究基金会,这是欧美第一个新萨满教学派,也是世界上最早开始提供萨满训练课程和疗愈的组织。[1]

(4) 为国内神话学研究提供借鉴。国内神话研究多就历史、故事文本、文化信仰展开细致解读,而对其中的神秘现象则往往选择性跳过,不予讨论,常视之为魑魅魍魉、落后迷信。然而这些神秘现象却是神话现象中最迷人的一笔,从心理学切入这些神秘现象无疑是最佳的解读方式之一。它让我们以开放的心灵看待心灵实相以及相关的文化现象,以避免人们错失了解自己的机会。

---

[1] 宛杰:《传统萨满教的复兴:对西伯利亚、东北亚和北美地区萨满教的考察》,社会科学文献出版社,2014年,第7—16页。

2. 创新

本研究与众多荣格研究的不同和创新之处在于从神话学的角度理解和阐释荣格思想。

（1）通过整合荣格文集、神话中的出神体验与其他相关灵性思想，深入阐释荣格思想中与神话相关的神话理论，即核心的潜意识与自性原型概念：作为内在心理、客观的精神生命，它们是神话意象的主要来源。

（2）利用荣格神话理论，从心理学的视角解读神话中的神秘现象。荣格主要关注错用潜意识的病态文化现象，针对的是无法控制投射的现代神经病人。除了对其进行分析之外，本书还借助于超个人心理学等理论，将关注的重点转移到像"高峰体验"之类的善用潜意识的现象，针对的人群是像萨满巫师一类的有过特殊经历与训练，进而拥有超意识的神秘家们，并就他们的萨满病、进而拥有的出神体验及治病的功能等，进行探讨说明。

（3）对形形色色的神经质现象与潜意识的关系进行介绍分析。在荣格看来，各种各样的神经质现象都是在不同的语境下由于潜意识造成的意识的暂时分裂所致。对于现在社会而言，神经质主要是压抑潜意识遭其反噬的结果；一些部落中人、艺术创作者等因过于投入潜意识、不能控制潜意识亦形成神经质倾向。此外，还有成为萨满巫师的带有神经质性质的疾病入会礼。超个人心理学家认为萨满病、受伤的巫师这类的灵性疾病与灵性危机是当自我停滞不前时，强烈发展的内在灵性力量迫使个体向前发展的一种方式，而当当事人的内在可以吸收、整合这些灵性能量时，会产生突然的开悟、极乐的降临、合一感等，那么他们将会得到帮助、获得重生。

第二节　研究综述

本书虽就以自性为核心的荣格神话理论进行探讨，但涉及的内容却是多方面的。比如结合荣格生平对荣格思想的一般性介绍；追踪以荣格理论为先导、同样关注潜意识的超个人心理学在当今的发展动态；对神话现象中诸如体验、出神、萨满病、治病等神秘现象进行梳理，并辨认神话与心理之间的互涉关系。接下来，我们对其总方向下的研究综述，分专题进行归纳总结，虽然它们之间的划分经常有重合。

一、 国外对荣格思想及其神话理论的研究综述

1. 对荣格思想的一般性介绍

法国荣格派的心理分析师魏维安·蒂鲍迪的《百分百荣格》、山中康裕编著的《荣格双重人格心理学》、R.比尔斯克尔的《荣格》、戴维·罗森的《荣格之道：整合之路》、卡尔文·霍尔与弗农·诺德比的《荣格心理学七讲》都对荣格的生平及其理论观点做了介绍，其中不乏精彩见解。比如在《荣格之道：整合之路》中，作者围绕荣格生命和生活发展的各个阶段，利用荣格本人的信件、格言和其他作品，审视了荣格个人发展中的六次危机，并探讨荣格心理学与中国道家思想之间的联系。在《荣格双重人格心理学》中，作者在荣格心理学基础上大胆地阐发新观点。比如他将心理疾病按严重程度由低到高分为三个阶段，分别为神经症、抑郁症、精神分裂症。第一阶段神经症的症状比较轻，患者拥有完整的人格，只是偶尔轻微地受到病态精神活动的支配；第二阶段抑郁症的症状较为严重，人格虽然基本上能够保持统一性，但是情感和人格会出现乖离状态；第三阶段的症状最为严重，此时患者完全放弃了自己的人格。[①] 这一划分可帮助我们理解形形色色的神经质现象。再比如，作者认为，健康的心理状态中，意识使用的能量多，而在不健康的心理状态中，潜意识使用的能量多。但是也有例外的情况，那就是对潜意识寄予厚望的人，即使潜意识使用的能量较多，也属于健康的心理状态。[②] 这一说法使得艺术家与精神病人之间的比较有了可能。遗憾的是，作者的这些观点虽然大胆新颖，但是由于单线条的罗列方式，说服力不强。

安东尼·史蒂文斯是研究荣格的集大成者，著有一系列有关荣格思想的作品，如《原型：自性的自然史》《维西米德：一个崇尚治疗艺术的荣格式社团》《简析荣格》《两百万岁的自性》《私人梦史》等。在《简析荣格》中，作者认为，荣格在精神崩溃中的幻觉体验与凡·高、斯特林堡、鲁道夫·斯坦一样，是类似于萨满、宗教神秘者的体验。它并非完全的病态，而可能是充满了存在意义的危机，是一个成长机会。[③] 作者还将过渡仪式与原型发展相结合进行相关说明。他认为，每一个阶段都有一套新的原型规则来进行调节，这便凸显了过

[①] [日] 山中康裕编著：《荣格双重人格心理学》，郭勇译，湖南文艺出版社，2014年，第5页。
[②] [日] 山中康裕编著：《荣格双重人格心理学》，郭勇译，湖南文艺出版社，2014年，第143页。
[③] [英] 安东尼·史蒂文斯：《简析荣格》，杨韶刚译，外语教学与研究出版社，2015年，第55、207页。

渡仪式的必要性。正是通过过渡仪式强大的象征作用，激活了与已经达到这个人生阶段相称的潜意识状态中的原型成分，这一原型潜能才被结合到了仪式接受者的个人精神中，应对人生过渡中的身份转变。① 汉德森和奥克斯同样认为，过渡仪式涉及潜意识。中间阈限阶段的特征即为沉浸在生与死的水域之中，而水即象征着潜意识和女性成分。② 这为我们理解过渡礼仪中的精神转换提供了一个很好的视角。在《两百万岁的自性》中，安东尼·史蒂文斯将分析心理学、人类学、行为生物学、梦心理学、精神病结合起来，认为人们日常生活出现的心理问题与心理疾病，实际上都可以从自身的潜意识中找到答案。值得一提的是，作者还结合新兴的脑科学知识，将潜意识定位在右半脑与旧哺乳动物脑的边缘系统，为潜意识的存在寻找生物科学方面的依据。③ 此外，安东尼·史蒂文斯还对原型治愈原理进行说明。他认为，治愈以原型为基础。原型，或者叫作自然的本性、自性的能量，拥有起治愈作用的力量。所谓的治愈过程，便是提供最适当环境的艺术，在这种环境中，自然本性的那种自我更正的力量才能最有效地达到目的。而治病术士可以感受到有机体需要什么，知道如何去改变这些环境，从而使有机体能够治愈自己。④

莫瑞·斯坦的《荣格心灵地图》是近年来关于荣格心理学论述方面的重要著作。莫瑞·斯坦试图从荣格作品中选出最有代表性的文章，以说明荣格视野本质上的连贯性。在这本书中，他提出两个值得注意的观点。首先是对潜意识的先知性进行说明。莫瑞·斯坦认为自性，作为超越时空范畴的概念，存在我们之中。因此，在潜意识状态中，我们能够感知到许多未知之事，它是一种无思之思，又称此为先验的知识。⑤ 其次，他还通过对荣格思想的整合，把人一生的意识发展分为五个阶段，从中我们可以探知随着个体及时代变化，意识发展的一般规律。⑥

哈里与亨特在"A Collective Unconscious Reconsidered：Jung's Archetypal I-

---

① [英] 安东尼·史蒂文斯：《简析荣格》，杨韶刚译，外语教学与研究出版社，2015 年，第 116—117 页。
② [美] 戴维·H. 罗森：《转化抑郁：用创造力治愈心灵》，张敏、高彬、米卫文译，中国人民大学出版社，2015 年，第 63—64 页。
③ Stevens Anthony, *The Two Million-year-old Self*, Texas: Texas A&M University Press, 2005, p. 114.
④ Stevens Anthony, *The Two Million-year-old Self*, Texas: Texas A&M University Press, 1993, pp. 98—116.
⑤ [美] 莫瑞·史坦：《荣格心灵地图》，朱侃如译，蔡昌雄校，立绪文化事业有限公司，2017 年，第 272 页。
⑥ [美] 莫瑞·史坦：《荣格心灵地图》，朱侃如译，蔡昌雄校，立绪文化事业有限公司，2017 年，第 231—240 页。

magination in the Light of Contemporary Psychology and Social Science Analytical Psychology"这篇最新的文章中,将荣格的潜意识概念与现代认知心理学、人类学、社会学等其他学科相联系,认为神话思维不是万物有灵论的简单延续,而是某种元认知。它是深潜状态认知过程的一种表达性认知。① 这一观点有利于人们客观、全面地看待荣格的潜意识概念。

荣格自传和传记也是我们了解荣格思想的一个窗口。芭芭拉·汉娜的《荣格的生活与工作:传记体回忆录》,理查德·诺尔的《荣格崇拜:一种有超凡魅力的运动的起源》等都是有关荣格的传记,其中以《荣格的生活与工作:传记体回忆录》最具代表性。在这本书中,芭芭拉·汉娜把对荣格生活的描绘与对他的理论发展过程的论述成功地融会在一起。其中,芭芭拉·汉娜明确指出荣格两次严重的幻觉体验即为巫师的入会礼。巫师是进入潜意识深处的人,只有通过潜意识幻象中可怕的冒险,才能坚定意志并得到他的神的指导,以帮助个人和部落,成为部落的精神向导。②

沙盘游戏与荣格心理治疗紧密相连,它不仅是重要的方法和技术,也是心理分析理论的主要发展。申荷永主编的"心灵花园·沙盘游戏与艺术心理治疗丛书"是国内首次系统介绍沙盘游戏的著作。在这套丛书中,以茹思·安曼的《沙盘游戏中的治愈与转化:创造过程中的呈现》、戴维·H.罗森的《转化抑郁:用创造力治愈心灵》最为具有代表性。茹思·安曼认为,潜意识不仅在梦和身体反应中表现自己,还在视像、绘画(包括沙画)或者其他想象活动中表现自己。沙画是重要的内在意象能量,同时作用于心灵,激活内心起治愈作用的力量——自性原型,促进自我的更新与转变。③ 遗憾的是,此书的翻译略显生涩,未能传达出沙盘游戏治愈的精髓。戴维·H.罗森以基于积极想象的艺术疗法转化抑郁。在他看来,转化抑郁之所以可能,是因为自我只是象征性死亡,是虚假自己的死亡。虽然个体因此感觉到失落,但是当个体与心灵核心——自性发生关联时,就会促发自我重组。此时,自我从属于更高的原则,真实的自

---

① Harry Hunt,"A Collective Unconscious Reconsidered: Jung's Archetypal Imagination in the Light of Contemporary Psychology and Social Science", Analytical Psychology, 2012, 54(1): 76 – 98.
② [英]芭芭拉·汉娜:《荣格的生活与工作:传记体回忆录》,李亦雄译,东方出版社,1998年,第165页。
③ [瑞士]茹思·安曼:《沙盘游戏中的治愈与转化:创造过程的呈现》,张敏、蔡宝鸿、潘燕华等译,中国人民大学出版社,2012年,第1—9页。

我就会涌现。① 而艺术治疗似乎能加快这个过程。

2. 超个人心理学的介绍

超个人心理学派是诞生于20世纪60年代末70年代初的新兴心理学派,传承自心理学第三大势力人本主义心理学,却又与之不同,是继行为主义学派、精神分析学派、人本主义心理学之后的心理学第四大势力。它以荣格的思想理论为先导,视荣格思想为其鼻祖,与荣格思想密切相关,是荣格思想近期来的转型、深化、发展。

肯·威尔伯是超个人心理学的著名代表,著有《整合心理学:人类意识进化全景图》《灵性的觉醒:肯·威尔伯整合式灵修之道》《一味》《意识光谱》《性、生态、灵性》《万物简史》《超越死亡:恩宠与勇气》等。关于意识的演进,他提出很多启发性的观点:其一,意识可分为两种,一种是被冠名以各种各样名字的,有符号、地图、推理的二元论知识;而另一种则被称为亲证、直接、非二元论知识,它是纯粹的意识,又被称为无意识。这种亲证意识无法以成为意识对象的方式,为人们所认识。而只能通过成为它,进而与其所属的大心境融为一体。② 其二,意识状态并不是在空中盘旋摇摆,缥缈无实体的某些东西,相反,每一个"心智"都有自己的"身体"。每一种意识状态都有可以被感知的能量成分,一种具体的情感。任何一种觉知状态都有一个实在的载体为之提供切实的支持。③ 其三,现实是由不同的存在层次和相应认知层次构成的,大致涵盖了物质、身体、心智、灵魂(精微的)、灵性(自性的)五个层面。意识在其中是不断进化的,由潜意识发展至自我意识,乃至最后的超意识,每个更高的维度都包含并超越了较低的维度。其中灵性、自性既是最高的层次,也是所有层次的根基,既是超越的又是内在的。一些萨满与巫师已到达并揭示了意识发展的最高阶段——自性,他们虽然生活在过去,却代表着人类意识发展方向的未来。④ 其四,意识是不断进化的,那么就意味着治愈意识是可能的。在意识发展中经常会出现这样的情况,即人们在当前阶段的自我认同在下一个阶段

---

① [美]戴维·H. 罗森:《转化抑郁:用创造力治愈心灵》,张敏、高彬、米卫文译,中国人民大学出版社,2015年,序言第9页。
② [美]威尔伯:《意识光谱(20周年纪念版)》,杜伟华、苏健译,万卷出版公司,2011年,第149—150页。
③ [美]肯·威尔伯:《灵性的觉醒:肯·威尔伯整合式灵修之道》,金凡译,中国文联出版社,2005年,第18页。
④ [美]肯·威尔伯:《整合心理学:人类意识进化全景图》,聂传炎译,安徽文艺出版社,2015年,第117页。

就会被超越,去认同化。于是,前一阶段的主体成为后一阶段的客体。因此,人们能怀着超然的态度看待之前的意识认同。如果说,超个人心理学已经是足够"玄"的研究,肯·威尔伯则将之推向更甚。且他把复杂的意识现象严丝合缝地套入意识发展的理论模式,有种为理论而理论之嫌,反显得不够真实。

迈克尔·瓦许本(Michael Washburn)是超个人心理学的另外一位著名代表,著有《"自我"与动力之源》《精神分析观点中的超个人心理学》等。迈克尔·瓦许本也是荣格思想的重要阐发者,他运用超个人心理学的术语对荣格的理论观点做了全新的阐发,提出了新荣格理论。不同于肯·威尔伯的亲证、非二元论思想,该理论的前提假设建立在西方的人神二元论之上。其理论认为超越不是消除自我,而是转化到更崇高的合一之中,自我仍然是心灵结构中的一部分。但因为与超越的来源结合,所以自我不再是独立存在的,而是二元整合体中较次要的部分。他还针对潜意识的特性提出一个有意思的见解。在他看来,潜意识的消极与积极的一面都是潜意识在特定发展阶段的表现。从出生到中年的人生前半阶段,潜意识表现为前自我阶段的本我(pre-egoic id),与弗洛伊德的潜意识相当。而人生后半阶段,潜意识表现为超越自我的集体无意识,即荣格的集体无意识概念。当精神分析称赞自我的独立性,鼓励自我与潜意识保持安全界限的时候,荣格的分析心理学看到了自我独立性的负面效果,即与更深层次生命来源失去联系。于是在后半阶段,潜意识被体验为高于或者支持自我的东西。在此回归的过程中又分为两个阶段,分别是"为超越而服务的退化"(regression in the service of transcendence),以及"精神的再生"(regeneration in spirit)。[1] 然而迈克尔·瓦许本的这个理论模式也存在相应的缺点。比如此模式把焦点放在中年之后的灵性转化,而忽视属于前半生的灵性体验等。

布兰特·寇特莱特在《超个人心理学》一书中,以清晰、简明、易读的方式阐述了超个人心理治疗的理论基础与构架,也对其研究理论、研究方法和治疗策略提出了批判性的评估。其中有以下观点值得注意:第一,人类乃至所有的生物都包括身、心、灵三个维度,自我或有机体的智慧来源是更深层的灵性实相,自我心理也有赖于终极的灵性意识来源,而所有的疾病都源于与灵性来源的某种错位。当患者体验到自己神圣的内在本质,便会走出狭隘的、受伤的自我,逐渐认同永不泯灭,也永远不会受到伤害的灵性自我。此时,接触到的

---

[1] Michael Washburn, *Transpersonal Psychology in Psychoanalytic Perspective*, Albany: State University of New York Press, 1994, pp. 1-27.

终极灵性存有，会释放与生俱来的活力，它们会尽可能地解放自我停滞及僵化的部分，对身心进行超个人的治愈。① 第二，意识是会感染的，它被视为相关影响力互相激荡的场域。灵性治疗师意识的作用就好像一种细微的能量场，有助于来访者进入深层的存在经验，为来访者内在的展现提供了催化剂。② 第三，萨满病、巫师的危机，有时也被称作"正向的崩溃""有创造力的疾病""神圣的疾病"等，其实是一种灵性危机，是灵性能量的灌注或是尚未整合的新奇经验在自我内在尚未准备好整合这些经验时，灵性经验与灵性能量对自我造成的混乱。当当事人的内在可以吸收、整合这些灵性能量时，会产生突然的开悟、极乐的降临、合一感等，促进灵性经验对意识的转化。③ 布兰特·寇特莱特的这些观点，对理解神话现象中的萨满病、神话治疗提供了十分有价值的视角。

罗杰·沃什与法兰西斯·方恩主编的《超越自我之道》是诸多超个人心理学专家的精粹作品集锦。这本书以主题的方式将各家思想精华进行分析、整理，内容涵盖静坐、清明梦、迷幻梦、濒死体验等超常意识经验与探究，是深入了解超个人心理学知识的必读书。书中的启发点无处不在，试举与本研究题目较相关的两点：其一，理性意识看似进步与正常，然而在超个人心理学家看来实则是停滞的、次等的、有限而扭曲的。之所以出现上述状况，与其所属的文化倾向无不相关。不同的文化有不同的世界观，人们通常会根据自己所属的文化传统与规则来体认现实，每一种文化所强调与包容的经验皆不同。同样的，标准的文化现实，也是特定意识状态的产物。就经济成长而言，稳定的意识状态符合现代的文化标准，因此，现在文化价值体系过分凸显清醒时的一些状态，而阻碍了对超常意识状态的认识。④ 另有学者指出人类这种生物拥有特定类型的身体和神经系统，因此有许多潜能。而我们每个人都有特定的文化背景，只有一小部分潜能在文化的筛选下发展出来，其他的潜能则被忽略了。文化所筛选出来的那一小部分潜能，加上一些随机的因素，组成了我们的意识状态，所以

---

① ［美］布兰特·寇特莱特：《超个人心理学》，易之新译，上海社会科学院出版社，2014年，第16、50页。
② ［美］布兰特·寇特莱特：《超个人心理学》，易之新译，上海社会科学院出版社，2014年，第51、235页。
③ ［美］布兰特·寇特莱特：《超个人心理学》，易之新译，上海社会科学院出版社，2014年，第155—157页。
④ ［美］丹尼尔·戈尔曼：《心理学、实相与意识》，见［美］沃什、［美］方恩主编：《超越自我之道》，胡因梦、易之新译，中华工商联合出版社，2013年，第11页。

我们既是自己文化选择的受益者，也是受害者。① 其二，为了能够理解萨满巫师在另一重意识状态的经历，超个人心理学家们针对人类学家的研究还提出了一个新概念，即"超个人人类学家"。此概念鼓励人类学家以足够的洞识和勇气，来进入多重实相的直接经验，用当地文化的诠释方法，以第一手的方式描述他们的"现象学"。从这个角度来看，超个人人类学家其实只是参与者观察法的延伸。②

3. 心理学与神话、宗教的互涉

美国神话学大师约瑟夫·坎贝尔著有一系列经典性神话学读本，比如《千面英雄》《神话的力量》《指引生命的神话：永续生存的力量》等。在其著作中，约瑟夫·坎贝尔无数次提及荣格心理学及其心理学中的神话指涉。正是在荣格思想的基础上，他才建立起自己的神话学理论，提出了著名的英雄模式：出发（集体无意识）—传授奥秘—归来（意识）。约瑟夫·坎贝尔还把原型比作生物概念，并认为它代表着身体的各个器官，建构在身体之中。因此，神话原型与身体有着重要联系。作为激发和引导人的精神能量符号，神话意象可引发身体能量，对身体造成有力冲击。③ 美国心理学家拉德米拉·莫阿卡宁以自己的实修体验为依据，在《荣格心理学与藏传佛教：东西方的心灵之路》中，探讨了作为世界上最神秘宗教的藏传佛教与荣格心理学之间的关系。拉德米拉·莫阿卡宁认为藏传佛教中观想的神祇即为荣格所说的原型。神祇为内心精神的投射，经由投射，内在经验转译为可见的形式，并具体化为宗教中某些精神形象。④ 这为我们理解观想的治愈原理提供了注解。美国临床心理学家理查德·诺尔在他的著名篇章《萨满、"神灵"和心理意象》中指出，所谓的神灵只是在意识变换状态中出现的一系列心理意象，而萨满教则是一项控制心理意象的技术。这些神灵幻觉存在于感受与想象的世界中，它是与清醒意识所感受到的世俗经

---

① [美] 查尔斯·塔特：《意识的系统论》，见 [美] 沃什、[美] 方恩主编：《超越自我之道》，胡因梦、易之新译，中华工商联合出版社，2013年，第32页。
② [加] 查尔斯·拉夫林、[加] 约翰·麦克曼诺斯、[加] 琼恩·希勒：《超个人人类学》，见 [美] 沃什、[美] 方恩主编：《超越自我之道》，胡因梦、易之新译，中华工商联合出版社，2013年，第231—236页。
③ 张洪友：《好莱坞神话学教父约瑟夫·坎贝尔研究》，陕西师范大学出版总社，2018年，第190页。
④ [美] 拉德米拉·莫阿卡宁：《荣格心理学与藏传佛教：东西方的心灵之路》，蓝莲花译，世界图书出版公司，2015年，第75页。

验世界并存的世界。① 这与宗教学大师米尔恰·伊利亚德的观点存在相似之处。米尔恰·伊利亚德将萨满教等同于入迷术，认为萨满是入迷大师，在恍惚之中，灵魂离开躯体，升天入地。② 杰佛瑞·芮夫在《荣格与炼金术》中以荣格观点探讨炼金术。杰佛瑞·芮夫认为，来自炼金术中的想象是实体与心灵两方面的浓缩精华和统合，拥有妙体、类心灵的属性，能够同时影响心灵与实体，改变身体及化学反应，甚至可以决定自己的命运。③

埃利希·诺伊曼是荣格高徒，她利用荣格思想对神话进行了一系列深入阐发，著有《大母神——原型分析》《意识的进化》等。在《大母神——原型分析》中，她试图对大母神原型进行结构性分析，力求展示它的内在生成和动力，及其在人类神话与象征中的表现，并指出相较于男性，女性心理在更大程度上依赖于潜意识的生产力。④ 在最初的母权阶段，女性支配男性，潜意识支配自我和意识。而健康的心理则是父权的理性意识与母权的潜意识结合。在《意识的起源史》中，诺伊曼对神话中所反映的意识发展进程进行解说。她认为意识在神话的发展中可以分为三个阶段，分别是乌洛波洛斯、大母神和英雄。乌洛波洛斯象征着意识尚未诞生阶段。随后意识从潜意识这个母体中诞生，经历各种困难，超越母体（潜意识）实现独立（成为英雄）。同时，埃利希·诺伊曼指出了神话作用于意识增长的模式，即人们体验外于他们的超个人东西，开始于投射出（projection）诸如天堂、世界神灵一类的，而结束于吸收进（introjection）它们，把它们变成个人心理的一部分。⑤ 这有助于我们了解神话作为意识与潜意识连接纽带的运作模式。玛丽-路易斯·冯·法兰兹是荣格的另一重要传承者，著有《解读童话：遇见心灵深处的智慧与秘密》《童话中的女性：从荣格观点探索童话世界》《童话中的阴影与邪恶：从荣格观点探索童话世界》等，近期刚翻为中文出版。她认为童话是集体无意识心灵历程最单纯与精简的途径，于是用荣格心理分析学解读童话，开创了童话心理学。⑥

---

① ［美］理查德·诺尔：《萨满、"神灵"和心理意象》，见［加］杰里米·纳尔贝、［英］弗朗西斯·赫胥黎主编：《穿越时光的萨满：通往知识的五百年之旅》，苑杰译，社会科学文献出版社，2017年，第204—206页。
② ［美］米尔恰·伊利亚德：《萨满教：古老的入迷术》，段满福译，社会科学文献出版社，2018年，第2—3页。
③ ［美］杰佛瑞·芮夫：《荣格与炼金术》，廖世德译，湖南人民出版社，2012年，第79—80页。
④ ［德］埃利希·诺伊曼：《大母神——原型分析》，李以洪译，东方出版社，1998年，第302页。
⑤ Erich Neumann, *The Origins and History of Consciousness*, London: Karnac Books Ltd, 1989, p.336.
⑥ ［瑞士］玛丽-路易斯·冯·法兰兹：《解读童话：遇见心灵深处的智慧与秘密》，徐碧贞译，北京联合出版公司，2019年，第4页。

威尔逊·M. 哈德森在《荣格论神话》中就荣格的神话研究进行论述。他表示，像撒旦被描述成上帝的众子之一，路西法（被逐出天堂前的魔鬼撒旦，以蛇为象征）被逐出天堂及他引诱伊甸园的夏娃偷食禁果，上帝在治理世界时让基督做他的右手，让撒旦做他的左手，这样完整的神话描述，作为原型表达，对心理治疗有着重要价值。[①]得克萨斯大学健康科学中心的研究和康复科学主任珍妮·阿赫特贝格（Jeanne Achterberg）在《治愈中的意象：萨满术和现代医学》中认为，萨满通过诱导超个人意识状态与创造生动的内心意象来治疗疾病，属于超个人治疗的范畴。这些生动的心理意象来自右脑潜意识，它们是一种电化活动（electrochemical events），错综复杂地交织在大脑和身体结构中。这些心理意象与身体之间存在紧密的关系。心理意象直接或者间接影响身体反应，不仅对肌肉骨骼有影响，也对自主与非自主神经有影响，又受到这些身体反应的影响。[②]这一观点从科学的视角描述了萨满的治病原理，引人深思。遗憾的是，作者把所有的幻象与想象活动都归结于潜意识，这样就没有办法区分出深层心理与浅层心理关于治愈的区别。

二、国内学界对荣格的译介和研究

与国外相比，国内对荣格神话理论的研究与应用更是寥寥。大致从1985年以后，随着又一次的西学东渐，在心理学和文学领域才有学者注意到荣格。但研究的重心多局限于集体无意识之于文艺思想的解读、心理学上的阐释或者简单论述其宗教思想的渊源。已有研究大都仅就集体无意识的某一方面进行单向的阐释，而对荣格思想中最核心的神话观与神话理论敬而远之，这让我们的研究远远落后于荣格本身的思想。

荣格一生笔耕不辍，著作等身。虽然国内已经翻译了越来越多的荣格文集，但还是略显不足。国际文化出版公司出版了九卷本荣格文集，分别为：第一卷《弗洛伊德与精神分析》，第二卷《转化的象征》，第三卷《心理类型》，第四卷《心理结构与心理动力学》，第五卷《原型与集体无意识》，第六卷《文明的变迁》，第七卷《人、艺术与文学中的精神》，第八卷《人格的发展》，第九卷《象征生活》。此外，《金花的秘密》《自我与自性》《荣格自传：回忆·梦·思考》

---

① [英]威尔逊·M. 哈德森：《荣格论神话》，见[英]罗伯特·A. 西格尔编：《心理学与神话》，陈金星主译，陕西师范大学出版社总社，2019年，第178—179页。

② Jeanne Achterberg, *Imagery in Healing: Shamanism and Modern Medicine*, Boston: Shambhala Publications, Inc, 1985, pp. 113–116.

《红书》等也相继被翻译过来，其中不乏多个译本。

在中国的硕博论文中，大多偏向用荣格思想解读某一文艺现象，或者将潜意识概念与某一宗教思想做对比，且多以硕士论文为主。这种为我所用的想法固然不错，但前提是要在基于对原著深入了解的基础上，才能正确与多方面地为我所用。

在荣格心理学方面，黑龙江人民出版社出版了"荣格神秘心理学"系列三卷本，是当代中国学者研究荣格心理学思想的优秀代表作。第一卷着重研究了荣格的基本心理学思想；第二卷研究了炼金术的历史传奇和荣格关于炼金术的心理学分析；第三卷则以荣格心理学的核心思想，即集体潜意识原型为主线，对荣格以及后荣格学派的原型理论和实践进行了分析。这有助于我们系统理解荣格博大精深的心理学内容。陈兵教授在《佛教心理学》中，将潜意识与佛学中的阿赖耶识做对比，认为潜意识是阿赖耶识的一部分，并对潜意识的重要性进行说明。他这样表述，人仅仅在5%左右的认知活动中有意识，其余大多数决定、行动、情绪、行为都决定于潜意识，且潜意识在意识之前便已经开始筹划。[1]

荣格思想之于文艺方面的研究以常如瑜的《荣格：自然、心灵与文学——荣格生态文艺思想初探》与程金城的《原型批判与重释》为代表。《荣格：自然、心灵与文学——荣格生态文艺思想初探》一书从自然、人类心灵以及文学的角度研究荣格的文艺思想，认为荣格的文艺思想对于拯救现代人的精神危机、重塑人与自然之间的新关系以及文学作品的生态转向等问题都具有非常重要的意义。此文的创新之处便是提出"荣格生态文艺思想"这一概念。《原型批判与重释》对以荣格为代表的原型理论进行系统辨析和批判，并梳理与原型相关的哲学和人文科学现象。

申荷永、高岚合著的《荣格与中国文化》一书，从中国道教、儒家、佛教、《易经》等方面呈现并阐述了中国文化对荣格生活和工作的影响。荣格思想与中国文化有着深厚的渊源关系，他曾学习汉字，研习《易经》，自称是中国文化的信徒、道教的追随者。正是因为发现了中国文化，荣格才找到了潜意识的文化渊源。研究属于西方心理学概念的荣格思想，切不可一味舍近求远，而是要在自身文化基础上实现东西方的对话。此外，两人还合著了《沙盘游戏疗法》，对基于荣格思想发展而来的沙盘游戏治疗进行了探讨。

---

[1] 陈兵：《佛教心理学》（上），陕西师范大学出版总社，2015年，第72页。

国内对超个人心理学的研究更是凤毛麟角，处于刚起步的阶段。以郭永玉的《精神追求：超个人心理学及其治疗理论研究》与杨韶刚的《超个人心理学》为代表，多流于对超个人心理学的介绍，亟须加强研究。

荣格的心理学思想深刻也偏颇，尤其是在民俗学与人类学领域颇多批判之声。韦斯登·拉巴认为，荣格在民俗学领域的研究建立在错误的心理学至上观。荣格的原型重复了普遍思想的错误观念，佯称民俗学象征是种族遗传的。然而大量事实却是这些民俗、文化象征是在社会化过程中演变而来的，是受文化环境影响的，用原型演绎法对所有民俗文化一网打尽，是不合适的。[1] 赫斯科维茨夫妇、威廉·R.巴斯科姆、阿兰·邓迪斯等其他荣格批评者也都追随韦斯登·拉巴的观点。[2] 柯克对荣格的批判同样值得关注。他指出像智慧老人、地母、圣子等原型概念在神话体系，尤其是在希腊神话中，并非像荣格所表述的那样是反复出现的。此外，荣格的神话思想是典型的"进化说"，而与"进化说"相对立的是"传播说"。两者的争执是：相似的观念出现在不同的文化中，究竟是各自独立发展的结果，还是文化接触的结果。如今，人们已经越来越倾向于后者，因为人们发现古代传播的影响范围可能远远超出最初的预料。对此，柯克还引用皮亚杰关于儿童心智的研究来证实这一点。皮亚杰指出诸如心智、空间、因果等先验的概念，实际上是在出生后最初几年通过实验逐渐发展起来的。[3]

从国内外研究现状来看，关于荣格神话理论的研究与相关应用存在相对的不足。国外关于荣格神话理论的研究刚刚起步，国内对荣格的研究大多停留在在心理、文艺的层面，导致潜意识无法与神话相互结合、相互说明。这样就使得我们一方面不能结合神话现象更深入地理解荣格思想，另一方面也无法就神话中的神秘现象进行心理层面的阐释。超个人心理学秉承荣格思想，继续探索潜意识，解读人类的心灵，乃至人类与宇宙本质。顺承此势，荣格思想，尤其基于幻觉体验的神话观思想，又重新走入人们视线，得到人们的重视。因此，对荣格思想中的神话观与神话理论的研究与相关应用就显得尤为重要。

---

[1] ［美］卡洛斯·德雷克：《荣格及其批评者》，见［英］罗伯特·A. 西格尔编：《心理学与神话》，陈金星主译，陕西师范大学出版社总社，2019年，第111—112页。
[2] ［美］卡洛斯·德雷克：《荣格及其批评者》，见［英］罗伯特·A. 西格尔编：《心理学与神话》，陈金星主译，陕西师范大学出版社总社，2019年，第115—122页。
[3] ［英］柯克：《希腊神话的性质》，刘宗迪译，华东师范大学出版社，2017年，第72—74页。

第三节 研究思路与方法

一、研究思路

本书通过梳理荣格思想以及与其密切相关的超个人心理学的相关研究，结合其他灵性思想与神话中的入幻体验，深入阐释荣格神话理论，即核心的潜意识与自性原型概念，并对潜意识在大脑中的定位进行相关介绍。在解析潜意识与自性原型概念之后，尝试使用其概念从心理学的角度解读神话与萨满文化中的一些神秘现象，比如神话的由来、神话作用于意识增长的模式、萨满的迷幻出神、萨满病与神话治疗等。利用文献研究法、比较分析法、田野调查法与心理分析法拟达成这样一个目标：通过神话视角的注解，更深入地阐释荣格心理学思想；同时在心理学与神话现象彼此揭秘的过程中，使人们对心灵与相关文化现象有更清晰的认识。

本书共分为五章。

（1）第一章主要介绍与分析荣格思想中的神话理论，即潜意识与自性原型，分别从潜意识的特征表现、灵性传统中关于潜意识的表述、潜意识在大脑中的分布等方面展开论述；在新旧证据的交替下，试图展现潜意识的全方位样貌。本章分为两节。

第一节主要论述潜意识的特征、象征性表达以及灵性传统中关于潜意识的表述。潜意识与意识一样，也是重要的心理内容，由神话表述，等待着意识的进一步认识，借由情感、想象勾勒某种内在精神图像。潜意识原型是定性的而非定量的，人们只能通过体验而感受它、确认它、成为它。潜意识原型是对立物的复合体，它既是光明、仁慈的、阳性的，也是阴暗、可怕的、阴性的，甚至同时囊括意识与潜意识之间的对立。在日常的意识思维中，人们常常践行为主流思想所宣传的价值观，诸如真、善、美等，而避免、忽略着相反的一面，诸如邪恶、肮脏乃至完整。因此，潜意识在投射的时候常常以与传统信念截然不同的异样和破坏性经验的形式出现。其中否定性价值观的一些表达便属于以异样和破坏性经验表现的形式之一，它们拥有巨大的力量。潜意识既是意识诞生之地，也是吞噬意识之地，如同一只首尾衔接的蛇环，意识在其中进行着自我转换与变形。如果说，具有意志、决定性特点的意识思维为男性原则的话，那么就其具有生产、通过吸收而来的毁灭特征而言，潜意识则更倾向为女性原则。潜意识是不为我们所熟悉的精神领域,框定在自我意识之前与之后,也就是出生与死亡之际,这使得潜意识在孩子与老人的心理中表现得更为明显。灵性传统与相关理论中也有对潜意识的论述。通过对潜意识的一系列特征的类比整合,可使我们对潜意识有更为清晰的认识。

第二节主要论述大脑中的神话,分别就体验型神话与虚构型神话在大脑中的定位进行梳理说明。伴随着20世纪中期脑神经研究的兴起,与之相关的意识与心理领域也相应揭开神秘面纱。于是研究者们纷纷开始探寻心理与生理的互动机制及潜意识在大脑中的定位,他们发现潜意识的相关运作与右脑、情感脑、中脑负责情绪的某些中枢、慢脑电波(阿尔法波与西塔波)存在密切的联系,愈加证实了潜意识的存在。同时,研究者们亦在大脑中寻找虚构型神话的相关定位。脑神经科学家发现诸如宗教、讲故事等被称之为文化的精神性符号,主要与认知脑的新皮层有关,尤其是与新皮层中的额叶、前额叶皮层(prefrontal cortex,有时又被称为前额叶皮质、额前皮质、额前皮层)有关。此外,科学家发现,主要是左半脑在负责讲故事。

(2)第二章具体到神话语境中,应用荣格神话理论解读与探讨神话的发生、作用于意识增长的方式、神话中的出神现象。本章分为两节。

第一节主要论述神话作为连接枢纽既连接潜意识又连接意识。首先,荣格认为,神话来自潜意识自动的投射。在投射的过程中,原住民会把外在的感官体验同化为内在的心理事件,使得任何事物都染上一层心理色彩。只有当它们为自我意识所意识到时,来自潜意识的投射才会停止,成为自我意识的一部分。潜意识自发地产生象征符号,化身为以原型为表征的神话母题内容,神话形象一方面指向潜意识内核,进行情感的合一;而具体、费解的神话意象更容易让自身成为供思索的对象,作用于意识的诞生与意识的增殖。因此,神话本身的存在形式就表明了它既是潜意识又是意识的,既表达内在又形成外在,既有体验下的情感功能,也有意识发展下的认知功能。在终极层面上,荣格甚至认为我们才是潜意识投射的那个梦。

第二节主要论述神话中的出神现象与潜意识的关系。潜意识是创造性的源头。某些艺术作品、哲学概念、科学发明、宗教显圣物等常常是发明、制造者于潜意识状态中,受其启发而产生,与萨满巫师的出神状态(ecstasy or trance)相同。萨满巫师常常是在潜意识状态中,经历与化身为神灵的潜意识的一番交往,获得来自潜意识的神秘知识。这也就是我们所说的出神。动物助手在出神状态中往往有特殊的表现,即它们虽然以现实中的动物原型为框架,却又凌驾于其上，其不同寻常之处正是动物助手作为萨满神圣力量来源的表征。同时，此节应用超个人心理学对出神意识状态的生成与表现原因做了分析。

（3）第三章主要论述形形色色的神经质疾病与潜意识的关系。化身为神经质幻觉的潜意识既可作为病，亦可作为药，主要看人们怎么对待。特别提及的是，本章还应用了超个人心理学，解读一直视为禁忌的萨满病。本章分为两节。

第一节主要论述"过"与"不及"的潜意识与神经质的关系，分为两个方面。首先是"不及"，即压抑潜意识而导致的神经质。对于现在社会而言，神经质主要是压抑潜意识遭其反噬的结果。潜意识越是受到压抑，越是以一种神经质的形式蔓延开来，甚至当它们被压抑时，那些本可能产生有益的倾向，也变成了真正的恶魔。同时，在倾听潜意识之音的过程中，如果人们过于亲近潜意识，即"过"，也会导致神经质。那些因过于亲近潜意识而导致的神经质在一些部落文化中，尤其是创造性的艺术家们身上较为常见。

第二节主要论述萨满病、巫师的受伤与潜意识的关系。萨满病、巫师的受伤这类的癫狂体验是萨满巫师一次潜意识之旅，在这次旅行考验中，他们通过了潜意识的考验，吸收了潜意识的灵性知识，带来了意识的扩展与人格的转化；而一旦萨满巫师曾经凭借自己的经验进入并成功走出来时，也就拥有了随意进出潜意识这块瑰宝的能力，达到了控制潜意识的阶段，运用它带给人间来自潜意识的影响。

（4）第四章主要应用荣格神话理论就神话治疗方面展开论述。本章分为三节。

第一节主要论述自性化（individual）的超越功能及治愈力。潜意识对荣格而言是一个饱含深意的心象符号，代表着那些远远先于自身且在心智上还不能把握的东西。其中，潜意识对意识的补偿与治疗功能主要体现在完整性上。完整性的原型孕育新知，等待被意识吸收，并拥有治疗心理疾病的功能。在超个人心理学家的一些表达中，因自性原型的终极神圣性，治愈性就不仅在于其所拥有的完整性，而是变得因为其存在则无所不治愈。然而要实现自性原型的补偿作用，还需要意识的配合。

第二节主要就作为原型表达的神话的治疗力展开论述。荣格学派认为神话是潜意识心灵的象征性表达，来自心灵，也对心灵述说。当人们连接、认同、参与进这些神话，或者对之进行冥想，那么他们将会与潜意识相连，与内在最深处连接，体验内在。这些形形色色的象征性表达似乎对一种心理状态向另一种状态的转换有促进作用。此时会唤起参与者内在的回应，启动更深层次的灵性力量，进行身心修复与医治。鉴于原型心理有如此巨大的影响力量，有些人认为原型本身的构成不仅局限于心理，还延伸到生理领域，它们要么由物质成分构成，要么交织在身体和大脑中的各个部分与物质紧密连接。萨满、巫师的治病原理也与之类似。

第三节主要就作为文化资源的虚构型神话的治愈力展开论述。体验型神话存在来自原型的治愈功能，在一些学者看来，虚构型神话亦存在治愈力。为了对神话治疗有更全面的认识，我们同样从医学人类学的视角对虚构型神话的治愈功能进行说明，以补充神话的原型治愈说。

（5）第五章就荣格神话思想进行总结。荣格思想源远流长，取之不竭，随时代的发展，它的有效性并没有消失，而是愈加证明其魅力。可以说，荣格找到了那把通往人类永恒心灵的钥匙。而与荣格先进与深邃的思想相比，人们现在才逐渐追赶上了他的脚步。荣格思想尤其是作为重镇的神话理论，需要持续研究。

二、 研究方法

（1）文献研究法。通过整理相关文献，确定荣格神话理论的内涵，辨析潜意识与神话的关系。

（2）比较分析法。比较分析形形色色的神经质与潜意识的关系、体验型神话与虚构型神话在大脑中的分布及相应治病功能。

（3）田野调查法。采访萨满出神场景与仪式体验，进而对萨满文化有更深入的认识。

（4）心理分析法。应用荣格心理分析法，对萨满出神体验、神话原型进行分析。

第一章　荣格神话理论：潜意识与自性原型

第一节　体验性的潜意识与否定性价值观、女性、孩子及老人的表征关系

"梦是个人化了的神话，神话是消除了个人因素的梦……"[①] 当人们进入梦境时，就像穿梭到另一个世界，庄生梦蝶、逝人还乡，不知生死，也无问东西。梦醒之后往往怅然若失，既有"这只不过是一个梦"的劝慰，也有"还好这只是一个梦"的侥幸。不管梦带给人们的感觉为何，人们总会把它当作无关紧要的小插曲一笑置之，努力维持着意识思维所建构的如常，并认为那是唯一的真实。但荣格通过研究原住民、精神病人的心理世界，认为梦、幻觉中的世界与现实世界一样真实，也同等重要，它是潜意识投射而成。潜意识是重要的心理内容，借由情感、想象、神话意象等原型勾勒某种内在精神图像，等待着意识的进一步认识。古代灵性传统中亦有相关描述，又称其为萨满意识状态、寂静的知识等。脑神经的相关研究也令它得到越来越多的证实与关注。潜意识既有危险又有超越，既表征为毒龙又是毒龙所守护的宝物，是天堂也是地狱，有序也无序，在意识思维的不同态度中轮番上场，它以自身强大的威力告诫人们：对其力量可敬之可畏之，绝不可等闲视之。

一、潜意识概览

自祛魅以来，当今世界几乎全都笼罩在理性意识中。为理性原则所支配的现代人看似有条不紊，实则内心诚惶诚恐，唯恐出一点差错，没有丝毫的放松，神经衰弱已经成为常态。在荣格看来，这恰恰说明抛弃潜意识之后的意识是不自然乃至病态的。在意识之前，是潜意识统治的领域，那是史前与神话的时代。潜意识通过梦、幻觉、情感、直觉等形式进行投射，并在投射过程中等待被意

[①] [美] 约瑟夫·坎贝尔：《千面英雄》，张承谟译，上海文艺出版社，2000 年，第 14 页。

识认知。潜意识的投射还使得万物都染上一层神秘的心理色彩。在某些情形的心理状态下，心理与事物会相互渗透，彼此混溶不分。

意识从潜意识中诞生，由其滋养，潜意识与意识的关系如同树根与枝叶。每当入睡时，意识便返回潜意识母亲的怀抱，从母乳源头处补充能量，进行调适，它是清醒能量的真正修复者。潜意识与意识一样，是一种心理现象。如果说，意识展示的是外部世界的话，潜意识表达的则是内心世界的画面，它是对外部世界的补偿性镜像，二者处于不同的知觉心理系统。比如，在睡眠中意识脱离清醒经验时的意识场域，一般被认为是休息或意识暂停的状态，然而印度宗教宗师奥罗宾多认为这只是一种肤浅的看法：休息的只是表层的心灵和身体的一般意识动作，内在的意识（如梦）并没有暂停而是进入新的内在活动。甚至还有更深层的无梦睡眠阶段，那是更深邃、更厚实的潜意识层面。① 如果人们发展内心的生命，便会发现，所谓的潜意识、内在意识，其实也是一种意识、实相与意义。经历过潜意识状态的人普遍认为内心有一个和外在宇宙一样神秘的世界，那是物质仪器无法探测到的经验向度，这些向度存在于心灵与意识之中。于是将会得到这样的一个结论：人们既存在于感官与物质世界，更存在于心灵和意识的世界。② 甚至不是身体承载着意识，而是相反，意识承载身体。毕竟，人可以逃离宇宙，却无法逃离自己的意识和思维。更为激烈的一些想法则认为这些内在生命与精神意象独立于人之外，存在于另一个时空中，人们并不创造它们，仅仅是与它们进行互动。③

爱德华·泰勒指出，万物有灵观构成了原住民的哲学基础。起初，原住民真的相信灵魂、幽灵具有客观性、现实性、物质性。比如他们认为人的灵魂以其肉体躯壳的形象出现，精灵的声音像轻轻私语或像啸声，像真正"气"的声音。为此，他们的棺材常常留有一个小孔让物质性的灵魂自由流动。伴随着抽象化的过程，灵魂从物质的变成非物质性的存在，进而在较为"文明"的哲学学派之中，现在关于灵魂之虚无性成为无可厚非的公认。也即为，在原住民看

---

① ［印度］奥罗宾多：《持续的意识》，见［美］沃什、［美］方恩主编：《超越自我之道》，胡因梦、易之新译，中华工商联合出版社，2013 年，第 89 页。
② ［美］沃什、［美］方恩主编：《超越自我之道》，胡因梦、易之新译，中华工商联合出版社，2013 年，导论第 29 页。
③ Andrei A. Znamenski, *The Beauty of the Primitive: Shamanism and the Western Imagination*, New York: Oxford University Press, Inc, 2007, p.255.

来灵魂是现实与客观的东西,现代科学理论则认为它是纯粹主观和想象的产物。① 因此,生活在现代社会中的荣格,在表述神灵与潜意识时,有时候把它表述为心理主观内容,但神秘家的兼性又使他更多的时候将其表述为真实的"客观心理",或者更极端的存在于人类之外、拥有自身意志的生命。

潜意识是灵性、自主的、有生命的存在,发端于人种开始之际,是人之为人的显著特性,荣格称之为两百万岁的老人,又把它类比作列维-布留尔的"集体表象"(representations collectives)。它可突破时空的阻隔,调动所有的感官与能量,以内省、完整的方式孕育着更高的智性,预感到意识所察觉不到之事,并随时对定向性的意识思维进行补偿。要言之,它既是古老的史前心声,又以此为突破口,成为新事物的萌芽。作为自然的本性,潜意识把灵性的使命先验地熔铸在人类的基因中,表达着灵魂的渴望,而人类保证自己不得病的方法之一便是有意识地实现潜意识原型的计划,又不被其吞噬。对于潜意识,荣格这样描述:

> 这种潜意识深埋在大脑的结构之中,只会通过创造性幻想这一媒介才会显露其未灭的存在,它就是超个体的潜意识。它在具有创造力的人身上复苏,把自己展现在艺术家的想象中,在思想者的灵感里,在潜修者的内心经历上。超个人的潜意识通过大脑结构而传播,就像一种无远弗届、无所不在、不所不知的精神。它对人的了解不限于此时此刻,它也了解人的过去;它了解神话中的人。也正因为如此,与超个体意识或集体潜意识的关联意味着人对自身的延伸;意味着个人存在的死亡以及在另一个新空间的重生。这在古代某些神秘故事中就确实发生过。②

潜意识的灵性呼唤使得人们很难忽略它的存在,如果忽略,人们便会寻找其他的与之类似但绝非相同的替代形式,比如过度消费、各种成瘾,甚至追求邪教。此时,潜意识也会以其他的面目出现,常常是神经质。之所以潜意识不再通过梦等形式与人们交流,在一些人看来只是因为现代人再无谦卑。"居住在美国西南沙漠地带的帕帕果人(Papago)说,幻象不会在那些不值得的人面前

---

① [英]爱德华·泰勒:《原始文化:神话、哲学、宗教、语言、艺术和习俗发展之研究》,连树声译,广西师范大学出版社,2005年,第349—374页。
② [瑞士]卡尔·古斯塔夫·荣格:《文明的变迁》,周朗、石小竹译,国际文化出版公司,2018年,第8页。

出现。只有在虔诚人的梦中才会出现，梦里就会有圣歌。"[1] 潜意识是存在于人们身上的伟大人格。在人生关键时刻，夜深人静时，人们往往会听见一个声音告诉他们该如何选择；思绪从无的时候，亦有一个想法从天而降。于是人们知道自己被某种神圣的力量护佑，从而心无畏惧地大胆步入自己的命运轨迹。无论它是真是幻，但就像荣格所言：

> 没有人知道终极的东西究竟是什么，我们因此只能根据自己的经验去看它们。如果这样的经验有助于使人生变得较为健康、较为美丽、较为充实和完整，并且更能令你自己和你所爱的人满意，那么你就可以放心地说："这就是上帝的恩典。"[2]

往昔，美洲原住民在青春期过渡仪式、大战或狩猎前夜，都会寻求幻象，以期获得力量和启示。如今，他们在考虑是否要改变生活的时刻，如结婚、竞选一个职位、为了求职或受教育从乡村搬到城里等生命重大节点，或者发生政治、经济、精神危机的时候，还是会寻求幻象。[3]

潜意识在某些表达中又被称为"前意识""无意识"，分为两种。一是个人无意识，具有个人性、后天性，包括三个方面：被遗忘的心理内容；能量太小不足以到达意识领域的知觉；与一切意识不相容的心理。[4] 其与弗洛伊德的"无意识"概念相当，由创伤性情结构成，其中情结也是与原型相关的创伤性体验。二是顺着个人无意识继续往深处挖掘，便出现了与荣格一辈子打交道的集体无意识（书中所表述的潜意识、无意识、超意识等，无特殊说明皆指这个概念），集体无意识具有先天性、集体性、遗传性、普遍性、神秘性，由原型与本能构成。荣格这样描述：

> 其内容都不是个人而是集体的；也就是说它们不属于单独的个人，而属于整个群体，通常是整个民族，甚至是整个人类。这些内容并非得自个人生活，而是天生的和本能的产物。尽管幼儿并不生下来就有思想，但他却拥有能够清晰思考的高度发达的大脑。大脑遗传自它的

---

[1] [美] 简·哈利法克斯：《萨满之声：梦幻故事概览》，叶舒宪主译，陕西师范大学出版总社，2019 年，第 24 页。
[2] [瑞士] 荣格：《精神分析与灵魂治疗》，冯川译，北京联合出版公司，2013 年，第 105 页。
[3] [美] 刘易斯·M. 霍普费、[美] 马克·R. 伍德沃德：《世界宗教》，辛岩译，北京联合出版公司，2018 年，第 34—37 页。
[4] [瑞士] 卡尔·古斯塔夫·荣格：《心理结构与心理动力学》，关群德译，国际文化出版公司，2018 年，第 212—213 页。

祖先；这是整个人类的心理功能的积淀。①

在荣格的表述中，原型与本能经常互换。但特殊的一点是，原型是一种精神本能、精神本源与精神能量，与盲目的本能相冲突，甚至可以扭转本能的自然倾向，并将其限制在精神范围内。但鉴于原型与本能形态上的相似性，原型与本能的无意识形象、本能的行为模式有时候又可以画等号。②潜意识渗透在人们周围的方方面面，与意识唇齿相依、彼此影响。其影响如此巨大以至于让人们怀疑是否有纯粹的个人无意识存在，就连做关于通过考试的梦也是通过仪式的一种变形。安东尼·史蒂文斯表示："所有的梦中都隐含着某种原型成分，但是有些梦显然比另一些梦更具原型特征……"③

荣格把潜意识这股心理能量比作太阳，作为不竭的原动力，周而复始地运动，平等地照耀着土地上一切正义与不义之事。它是一个中性的存在，却在人类目的性的选择下演化为救赎与毁灭的对立模式。潜意识亦是考验之地，考验的是人的心，它以何种面貌呈现，往往视人们的心灵、意识准备为前提，一念天堂一念地狱，全在于人们的选择。若个体以纯洁、无畏、广阔的心灵接受它的挑战，以伟大的灵魂去匹配伟大的使命，它终将会对其展现有益的影响。潜意识是推动人们向前发展的动力，而更好永远是好的敌人，当个体停滞不前，不愿承担自己的任务时，潜意识就会表现出毁灭性的一面，直到个体感知到自己的使命所在。然而所有表面的邪恶只是出于潜意识想要锻炼心灵、转化心灵的需要，等待个体的心灵与之对应，使其成为最终所是之人。超个人心理学家迈克尔·瓦许本结合弗洛伊德的精神分析与荣格的分析心理学，认为潜意识的消极与积极的一面是潜意识在特定发展阶段的表现。从出生到中年的人生前半阶段，潜意识表现为前自我阶段的本我。此时，自我还没有从来源处分化出来，从自我融合和共生的初始阶段发展到自我独立阶段则为前半生的目标。因此，潜意识被经验为与自我对立或者低于自我的东西，它是一个危险和黑暗的领域，自我必须被安全隔离，以优先发展。而人生后半阶段，潜意识表现为超越自我的集体无意识。当精神分析称赞自我的独立性，荣格的分析心理学看到了自我独立性的负面效果，即与更深层次生命来源失去联系。于是在后半阶段，潜意识被体验为高于或者支持自我的东西。荣格个体化理论主旨便在于自我需要向

---

① [瑞士] 卡尔·古斯塔夫·荣格：《心理结构与心理动力学》，关群德译，国际文化出版公司，2018年，第213页。
② 程金城：《原型批评与重释》，陕西师范大学出版总社，2019年，第34页。
③ [英] 安东尼·史蒂文斯：《两百万岁的自性》，杨韶刚译，北京大学出版社，2014年，第62页。

潜意识敞开心扉，从而重构与心灵深处的联系。在此回归的过程中又分为两个阶段，"为超越而服务的退化"以及"精神的再生"。然而，即便在后半阶段回归时期，潜意识也不是绝对至善的，而是充满着威胁与恐怖。首先是在为超越而服务的退化的旅程中，之前一直作为被压抑者的潜意识在回归时会带有某种程度的"愤怒"，自我要忍受这种带有"愤怒"性质的回归，并努力保持自己的独立性，以对抗非自我生命的复苏。因此，潜意识在此阶段主要呈现为消极的伪装形式：具有威胁性的本能冲动；引诱或使人恐惧的想象；诸如洪水、无意识的恍惚与吞没等恐怖或病态的心理等。其中的转折点就是夜间航行的最低点，即自我被潜意识海洋吞没，终于懂得屈从于最深层的力量。然而，就像奇迹般，自我发现它从野兽的肚子中释放了出来。最深层的力量停止了吞噬，变成了下一阶段的精神的再生。此时，自我能够承受来自潜意识的强大能量，逐渐失去对它的恐惧，以越来越积极的方式体验这些潜能，并出现以下转变：本能性冲动让位于肉体的觉醒；引诱的或者令人害怕的想象让位于舒服的与令人启发的幻象；恐惧、陌生的情感让位于令人精神愉快的情感；头脑中诸如洪水、恍惚及吞噬的状态让位于兴高采烈、狂喜、入迷的状态。由于人生后半阶段的转化过程自我植根于更高与更深的精神来源，当自我返回世界时，不只是回归到它当初离开时的那个位置，而是像弹簧一样，反弹到更高的地方，以新的意识观念与态度来面对、体验现实生活。[1] 作表以示为：

表1 潜意识在人生上、下半阶段的表现

人生上半阶段	潜意识表现：前自我的本我	自我优先发展、自我与潜意识保持安全界限；潜意识大多体验为负面现象；发展自我意识	
人生下半阶段	潜意识表现：超自我的集体潜意识	自我的回归、与潜意识融合；潜意识体验有负面有正面；形成更高级的精神态度	为超越而服务的退化：潜意识体验消极多积极少
			精神的再生：潜意识体验积极多消极少

---

[1] Michael Washburn, *Transpersonal Psychology in the Philosophy of Psychology*, New York: State University of New York Press, 1994, pp. 1 – 27.

潜意识是伴随人一生的精神财产，在不同的时间阶段、不同的观点态度中呈现不同的面目。无论呈现的是黑暗还是光明的一面，它只有一个目的，那便是使人完整与完全，以清晰的意识状态与神圣完全合一，在更高的精神境界审视我们平凡而又伟大的一生，实现自我的了悟与超脱，当然这期间可能会存在不同程度的侧重。

显然，与弗洛伊德把潜意识仅仅限定为被压抑的性欲相比，荣格大大地扩充了潜意识的内容。他认为，除性欲外，潜意识还包括精神、生命力、道德等，是一股还未被我们认识的生命能量——力比多。[1] 与凡事都和主观看法相挂钩的意识相比，潜意识更多地呈现为一种客观，它是一股不为意识所主宰的精神力量。人们会说潜意识灵感像雪花一样降落到我头上，它们像是某种赠予，总是先投射为其他事物然后才为人们所认识。其投射的潜意识原型可大可小，可男可女（比如上帝的形象），能够把极其异质的成分都以悖论的方式整合在自身之中，其本身是相互矛盾、含混多义的，虽然针对不同的情境会有不同面貌的侧重。但功能是一致的，即等待被意识认识，为意识注入新鲜血液，扩充进自我结构，达到潜意识与意识的终极整合，也就是荣格所说的个体化转变之路、人格的完整、自性的实现。自性是潜意识的核心原型、终极原型、原型的原型。它是潜意识的调节中心，也是心灵的整体与所有能量的来源，代表秩序与整合。荣格这样评价自性：

> 对于西方人来说，我会用"基督"来代替"自性"这个词；到了近东，它就是黑德尔（Khidr）；在远东，它是灵魂，是道或佛；到了美国中西部（远西地区）它就化身为一只野兔或是孟达明；而在犹太神秘哲学中，它便是美（Tifereth）。世界在变小，我们开始认识到，人类实为一体，共有一个心灵。[2]

几乎所有的原型，诸如阴影、阿尼玛、阿尼姆斯、魔法师、英雄、儿童等，都是自性原型的表现。在发展的过程中，自性会冲击心灵，并在个人的所有层次（生理的、心理的与灵性的）造成改变与更新，使人持续转化。[3] 然而，要实

---

[1] [瑞士] 卡尔·古斯塔夫·荣格：《心理结构与心理动力学》，关群德译，国际文化出版公司，2018 年，第 20 页。
[2] [瑞士] 卡尔·古斯塔夫·荣格：《文明的变迁》，周朗、石小竹译，国际文化出版公司，2018 年，第 318 页。
[3] [美] 莫瑞·史坦：《荣格心灵地图》，朱侃如译，蔡昌雄校，立绪文化事业有限公司，2017 年，第 250 页。

现自性对人的持续转化，需要意识的配合才可以。杰佛瑞·芮夫把经意识整合之前的潜意识称为潜在的自性，把经意识整合后的潜意识原型则称为明显的自性。① 明显的自性是一种清醒的整合，它是彻底的意识与潜意识的合一，而非含混不明的潜意识胚胎。这就比如一本小说，你知道它已完成且完整，但你必须经过时间的阅读才能一步步地看清楚它，让它成为你意识中的一部分。未读的小说就是人们所说的潜在的自性，而经时间阅读后的小说，便是明显的自性。当然也有可能，个体因为未意识到自性的要求与呼唤，成为荣格所说的神经病症。这也就意味着，驱动自性实现的亦是神秘的自性。自性原型是人生的驱动力，也是我们毕生所追求与实现的目标，意识心灵的每一种状态，都处在自性的表达范畴中。以至于莫瑞·斯坦这样总结自性："对荣格而言，本我是超越的，这表示它不是由心灵领域所界定，也不是被包括在其中；相反的，它不仅超越心灵领域，更重要的是它界定了心灵领域。"② 可见自性的神秘与重要性。而要在意识领域实现自性，并进而达到人格的完整绝非易事，如美国人本主义心理学家奥尔波特所说："人格的完全统一是永远也不会达到的。在荣格的方式提出来之后，我认为，达到统一的捷径在于对统一的永远也不会实现的追求。"③ 自性就像我们一直要到达却迟迟不肯到达的希望，追求的道路不单单是接近那个希望，追求本身已经是那个希望了。有意或无意，人们离自性实现始终只差那么一点，想想看如果每个人都成为自性开悟的状态，不存在一点缺陷，没有一丝丝人味，那么这个地球也未免太无趣了。而我们爱上一个人，往往是爱上一个人的脆弱。

在荣格语境中，部落世界中的神灵鬼魅都只是潜意识的投射，而所有的神秘、神圣的体验都是源于与潜意识原型的亲密接触。先民们集体生活在潜意识氛围中，践行万物有灵观。而对于像巫师、萨满一类的经过特殊训练与经历拥有超意识的神秘家而言，他们与神灵的联系更为密切，可以凭借意愿随意进出潜意识领域，作为神灵使者在意识与潜意识之间来回转换。他们不再受潜意识所投射的神灵控制，而是可以与神灵合作乃至控制神灵以辅助人间。一般来说传统社会中的人们普遍认同、接受不同意识状态下的属于神灵世界的现实，并对随意进出潜意识领域的巫师、萨满表示尊敬。可见，他们对意识复杂程度的

---

① [美] 杰佛瑞·芮夫：《荣格与炼金术》，廖世德译，湖南人民出版社，2012年，第7—8页。
② [美] 莫瑞·史坦：《荣格心灵地图》，朱侃如译，蔡昌雄校，立绪文化事业有限公司，2017年，第196页。
③ G. W. Allport ed., *Letter form Jenny*, New York: Harcourt Brace Jovanovich, 1965, p.3.

认识可能已经超过了一些现代人。某些文化明确地教育那里的人们有关意识转换的常识和达到这种状态的技巧。譬如南非的布须曼族（Bushmen）往往能通过舞蹈而进入出神的状态，并且能够利用这种状态进行治疗。① 人类学家迈克尔·温克尔曼（Michael Winkelman）曾对四千年时间跨度中的47个社群进行观察和比较，并得出结论：公元前1750年（巴比伦）至今，所有的文化都使用意识改变状态（Altered States of Consciousness）进行宗教和医疗实践。② 布吉尼翁也发现，在488个世界各地的不同群体中，至少90%在某种形式上将知觉状态改变习俗化。③ 古今世界各地不同的文化群体中，都存在转换意识状态的习俗，以至于安德鲁·威尔（Andrewz Weil）总结说："周期性地转换意识的欲望，乃是人类与生俱来的驱力，非常类似于食欲或性驱力。"④ 就像时间久了，人们自然想要大醉一场一样。

二、体验性的潜意识

潜意识原型在本质上是定性的而非定量⑤，人们只能通过遭遇它、体验它而感受它、确认它、成为它。荣格称："'宗教'这个词是指已被'圣秘'体验改变了的意识的一种特有状态。"⑥ 这里所谓的圣秘体验即原型体验。从这个角度来讲，潜意识又是最为主观性与自体性的，因为这种客观精神只有通过个人的主观体验才能自我关照与自我验证。某个特定意识状态的认知往往不被另一种意识状态理解，即便一个人在另类意识状态中收获的领悟再深也无法将其传达给没经历过此意识状态的人。甚至在通过服用致幻剂出神入幻的过程中，每次的入幻体验也是不同的，以至于一些萨满认为这些致幻药物也有各自的"灵魂"

---

① [美] 丹尼尔·戈尔曼：《心理学、实相与意识》，见 [美] 沃什、[美] 方恩主编：《超越自我之道》，胡因梦、易之新译，中华工商联合出版社，2013年，第10—12页。
② Hans Mebius, "Ake Hultkrantz and Study of Shamanism", *Shaman*, 2005 Spring/Autumn, 13：18. 李楠：《北美印第安人萨满文化研究》，社会科学文献出版社，2019年，第208页。
③ [美] 理查德·诺尔：《作为一种文化现象的心象培养：谈表象在萨满教中的作用》，见郭淑云、沈占春主编：《域外萨满学文集》，学苑出版社，2010年，第103页。
④ 转引自 [美] 沃什、[美] 方恩主编：《超越自我之道》，胡因梦、易之新译，中华工商联合出版社，2013年，第6页。
⑤ [瑞士] 卡尔·古斯塔夫·荣格：《心理结构与心理动力学》，关群德译，国际文化出版公司，2018年，第161页。
⑥ [瑞士] 荣格：《精神分析与灵魂治疗》，冯川译，北京联合出版公司，2013年，第12页。

"妈妈",是"植物老师"与"植物神"①,可根据不同的人展现不同的面貌、授予不同的内容。这就使得潜意识体验无法纳入科学的范畴,因为科学是异体性的,它总是试图超越研究者自身的主观性来研究他者。

一则新闻报道,云南一户人家食用一种名叫见手青的野生菌,其中一女子吃野生菌后声称看到了小精灵、花与云等幻觉,并手舞足蹈地与幻觉交流。医生称,野生菌中含有生物碱,干扰了大脑里面的神经递质。按理说服用野生菌较为常见,但也会存在个体差异性。该女子的家人服用见手青后没有出现任何症状,只有她自己出现了幻觉。在后面紧追的评论中,一个网友也追忆自己服用见手青中毒后出现幻觉的场景。他称七八个人一起吃见手青后,只有自己"中招"了,于是看到漫天白雪、各色蝴蝶等幻象。他身上还出现了神奇的外星文字,甚至外星神族招他做小弟。当他走在路面上的时候就如同在大海的波涛中一样,这些症状直至第六天才开始消失。最后他总结说:"那幻觉真的令人很嗨的。"但有的网友却称:"说不定我们才在幻觉里,吃了蘑菇的人才看到真实。"

哈纳对科尼波文化进行人类学考察时,为了深入研究超自然,喝下了当地由死亡藤蔓制作而成的神圣的萨满药汁,引发了许多高强度的幻象,眼前仿佛出现了许多黑色的爬虫类生物。当他向当地一位最具超自然知识的盲人萨满请教自己的幻象经验时,盲人萨满表示,据他所知,没有人在第一次喝死亡藤蔓时就遭遇并学习到这么多,因此他对哈纳说:"你肯定可以成为萨满大师。"②

中美洲马萨克族一位名叫玛丽亚·萨比娜的萨满无意间服用神圣蘑菇后,看到了属于"万事皆知"世界的幻象,在幻想世界中学会了治病的本领。有一次她为了治疗一种很奇怪的病,服用了大量的神圣蘑菇,比以前任何一次都要多,于是在魂游之时,她不仅看到了以前曾经多次看到的熟悉景色,同时还被带入了那个世界的最深处,又看到了些前所未见的景象,利用那里的幻知识治疗这种奇怪的病。但并不是说吃致幻药物就能有神圣的通神体验,并获得相应本领。玛利亚·萨比娜的丈夫曾经服用过神圣蘑菇,也曾看到过幻象,但那些幻象毫无意义。有些人仍旧在继续服用神圣蘑菇,但他们同样无法进入玛丽

---

① [美] 路易斯·爱德华多·露娜:《植物老师》,见 [加] 杰里米·纳尔贝、[英] 弗朗西斯·赫胥黎主编:《穿越时光的萨满:通往知识的五百年之旅》,苑杰译,社会科学文献出版社,2017年,第186页。

② [美] 麦可·哈纳:《萨满之路:进入意识的时空旅行,迎接全新的身心转化》,达娃译,新星球出版社,2014年,第40—49页。

亚·萨比娜曾经到达过的幻境世界。①

1955年，R.高登·沃森拜访玛利亚·萨比娜（又译玛丽亚·萨拜娜）萨满，在她的指引下服用神圣蘑菇，拥有了印象深刻的幻象并将其记录，写成《寻找蘑菇》一文，发表在美国当时流行的大众刊物《生活周刊》上。以下是他的记录：

> 幻觉开始了，幻觉带我们来到了深夜中的高原上，在凌晨4点前，幻觉一直这样持续着。我们都觉得有点站不稳，还有些恶心，于是就躺在事先已经铺好的垫子上，但是除了孩子以外，并没有人想要睡觉，因为孩子们并没有吃蘑菇。我们几乎没有完全清醒过，无论我们睁着眼睛还是闭着眼睛，幻象总是在眼前。它们从幻觉中心地带出现，当它们过来的时候就开辟出一条道路，一会儿急速地，一会儿又慢慢地，总是按照我们期待的速度进行。它们有鲜艳的颜色，但通常是和谐的。它们由艺术意念开始，有棱角的，仿佛可以装饰地毯、织物、墙纸，抑或是建筑师的画板。接着，它们变成一个有庭院、拱廊和花园的场所——一个满是次等宝石的华丽场所。然后，我看见我的神兽画出了一架帝王御用的两轮车。接下来，我们房子的墙壁瞬间倒塌了，我的灵魂出窍了，悬在半空中俯瞰山峰大地，有骆驼拉着的大篷车从斜坡上行走，山峰一列一列地攀升至天空。3天后，当我们在同一位萨满指引下再次重复这种经历时，我们看见了河口而不是山峰，澄清的水从一片开阔的芦苇当中流过，直流入一片无垠的大海，笼罩在水平面上的阳光中。这次出现了一个人物，一位穿着原始服装的女人，站在水的中央，闪耀着光芒，谜一般的、美丽的，若不是她呼吸着，还穿着彩色织物衣服，她就像一尊雕像。我仿佛正在观瞻一个我不属于的，也无法与之取得联系的世界。我就在那里，固定在宇宙中，像是一只无形的眼睛，没有实体，能够观看但是不能被看见。
>
> 这种幻象并非混乱和不确定的，它们是高度聚焦的，线条和色彩都非常明晰，比我从前用自己的眼睛所看到的景象都要真实。我感到自己正看见的是草原，而普通的幻象只给我们以不完整的情景；我看见了原型——柏拉图的精神——就掩藏在日常生活的不完美中。有一

---

① [美]简·哈利法克斯：《萨满之声：梦幻故事概览》，叶舒宪主译，陕西师范大学出版总社，2019年，第109—110页。

个念头闪过脑海：是不是这神圣的蘑菇就是隐藏在古老神话背后的秘密？我正在享受着的奇迹般动感，是否就是在北欧民俗或神话中扮演着重要角色的飞行女巫的感受？这些想法纷纷出现在我看见幻象之际，因为蘑菇的功效在于它能够带来精神的分裂、人的分裂，这种精神分裂症，一方面以理智继续推理，另一方面同时观察正在经历的感情。这种想法如同松紧线般依附于游荡的感觉上。[1]

通常服用蘑菇（裸盖菇，psilocybe）的人约30分钟后开始接收到蘑菇引起的幻觉，持续5至6个小时。[2] 沃森认为，当幻觉体验发生时，"身体像铅一样迟钝沉重，但是意识却在宇宙中自由飞行"[3]，幻觉体验超越时空，不可思议，如柏拉图的精神，比现实世界还要真实。而这可能就是隐藏在古老神话背后的秘密。在沃森一行人回到纽约的公寓后，他们再次摄入了蘑菇，试图了解这种物质在城市环境中是否同样起作用。他们发现，一些幻视效应在城市中仍然存在。然而这些幻视效应比他们在萨满的陪伴下所经历的幻觉冲击要弱得多。[4] 这些体验与观点吸引了很多人的注意。《寻找蘑菇》刊登后，迅速被成千上万的人阅读，在西方社会引起了极大的震撼。这使得玛利亚·萨比娜一下子名声大振，前去她所在村落对她进行探访的人络绎不绝。该文还引发了嬉皮士连续多年去南墨西哥原住民村落旅行的潮流。然而，后续的运动却给玛利亚·萨比娜带来了困扰。玛利亚·萨比娜称这些蘑菇为神圣的孩子，而这些神圣的孩子在外国人到来的那一刻起，便失去了它的纯洁性和力量。在玛利亚·萨比娜看来，这是因为这些外国人不遵守禁忌，只是想通过蘑菇来证明、发现、了解神灵，而不是用它来疗治疾病。也因此，玛利亚·萨比娜原本可从神圣蘑菇那里获得的某种提升感，也一度消失殆尽。[5] 秘鲁亚马孙流域在治疗、宗教和巫术中有使用

---

[1] ［美］R. 高登·沃森：《我曾是被固定在宇宙中的无形眼睛》，见［加］杰里米·纳尔贝、［英］弗朗西斯·赫胥黎主编：《穿越时光的萨满：通往知识的五百年之旅》，苑杰译，社会科学文献出版社，2017年，第124—125页。

[2] 孟慧英：《西方世界关于萨满教的认识》，见郭宏珍主编：《宗教信仰与民族文化》（第6辑），社会科学文献出版社，2014年，第55页。

[3] ［美］R. 高登·沃森：《我曾是被固定在宇宙中的无形眼睛》，见［加］杰里米·纳尔贝、［英］弗朗西斯·赫胥黎主编：《穿越时光的萨满：通往知识的五百年之旅》，苑杰译，社会科学文献出版社，2017年，第126页。

[4] Andrei A. Znamenski, *The Beauty of the Primitive: Shamanism and the Western Imagination*, Oxford: Oxford University Press, Inc, 2007, p.127.

[5] ［墨］玛利亚·萨拜娜、［美］奥尔瓦罗·埃斯特拉达：《一位萨满因与观察者互动而失去提高的机会》，见［加］杰里米·纳尔贝、［英］弗朗西斯·赫胥黎主编：《穿越时光的萨满：通往知识的五百年之旅》，苑杰译，社会科学文献出版社，2017年，第136—137页。

致幻药物的古老传统。此时，治疗师会拿出煮好的死藤水（Ayahuasca），唱起圣歌，并将死藤水传递给在座的病人。同时，治疗师也会根据病人的体质、体力来增减死藤水中的药物含量，以方便"对症下药"。① 高登所参加的神圣蘑菇仪式亦是如此。其间，玛利亚·萨比娜给自己留下13对蘑菇，另外13对给她的女儿，而给高登与他的同伴艾伦6对。② 一般说来，萨满是仪式上服用致幻植物、药剂最多的人。③ 这或许与萨满经常服用致幻植物，以至于形成某种耐药性有关，也可能是萨满需要进入更深层次的幻象所需。文森特·穆恩（Vincent Moon）这样总结，在服用致幻药物时，之所以并不是每一次都真正有效，是因为饮用者的发心不同。如果饮用者的发心不过是寻找刺激、猎奇，那它的效用也就停留在这个层面，死藤水和蘑菇的真正力量也无法展现。只有发心足够强大，诸如想要自我解脱等，才能激发这些辅助食物的能量。④ 可见幻觉体验过程具有特殊性、主观性、不确定性。虽然出神体验具体到每个人可能会出现差别，但是对于同处在出神文化圈中的人来讲，这些差别体验应处于一个可预见的范围之内，使得彼此可以交流与信任。否则的话，即便是同处于出神文化圈，每个人也无法理解他人。

潜意识作为深层心理，属于人格的一部分，以神灵的形式进行投射与展现，因此荣格明确指出："原始心理并不发明神话，而是体验神话。神话是前意识心理的原始启示，是关于无意识心理事件的不自觉陈述。"⑤ "发明神话的并不是我们，恰恰相反，神话是以'上帝的话'的形式来向我们讲述的"⑥。当人类学家皮考克问一个印度尼西亚的报道人是否相信灵魂时，报道人对此有些不解，并反问道："你是在问我是不是相信灵魂在和我交谈时告诉我的那些话吗？"皮考克事后总结道："对他来说，灵魂不是一种信仰，而是一种毋庸置疑的关系，是他们整个生活的一部分。"人类学家卢克·拉斯特接着说，对于原住民自己而言，超自然信仰不仅仅是白人视角中看似无法证明、盲目的信奉与信仰，也是

---

① 孟慧英、吴凤玲：《人类学视野中的萨满医疗研究》，社会科学文献出版社，2015年，第64—65页。
② [美] R. 高登·沃森：《我曾是被固定在宇宙中的无形眼睛》，见[加]杰里米·纳尔贝、[英]弗朗西斯·赫胥黎主编：《穿越时光的萨满：通往知识的五百年之旅》，苑杰译，社会科学文献出版社，2017年，第124页。
③ [瑞士] 阿尔伯特·霍夫曼：《LSD——我那惹是生非的孩子：对致幻药物和神秘主义的科学反思》，沈逾、常青译，北京师范大学出版社，2006年，作者自序第93页。
④ 他者 others 编辑整理：《找回内在的原始力量》，"他者 others"微信公众号，2020年4月18日。
⑤ [瑞士] 卡尔·古斯塔夫·荣格：《原型与集体无意识》，徐德林译，国际文化出版公司，2018年，第123页。
⑥ [瑞士] 荣格：《荣格自传：回忆·梦·思考》，刘国彬、杨德友译，译林出版社，2014年，第366页。

基于本地人自己的经验、证据和理性。他直言：

>在这里我敢说，当我们从真正的民族志视角（一个真正的"本地人视角"）来研究信仰时，我们可能也会认为，信仰是由真实的、有形的超自然遭遇所塑造的，而这一切遭遇似乎都是世界各地的人们所共有的。①

在荣格语境中，原住民通过遭遇原型圣显，体验神话进而感知神话，感知不为人们所熟悉的心理。神话宗教的一个基本特征便是未知性，它们不明显、不可见、无法证明，似乎只有通过心灵的眼睛才能发现，一旦人们拥有这样的体验，那么，之前的不可知便成为真实中的真实。对于一些人喧嚷的不可知，到达过那里的人会说那只是对你们来说才是不可知。美国临床心理学家理查德·诺尔也是这一观点的追随者。他认为，所谓的神灵只是在意识变换状态中出现的一系列心理意象，而萨满教则是一项控制心理意象的技术。这些神灵幻觉存在于感受与想象的世界中，它是与清醒意识所感受到的世俗经验世界并存的世界。②

美国心理学家威廉·詹姆斯在《宗教经验种种》中表示，宗教首先是个人体验性的宗教，即个人借由潜意识直接与神灵沟通，而那些教条性的权威宗教，只是没有情感的二手宗教。对于个人体验性宗教，他表达道：

>我们必须去寻找原始的经历，是这些原始的经历为普罗大众确定了情感和行为的模式。只有在对宗教怀有极度的狂热而不是把宗教当成枯燥习惯的人身上，才能找到这种经历。但从宗教的角度看，这样的人是天才。就像那些为人类带来丰硕成果、在传记书本中让人纪念的天才一样，这些宗教天才常常表现出神经不稳定的症状。宗教领袖甚至比其他方面的天才更甚，受到了异常灵异的造访……他们常常突然神情恍惚，听到声音，见到幻象，展现出千奇百怪的、通常被归为病态的特征。而且，在他们的生涯中，这些病态的特征常常有助于他们树立宗教的权威，发挥宗教的影响。③

---

① [美]卢克·拉斯特：《人类学的邀请：认识自我和他者》，王媛译，北京大学出版社，2021年，第231页。
② [美]理查德·诺尔：《萨满、"神灵"和心理意象》，见[加]杰里米·纳尔贝、[英]弗朗西斯·赫胥黎主编：《穿越时光的萨满：通往知识的五百年之旅》，苑杰译，社会科学文献出版社，2017年，第204—206页。
③ 转引自[美]詹姆斯·哈特：《超脑智慧：全球顶级脑科学家教你如何开启大脑潜能》，美国生物智能反馈技术研究所译，中国青年出版社，2015年，第116—117页。

演化心理学家罗宾·邓巴也表达了同样的观点。他认为,至智人出现后,在旧石器时代传统的小型社会中,宗教是一种人们能够直接感受到的体验,这种体验通常和萨满巫师的迷幻状态有关。在音乐、舞蹈有时还会有些药物的配合下,他们还会带领信众一起进入出神迷离的状态。新石器时代后,采集狩猎的生存状态改为定居,农业和大型社会组织开始出现,以萨满体验为主的宗教变为偏教义性的宗教。教义性宗教在情绪上更加平缓,仪式的时间间隔也更短,分为仪式专业人员与普通群众两部分,万能之神在国家意识形态中被推上舞台。教义性宗教在新的宗教表达中要求人类遵守社会化的行为规则。于是,宗教性体验逐渐减弱乃至消失。[①]

约瑟夫·坎贝尔的看法也与之类似。他观察到在旧石器时代的狩猎社会,运行的是一种神秘的个人宗教,强调个人斋戒,以获取幻想。举出的例子为,在北美的一个狩猎部落,父亲让十二三岁的男孩子待在一个偏僻的地方,只留下一点火种,以便于驱走野兽。孩子便在那里进行斋戒和祈祷四天以上,直到人形或兽形的神灵造访他的梦境,同他交谈,赐其力量。幻象将决定孩子未来的命数,使他像萨满一样治愈病人,诱杀动物,成为勇士。对于少年而言,如果获得的神力不足以满足他的愿望,那么他可以再次进入斋戒。那些大萨满和军事首领就是从斋戒活动的幻象中获得了巨大的力量,他们也许砍下了自己的指关节做了献祭。像萨满这类的通过个人心理危机获得专属个人的神力,亦可称之为体验性宗教。而至新时期种植农业社会后,相对大型的定居生活开始出现,人们的日常便围绕着繁复的祭祀仪式组织起来。这些精心设计的仪式由训练有素的祭司团体组织起来,祭司是公认的宗教组织中承担宗教仪式的成员,归国家安排与主导。这样,以社会认可为标准的祭祀制度就战胜并取代了那些认同个人兴趣、直觉、经验,具有高度危险性并且不可预测的个人宗教形式。在以农业为基础的社会中,所有的神话、仪式和社会机构最关切的事情便是压抑个人主义,拒绝任何神秘现象的影响,转而认同公共领域内产生并发展下来的行为规范和情感体系。[②] 只不过其间还不明确的是,旧石器神话向新石器神话过渡中,伴随着不同社会形态,具体的转变过程是如何发生又是如何延续的。在另一篇文章中,约瑟夫·坎贝尔又区分开来两种不同的宗教神话形态与因素,

---

[①] [英] 罗宾·邓巴:《人类的演化》,余彬译,上海文艺出版社,2016年,第282—331页。
[②] [美] 约瑟夫·坎贝尔:《无义之象》,见 [英] 罗伯特·A. 西格尔编:《心理学与神话》,陈金星主译,陕西师范大学出版总社,2019年,第48—69页。

分别是历史性的和非历史性的宗教神话形态。他认为,在"现实"的宗教生活中,历史因素是占压倒地位的。其经验的全部限度仅仅是在所属地方的公共领域,因而能被历史地研究。而对于像萨满一类的神秘体验,占压倒优势的便是非历史因素了。其宗教感受属于心理学上的问题,它藏于自发感觉的最深处,进而使人们在不同文化的神话表达中都能看到相似的画影。如今几乎所有的神话和宗教都可以在历史范围内进行探讨,然而心理学就像一个无形的操纵者,埋伏在整个历史结构的底层或中心,这就使得历史性的宗教神话最终无法被经济、社会学、政治或历史完全解释。[①] 虽然坎贝尔在不同的文章中用不同的语言表述宗教神话的形态问题,但所论述的是同一件事情。历史因素占主导地位的宗教神话便是坎贝尔在上文中所介绍的新时期农业社会的神话宗教形式,而非历史因素占主导地位的宗教神话则是旧石器时代的以萨满为代表的个人体验性、感悟性的神话宗教形式。神话似乎存在两种模式,历史性、教义性宗教看似成为主流,但那些体验型的宗教总会以异教的形式颠覆人们的传统认知,威胁着传统宗教的地位、丰富宗教的表现形式,即便被打压也不会轻易消失,似乎体现着心灵本质的顽固个性。其存在就像方言一样,对于懂得的人可以形成亲密的感情关系,荣辱与共,组成同一个不可分割的文化圈。这种文化圈虽然小,但是却不能被官方语言替代,反而刺激、扩充甚至是威胁官方语言形式。

现代心理学家也逐渐认识到,心理与意识作为一种精神现象不同,乃至高于自然现象,因此不能以研究物的方式研究人,尤其是研究人的心理。如果仅仅因为某些特异心理不能被量化、实证就予以否认,那么就是在割裂心理事实。事实往往是,在意识转化过程中,个体明显感觉到心理功能模式发生质的不同,而不只是量的转变。因此叶浩生说:"若要对人们的心理体验有全面的了解,至少需要质化和量化两种方法的结合。"[②]

三、潜意识与否定性价值观、女性、孩子及老人的象征性关系

(一)潜意识与否定性价值观

潜意识原型是对立物的复合体,它既是光明的、仁慈的、阳性的,也是阴暗的、可怕的、阴性的,甚至同时囊括意识与潜意识之间的对立,以完整性对

---

① [美]约瑟芬·坎贝尔:《萨满教》,见吉林省民族研究所编:《萨满教文化研究》(第2辑),天津古籍出版社,1990年,第319—320页。
② 叶浩生:《总序:当代心理学的困境与心理学的多元化趋向》,见杨韶刚:《超个人心理学》,上海教育出版社,2006年,第14页。

现今的二元思维进行补充，使其不至于因太过对立而导致分裂。潜意识神灵是内在心理，因此，人类本身也在践行着这些善恶等对立原则，这个世界才会既存在良善，也存在邪恶的行为。然而，潜意识之中的阴暗面、邪恶面并不是单纯地为恶而恶。这些强大的善恶法则不以人的意志为转移，而是有自身存在的目的。所谓的善也不一定是善，人越想假装善良，对邪恶越无知，越容易发展出极端的恶行，或者是对邪恶没有丝毫的抵抗力，成为邪恶的牺牲品；所谓的恶也不一定是恶，人们不知道要经历多少险恶才能看清自己的伪善，也不知道为了锻炼更坚毅的品格，什么样的邪恶是必须的。没有潜在的邪恶因素便没有成熟的发展机会，自我只有主动认识了自己的阴暗面后，才能处在一个有利的位置，在可能的基础上进行着转化。成熟的标志并不在于自己做得有多好，而是在最低标准上有没有改进。新萨满教认为，灵性精神可能是温和的或严厉的，它们可能会帮助、嘲讽、惊吓，甚至执行精神解体，但是精神从来没有伤害过一个人。不管萨满之旅有多可怕，它总会有一个快乐的结局。对此，加利纳·林德奎斯特（Galina Lindguist）写道：

> 即便"他们"给你一剂苦药，也只是为了你好。例如，如果在旅途中，精神把你烧死，吃掉你的肉，或者肢解你，这就是撕掉戴着社会面具的旧衣服，解放自我。在冒险故事类型中，旅途中发生在你身上的一切都是一种隐喻，也是自我转化的手段。①

俾格米人有相似的看法。森林是俾格米人最重要的神，对他们来说，森林是父母、朋友和爱人，充满善意。只要通过歌唱唤醒森林，一切都会转危为安。一旦发生了无可挽救的死亡或不幸，他们会对降临给他们的灾难唱道："我们置身于一片黑暗，但如果这黑暗是，这黑暗是森林的，那么即便是这黑暗，也一定是仁慈的。"② 善恶似乎出于某种还无法明确的目的进行着转化。果真有恶的话，它也不是善恶之恶的恶，而是对立本身。对立本身让人们用单一的目光去看待事情，在行善的同时，永远排斥着恶，却也在静悄悄实践着恶。因此荣格认为，潜意识原型的首要原则是完全的，完美还在其次，要在完全的层面上实现完美。③ 荣格的病人寄给他的一封信是关于此观点的形象的说明：

> 从恶中生出许多善。保持安静和专注，不压抑任何东西——按照

---

① Galina Lindquist, *Shamanic Performances on the Urban Scene: Neo-shamanism in Contermporary Sweden*, Stockholm: Department of Social Anthropology, Stockholm University, 1997, p.68.
② [美] 特恩布尔：《森林人》，冉凡译，民族出版社，2008年，第88—89页。
③ [瑞士] 荣格：《自我与自性》，赵翔译，世界图书出版公司，2014年，第65页。

事物的本来面目、而不是按照我想要其成为的样子接受现实——我因此获得了以前想都没有想过的非凡的知识和能力。我以前总是认为，当我们接受事物时，事物会以某种方式制服我们。现在看来根本不是这样；只有接受事物，才能采取对待事物的态度。所以现在我打算游戏人生，欣然接受与我照面的永远在变化的一切事物，无论是好是坏，是明是暗，这样也就接受了我自己的本性，无论是正面还是负面，一切都变得更有活力了。以前我是多么傻啊！竟然强迫事物按照我的意愿发展。①

善恶均为人的本性，而唯有接受它们、正视它们，才有可能实现其本存有的功能。人们也才会明白除了善本身，有时候所谓的恶也帮助着人们有意无意地行善，就像《浮士德》里面的魔鬼梅菲斯特，其帮助的效力甚至比善更大。村上春树在与河合隼雄的对谈中曾提道："那赋予阴影的，也赋予了深度。"② 善恶本是相互转化、统一为一的，各自也都代表一，目的都是助力人成为更完整、有活力与真实之人。可见原型中隐含着的对立转化性、统一性。在日常的意识思维中，人们常常践行主流思想所宣传的价值观，诸如真、善、美等，而避免、忽略着相反的一面，诸如邪恶、肮脏乃至完整。那么不难理解为何潜意识投射的时候，有时会以与传统、主流信念截然不同的"异样和破坏性经验的形式出现"③，也就是以完整性的形式，或者以否定性的形式进行投射。在这里我们主要探讨第二种形式。荣格在小时候就看到过上帝落下粪便砸在门匾上的幻象，一开始他大为迷惑与惊恐，因为这与圣典中所记载的作为完美代表的上帝形象大相径庭。尔后他才渐渐明白，这其实是一种难得的神圣启示。因为上帝本身便是完全性的，既善又恶，需要人们突破传统的偏见，亲身体验。这可以看作潜意识以否定性形式进行投射的一个例证。此外，神话、故事中所描述的为恶的路西法、梅菲斯特等也都是潜意识以否定性形式进行投射的例证留影。

既然潜意识有时以与主流价值观相反的否定性的价值观来表征自己，表征的目的也只是使人们认知到原型的完整性，提醒着人们属于否定性的价值与力

---

① ［瑞士］荣格、［德］卫礼贤：《金花的秘密：中国的生命之书》，张卜天译，商务印书馆，2016年，第54—55页。
② 蔡怡佳：《那赋予阴影的，也赋予了深度》，见［瑞士］玛丽-路易斯·冯·法兰兹：《童话中的阴影与邪恶：从荣格观点探索童话世界》，徐碧贞译，心灵工坊文化，2018年，第13页。
③ ［瑞士］卡尔·古斯塔夫·荣格：《原型与集体无意识》，徐德林译，国际文化出版公司，2018年，第53页。

量,推动人们在其基础上进行转化,进而成为真正健康、有活力之人,警告着人为建构的秩序假象……那么,在神话、灵性传统的很多场合中,一些与内在否定性神圣体验相应、相关的否定性表达,便存在着巨大的力量。

藏传佛教中最重要的修持法便是本尊法,即修持者在诸佛菩萨之中选一位与修持者有缘的佛菩萨作为本尊,观想自身变为本尊、本尊变为自身的修持法。本尊分为两大类。一类为寂静相本尊,其呈现一系列有特点的形态表征:身体柔软,表我慢净化;端庄妙曼,表贪欲净化;身净光明,表断除无明;嬉笑相,表从小乘中解脱。还有一类是忿怒本尊,忿怒本尊乍一看凶狠残暴,这让人们往往对藏传佛教有误解,然而忿怒本尊也有向智慧与慈悲的转化功能,只不过用不同方式来变现:其现威吓相,表法性妙力;对有情的咒骂相,表大悲迅速;周围金刚火焰饰,表无余焚烧烦恼;五骨表佛之五智。无论是寂静相还是忿怒相,本尊所有的装饰与表现形式都有深远的含义,它们根据众生不同的因缘和障碍而显现。寂静相是温柔的教化,忿怒相本尊看起来粗暴凶残,但这种粗暴凶残不是针对有情众生,而是针对烦恼、执着。强烈的烦恼、执着只能以忿恨相来降服。因此,忿怒本尊是另一个方式的大悲与智慧。那些贪嗔痴比较严重的人,往往选用忿怒本尊作为观想对象。据说,选择忿怒本尊作为观想对象的人比那些选用寂静本尊作为观想对象的人能够更快速取得修持法上的进步。居住在尼亚萨湖北岸的尼亚库萨人的死亡仪式也体现着这一点。在寻常时,尼亚库萨人明明白白地知道只有疯狂的人才会吃污秽的东西。污秽被称作乌班尼亚里,它们是粪便、泥巴、青蛙、性液、月经、生产、尸体和被杀的敌人的血液。这些东西被看作是令人厌恶的,如果不把它们从神圣生活中分离出去,就会给人们带来危险与疯狂。然而,在服丧仪式中,服丧人的主要活动却是积极地欢迎污秽。人们将垃圾倒在哀悼者身上,以软化死亡的效果。在他们看来主动拥抱污秽物一类的死亡象征物是对死亡效果的积极预防,死亡的仪式表演实际上是一种保护措施,以此来保证自己的理智。[①]

索马里存在针对世俗力量与精神力量的普遍二分观念。在世俗关系中,力量来源于战斗实力。索马里人好战且竞争力很强,其政治结构就是一个武士体系。但是在宗教领域,索马里人是穆斯林,他们坚信穆斯林团体的内部斗争是错误的。因此,宗教不能由武士来代表,领导人不具有神圣祝福与威胁的能力,而是要由真主的子民来代表。这些真主的子民只是不情愿地参与到武士社会结

---

① [英]道格拉斯:《洁净与危险》,黄剑波、柳博赟、卢忱译,民族出版社,2008年,第214—215页。

构中去，当他们从世俗社会中撤出，变得卑微、贫贱和软弱时，他们的祝福反而更加强大。①《道德经》中同样记载：

> 故必贵而以贱为本，必高矣而以下为基。夫是以侯王自谓孤、寡、不榖。此其贱之本与，非也？故致数与无与。是故不欲禄禄如玉，珞珞如石。②

> 知其雄，守其雌，为天下谿。为天下谿，常德不离，复归于婴儿。知其白，守其黑，为天下式。为天下式，常德不忒，复归于无极。知其荣，守其辱，为天下谷。为天下谷，常德乃足，复归于朴。③

> 曲则全，枉则直；洼则盈，敝则新；少则多，多则惑。是以圣人抱一为天下式。④

老子思想中，看似委屈之处实则潜藏着成全与得新。在藏区有这样一个说法，经常接受赞美并由此心生骄傲会消除福报，甚至会减少寿命。相反，接受批评，乃至主动寻求，则会消除障碍，延长寿命。因此，对批评人们要愉快地接受，不起烦恼。那儿的人们生了大病，就会求人家来骂他，尤其希望得到高僧大德的批评。以前农村有些人家生了小孩身体不好怕养不活，就会给他起一个动物的名字，目的就是希望孩子好养，当别人叫你名字时就是在骂你，以此消除生病之人的病患灾祸，帮助他们健康地成长。可以看到，不是排斥，而是在某些场合主动拥抱"非主流"、否定性的价值观，非但不是向这些价值观妥协，反而是征服、转化、驾驭这些力量，产生了化腐朽为神奇的奇妙反应，里面有新生，有祝福，有明智、辽阔、遥远，等等。这些否定性价值观的表现与潜意识的否定性的一面相互表征，相互关联，从不被认可处传递着自身的力量，实现自我的逆转与升华。

当然，论述潜意识与否定性价值观的亲近性并不是说潜意识一味地肯定、赞美否定性价值观，而是要承认否定性价值观，看到独属于它的转化作用以及与完整心灵的关系。否定面与肯定面都是潜意识的一面，二者相互促进，相互转化，直至体悟善恶、美丑、是非，乃至生死实为一体，道通为一。如道家经

---

① [英]道格拉斯：《洁净与危险》，黄剑波、柳博赟、卢忱译，民族出版社，2008年，第136—137页。
② 汤漳平、王朝华译注：《老子》，中华书局，2017年，第146页。
③ 汤漳平、王朝华译注：《老子》，中华书局，2017年，第108页。
④ 汤漳平、王朝华译注：《老子》，中华书局，2017年，第86页。

典《庄子》所言：

> 方生方死，方死方生；方可方不可，方不可方可；因是因非，因非因是。是以圣人不由而照之于天，亦因是也……彼是莫得其偶，谓之道枢。枢始得其环中，以应无穷。①

> 故为是举莛与楹，厉与西施，恢恑憰怪，道通为一。②

> 故其好之也一，其弗好之也一。其一也一，其不一也一。其一与天为徒，其不一与人为徒，天与人不相胜也，是之谓真人。③

荣格在《红书》中描述：

> 最深的地狱却是，当你们意识到，地狱也不是地狱，而是充满乐趣的天堂，不是它本身是天堂，只是它算得上是天堂，也算得上是地狱。④

对立永远是表象，它们有各自出现的目的，而人们也有达成它们目的的任务，即在超越二元对立的基础上继续突破，向道与自性原型一步步靠近。

（二）潜意识与女性

潜意识既是意识诞生之地，也是吞噬意识之地，如同一只首尾衔接的蛇环，个体在其中进行着自我转换与变形。如果说，具有意志、决定性特点的意识思维为男性原则的话，那么就其具有生产、通过吸收而来的毁灭特征而言，潜意识则更倾向为女性原则。⑤女性的一些基本特征表达了潜意识心理的状况，其一就是变形。

《黄帝内经·上古天真论》提出这样一个观点，即女人一生的生理周期与命运都离不开七。其从七岁开始，肾气旺盛，开始换牙，头发快速生长；二七十四岁任脉通畅，初潮来临，具备生育能力；三七二十一岁肾气充盈，牙齿停止生长；四七二十八岁筋骨有力，身体状况达到巅峰；五七三十五岁血脉转衰，开始憔悴；七七四十九岁天癸耗尽，绝经更年，不再有生育。⑥女人以七岁为周

---

① 孙海通译注：《庄子》，中华书局，2016年，第31—32页。
② 孙海通译注：《庄子》，中华书局，2016年，第33页。
③ 孙海通译注：《庄子》，中华书局，2016年，第120页。
④ [瑞士] 荣格：《红书》，林子钧、张涛译，中信出版社，2016年，第49页。
⑤ Erich Neumann, *The Origins and History of Consciousness*, London: Karnac Book Ltd, 1989, p.125.
⑥ 姚春鹏译注：《黄帝内经》，中华书局，2010年，第20—21页。

期在生理乃至心理方面发生着变形转换，尤其以血为突出表征。还有人认为，女性与血的变形表现在以下三个方面：首先是经期的来临，从姑娘变为女人；其次是怀孕，按照原住民的看法，胚胎是从血发展而来的，因为怀孕期间也是停经期间，血不再往外流；最后是孩子出生，血变成了乳汁。①

无论是经期、怀孕、产乳汁等，女人的身体变形特征都要比男性的变形更明显，女人依自然周期感受大自然的变化也更敏感与直接，所有的这些特征都让女性与潜意识更为贴近。相较于男性，女性心理在更大程度上依赖于潜意识的生产力，使得潜意识更强烈地体现在女人身上。② 潜意识与女性的关系还体现在以下这个等式：女性＝身体＝容器＝世界。③ 女性另一个显著特点便是身体像容器一样所体现的包容性。身体内部是黑暗的、未知的，那是心理进行的场所，因此，身体、容器的内部与潜意识在原型表达上是相同的。鉴于此，荣格说："潜意识的终极原则就是不朽的女性原则。"④ 这一看法与现代流行着的生态女性主义观点不谋而合。生态女性主义认为，最初的社会是母系社会，女性在"原始时代"统治着世界。女性是生命的给予者，她们与大自然和谐相处，离精神世界更近。"天生的女性特征"包括与大自然的感同身受与亲近、非理性、敏感、直觉等。因此，女性是天生的萨满、自然疗愈者。地球上最早的萨满是女性，萨满教描述了女性的精神力量。如今，女性作为边缘化的存在，与父权制、理性主义和物质主义相抗衡，拯救濒危的世界。相比之下，男性发展成为一个猎人，他们必须依靠夺走动物的生命来维持人类的生命。当发展为男权社会后，男性不再寻求与自然和谐相处的模式，而是试图征服自然，崇尚理性主义、支配欲和暴力。因此，男性如果要压抑自己的暴力倾向，发掘内心灵性，还要走很长时间的路。⑤ 至今，现代西方世界中，女性感兴趣并参与诸如"原住民心灵之路""萨满工作坊""静修会"等萨满仪式与活动的人数要远远高于男性。埃利希·诺伊曼认为，如果从心理学而非社会学的意义来理解，所谓的母权阶段具有永久的价值。因为母权阶段并不是考古学或者历史学上的实体，而是心理的真实，其决定性力量依然存活在现代人的心理深层。总之，无论是否存在母

---

① ［德］埃利希·诺伊曼：《大母神——原型分析》，李以洪译，东方出版社，1998年，第31—32页。
② ［德］埃利希·诺伊曼：《大母神——原型分析》，李以洪译，东方出版社，1998年，第302页。
③ ［德］埃利希·诺伊曼：《大母神——原型分析》，李以洪译，东方出版社，1998年，第42页。
④ ［瑞士］卡尔·古斯塔夫·荣格：《象征生活》，储昭华、王世鹏译，国际文化出版公司，2018年，第86页。
⑤ Andrei A. Znamenski, *The Beauty of the Primitive: Shamanism and the Western Imagination*, Oxford: Oxford University Press, Inc, 2007, pp. 253–254, 269–270.

权社会实体，人们都较为认同女性与潜意识心理的亲近关系。最初，潜意识支配自我和意识，女性支配男性。① 以下是民族志例证。

在远古时代，由于女性的特殊性，有很多属于女性的发明与专属领域。女性是首批有治疗作用的麻醉剂、内服药和毒药的发明者与监督者，食物的制作者，植物的采集者，酒类也多是由女性团体调制。与容器相关的住宅的设计与建筑、陶器制作等也经常成为女人的特权，只是在文化发展的影响之下，它才变为男人从事的活动。而属于女性原始秘仪的领域对于男性而言则是禁忌与危险的。②

我们不会忽略这样一个假设，远古时代巫师最初大多为女性，女性巫师无论在巫术技艺上还是数量上都远远超过男性巫师。在韩国和日本的传统宗教中，萨满一般是女性。③ 在海地岛（Tierra del Fuego）原住民族中还流传着这样的故事，最古老的秘仪是月女神秘仪，男人们在太阳的领导下，发动了反抗月女神的叛乱，杀死了所有的成年女人，只允许幼稚无知的、未入会的小女孩继续生存。④ 神秘学家也是著名的作家保罗·柯艾略在自传体小说《阿莱夫》中也写道：

> 远古的时候，部落里面有两个主要的人物。第一位是首领……比首领更重要的人则是巫师。在人类文明的黎明时期，人们就知道有一股更强大的力量的存在，这是生与死的理由，尽管人们无法直接解释它来自何处……最初的巫师都是女性，她们是生命的源头。她们不需要参与狩猎和捕鱼，很多时间都在进行沉思，最终潜入了神圣的秘密之中……巫师们在不同的维度工作，平衡精神世界与物质世界的力量。⑤

希腊的德尔斐神庙，占卜的代表是女祭司帕提亚（Pythia），她原来属于月亮母权的领域，只在夜间而且靠着月光才能获得灵感。⑥ 在多布，女巫师是真正的术士，她们更擅长飞行，入睡时灵魂可以直接攻击受害者的灵魂，而男巫师

---

① [德] 埃利希·诺伊曼：《大母神——原型分析》，李以洪译，东方出版社，1998年，第42页。
② [德] 埃利希·诺伊曼：《大母神——原型分析》，李以洪译，东方出版社，1998年，第133—134、292—296页。
③ [美] 迈克尔·莫洛伊：《体验宗教：传统、挑战和嬗变》，张仕颖译，北京联合出版公司，2018年，第53页。
④ [德] 埃利希·诺伊曼：《大母神——原型分析》，李以洪译，东方出版社，1998年，第300页。
⑤ [巴西] 保罗·柯艾略：《阿莱夫》，张晨译，南海出版公司，2013年，第208页。
⑥ [德] 埃利希·诺伊曼：《大母神——原型分析》，李以洪译，东方出版社，1998年，第70页注释⑦。

只能通过咒语来践行巫术技艺。① 盎格鲁-撒克逊治愈的实践技术始终归于明智女性,在当时,女治疗师用非理性、直觉的思维来治疗,并提供药物,她们常常被人们称为女巫(witch)。然而在中世纪,推行父权价值观的天主教视女巫为异教徒,认为她们与撒旦、邪恶有染,指控她们用巫术控制男人等,遂将之逮捕、猎杀,女性的医疗技术随之被放逐到边缘,女巫这个词也成了贬义词。然而学者们通过对词源的考证,发现它绝非当代含义所指。女巫的英语词源为"wekken",为"预言"之意,"witan"为"知晓"之意。斯拉夫语中女巫一词为"vjedma",由动词"知道"(to know)演变而来。俄语中女巫一词为"zaharku",源自动词"znat",意为"知道"。这些压倒性的证据都说明,女巫并非一直被贬斥的对象,她们从前是有着优越知识与智慧的女性,只不过使用的治疗方法可能和现代不同。② 云南纳西族的萨满又被称为萨尼,它在纳西族象形文字中写作 或 。从象形文字可知,这些萨尼留着长长而散乱的头发,均表明其最早为女性,一般都释之为女巫。她们与死者的灵魂交往,在月夜举行降神会,向人们传递灵界的信息。如今纳西族的萨尼有自发性成巫与投师成巫两种形式。投师成巫的萨尼均为男子,而更为原生态的自发性成巫的萨尼往往还都是女性。③ 在我国南方少数民族中,女巫的数量远比男性巫师多,她们热衷于宗教领域的事宜。④

我国北方和西伯利亚地区许多民族中,女萨满很普遍,她们占居首位,父系制度确立后,女子的地位才大不如从前。锡伯族中普遍传说最早的萨满是女子,而且在他们的神像中,居于最高地位的是一个站在云层上的身着全副"神衣"、手持"神鼓"的女萨满。⑤ 根据锡伯族民间传闻,女人一旦取得依勒吐萨满的称号,她们的法术会远远强于男萨满。⑥ 鄂温克族有句谚语说:"九十个女

---

① [美]米尔恰·伊利亚德:《萨满教:古老的入迷术》,段满福译,社会科学文献出版社,2018年,第364页。

② Jeanne Achterberg, *Imagery in Healing: Shamanism and Modern Medicine*, Boston: Shambhala Publications, Inc, 1985, pp.58—59.

③ 白庚胜:《纳西"萨尼"的萨满本质及其比较》,见白庚胜、郎樱主编:《萨满文化解读:中国吉林国际萨满文化研讨会论文集》,吉林人民出版社,2003年,第282—285页。

④ 王宪昭、郭翠潇、屈永仙:《中国少数民族神话共性问题探讨》,中央民族大学出版社,2013年,第34—35页。

⑤ 满都尔图:《中国北方民族的萨满教》,见吉林省民族研究所编:《萨满教文化研究》(第1辑),吉林人民出版社,1988年,第3—4页。

⑥ 贺灵:《锡伯族信仰的萨满教概况》,见吉林省民族研究所编:《萨满教文化研究》(第1辑),吉林人民出版社,1988年,第109页。

萨满，七十个男萨满。"与萨满教密切相关的赫哲族长篇叙事史诗《伊玛堪》中随处可以看到萨满，而且多数为女性，她们神通广大，可以变形、隐身、出神入化、无所不能。她们一打滚就可以变成具有神力的神鹰（阔力），帮助男主人公莫日根作战。于是，莫日根一路打仗一路收妻，他的那些妻子和妹妹随时可以变为"阔力"，帮助他完成神圣的复仇战争，重建家园。① 萨满一词为通古斯语，在诸古籍中曾有多种写法，如"萨玛""叉马""萨麻""萨莫""沙漫""撒牟""珊蛮"，到《大清会典事例》才写成今天的"萨满"。而无论哪一种写法，都表达了同一个音。通过研究萨满教的起源和形式，贺灵认为准确的音应为"samen"，"samen"与锡伯语"sara-mame"相似，疑为这一语的音变。sara是锡伯语"知道""知晓""通晓"之意，mame 本意为奶奶，是对任一供职女性的尊称（锡伯族中有很多专职女性被称为 mame，例如：dief-mame 为接生婆，Xiangtong-mame 为女相同、巫师之一，Zhal-mame 为媒婆，tongkur-mame 为扎针婆等），② 其也可算作母权阶段最初萨满大都为女性的一个例证。在清代，用于祭祀的宫廷萨满一般都是女性，民间习惯称她们为"萨满太太"。③

  男性萨满巫师在通往潜意识的道路中也要借助自己女性的一面，即女性阿尼玛原型，因此他们常常都要将自身女性化。埃利希·诺伊曼直接说："男巫师或男预言家也只是更高层面上的'女性'。"④ 因纽特男巫在沟通"幽灵王国"之前，必须要穿女人的衣服，或者在衣服上画女人的乳房。⑤ 我国北方男性萨满在祭祀时也要穿诸如神裙等女性化的服饰。⑥ 海洋迪亚克的萨满，又被称为玛南，在仪式结束时，都会穿上女性的衣服，他在接下来的生活中也一直穿着这套衣服。还有一些特殊的玛南（又被称为玛南巴利，一般是老人或者是没有孩子的男性），穿着女人的长裙，从事女人们干的工作。有时他们会找一位丈夫，尽管会受到嘲笑。但萨满三次于梦中获得超自然的命令之后，这种男扮女装以及它所涉及的一系列改变就被人接受了，因为拒绝这种命令是自寻死亡。⑦ 楚科

---

① 汪玢玲：《萨满教与伊玛堪》，见吉林省民族研究所编：《萨满教文化研究》（第1辑），吉林人民出版社，1988年，第262—263页。
② 贺灵：《锡伯族信仰的萨满教概况》，见吉林省民族研究所编：《萨满教文化研究》（第1辑），吉林人民出版社，1988年，第101—102页。
③ 富育光、赵志忠编：《满族萨满文化遗存调查》，民族出版社，2010年，第34页。
④ [德]埃利希·诺伊曼：《大母神——原型分析》，李以洪译，东方出版社，1998年，第305页。
⑤ [瑞士]荣格：《荣格说潜意识与生存》，高适编译，华中科技大学出版社，2012年，第320页。
⑥ 关小云、王宏刚编著：《鄂伦春族萨满文化遗存调查》，民族出版社，2010年，第3页。
⑦ [美]米尔恰·伊利亚德：《萨满教：古老的入迷术》，段满福译，社会科学文献出版社，2018年，第352页。

奇萨满往往是阴柔的男人或近似女人的男人，他们在接到凯利特神灵的命令后，将男人的衣服和行为都变成女人似的，甚至最后和其他男人结婚。也有一些萨满选择了自杀，而不是履行凯利特神灵的命令。① 受超自然突发幻象、梦境与部落神话的影响，北美高原和平原的印第安人群体有异装癖的习俗。"Berdache"一词源于法语，通常指男性异装癖者，在生理上他们与其他男性无异，但穿着女性的衣服，从事女性的工作并表现出女性的行为举止。据那里的人们说，一些男性会在幻象或梦境中受到月亮女神的指引，于是他们会着女装并从事女性的工作。当出现类似幻象的奥马哈男人无法隐瞒这一事实时，甚至会选择死亡来逃避成为异装癖者的命运。在一些印第安群体当中，萨满与异装癖者之间的联系更为紧密，如在阿拉斯加南部的科迪亚克岛上，异装癖者很容易被神灵选中而成为萨满；在加州的尤洛克人中，所有的异装癖者都是萨满，而西南部的莫哈维人视异装癖者为法力异常强大的萨满。这些身着女性服饰的萨满因显示出超自然能力而备受尊重。哈尔特克兰兹将北美印第安人的异装癖现象视作古老萨满教实践的一种变体，并认为，这种性别转换对幻象寻求或者萨满教来说都是一种非常普遍的特征。②

也有人把男萨满的女性装扮看作雌雄同体，即"双灵人"（two-spirit）的一种表现，萨满这一完整性的装扮是在表达、追忆、理解潜意识神圣时空中完整统一性的奥秘。但是，与男萨满进行女性化的转变相比，可见的女萨满装扮为男性的民族志描述少之又少。③ 据学者李楠介绍，北美也存在女性异装癖者，可是她们与男性异装癖者十分不同。尽管她们穿着男性服饰、从事男性的职业，也通过自己的努力获得很高的社会地位和评价，但她们始终被视为女人，没有被重新分类。特别是在萨满教的研究中，异装癖者大多是针对男性而言的。④ 这也可看作对我们上述论证的一个支撑。

自古伟大的哲学与神学都偏爱以女性比喻终极之道。《道德经》云："谷神不死，是谓玄牝。玄牝之门，是谓天地根。绵绵若存，用之不勤。"⑤ 又云："天门开阖，能为雌乎？明白四达，能无为乎？生之畜之，生而不有，为而不恃，

---

① ［美］米尔恰·伊利亚德：《萨满教：古老的入迷术》，段满福译，社会科学文献出版社，2018年，第257—258页。
② 李楠：《北美印第安人萨满文化研究》，社会科学文献出版社，2019年，第133—135页。
③ ［美］简·哈利法克斯：《萨满之声：梦幻故事概览》，叶舒宪译，陕西师范大学出版总社，2019年，第19页。
④ 李楠：《北美印第安人萨满文化研究》，社会科学文献出版社，2019年，第133页注释③。
⑤ 汤漳平、王朝华译注：《老子》，中华书局，2017年，第24页。

长而不宰，是谓玄德。"① 有学者认为道之"玄牝""玄德"即为母性的生命力，表现的是单一雌性生殖观念。这种观念的史前发生根源可追溯至史前宗教的大母神崇拜。在西起西班牙、东至西伯利亚的整个欧陆区域陆续发现的距今两三万年以前的女性雕像，就是大母神信仰的对象化表现。它的出现要比文明社会后来居上的父权文明早两万年左右。② 印度教三位男神，创造者梵天、持世者毗湿奴、毁灭者湿婆，每一位都有阴性配偶，分别为辩才天女、吉祥天女、最高女神。③ 阴性能量的主动性在湿婆这里尤为明显：湿婆被看作寂静不变的意识，只有通过象征生命来源的阴性女神，才能发展出各种特性，女神是湿婆的平等伴侣，甚至比湿婆的威力更为强大。根据印度教的信仰，宇宙总是处在不断的演化之中，这个过程的能量来源被归结为宇宙的意识，化身为女神萨克提。④ 在很多创世神话中，代表潜意识的混沌以世界之母的面貌呈现，她们要么自愿牺牲，要么被英雄杀害，天地分离，意识出现，世界诞生。

（三）潜意识与孩子、老人

潜意识是不为现代人所熟悉的精神领域，框定在自我意识之前与之后，也就是出生与死亡之际，以墓葬与子宫的悖论方式全都体现在女人一人身上。由于陌生以及遗忘，如今现代人视它为灾难、恐怖、精神疾病。但在灵性传统与神话传说中，死亡却被当作一场返回故乡之旅，人们在葬礼现场高高兴兴，称那些逝去的人只是又回去了。单纯的先人视死亡为神圣，甚至比生命还珍贵，当他们赴死之时，会大声说："今天是赴死的吉日呦！"在智人的祖先克罗马农人的墓葬中，有时墓葬中的尸体蜷缩成胎儿的姿势，有些人解释说，这可能表明死者寻求来生重新投胎。⑤ 那也就意味着死者正重新回归母亲的怀抱。《庄子》记载，子桑户死，作为莫逆之交的好友孟子反、子琴张临尸而歌曰："嗟来桑户乎！嗟来桑户乎！而已反其真，而我犹为人猗！"⑥ 对于那些了悟死生为一体的人来讲，生命只是短暂的一程，它更像是时间的终点，潜意识所象征的死亡之地才是生命真正开始的地方。从某种意义上来讲，时间只是一个幻觉、一条自

---

① 汤漳平、王朝华译注：《老子》，中华书局，2017年，第36页。
② 萧兵、叶舒宪：《老子的文化解读——性与神话学之研究》，湖北人民出版社，1997年，第172页。
③ 湿婆的阴性配偶有很多，如杜尔迦、乌玛、波哩婆提等，因此以"最高女神"指代。
④ [德] 施勒伯格：《印度诸神的世界——印度教图像学手册》，范晶晶译，中西书局，2016年，第89—90页。
⑤ [美] 刘易斯·M. 霍普费、[美] 马克·R. 伍德沃德：《世界宗教》，辛岩译，北京联合出版公司，2018年，第9页。
⑥ 孙海通译注：《庄子》，中华书局，2016年，第134页。

己咬自己尾巴的蛇，无始无终，却也随处可始可终。

这让我们自然过渡到潜意识与孩子的关系上。孩子虽然还没有自我意识，但心理并非空白，他们的心理与出生前的潜意识十分接近，其心理成长自潜意识，也体现潜意识。还有学者指出，就像个体发育重复着种系发育一样（个体解剖学、生物学的发展经历了类似人类种族发展的所有阶段），个体心理发展同样重复着种族心理发展的所经阶段。年幼的儿童的心理与神话一样对应自原始心灵[1]，也就是说它们是潜意识的表现。总之，以上观点都论证了孩子的心理与灵性的潜意识存在着密切的关系。荣格认为，通常在4—6岁时，遗忘之幕就会将孩子的这些潜意识经验覆盖起来。然而也有例外，那些"天外儿童"即便在4—6岁过后，仍有强烈的潜意识体验。[2] 荣格发现，在孩子三四岁时会有一些想象力惊人的梦，代表着萎缩的集体心理的最后残余，这些梦给人的印象之深刻以至于让人们觉得它们绝不可能出自孩童，而往往正是这期间发生的梦在孩子以后的生命阶段中得以重现。[3] 与大人相比，孩子偶然间经历的神秘幻觉体验的次数也更多。在孩童时期，孩子们会看见光亮、火球等幻象。LSD之父阿尔伯特·霍夫曼就曾描述到自己童年时的一次神秘经历：

> 在我童年时代，有一次这种神奇的体验，至今栩栩如生地保留在我的记忆之中。它发生在五月的一个早晨——我忘了是哪年——但是我仍能指出它发生的准确地点，那是在瑞士的巴登（Baden）城以北通往马丁斯堡（Martinsberg）的一条丛林小径上。我漫步于那充满鸟语、被晨光点亮的鲜绿的树林中，骤然间，周围的一切显现出一种非同寻常的清晰的光亮，这种光亮难道我以前真的没有注意到吗？我是否突然发现了这个春天的森林的本来面目？它直指我的内心，放射出最美丽的光耀，好像它要把我拥抱在其宏伟庄严之中。我内心充满了一种难以言状的愉快、和谐和极乐的安全感。
>
> 我不知道我站在那儿被迷住了多久，但是我记得当这光耀渐渐消退后我所感到的不安。我继续徒步行进：这个视觉怎么会如此真实和

---

[1] ［美］克拉伦斯·O. 蔡尼：《神话心理学》，见［英］罗伯特·A. 西格尔编：《心理学与神话》，陈金星主译，陕西师范大学出版总社，2019年，第102页。
[2] ［瑞士］卡尔·古斯塔夫·荣格：《象征生活》，储昭华、王世鹏译，国际文化出版公司，2018年，第78页。
[3] ［瑞士］卡尔·古斯塔夫·荣格：《人格的发展》，陈俊松、程心、胡文辉译，国际文化出版公司，2018年，第46页。

肯定，如此直接和深切地感受到呢！它怎么这么快就结束了呢！当洋溢的欢愉驱使我时，我怎样告诉别人这一体验呢？因为我知道没有任何言辞能描述我所见到的一切。好像很奇怪，孩子能见到的这类奇异的事情，大人们则显然不能觉察，因为我从来没听他们提及过。

当我还是孩童时，我有好几次在森林中和草地上漫步时都体验到了这种深深的幸福愉悦感。这些体验形成了我的世界观轮廓，使我坚信有一种奇妙的、强大的、深刻的现实隐藏在日常的景象之中。

那个时期，我常常为此烦恼，想要知道当我长大成人以后，是否还能有这种体验，是否能有机会用诗或画来描写我的视觉。但当我明白自己没有当诗人或艺术家的天赋后，我想我必须把这些体验留给自己，因为它们对我很重要。①

一些科学研究的发现也在支持着这一观点。近年来随着医学技术的进步，出现了研究胎儿及其出生前后期的心理学新兴领域。这些研究发现胎儿和新生儿相当清醒，有觉察力、分辨力，能配合身体和人际环境。一个母亲只是想到抽烟，胎儿的心跳速率就会加快。② 这些发现一改现代世界只把婴孩简单视作哭泣、扭动、无任何思想的一团原生质的看法。

与现代观点不同，在很多的神话传统中，孩子被视为神圣，常常被说成祖先的转世，拥有祖先的名字，得到尤为尊重的对待。孩童时期，潜意识中伟大的意象与原型依旧鲜活，孩子所说的、所反应的、所提问的、所回答的、所梦见的或者看见的幻象，都被认为是出生前的知识加以严肃对待，这种超个人的知识据说"来自那里"③。居住在西非科迪阿瓦热带雨林的奔人相信有来世，而婴儿即转世的先祖，与先祖们之前所在的名为 wrugbe 的精灵世界、精神村庄联系紧密。所以，在奔人看来，婴孩是深具灵性的。他们曾独自生活在精灵村庄，只是暂时附着在地面，亲生母亲仅仅是可能的哺乳者之一。婴孩的啼哭被视为是对精灵村庄某物的渴望，所以好的父母愿意在权力范围内付出一切，让这些婴孩的现世生活更为舒适，以留住婴孩，不让其遭受诱惑而返回精灵村庄。这

---

① [瑞士]霍夫曼：《LSD——我那惹是生非的孩子：对致幻药物和神秘主义的科学反思》，沈逾、常青译，北京师范大学出版社，2006年，作者自序第1—2页。
② [美]布兰特·寇特莱特：《超个人心理学》，易之新译，上海社会科学院出版社，2014年，第202—203页。
③ Erich Neumann, *The Origins and History of Consciousness*, London: Karnac Book Ltd, 1989, p.24.

些拥有古老灵魂的婴孩可以自己决定睡眠和护理计划。[1] 有则故事是这样讲述的：当刚出生的小妹妹从医院回到家时，4 岁大的哥哥问爸爸妈妈："我可以单独跟她相处一会吗？"爸爸妈妈说："现在不行，晚会儿吧。"隔天他又提出同样的要求，父母便先在婴儿床里放了个对讲机，打开电源，然后对他说："现在你可以单独跟她相处了。"于是，这个 4 岁的小男孩走到小妹妹身边，说："跟我说说上帝，我已经开始忘记他了。"[2]

巧的是道家亦把道、厚德之人比作抟气致柔的婴孩。老子言，婴儿"蜂虿虺蛇不螫，攫鸟猛兽不搏。骨弱筋柔而握固。未知牝牡之合而朘作，精之至也。终日号而不嗄，和之至也"[3]，并主张让我们于一次次复归于婴儿中返璞归真、悟道明性。在老子的描述中，婴儿就是神明的化身。我国历史上一直流行童谣谶语的现象，孩子的一句话往往成了一个人、国家以后的命运写照。比如秦始皇时，曾有童谣流传说"亡者胡也"。秦始皇以为"胡"指的是匈奴，就下令大举征伐匈奴，想把匈奴的势力扼杀在萌芽中，却不曾想到，"胡"为其儿子胡亥。胡亥继位后，横征暴敛，激起民愤，致使秦朝灭亡。《晋书·天文志》记载："凡五星盈缩失位，其精降于地为人。岁星降为贵臣；荧惑降为童儿，歌谣游戏；……吉凶之应随其象告。"[4] 书中认为儿童实为荧惑星下凡，而应验童谣，则是荧惑的神示。

埃利希·诺伊曼曾对此评论："先见的神话理论中解释了这样一种观点，即所有的知识只是回忆，人在世界中的任务便是用他的意识头脑记起在意识之前的那些知识。"[5] 自然那些未经世事的儿童更容易回忆起来自那里的无限的知识，以至于没有自我意识成了孩子通往潜意识的优点。他们受后天的影响较少，还没有自我反省结构，与父母相比，与潜意识灵性状态有着更为亲密和良好的连接。西伯利亚尤卡吉尔人的文化体现了这一点。尤卡吉尔人相信万物有灵，相信人以及一些动物、植物等都具有灵魂。灵魂观念使尤卡吉尔人形成了转世观念，他们认为小婴儿即是已故亲属成员的转世。在母亲怀孕的某个时刻，故人的灵魂会通过母亲的引导进入她的子宫，附在婴儿的身上。有时，一个垂死之人

---

[1]［美］威廉·A. 哈维兰、［美］哈拉尔德·E. L. 普林斯、［美］达纳·沃尔拉斯等：《人类学：人类的挑战》，周云水、陈祥、雷蕾等译，电子工业出版社，2018 年，第 413 页。
[2]［美］熊心、［美］茉莉·拉肯：《风是我的母亲：一位印第安萨满巫医的传奇与智慧》，郑初英译，橡树林文化，2014 年，第 214 页。
[3] 汤漳平、王朝华译注：《老子》，中华书局，2017 年，第 220 页。
[4] 转引自刘锡诚：《20 世纪中国民间文学学术史》，河南大学出版社，2006 年，第 112 页。
[5] Erich Neumann, *The Origins and History of Consciousness*, London: Karnac Book Ltd, 1989, p.24.

会提前透露他/她试图投胎的那个女人的名字。有时,一个孕妇会梦到某个特殊的故人,她便知道是梦中故人的灵魂进入她的身体了。在其他的时候,小孩子会自己宣称居住在身体里面的灵魂是谁。当一个小孩子的身份不正确或被叫错名字时,暂居于此的灵魂会觉得被冒犯了,于是不再喜欢这个小孩,在生活中便不再帮助他,因而不利于他。于是,大人们高度关注他们孩子的真实身份问题。鉴于此,尤卡吉尔人认为孩子并非一块白板,而是继承了故人的性格、技术、知识与神灵的关系等。孩子甚至在出生之前就会以完成式一次性接受了所有这些要素。因而,儿童无所不知。不过,孩子在学习语言以建构社会关系与社会身份的过程中,他们的记忆据说就会失去作用。在此之前,儿童的身体是"打开"的,但是,到孩子学会说话的那一刻,他们的身体就"封闭"了。孩子的知识以封装的形式存在。此时,需要他们余生通过与物、人的交往实践来重新发掘、回忆那些来自灵魂的知识。①

注重灵性经验的超个人心理学家也注意到了儿童心理,尤其是刚刚出生的婴孩心理的神圣性。他们论述到新生命在进入世界时,好像伴随着某种极为广大的神秘力量,这种力量能融化每一个在场者的心。因此,出生不仅是身体历程,更是心理与灵性事件。胎儿与新生儿实为灵体转化为物质的过渡期,这个阶段的意识仍能察觉本身的灵性来源,然后逐渐转向自我意识的认同。② 凡接受过小婴儿的人也都会有这样的感受:他们就像一尊小佛,有种宠辱不惊的淡然,徐徐睁开眼睛的时候,就像神仙。

其实不只是儿童,迟暮的老人同样淹没在潜意识心理中。在自我意识终结后,都是潜意识统治的领域。如果说儿童心灵成长自潜意识,那么老年人的心灵即将进入潜意识。③ 在印第安文化中,老人是他们最珍贵的人,他们一直被教导"老人和婴儿是最接近上帝的人"。④ 在达斡尔族的文化传统中,老人拥有极高的威望和影响力,他们对于一个家族的稳定有着举足轻重的影响。达斡尔人认为,岁数越大的人越具有神性,人们都将他视为神灵。当有老人去世时,达

---

① [丹] 拉内·韦尔斯莱夫:《灵魂猎人:西伯利亚尤卡吉尔人的狩猎、万物有灵论与人观》,石峰译,商务印书馆,2020年,第60—61、178—180页。
② [美] 布兰特·寇特莱特:《超个人心理学》,易之新译,上海社会科学院出版社,2014年,第202页。
③ [瑞士] 卡尔·古斯塔夫·荣格:《心理结构与心理动力学》,关群德译,国际文化出版公司,2018年,第275页。
④ [美] 肯特·纳尔本:《帕哈萨帕之歌:与印第安长者的旅行》,潘敏译,广西师范大学出版社,2018年,第245页。

斡尔人都忌讳说"死",而说"巴日肯伯勒僧(barikenboleng)",即"成神了"[①]。达斡尔族人相信长者死后灵魂仍在彼世活着,可以关照现世亲人的幸福与健康。西伯利亚尤卡吉尔人认为居住在人类身体中的灵魂最初来自阴间,因此,它有重获独立、回到原地的本能和冲动。有时候灵魂还通过诡计使其拥有者走向死亡。而随着时间的推移,灵魂会逐渐了解那个人,进而会关心照顾他。同样,那个人会逐渐理解他的灵魂,变得与它一致。愈到晚年,人愈拥有与他们的灵魂一致的感情。再加上,一个人越老,离死亡越近,灵魂重获独立身份以及重返阴间的时间也就越接近。故而,灵魂的恶意会逐渐消失,变得越来越仁慈。[②] 这或许就是"人之将死,其言也善"的由来。超个人心理学家同样没有放过这一心理领域。超个人心理学认为死亡不仅是身体的结束,也是意识的改变,是一种超越死亡的灵性。随着死亡的接近,意识会向新的远景敞开:情感的强度、内心的脆弱、神圣的临在等诸多感受全都会结合起来。此时,存在大幅度扩展灵性经验的可能,使得在濒死过程中形成的灵性意识不仅转化濒死之人,连周围的人也受其影响参与转化的灵性能量中。[③]

四、 灵性传统中的潜意识

荣格并不是提出潜意识的第一人,也不是唯一之人,其他灵性传统中亦有相关表述,彼此相互对照,可对潜意识有更为清晰与深刻的认识。灵性传统在同样注重多重意识状态的超人心理学如火如荼的发展态势中正重新进入人们的视野,在文章中会反复出现超个人心理学这个概念,它以荣格的思想理论为先导,视荣格思想为其鼻祖,与荣格思想密切相关。因此,在此特做一下介绍。

超个人心理学是诞生于20世纪60年代末70年代初的新兴心理学派,传承自心理学第三大势力——人本主义心理学,却又与之不同,是继行为主义学派、精神分析学派、人本主义心理学之后的心理学第四大势力。人本主义心理学以马斯洛为代表,最为人们所熟知的是马洛斯提出的人的需求层次理论,依次为生理、安全、爱和归属、尊重、自我实现的需求层次。自马斯洛开始,心理学逐渐系统地恢复原本被移除的人性,比如说心智、意识、感受、情绪等,学科

[①] 孟盛彬:《达斡尔族萨满教研究》,社会科学文献出版社,2019年,第56、133页。
[②] [丹] 拉内·韦尔斯莱夫:《灵魂猎人:西伯利亚尤卡吉尔人的狩猎、万物有灵论与人观》,石峰译,商务印书馆,2020年,第72—74页。
[③] [美] 布兰特·寇特莱特:《超个人心理学》,易之新译,上海社会科学院出版社,2014年,第204—206页。

体系内不再偏向于自然主义与实证主义的倾向,即单纯以研究物的方法研究人的心理。人本主义如今代表了西方心理学的主流,它们着重于对自我身体、情感、心智结构的建构,但又太过于局限在自我的范畴,研究的内容皆为受自我结构制约的意识。然而,即使在人类潜能运动全盛的时期,许多人仍然觉得有所欠,因为它触涉不到人类的终极渴望——灵性渴望。事实上,心理健康的定义必须包含灵性的维度才算完整,现实与实相也只有加入超意识状态所描述的状态才健全。"心理"(psyche)的词源是希腊文,意指"灵魂",打开"心理"的意思就是向灵魂的转化力量敞开,可见西方传统心理学早已偏离了心理的本意。于是,马斯洛在后期修订了他的需求层次理论。他批评自己早期的需求层次理论是不完整的,除了顶层的自我实现的需求之外,还需要加上超越性需求、灵性的需求,即威廉·詹姆斯所说的"人类一直与'某种更高的事物'有所联结"①,由此开启了人本主义心理学向超个人心理学的转变之旅。此后,马斯洛和一群朋友把这个新的发展方向称为超个人心理学。

主流心理学唯理性意识马首是瞻,而视超常意识状态为病态、幻想、无稽之谈。然而在通过各种技巧进行意识转换的过程中,人们发现正常意识只是整体意识的冰山一角,意识存在广阔的空间及可塑性,人的身份是广阔的意识,却只认同并执着于意识的一部分内容。超个人心理学主动探索这块被弃之不顾的心理学领域。它跳出传统科学唯物论与笛卡尔的世界观,不再把心理视为终点,而是认为在此之外还存在更为浩瀚的灵性实相,人的本质是灵性的,意识的其他维度就能显示出传统智慧所一再表达的这个真理。于是,超个人心理学开始探索人的内在深刻面向、超越的成分与主观神圣性等,研究核心从安全地强调正常普通人的观点扩展到对诸如意识转化等超乎寻常情形的重视。超个人心理学的"超"正是指平常不被主流哲学思想接受的实相与经验,也是对超个人、超时空的灵性体验的表达。在超个人思潮的推动下,经由多种研究,所谓病态的超常意识状态在西方世界发生了戏剧性的改变。它们被证实为有益的,不仅有益于心理,甚至有益于身体。在历史上,神圣合体一向被认为是人类至善及人类存在的最高愿望。以萨满为代表的传统社会就常常心醉沉迷于神圣的超意识状态,并尽最大努力寻求与之的合一。

顺承全球灵性热的趋势,超个人心理学自诞生之日起便不断成长,在各个

---

① [美]罗伯特·麦克德莫特:《超个人世界观:历史和哲学的反思》,见[美]沃什、[美]方恩主编:《超越自我之道》,胡因梦、易之新译,中华工商联合出版社,2013年,第253页。

国家传播流行，俨然成为一种无法逆转的潮流或运动。在此趋势下，东方灵性传统在西方国家进行又一轮的新"殖民"，整个世界大有神秘主义复兴的趋势。但此复兴绝非抑制、排斥西方心理学的观点与贡献，而是试图将世界精神传统的智慧整合到现代西方心理学的知识系统中，对宗教的内容从心理学的角度重新诠释，为古老的宗教行为注入现代心理学的新意。由于超个人心理学的发展，东方心灵之学正式进入西方心理学的建构，使心理学的本体论发生了质变。20世纪西方心理学的突破，都不是源于新知识的发现，而是对古老智慧的体认。回顾起来可以看出超个人心理学是心理学的自然演化，甚至可以说是历史的必然，因为它把个体放在更大的宇宙之中，展现整体存在现象的灵性实相，而不只是展现困滞于个人、家族与人际场域中的心理。在超个人心理学的引领下，人们实现身、心、灵的全面觉醒与连贯发展。[1]

理性意识看似进步与正常，然而在超个人心理学家看来实则是停滞的、次等的、有限而扭曲的。它远非自然，更非理想，且随着时间与文化的变迁还会发生变动。马斯洛的说法更为准确："我们在心理学中称为正常的情形，其实是精神病理的平均值，那种情形是如此平凡而到处可见，以致于我们根本就不会注意它。"[2] 依超个人心理学之见，理性意识中的人们在抛却神圣的内在面向后，成了缺少感情的"工具人"，集体生活在昏迷的状态中，并"对这种紧缩而扭曲的心智状态浑然不觉"，视其为正常。[3] 那些与之不同的神圣意识等，反被他们当作"疯狂"。来自纪伯伦的一则寓言形象地表达了这一点：

> 很久以前，在一个遥远的维兰尼城，有一位既威严又贤明的国王，他的威严让人们小心谨慎，他的智慧让他深受拥戴。
>
> 维兰尼城的市区中心有一口水井，其水清澈而透亮，一眼可望见井底，且水质甘甜可口，全城居民都喝这口井中的水，包括国王和大臣们，因为城里再无其他的水井。
>
> 有天夜里，大地万物都在熟睡，有一个女巫悄悄进入城中，向这口水井中投入了七滴魔液，然后诅咒说："从此以后，只要喝了这口水

---

[1] [美]沃什、[美]方恩主编：《超越自我之道》，胡因梦、易之新译，中华工商联合出版社，2013年，绪论、导论；[美]布兰特·寇特莱特，《超个人心理学》，易之新译，上海社会科学院出版社，2014年，导论、第一章。

[2] [美]沃什、[美]方恩主编：《超越自我之道》，胡因梦、易之新译，中华工商联合出版社，2013年，第124页。

[3] [美]沃什、[美]方恩主编：《超越自我之道》，胡因梦、易之新译，中华工商联合出版社，2013年，导论第18页。

井里的水的人，都会变成语无伦次的疯子。"

第二天清晨，除了国王和宰相之外，城里的所有居民都喝了井水。果然，大家都变成了疯人，和女巫预言得一模一样。

城里很快就变了模样，从一个区到另一个区，从一个胡同到另一个胡同，大街上，市场里，人们都在交头接耳，都在窃窃私语，大家都在说："国王和宰相疯了，国王和宰相都失去了理智。我们绝不能让一个疯子国王统治国家。我们要罢免他，把他赶下台！"

当天晚上，听到这一切的国王，用从先人那里继承来的一只金杯子里装满一杯井水。水一送到，国王便大口把水饮入腹中，然后又把金杯子递给宰相，宰相也大口饮水。

维兰尼城的居民们皆大欢喜，热烈欢庆，因为，他们认为，认为他们的国王和宰相从此不是疯子，恢复了正常。[①]

喝过经施咒的井水而发疯的市民象征着受限的理性意识思维与大众偏见。他们对其中的受限与"疯狂"成分不自知，以为绝大多数为"疯狂"，那么"疯狂"就是正常，少数的不疯狂之人与清醒者才是不正常。没有喝经施咒的井水的国王及其侍卫则象征着与受限的理性意识不同的意识视域。寓言的讽刺之处在于，为了获得多数以正常自居的受限理性意识的认同，他们只好将自己也同化为其中一员。然而，总有相反的例子，对于那些自视清醒的人，老子会说："俗人昭昭，我独昏昏。俗人察察，我独闷闷。澹兮，其若海，飂兮，若无止。"[②]从古至今，即便被当作"傻子"，还是有还敢于走自己路的人。

现代社会把与物质现实不符的意识状态几乎全都排斥在外。超个人心理学家丹尼尔·戈尔曼认为，之所以出现上述状况，与其所属的文化倾向不无相关。不同的文化有不同的世界观，人们通常会根据自己所属的文化传统与规则来体认现实，每一种文化所强调与包容的经验皆不同。即便是哭或笑之类的生物本能，也有文化上的差异。有关意识的经验及表达也受到了文化的限制。文化创造意识以适应某种标准，它限制了个人经验的形式及类别，并根据社会的情况来决定意识的状态是否正常以及是否能被接受。同样的，标准的文化现实，也是特定意识状的产物。就经济成长而言，稳定的意识状态符合现代文化运行所需要的标准、规定与类型模式，而超常意识状态象征着难以被社会掌握和大规

[①] ［黎巴嫩］纪伯伦：《纪伯伦诗选》，陈姝译，民主与建设出版社，2020 年，第 152—153 页。
[②] 汤漳平、王朝华译注：《老子》，中华书局，2017 年，第 77 页。

模利用的存在模式，因此，现代文化价值体系过分凸显清醒时的一些状态，而阻碍了对超常意识状态的认识。① 另有学者指出，人类这种生物拥有特定类型的身体和神经系统，因此有许多潜能。而我们每个人都有特定的文化背景，只有一小部分潜能在文化的筛选下发展出来，其他的潜能则被忽略了。文化所筛选出来的那一小部分潜能，加上一些随机的因素，组成了我们的意识状态，所以我们既是自己文化选择的受益者，也是受害者。若想进入超常意识状态，人们就必须超越文化的基本模型，如此才能充分发展这些潜能。② 可见，所谓的理性意识只是受限于文化武断界定的一小部分意识状态，每个人都潜藏着进一步发展的可能性，就如同威廉·詹姆斯所说：

  无论在身体上、智力上或是精神上，大部分人都只活出很有限的潜能，在有可能发挥的意识中，只运用了非常小的部分……我们连做梦都没有想到，自己储藏了那么多可资利用的生命。③

奥罗宾多也表达道：

  意识通常被视为等同于心智，可是心智的意识只是人类的范畴，不能代表意识范畴的所有可能性，就好像人的视觉和听觉不能涵盖所有颜色和声音的范畴，因为许多色彩或音域处于人类知觉范围之上或之下。许多意识的范围在心智范围之上或之下，是正常人接触不到的，从而成为潜意识的部分……

  意识是存在的基础，意识的能量、运行和活动创造了宇宙及万物，大宇宙和人内在的小宇宙都是出于意识的安排。④

虽然理性意识中的人认为物质世界才是真实，神话世界只是个幻影，然而处在潜意识（又称为萨满意识状态、出神状态等）中的人则认为，神话世界所描述的诸如龙、凤、狮身人面像等组合型神话动物才是真实。出神时，萨满脑海中充满了神奇的内在影像。这些内在影像甚至不只存在于他们的脑海中，还可以独立于萨满而存在。如同著名澳洲人类学家艾尔金所说，原住民萨满观想

---

① ［美］丹尼尔·戈尔曼：《心理学、实相与意识》，见［美］沃什、［美］方恩主编：《超越自我之道》，胡因梦、易之新译，中华工商联合出版社，2013年，第11页。

② ［美］查尔斯·塔特：《意识的系统论》，见［美］沃什、［美］方恩主编：《超越自我之道》，胡因梦、易之新译，中华工商联合出版社，2013年，第32页。

③ 转引自［美］沃什、［美］方恩主编：《超越自我之道》，胡因梦、易之新译，中华工商联合出版社，2013年，第48页。

④ ［美］布兰特·寇特莱特：《超个人心理学》，易之新译，上海社会科学院出版社，2014年，第47—48页。

的影像"并非幻想。那是一种经观想与外显之后的神智结构,它甚至能够独立存于创造者之外一段时间……当事人在经历影像时虽然无法动弹,却仍然能意识到周遭发生的一切"①。只有同样处于出神中的人才能够以萨满的方式看见(所看到的情境很可能也并非完全一致,除非两者出神位置精准一致)。此时,对处于出神状态中的人而言,所接收到的寻常意识面向才是幻觉。新萨满教之父哈纳对此有一句精辟的总结:"在萨满意识状态中,寻常世界是个神话;在寻常意识状态中,非寻常世界是个神话。"② 在某种语境下,这两者的表述皆为正确,只不过它们都是从各自特定的意识状态出发,进而拥有不同的认知与体验。理性意识是现代人的王道,然而拥有多重意识经验的人,比如一些信仰萨满文化的部落中人,却认为理性意识就像异性恋一样,只是普通。就像存在多种恋爱方式一样,也存在多种意识形态。理性意识只是在主导文化背景下强力推行的一种认知方式,它是某种程度上的真实。但如果它宣称自己是唯一的真实,那么对于部落文化中的人来讲,它就是最大的谎言。部落文化中的人深谙潜意识与寻常意识之间的变化之道,对于他们来说,睁眼闭眼之间就是不同的世界。台湾排湾古楼女巫师靠唱经与祖灵进行沟通,当她们闭着眼睛唱到第一章"是的,我们已经相逢"时,意味着即将进入出神的意识状态,接着元老神会附在女巫师身上,并透过巫师把话说出来,直到第八章唱到"我们要走了"的时候,巫师才慢慢醒过来,"我们女巫师一睁开眼,面对的就是人间的一切"。③ 即便部落中的每个人未必都像萨满一样,娴熟于此变化之道,他们却对萨满表示尊重,对自己暂且达不到的状态表示信任,并努力以自己的方式与出神状态中的神圣进行合一。因此,对于一些西方人所表示的无法理解出神现象,并从西方霸权主义的视角将之命名为"前逻辑",部落族人则表示,这次,只不过是西方人太单纯了,尤其是关于意识转换与意识认知方面。

以下是具体的例证介绍分析。

萨满意识状态是萨满教的精髓。在仪式过程中,通过单调的圣歌、斋戒、失眠、服用致幻药等方式,萨满声称能够进入一种不同寻常的意识状态、一种

---

① [美] 麦可·哈纳:《萨满之路:进入意识的时空旅行,迎接全新的身心转化》,达娃译,新星球出版社,2014年,第111页。
② [美] 麦可·哈纳:《萨满之路:进入意识的时空旅行,迎接全新的身心转化》,达娃译,新星球出版社,2014年,第32页。
③ 胡台丽、刘璧榛主编:《台湾原住民巫师与仪式展演》,"中央研究院"民族研究所,2010年,第51页。

如梦一般的状态,介于睡眠与清醒之间,在那里他们经历活生生的心理意象,即诸神的世界。借助于内在经验及其中宝贵的精神资源,萨满为部落解决一系列问题。萨满深知在清醒意识认识到的现实世界外还隐藏着一个国度,而诸神会从那里发出信息,萨满就是传达诸神信息的媒介。因为在特殊意识状态中已然见到了那个世界,萨满的灵魂从此闪耀着强大的内在之光,这种超自然的光芒既点燃了自己的灵魂,也照亮了他人前进的道路。玛丽亚·萨比娜是中美洲马萨特克族的一位萨满,她说道:

> 在我们所处的世界之外,还有另一个世界,它远在天边,近在眼前,缥缈无形。那是至上神的居所,也是死者亡灵、精灵和圣徒们的住处。在那里,尘世中所有世事皆成过往,可称得上是一个"万事皆已发生和万事皆知"的世界。那个世界能言会语。它有它自己的一套语言,而我只是传达其所表达的。
>
> 神圣蘑菇支配着我,将我引入那个"万事皆知"的世界。就是它们,神圣蘑菇们,用一种我能听懂的方式在说话。我提出问题,它们就回答我。当我们一起完成神游旅程后,我就将它们所说的和它们所展示的东西转述出来。
>
> 我的曾祖父佩德罗·费利西亚诺(Pedro Feliciano)、祖父胡安·费利西亚诺(Juan Feliciano)和父亲桑托·费利西亚诺(Santo Feliciano)都是萨满祭司——他们吃下神圣蘑菇(*teo-nanácatl*)后,都能看到"万事皆知"世界的幻象。[①]

人类学家杰拉多·赖歇尔-多尔马托夫(Gerardo Reichel-Dolmatoff)曾表示:

> 对印第安人而言,"另一个"世界其实与其生活的普通世界一样真实,通过个人将这种认知口口相传,其实就是一种经验共享。要实现这一转变,看穿事物表象,其实是有法可循的——翻过山峰,越过河流,穿过天空,拨开重重迷雾,进入专心、节制、出神的状态,有时"另一个"世界会出乎意料忽然显现,让人能一瞥恐怖的黑暗能量。但更多情况下,要感知这个世界,就要有意识地服用草药。通过服用强效草药,精神会进入那个隐匿的世界,那里满是动物、森林精灵、神

---

① [美]简·哈利法克斯:《萨满之声:梦幻故事概览》,叶舒宪主译,陕西师范大学出版总社,2019年,第107页。

灵以及神话景致。说到准备这些草药，沃佩斯（Vaupés）的印第安人可是专家。①

惠乔尔人同样表达道：

> 在我们的心中有一个出入口，它在通常情况下是隐蔽的、秘密的，直到死亡降临。惠乔尔族用 nieríka 表达此意，即"幻门"。幻门，指的是介于正常的与非正常的现实之间的宇宙通道或接口。在这两个世界之间既有相沟通的通道，也有相阻隔的障碍。②

有时，萨满文化中的人经常巧用特殊地形，诸如泉水、沼泽、地穴、山洞、中空的树桩、树根、房屋泥地上特别的洞口等，将其当作入口，做转换变形之用。透过此地形，萨满从一个世界进入另一个世界。这个入口不但存在于寻常世界中，也存在于出神状态的非寻常世界中。例如，加州印第安萨满的入口经常会是一处泉水，特别是温泉。萨满以能在地底世界旅行数百里的能力而著称，可从一处温泉进入地底世界，再从另一处出来。同样的，南非喀拉哈里沙漠的布须曼萨满描述说："我的朋友，这就是嗯唔（n/um，力量）的方法。人们唱歌时，我舞蹈。我进入地底。我从一个宛如人们饮水的地方（水源涌出处）进入。我在里面旅行得很远，非常远。"加州印第安萨满使用的另一种入口是中空的树桩。北美洲西北海岸地区的塔瓦纳人（Twana）据说经常为下达下部世界而真的挖地。科尼波人则利用巨大的沙盒树（catahua tree）树根，进入地底，抵达下部世界。在出神状态中，这些树根变成一条条黑蛇，承载他们进入一个充满森林、湖泊、河流和奇异城市的下部世界。尽管这些旅程都是子夜间进行的，但是从上方寻常世界里消失的太阳，会把这里照耀得宛如明亮的白天。③一些描述萨满体验的岩画，甚至会巧用岩石裂缝以示寻常世界到灵界的转变。比如所刻画景物经过裂缝时，即会发生由实变虚、由小变大等的变化。④可以看到，上述用作转换之门的地形常常是洞孔一类，有人推测这可能与出神时的体验相关。

---

① [美] 简·哈利法克斯：《萨满之声：梦幻故事概览》，叶舒宪主译，陕西师范大学出版总社，2019 年，第 114 页。
② [美] 简·哈利法克斯：《萨满之声：梦幻故事概览》，叶舒宪主译，陕西师范大学出版总社，2019 年，第 1 页。
③ [美] 麦可·哈纳：《萨满之路：进入意识的时空旅行，迎接全新的身心转化》，达娃译，新星球出版社，2014 年，第 74—75 页。
④ [波] 安杰伊·罗兹瓦多夫斯基：《穿越时光的符号：中亚岩画解读》，肖小勇译，商务印书馆，2019 年，第 57—62 页。

当萨满出神时，最普遍的感觉就是向下通过一条隧道或者掉进旋涡之类。[1] 楚科奇萨满在出神状态中慢慢或者突然倒在地上时，他的族人会说："他沉下去了。"这不仅指的是屋内其他人所看见的表面现象（寻常意识状态），也是指他造访其他世界，尤其是地底世界时的感觉（出神意识状态）。[2] 出神状态实验发现，在深层恍惚状态，人们会觉得自己与想象融为一体，进入了一个旋转的隧道或旋涡，我们将会在第二章对此有详细介绍。

死藤水，又译为"阿亚瓦斯卡""南美卡皮木"，是一种在南美亚马孙丛林原住民印第安人部族的萨满教治疗中使用的具有致幻作用的植物，由卡皮木和死藤等植物煎熬而成。据说，最早在石器时代，人们就有饮用死藤水的习俗。死藤水因其所带来的无限迷人的幻象，被认为是亚马孙原住民的文化之源。在南美洲印加人盖邱亚族语中，死藤水即"死亡之藤"或"灵魂之藤"，俗称死藤。秘鲁亚马孙流域的印第安人还给死藤水取了一个名字为"微小的死亡"[3]，以示喝死藤水的人们失去意识，进入昏迷状态或魂游千里与神灵相见的状态。其中，死藤水的主要成分为二甲基色胺（dimethyltryptamine，缩写为 DMT）。DMT 的分子结构与全球知名的合成致幻剂麦角二乙酰胺（LSD）类似，服用 DMT 会导致幻觉的产生。据说 DMT 分子能够调整人类大脑的频率接收段，因此，当受验者喝下用它浸泡的液体后，意识会发生不可思议的转换，进入物理学所描绘的"平行宇宙"。在那里，受验者看到许多半人半动物的生灵，同时聆听这些生灵关于"光"和"爱"的教导。用死藤水绝不是一个娱乐项目，不能与派对药品同日而语。当生命中遇到极大的困惑和难题要解决或解脱时，才能寻求萨满和死藤水的帮助。根据当地的传统风俗，死藤被看作神圣的象征，只有部落的萨满或草医懂得制备死藤水的方法。在南美洲，尤其是亚马孙盆地周边的区域，饮用死藤水是非常普遍的现象。成年人喝死藤水体验意识转换是宗教自由，受到法律的严格保护。他们认为，死藤水体验是人类必知的常识，这种知识是人们了解自身的需要。同时，死藤水是亚马孙原住民与自然万物沟通的媒介。在死藤水的帮助下，他们会和树木、动物、每个村庄中的灵魂交流，

---

[1]［波］安杰伊·罗兹瓦多夫斯基：《穿越时光的符号：中亚岩画解读》，肖小勇译，商务印书馆，2019 年，第 73 页。
[2]［美］麦可·哈纳：《萨满之路：进入意识的时空旅行，迎接全新的身心转化》，达娃译，新星球出版社，2014 年，第 75 页。
[3]［美］迈克尔·哈纳：《我感觉像是苏格拉底接受毒草》，见［加］杰里米·纳尔贝、［英］弗朗西斯·赫胥黎主编：《穿越时光的萨满：通往知识的五百年之旅》，苑杰译，社会科学文献出版社，2017 年，第 139 页。

聆听超自然的信息与教诲。其中，饮用死藤水时，饮用者需要抱有尊敬之心。因此它也伴随着一些禁忌，例如在饮用前的一周，不能饮酒、行房、吃肉等。部落萨满的仪式指导对死藤水的饮用也具有重要意义。在仪式中，萨满会唱歌、舞蹈、击鼓，来控制这种幻觉体验的节奏和强度。一般人服用死藤水大约为一次 15 毫升，萨满会根据饮用者的体质适量调整剂量。在仪式中，人们在喝下死藤水后通常会呕吐或腹泻，产生一系列生理反应，在身体被清空后才开始产生幻觉。整个过程一般持续三到四小时。[1]

美国新墨西哥大学的教授里克斯德拉斯曼对死藤水体验有深入研究，曾出版过一本与此有关的书，名叫《DMT：灵魂分子》。在这本书中，里克斯德拉斯曼认为，人类生存在"物质"的世界中，其大脑大部分时间接收着"物质"世界的频率，而死藤水体验能改变大脑所接受物质的频率，让人们进入更高层次的时空维度，见识一个与物质世界完全不同的神奇世界，即人类普通感官无法感知的世界。阿尔伯特·霍夫曼也认为，宇宙存在不同的、多种多样的现实，可与不同的波长相呼应。而像 LSD 之类的致幻剂，可导致大脑这个接收器发生生物学上的改变，进而使得大脑这个接收器调到了另一个波长，而不是相应于日常现实的波长，因此引发了新的现实景象。它们是更深层次、更全面的知觉现实，与现实物质世界相互补充，而不是排斥，共同构成宇宙的不同面向。[2]

巫师唐望认为存在两种不同的知觉，这两种知觉分别对应不同的知识。一种是普通人日常知觉所对应的理性知识；另一种是巫师的巫术意识状态所对应的寂静的知识（the power of silence），又称为意愿等。唐望把人类的意识比作拥有很多房间的巨大鬼屋，并指出日常意识只是理性聚合点位置下其中的一间，人们出生时进入它，死亡时才能解放、离开。而巫师的成就是，发展出巫术意识状态，能够在活着的时候离开那间房间，寻找到其他的出入口。对于寂静的知识与理性知识这两种不同的知觉，唐望与其门徒卡斯塔尼达具体描述道：

> 一个是极为古老、自在、漠不关心的，它很深沉、黑暗、与其余一切事物相连接；它是我不曾在意的一部分，因为它与一切相平等；它毫无期待地享受一切。另一部分是轻盈、新鲜、松散、易受刺激的，它很紧张、迅速、关心自己，因为它没有安全感；它不懂得享受事物，

---

[1] 姚梦晓：《萨满、死藤水与艺术》，"他者 others"微信公众号，2019 年 2 月 16 日。
[2]［瑞士］霍夫曼：《LSD——我那惹是生非的孩子：对致幻药物和神秘主义的科学反思》，沈逾、常青译，北京师范大学出版社，2006 年，第 174 页。

因为它缺乏与其他事物的连接能力；它孤独、肤浅、易受伤害……①

我们身为明晰生物，生下来便拥有两种力量之环，但是我们只用其中之一创造了这世界。这个力量之环便是理性……普通人用理性来支持他们的描述，巫师则用意愿支持他们的描述。两种描述都有可知觉的规则，但是巫师的优势是，意愿要比理性更具有包容力。②

《奥义书》中圣音"唵"（AUM）代表着宇宙的始源，包含万事万物，其中每一个字母代表不同的意识状态与神灵，除此外还有超越三者的超意识图利亚状态，具体为：

A	醒态/粗身	粗身层面	宇宙身
U	梦态/精身	心意层面	金胎
M	深眠态/因果身	智性层面	创造者（自在天）
图利亚态	非二元存在	灵魂层面	至上之梵③

前三种依旧属于个人的意识状态，而瑜伽修行者的目标在于超越前三者进入第四种超觉状态——图利亚状态（Turiya）。图利亚状态也不是一种状态，而是所有状态的终结，在这一状态中只有梵、喜乐与光明。它在《奥义书》中被这样描述：

它既不是关于内在世界的意识，也不是关于外在世界的意识，还不是关于内在和外在这两个世界的意识；它不是密集的意识，也不是表浅的意识，还不是无意识。它不可感知，不可言说，不可理解，不可思议，不可描述。它是至上意识（Consciousness）的本质，并在所有三态中显现为自我。它是所有经验的目标，是一切平静、一切喜乐和非二元。这就是应被觉悟到的梵态，它被称为图利亚状态或超意识状态。④

印度教吠檀多哲学的脉络学说认为，人体有七大脉轮，它们像圆轮一样旋转，为人体的能量中枢，吸纳与传送生命的能量。每个脉轮都反映了我们生命本质的意向层面，依次排序为脊骨至头顶的位置，分别为：

第一脉轮：脊柱底部，元素是土，连结生存

---

① [美]卡洛斯·卡斯塔尼达：《寂静的知识：巫师与人类学家的对话》，鲁宓译，内蒙古人民出版社，1998年，第146页。

② [美]卡洛斯·卡斯塔尼达：《力量的传奇》，鲁宓译，内蒙古人民出版社，1998年，第91页。

③ [美]罗摩南达·普拉萨德英译：《九种奥义书》，王志成、灵海汉译，商务印书馆，2016年，第130页。

④ [美]罗摩南达·普拉萨得英译：《九种奥义书》，王志成、灵海汉译，商务印书馆，2016年，第132页。

第二脉轮：下腹，元素是水，连结性欲

第三脉轮：太阳神经丛，元素是火，连结意志

第四脉轮：心，元素是风（空气），连结爱

第五脉轮：喉咙，元素是音，连结沟通与创造力

第六脉轮：额头中央，元素是光，连结直觉

第七脉轮：头顶，元素是思，连结超意识[1]

对照七大脉轮可知，前三脉轮的意向主要对应的是现实物质界，第四脉轮是灵与物的过渡阶段，而第五、六、七脉轮则是上层的精微界。当脉轮由下往上越来越开放，也会相应连结到所在的意向层面。在第七脉轮时可达到沟通天与地、心与身、灵与物和谐完整的生命状态，实现最终的自由。随着上层脉轮的开放，它们甚至会转化前三脉轮的物质性意向，使其也有灵性的一面。

美国心理学家威廉·詹姆斯对笑气和乙醚在与空气适当混合稀释后所引起的迷醉状态做过一些观察，他发现吸入者会看见一层又一层深缘的真理，可是在苏醒后这个真理就会消失隐遁。于是他总结道：

> 我们正常的清醒意识（也称为理性意识），只是意识中的一种特殊形式，在其周围还有许多完全不同的意识，彼此间被朦胧的帷幕分隔开来。终其一生，我们可能不曾想到它们的存在，可是在运用必要的刺激时，猛然间它们就完整地出现，是好几种明确的心智形式，可能在某个地方有适用它们的领域。任何关于宇宙整体性的讨论，如果忽略其他形式的意识，都是无法得到结论的。问题在于如何重视它们，因为它们与平常的意识并没有连贯在一起。[2]

波拿文彻是著名的神秘主义哲学家，他认为，人至少有三种得到知识的模式，即"三种眼睛"：肉体之眼，我们借此感知时空对象的外在世界；理性内观之眼，我们借此得到哲学、逻辑和心智本身的知识；默观之眼，我们借此得到超验实相的知识。超个人心理学家肯·威尔伯对波拿文彻的洞见加以阐述并进行延伸，他认为这"三种眼睛"正相应于长青哲学所描述的生命的三种主要范畴，分别是显著的（肉体和物质）、微细的（心智和生命）与本因的（超越和默观）。其中每一种眼睛都有自己的知识对象，较高阶的眼睛不能简化成较低阶的眼睛，也无法以较低阶的眼睛来解释。每一种眼睛都有自己适用的领域，默观之眼不足以揭露肉体之眼所看见的事实，而肉体之眼也无法掌握默观之眼的

---

[1] ［美］艾诺蒂·朱迪斯：《脉轮全书》，林茨译，积木出版社，2016年，第42页。

[2] ［美］威廉·詹姆斯：《形形色色的意识状态：笑气的观察》，见［美］沃什、［美］方恩主编：《超越自我之道》，胡因梦、易之新译，中华工商联合出版社，2013年，第103—104页。

真理。感官、理性和默观各自揭露自身范畴的真理。每当一种眼睛企图代替另一种眼睛来观看时，就会看得模糊不清。① 在肯·威尔伯的成名之作《意识光谱》中，他又把意识分为两种：一是被冠名以各种各样名字的，有符号、地图、推理的二元论知识；另一种则被称为亲证、直接、非二元论知识，它是纯粹的意识，又被称为无意识。之所以被称为无意识，一是因为多数情况下，人们只会关注二元论意识，压制并忽略了另一种意识的存在，所以变成无意识；二是因为这种亲证意识无法以成为意识的对象的方式为人们所认识，人们只能通过成为它，进而与其所属的大心境融为一体。肯·威尔伯描述道：

> 因此根本的无意识是无限且永恒的宇宙万物，而初级和次级二元论让它变得无意识了。基本的无意识的，一切世界——过去、现在、未来，都位于人类尚未感觉到的"大心"（Heart）。"无意识更像是为我们带来此处的不朽之海；在'海洋感觉'的时刻中所得到的暗示；能量或者直觉的海洋；包容一切人类，没有种族、语言，或者文化的区别；并且包容亚当、过去、现在以及未来的一切产生过程，这全在一个……神秘的……主体之中。"因为"无意识是真正的心灵实相；无意识是'神圣的灵性'（Holy Spirit）"。②

佛瑞杰夫·卡普拉（Fritjof Capra）认为，科学和神秘主义可以看成人类心灵两个互补的表现。现代物理学家通过高度专注的理性心灵来体验世界，而神秘主义者则通过高度专注的直觉心灵来体验世界。要了解事物最深邃的本质需要神秘经验，而科学则是现代生活所不可或缺的。神秘主义者认识道的根源，却不了解道的分支；科学家了解道的分支，却不了解道的根源。科学不需要神秘主义，而神秘主义也不需要科学，可是人类需要两者。两者不能将其中一种化约成另外一种，但是要对世界有较完整的认识，两者都是必要且彼此补充的。③

潜意识内在图景是有待开发与认识的神圣资源，如果不比意识更为重要，至少与其等量齐观。但批评者认为荣格太容易把本能性的东西当成精神性的权威加以崇拜，把前理性误作为超理性。荣格在文章中对此早有辩驳，他表示，潜意识，也可以称作无意识、前意识、后意识、超意识、下意识，它们只是名

---

① [美]肯·威尔伯：《眼对眼：科学与超个人心理学》，见[美]沃什、[美]方恩主编：《超越自我之道》，胡因梦、易之新译，中华工商联合出版社，2013年，第223—225页。
② [美]威尔伯：《意识光谱（20周年纪念版）》，杜伟华、苏健译，万卷出版公司，2011年，第149—150页。
③ [美]佛瑞杰夫·卡普拉：《科学与神秘主义》，见[美]沃什、[美]方恩主编：《超越自我之道》，胡因梦、易之新译，中华工商联合出版社，2013年，第230页。

称变化的把戏，它潜于意识之下却又高于意识，等待意识的进一步认识[1]，由潜在自性转变为明显自性，这里并没有高下之分。因此，仅仅因为它的名称，或者其与理性意识不同就贬低潜意识的存在是不可取的。神圣的潜意识是一个中性的存在，对于经受过它的考验而拥有超强意识的人而言，潜意识是一份美好的礼物；而对于那些意识薄弱、太过于沉浸在潜意识中的人来说，潜意识对意识就构成了威胁，使其分不清幻想与真实。这也许可看作潜意识为何既被视为前理性的本能，又被视为最高的精神资源，既有贬低又有褒奖。它确实在不同的意识状态中存在不同的状态样貌，但其本身却无任何倾向性，只为成全。

潜意识是一种与理性意识截然不同的意识思维，相比于意识，潜意识是一种更为深潜乃至更为高级的心灵状态，代表着为普通感官所无法感知的、不同于物质世界频率的、更高层次的时空维度。诸多灵性传统中都在用不同的名字表达这个如诗人一般的心灵状态，比如萨满意识状态、图利亚状态、寂静的知识、神秘思维、幻觉世界等。将它适当地引用，可以在一定程度上解释意识与神话的起源等难解之事，它也的确不辱使命地做到了我们对它的期望。新兴的心理学第四大势力——超个人心理学亦对此非常关注。但潜意识本身同样是一个神秘的难题，它不可证实，消失在超个人领域，更像一个哲学命题。我们绝不能肯定再在难解之物中加入一个神秘难题是否妥当，它是离答案更近还是更远还很难说。但就像很多伟大的成就都只是靠引用一个虚拟的事物才解决世界难题一样，我们对此也没必要太过纠结。谁也没见过光子的全貌，也没见过 π 究竟有多长，但不妨碍它们在现代生活中处处发挥作用。给我一个支点便能撬起地球，我们没必要纠结在诸如那个支点究竟是什么，以怎样的面目存在，或者是否是唯一的存在这样终极的问题上。如果它能带给我们一个满意的答案与行之有效的启示，那么我们可以轻松地说，这是一个供我们观察世界的不错的支点。如同罗素对哲学的经典评价：

> 研究哲学的目的，并不是为了找出问题的确切答案，因为通常并没有真正确切的答案，而是为了问题本身，因为这些问题能拓展我们对可能性的看法，丰富我们的知性想象力，并削弱使心灵思索封闭的教条保证；但最重要的，是因为通过哲学所默观的伟大宇宙，心灵也得以伟大，并能与组成至善的宇宙合而为一。[2]

---

[1] [瑞士] 卡尔·古斯塔夫·荣格：《心理结构与心理动力学》，关群德译，国际文化出版公司，2018年，第118、229页。

[2] 转引自 [美] 沃什、[美] 方恩主编：《超越自我之道》，胡因梦、易之新译，中华工商联合出版社，2013年，第247页。

五、 小结

与意识一样，潜意识也是重要的心理内容，由神话表述，等待着意识的进一步被认识，借由情感、想象勾勒某种内在精神图像。所投射的潜意识原型可大可小，可男可女，能够把极其异质的成分都以悖论的方式整合在自身之中。其本身是相互矛盾、含混多义的。虽然针对不同的情境会有不同面貌的侧重，但功能常常是一致的，即为意识注入新鲜血液，颠覆已有的认知，等待被意识认识，达到潜意识与意识的终极整合，也就是荣格所说的个体化转变之路、人格的完整、自性的实现。潜意识原型是定性的而非定量，人们只能通过体验它而感受它，确认它，成为它。潜意识原型是对立物的复合体，它既是光明、仁慈的、阳性的，也是阴暗、可怕的、阴性的，甚至同时囊括意识与潜意识之间的对立，以完整性对现今的二元思维进行补充，使其不至于因太过对立而导致分裂。然而，这里的善恶并非决然对立而是相互转化的，目的都是使人进化成完整、有活力、真实之人。在日常的意识思维中，人们常常践行为主流思想所宣传的价值观，诸如真、善、美等，而避免、忽略着相反的一面，诸如邪恶、肮脏乃至完整。因此，潜意识在投射的时候常常以与传统信念截然不同的异样和破坏性经验的形式出现。其中否定性价值观的一些表达便属于以异样和破坏性经验表现的形式之一。潜意识既是意识诞生之地，也是吞噬意识之地，如同一只首尾衔接的蛇环，个体在其中进行着自我转换与变形。如果说，具有意志、决定性特点的意识思维为男性原则的话，那么就其具有生产、通过吸收而来的毁灭特征而言，潜意识则更倾向为女性原则。潜意识是不为我们所熟悉的精神领域，框定在自我意识之前与之后，也就是出生与死亡之际，这就使得潜意识与孩子、老人的心理关系密切。通过对潜意识的一系列特征的类比整合，我们将会对荣格的神话理论有更清晰的认识。

第二节　大脑中的神话

伴随着 20 世纪中期脑神经科学的兴起，与之密切相关的意识与心理领域也相应揭开神秘面纱，人们甚至将 21 世纪称为脑神经科学的世纪，以纪念其突出贡献。这告诉我们，很可能，当初所引用的虚拟之物并非天方夜谭，而是由于当时的"短视"，人们还未曾认识到的某种知识。肯·威尔伯提到这样一个观点，即当我们形成越来越高级的意识时，在外也拥有越来越复杂的物质形式，比如脑容量的增大、脑神经数量的激增等。物质形式之于意识状态是外在之于内在而不是低级之于高级。① 意识的任何进化旅程都印记在大脑的凹凸不平的脑槽中。荣格在著作中多次表示，潜意识遗传自大脑的结构中，作用于交感神经。弗洛伊德亦向精神病学家约瑟夫·沃蒂思嘱托说："精神分析已经被众人所知，所以不要只学习精神分析，它已经过时了。你们这一代人要结合心理学和生物学。你必须致力于此。"② 这些心理学大师纷纷注意到了心理、意识与生物学尤其是脑神经的关系。心理学虽然在人生中发挥很大的作用，但由于它的运作原理不明确，总被人嘲笑为"那只不过是心理学"。因此，一些具有先见之明的心理学家和生物学家、物理学家早就开始寻找心理、生理相结合的转机与突破，侦查心理与生理的互动机制以及各种意识在大脑中的布局。

一、体验型神话在大脑中的分布与表现

大脑皮质分为左右两个半球，连接两者的部位叫作胼胝体。1962 年，一位名叫约瑟夫·伯根的神经外科医生说服了一位患有严重癫痫的病人做了切除胼胝体的手术，以缓解癫痫。这项手术曾在动物身上做过成功的实验，但在人身上还是头一例。尽管切除胼胝体能够有效缓解癫痫，但并非没有副作用——术后病人大脑的左右两侧的运作也失去了平衡。这项手术的功过是非难以判断，于是很快便被取消了。但它却无意间成了神经科学家们竞相研究的对象，因为当核磁共振功能成像机与其他的大脑显影技术出现之前，主要是依靠这些被切除胼胝体的病人，科学家才能研究大脑两边单独运作的实际情况。

众所周知，所有的知觉及运动神经纤维在传进脑部前会先交叉，右半边身体是由左脑掌握，而左半边的身体则由右脑掌握。被切除胼胝体的病人如果被蒙上眼睛，请他用左手（右脑负责）握住螺丝起子，他将无法说出这个东西的名字，却能轻易地使用它。相反，如果他用右手（左脑负责）握住同样的东西，他可以说出那是螺丝起子，却不知道如何使用。如果只用左鼻孔（右脑负责）闻气味，切除胼胝体的病人能产生明确的反应，但却无法分辨是什么气味。如果一个复合字"足球"，在左半边（右脑负责）显示单独的"足"，在右半边（左脑负责）显示单独的"球"，则切除胼胝体病人只能读出"球"这个字。

---

① ［美］肯·威尔伯：《整合心理学：人类意识进化全景图》，聂传炎译，安徽文艺出版社，2015 年，第 83 页。
② 转引自［法］大卫·塞尔旺-施莱伯：《自愈的本能——抑郁、焦虑和情绪压力的七大自然疗法》，曾琦译，人民邮电出版社，2017 年，第 19 页。

经过一系列实验，研究者得出如下结论：两侧大脑彼此功能各异，左脑负责叙述，右脑负责体验。左半脑可以被称为"语言脑""意识脑""学术脑"，负责理解、记忆、时间、判断、排列、分类、逻辑、分析、书写、语言、阅读、推理假设等，思维方式具有连续性、延续性和分析性；右半脑则被称为"本能脑""潜意识脑""创造脑""音乐脑""艺术脑"，负责空间形象记忆、直觉、情感、身体协调、美术、音乐节奏、想象、灵感、顿悟等，思维方式具有无序性、跳跃性、直觉性等。右脑是婴儿在子宫中首先发展的部位，负责母婴之间的非语言交流，而左脑在儿童理解语言和学会说话之后开始活跃。[1] 如果说左脑是阳性男性原则，对应意识（以西方文化为代表），那么右脑则是阴性女性原则，对应潜意识意识（以东方文化为代表）。右脑处理象征，负责精神世界的意象与梦境，是更为潜意识的一方。潜意识的相关运作在右脑中发挥作用。

德国心理学家托瓦尔特·德特雷福仁与吕迪格·达尔可用以下的分类表示两者的关系[2]：

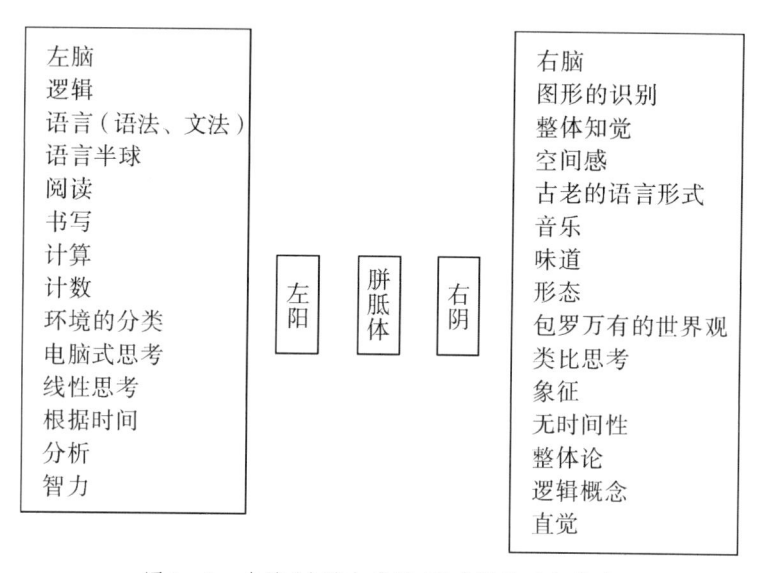

左脑				右脑
逻辑				图形的识别
语言（语法、文法）				整体知觉
语言半球				空间感
阅读	左阳	胼胝体	右阴	古老的语言形式
书写				音乐
计算				味道
计数				形态
环境的分类				包罗万有的世界观
电脑式思考				类比思考
线性思考				象征
根据时间				无时间性
分析				整体论
智力				逻辑概念
				直觉

图 1-1 左脑/右脑与意识/潜意识的对应关系

---

[1]［美］巴塞尔·范德考克：《身体从未忘记：心理创伤疗愈中的大脑、心智和身体》，李智译，机械工业出版社，2016 年，第 30 页。

[2]［德］托瓦尔特·德特雷福仁、［德］吕迪格·达尔可：《疾病的希望：身心整合的疗愈力量》，易之新译，当代中国出版社，2011 年，第 22 页。

又可将其表述为下图①：

阳	阴
正	负
太阳	月亮
男性	女性
白昼	夜间
意识	无意识
生命	死亡
左脑	右脑
主动	被动
电力	磁力
酸	碱
右侧身体	左侧身体
右手	左手

图1-2　左脑/右脑与意识/潜意识的对应关系

国际沙盘游戏治疗学会主席茹思·安曼也得出相似结论，依据意识思维的不同，她将左右脑的功能做出区分，如下图②所示：

左方：	右方：
更为无意识的一方，内在世界，	更为意识的一方，外在世界，
亲近、亲密，思考的一面，	现实，距离，开放，积极的一面，
发生退行的地方	朝着前行的方向运动
身体左半部：	身体右半部：
与大脑右半球相联系	与大脑左半球相联系
功能有：非语言的、整体的、具体的、	功能有：言语的、分析的、
不受时间影响的、非理性的、直觉的、	抽象的、时间的、理性的、
情绪的、想象的	逻辑的、线性的

图1-3　左脑/右脑与意识/潜意识的对应关系

依图可知，类比思考的右脑对应潜意识的世界，而电脑式思考的左脑对应意识的世界，两者平衡运作才能更和谐、更美好地经营人生。而当今的世界却一味凸出左半脑，任何东西都要符合科学规范，并以科学的方式证明。被逻各斯统治的现代人把但凡不符合其规定的事物都贬斥为非科学予以漠视、否认和

---

① [德] 托瓦尔特·德特雷福仁、[德] 吕迪格·达尔可：《疾病的希望：身心整合的疗愈力量》，易之新译，当代中国出版社，2011年，第23页。
② [瑞士] 茹思·安曼：《沙盘游戏中的治愈与转化：创造过程的呈现》，张敏、蔡宝鸿、潘燕华等译，中国人民大学出版社，2012年，第47页。

打压。于是孩子的天性被当作不合时宜的，欲使其尽早社会化；诗意人生如果不是特别成功，往往被当作某种精神病的副产品。一方面，我们缅怀过去；另一方面，我们主动把它们踩在脚下，大步向前。如梦、情感、直觉、想象等所有有关潜意识的内容渐渐消失，人们也丧失了与生俱来的创造力、生命力、内心的喜悦感，成为荣格所说的缺失灵魂的现代人。然而与潜意识紧密相连的右脑并非毫不重要，其重要性甚至超过了左脑。①

英国分析心理学家安东尼·史蒂文斯也做出相似的总结，如下图②所示：

```
              心理及其治疗的探索
    ┌─────────────────────┐  ┌─────────────────────┐
    │（占支配地位的）大脑左半球│  │大脑右半球和边缘系统    │
    │正统的医学            │  │可供选择的其他医学      │
    │希波克拉底            │  │阿斯克勒庇俄斯         │
    │健康的（对抗的）治疗方法│  │病态的（顺势的）治疗方法│
    │阿波罗                │  │巨蟒                  │
    │精神病学              │  │分析心理学             │
    │自我                  │  │自性                  │
    └─────────────────────┘  └─────────────────────┘
                    ┌─────────┐
                    │ 超越功能 │
                    └─────────┘
                       胼胝体
```

图 1-4　左脑/右脑与意识/潜意识的对应关系

在这个图中，除了我们熟悉的左右半脑分别与意识自我、潜意识自性相对应的这层关系外，还出现了几个新的名称与对应关系，值得介绍。希波克拉底被称为现代医学之父，他直截了当地否决了崇拜阿斯克勒庇俄斯的巫士们的巫术传统，把医学发展为一门专业，使之与巫术分离。几乎所有学医学的学生，入学的第一节课就要学《希波克拉底誓言》。阿斯克勒庇俄斯被称为治愈与梦境之神，据说拥有令人起死回生的强大医术，其著名的标志便是他的单蛇杖。在古希腊有三百多座祭坛是为阿斯克勒庇俄斯设立的，它们大都建立在神圣的地方。去那看病的人需要走过相当一段遥远和危险的路程，到达后沐浴更衣，向

---

① Jeanne Achterberg, *Imagery in Healing: Shamanism and Modern Medicine*, Boston: Shambhala Publications, Inc, p.122.

② Stevens Anthony, *The Two Million-year-old Self*, Texas: Texas A&M University Press, 1993, p.116. 杨韶刚先生翻译的此书，将"right hemisphere and limbic system"，翻译成"大脑右半球和脑干系统"（参见[英]安东尼·史蒂文斯：《两百万岁的自性》，杨韶刚译，北京师范大学出版社，2014年，第142页）。然而根据相关知识，将"right hemisphere and limbic system"翻译为"大脑右半球和边缘系统"更准确与常见。

第一章　荣格神话理论：潜意识与自性原型 | 071

阿斯克勒庇俄斯献祭。然后被人领进阿巴顿，即神祇的神圣住所，吃一种让人睡觉的药。当病人入睡后，阿斯克勒庇俄斯或象征他的巨蟒会出现在他们的梦里，发出把病治好的信息。据说这种治愈信息本身便是一种治疗。荣格把自己称为探路者，认为医学中的科学方法并不是唯一有效的，而真理只有在有效的时候才是真理，因此试图探寻多种治病方法。他写道："有时候，医生必须能够进行占卜。这世界希望被欺骗（Mundus vult decipi）——但医疗效果却不能骗人。"[1] 可见，他对阿斯克勒庇俄斯医学传统的认同。对抗疗法是现代医学所使用的理论和治疗系统，针对症状进行直接的对抗治疗，比如开刀切除手术、抗生素对抗细菌等。顺势疗法的理论基础是"同样的制剂治疗同类疾病"。顺势疗法治疗师试图找到一种药物，服用过量药物会导致其出现与病人相似的症状，服用剂量非常小的药物则会刺激病人自身的抵抗力。顺势疗法称人体有强大的康复功能，在精神牵引下稀释的药物会激发人体自愈系统及抗体的自我修复。虽然也有人称顺势疗法为伪科学，但其中不乏类似安慰剂的精神疗效，逐渐被推广到兽医、农业、工业等领域。阿波罗是太阳神，理性秩序的代表，巨蟒皮同是来自阴间地狱的怪物。巨蟒皮同居住在德尔斐附近的沼泽中，由大地之母盖亚所孕育。盖亚交给巨蟒皮同一个重要的任务，守护圣泉与圣泉上的雾气，据说这里的雾气可以让人产生幻象，令祭司发出神圣预言。阿波罗最英勇的业绩便是制服了代表其对立面的巨蟒皮同，成为德尔斐神庙的预言之神。阿波罗代表意识领域的自我，巨蟒则来自潜意识深渊。以上皆是意识与潜意识的象征性对应物。

在印第安溪族，他们从来不谈论左右脑，而是会用人体内还有些"更小的人"来指代二者。"有一边的小小人总是忙着想问题、找解答，另一边的小小人则较有信念、信心与信仰。"在早期，溪族人总是优先发展、依赖较为有信念的小小人，凭借感应、直觉行事。相较于现代人，过去的人感应能力更为敏锐。比如一些战士，当他感应到背后有什么东西时，即便背后没有什么，他们也会回首四周，确信一定有什么东西隐藏在他看不见的地方。[2]

其实划分左右半脑，自我／自性、意识／潜意识并不是有意把两者隔离，而是充分意识到二者的存在。潜意识的目标是有意识地被认识出来，而意识的目标则是在潜意识的补充中扩大自己的范围；意识是被认识到的潜意识，而潜意

---

[1] [瑞士] 卡尔·古斯塔夫·荣格：《弗洛伊德与精神分析》，谢晓健、王永生、张晓华等译，国际文化出版公司，2018 年，第 211 页。
[2] [美] 熊心、[美] 茉莉·拉肯：《风是我的母亲：一位印第安萨满巫医的传奇与智慧》，郑初英译，橡树林文化，2014 年，第 154—155 页。

识是等待被认识的意识,超越性的功能就在连接左右半脑的胼胝体,让意识与潜意识相互配合,创造有效的大脑挥斥方遒、潇洒书写自己的人生。社会文明的发展需要稳定的意志力与果断力,因此来自左脑的意识优先发展是有必要的。但是如果发展陷入僵滞,另一方面的补充则显得尤为重要。右脑的潜意识只是在这一时期暂时隐藏,它绝非不存在,也丝毫不处于劣势。当意识的一条腿向前大迈进,再也走不动,我们就需要启动潜意识的补偿功能了。两条腿同时迈进才能平衡向前,走得也更久远。可以看到,荣格语境中意识的历史痕迹为潜意识－意识,而当下的演变迹象似乎又轮到潜意识优先发展了,全球正在经历一种神秘主义复苏的趋势。但是此次潜意识的登场与发展并非以打压者的姿态,而是注重意识与潜意识的清晰配合,全面发展。北美洲内兹佩斯族一位名叫布鲁克·医药鹰的萨满也讲道:

> 印第安人是心灵之子。当白人来到这里的时候,他们带来的是知识和那种分析的、智慧的生活之道。印第安人是想要提升心灵和感觉的。这两者需要结合在一起,共同建造一个平衡的新时代,而不是非此即彼。①

20世纪60年代,保罗·麦克莱恩提出"三位一体大脑"假说,为我们勾勒了大脑进化的清晰脉络,从这一脉络中我们也发现了潜意识在脑海中的定位。这一理论认为大脑是自下而上进化而来的,逐渐复杂化,如下图②所示:

新哺乳动物脑	主要负责计划、思考	新皮层	认知脑
旧哺乳动物脑	主要负责情感、应对威胁	边缘系统	情感脑
爬行动物脑	主要负责生存功能	脑干	爬虫脑

图1-5 三位一体的大脑

爬行动物脑是最为古老的大脑,位于脑干,又被称为爬虫脑,在人一出生时就投入了使用,负责诸如吃、睡、排便等所有新生儿掌握的事,主要确保人们的生存,并使用激素保持其内在的平衡。《圣经·创世纪》篇留有一处人自古老爬虫动物进化而来的难得证据。伊甸园里,亚当与夏娃本来以采集为生,幸福地生活在一起,蛇引诱夏娃吃了禁果,俩人开始有了智慧,遂被上帝逐出伊甸园,愤怒的上帝诅咒他们"从地里得吃的……汗流满面才得糊口"。从此,人

---

① [美]简·哈利法克斯:《萨满之声:梦幻故事概览》,叶舒宪主译,陕西师范大学出版总社,2019年,第75页。
② [美]彼得·莱文:《心理创伤疗愈之道:倾听你身体的信号》,庄晓丹、常邵晨译,机械工业出版社,2017年,第217页;[英]安东尼·史蒂文斯:《两百万岁的自性》,杨韶刚译,北京师范大学出版社,2014年,第23页;[美]巴塞尔·范德考克:《身体从未忘记:心理创伤疗愈中的大脑、心智和身体》,李智译,机械工业出版社,2016年,第50—52页。

与动物再也没有了对话的能力，社会文化也逐渐从以泛灵论为主要信仰观念的采集社会过渡到农业社会。蛇是古老的爬行动物，在《圣经》中它是邪恶与行善的双重代表，让人失去永生，却也让人开启智慧。除此外，尤瓦尔·赫拉利认为蛇还是我们伟大祖先的代表，夏娃这个名字在多数闪族语言里就是"蛇"，甚至是"母蛇"。许多接受泛灵论文化的群体相信人类是动物的后代，其中就包括蛇与其他爬行动物。比如阿兰达人和狄埃里人都认为，自己的族人起源于原始的蜥蜴或蛇，后来才变成人；现代人大脑中最原始的层面都有爬行动物脑……这些证据似乎都在表明人类从爬行动物进化而来，并刻画在某些神话传说之中。①

在爬虫类大脑之上是主要位于边缘系统的旧哺乳动物脑，又被称为古哺乳动物脑，因为所有的群居以及喂养幼崽的哺乳动物都有这样一个大脑。这部分大脑在婴儿出生时迅速生长，主要负责情绪，探测危险，又被称为情感脑、情绪脑。与爬行动物相比，哺乳动物都进化出了情感能力与需要，其中有一种核心情感为"母婴连接"（mother-infant bond），这也正是 mammal（哺乳动物）一词的词源。mammal 来自拉丁文 mamma，语义就是乳房。② 在野外，小狗、小猪、小猫离开了自己的母亲都容易生病，活不长。实验中，小猴子宁愿要一个有些温暖的、毛茸茸的、不能动的玩偶母猴，也不要提供奶水的金属母猴。人类婴儿更是如此。在没有家人的陪伴与情感交流的情况下，婴儿往往会生病或者病情加重。大量实验显示，哺乳动物情感关系的缺失会严重扰乱它们的生理机能。因此，哺乳动物活下来不仅靠食物，还要靠情感，情感与生理一样，构成了哺乳动物存活的必要条件。虽然并不是完全，爬行动物不存在像哺乳动物那样普遍的情感交流。如果蜥蜴、蛇、鳄鱼知道自己的孩子在哪里，它们很可能会控制不住地把自己的孩子吃掉。③ 情感脑中的情感倾向让我们看到了与潜意识相似的表达内容。

最后是新哺乳动物脑，又被称为认知脑，位于大脑表面的新皮层（又被称为新皮质），是整个大脑发育最晚也是最复杂的部位。大脑新皮层由六种不同的神经元组成，组织有序，就像微处理器一样处理复杂的信息。新皮层让人们使用语言与抽象思维，并根据那些不能被双眼看见或双手触碰到的、只存在心中

---

① ［以］尤瓦尔·赫拉利：《未来简史》，林俊宏译，中信出版社，2017年，第69—71页。
② ［以］尤瓦尔·赫拉利：《未来简史》，林俊宏译，中信出版社，2017年，第79页。
③ ［法］大卫·塞尔旺-施莱伯：《自愈的本能——抑郁、焦虑和情绪压力的七大自然疗法》，曾琦译，人民邮电出版社，2017年，第150—160页。

的画面计划未来,创造共有的精神性生活,学习认知。情感脑的大小在不同物种间往往变化很小,然而新皮层在人脑中占据的空间比其他动物都大得多,约占据整个脑容量的三分之二。其他物种虽然也有新皮层,但是相对来说很小,少有甚至没有褶皱。① 爬行动物脑、旧哺乳动物脑、新哺乳动物脑并非各自独立的三个脑,而是相互连接、相互配合的三重脑。进化为拥有新皮层的认知脑是我们人类引以为傲的成就,然而也不应该就此忽略情感脑与爬虫脑。有时候将情感脑与爬虫脑统称为情感脑②,但更多的时候,情感脑特指位于边缘系统的负责情绪的旧哺乳动物脑。此部分的大脑功能与我们的主角潜意识有着密切的联系。

大卫·塞尔旺-施莱伯医生认为情感脑与潜意识密切相关,且提出唯有"情感脑提供能量和指引,认知脑贯彻并实现它"③,才是真正的幸福状态。尽管他把此处的潜意识主要归属于弗洛伊德所定义的潜意识的概念,但究其广博性与普遍性而言,情感脑的潜意识已经扩展了个人潜意识,迈向了集体无意识的范畴。对此,荣格也表示:"'集体'因为这不是个人获得物,而是大脑构造遗传下来的功能。从其概括性的特征来看,人类具有相同的集体无意识,在某些方面哺乳动物甚至也有和人类相同的集体无意识。"④ 换句话说,集体无意识得自大脑的遗传结构,而这种遗传结构似乎人与哺乳动物都拥有。这是否就暗示着,集体无意识是从哺乳动物时期,在大脑中一点点演化而来呢。安东尼·史蒂文斯则再三提示诸如情感、象征、直觉这类的原型表现方式就像在右脑中发挥作用一样,也在旧哺乳动物脑,也就是情感脑的边缘系统中发挥作用。⑤ 人类学家迈克尔·温克尔温认为,在意识改变状态中诸如灵魂飞行、守护灵、死亡与重生等萨满经验,普遍涉及意识和认知的基本结构以及心理、自我和其他的

---

① [法] 大卫·塞尔旺-施莱伯:《自愈的本能——抑郁、焦虑和情绪压力的七大自然疗法》,曾琦译,人民邮电出版社,2017年,第23页。
② [美] 巴塞尔·范德考克:《身体从未忘记:心理创伤疗愈中的大脑、心智和身体》,李智译,机械工业出版社,2016年,第50页。
③ [法] 大卫·塞尔旺-施莱伯:《自愈的本能——抑郁、焦虑和情绪压力的七大自然疗法》,曾琦译,人民邮电出版社,2017年,第28页。
④ [瑞士] 卡尔·古斯塔夫·荣格:《人格的发展》,陈俊松、程心、胡文辉译,国际文化出版公司,2018年,第114页。
⑤ Stevens Anthony, *The Two Million-year-old Self*, Texas: Texas A&M University Press, 1993, p.114. 杨韶刚先生翻译的此书,将"limbic system of the old mammalian brain",翻译成"古老的哺乳动物的脑干系统"(参见 [英] 安东尼·史蒂文斯:《两百万岁的自性》,杨韶刚译,北京师范大学出版社,2014年,第140页)。然而根据相关知识,将"limbic system of the old mammalian brain"翻译为"古哺乳动物脑中的边缘系统"更准确与常见。

表征，于是将萨满教置于人类认知进化和精神体验的基础之上。他指出，当进入意识转变状态，会激活边缘系统和旧哺乳动物脑的结构与过程，产生边缘-额叶和大脑半球间的同步，并产生一种副交感神经支配状态，即极度放松和内部注意力集中。其中，这一过程伴随着将来自前语言大脑结构的信息（主要负责情绪和行为）传递到由语言和前额叶所主导的个人和文化系统中。[①] 虽然表述的视角偶有出入，但高长江教授也认为最早的原始宗教是一种情感性表述，而非概念性。而情感与古（旧）哺乳动物脑，即情绪脑相关。因此像神话、巫术意识、荣格的集体无意识、文化原型等，主要由古哺乳动物脑负责。他还依次推测，与普通人相比，萨满的古哺乳动物脑较新哺乳动物脑的神经元更具活力感，也更容易被激活。[②] 此外，人们通过对致幻剂 LSD 实验的观察，发现潜意识具体与中脑负责情绪的某些中枢存在关系。人们发现，当 LSD 在机体内已查不出还存有残留时，它的精神效应依旧在延续。于是假定，并非 LSD 本身这么有活性，而是它激活了某些生化的、神经生理的和精神的机制，正是这些机制激发了潜意识的迷幻状态，并在 LSD 被代谢清除后继续有效。人们又发现，当注射 LSD 时，虽然它在脑部浓度最低，可是主要在中脑调节情绪的某些中枢。这也就暗示着，诸如幻觉这类的心理体验，这些精神功能、精神效应主要定位在中脑负责情绪的某些中枢。[③] 可以看到，潜意识的一些运作主要与大脑中负责情绪的相关部位存在关联。

自 1924 年德国精神科医生汉斯·伯格检测到脑波以来，脑波便成为我们认识大脑活动的重要途径，也成为我们认识不同脑波下所对应的意识状态的一条线索。

脑波根据频率分类，以每秒钟的周期数（赫兹）为单位。目前关于脑电波的分类与界定还存在些微分歧。在此，我们以詹姆斯·哈特博士的脑电波分类为主要标准，将脑电波分为五类：

德尔塔（δ）波：0~4 赫兹　　深度睡眠，无知觉（苏醒德尔塔波是例外，出现在高级冥想状态中）

西塔（θ）波：4~7 赫兹　　苏醒与睡眠之间（神秘西塔波是例外，出现在高级冥想状态中）

[①] Michael Winkelman, "Shamanism as the Original Neurotheology", *Zygon*, 2004, 39(1): 193-199.
[②] 高长江：《萨满的精神奥秘》，社会科学文献出版社，2015 年，第 30—35 页。
[③] [瑞士]霍夫曼：《LSD——我那惹是生非的孩子：对致幻药物和神秘主义的科学反思》，沈逾、常青译，北京师范大学出版社，2006 年，第 22—23 页。

阿尔法（α）波：8~13赫兹	悠然放松的意识，在阿尔法状态下，人会感到幸福、开心、有创意，脑部获得较高能量，瑜伽与坐禅会出现较高的阿尔法活动，性也通常能提高阿尔法波
贝塔（β）波：13~40赫兹	意识层面，又被称为"秘书思维"，负责一些注意力集中、非创造性的工作，脑疲劳时的状态
伽马（γ）波：25~70赫兹	在深层禅修的高峰状态中，修行人的脑海中会爆发高频率的伽马波[1]

综上可知，除了意识层面的贝塔波与深度睡眠的德尔塔波，脑海中还存在诸多表达不同意识的脑电波，分别为高级冥想状态中的西塔波、轻松意识下的阿尔法波，以及高峰禅修状态下的伽马波。不同的脑电波对应不同的意识，处理不同的工作，彼此相互配合，机体才能和谐顺畅，该睡觉睡觉，该思考思考，该创造创造。然而实际的情况是，我们往往忽略中间的西塔波、阿尔法波与深层禅修高峰状态中的伽马波，每天从沉睡的德尔塔波直接过渡到紧张状态下的贝塔波。而西塔波与阿尔法波是连接意识与沉睡意识的桥梁，只有通过两者的连接，诸脑波才能顺畅地过渡，协调运作，减少受损。詹姆斯·哈特博士把不同的脑波比作汽车加速时不同的档，最慢的德尔塔波是一档，西塔波是二档，阿尔法波是三档，贝塔波是四档，最快的伽马波是五档，并论述到，没有哪个档在所有驾驶情形中全都取得最佳效果，也没有哪一种脑波适应于所有的人生挑战，汽车的任何一档出现故障或者我们忘了使用某一档，都会出现麻烦。如果启动时用一档，然后直接调到四档，跳过二、三档与五档，那么汽车容易受损，单位汽油的行程也会降低。相似的，我们大脑如果忽略分别对应二、三、五档的西塔波、阿尔法波与伽马波，代价则为大脑的低速运作及较高的大脑保养医疗费。[2] 这也正是荣格一再强调的，意识与潜意识相互连接，彼此沟通运作，实现自性的全面觉醒，否则众神将会变成神经病在人脑海中挥散不去。大脑成了意识与潜意识的战场，它们要不然成为我们的战利品，要么相反，我们

---

[1] [美] 詹姆斯·哈特：《超脑智慧：全球顶级脑科学家教你如何开启大脑潜能》，美国生物智能反馈技术研究所译，中国青年出版社，2015年，第20—24页。

[2] [美] 詹姆斯·哈特：《超脑智慧：全球顶级脑科学家教你如何开启大脑潜能》，美国生物智能反馈技术研究所译，中国青年出版社，2015年，第25页。

成为它们的牺牲品。这一切依据我们如何看待潜意识以及意识与潜意识的运作。多数人视慢波的阿尔法波与西塔波为潜意识运作时的脑电波模式，在此状态下人们可拥有较高的创造力与治愈力。网易云音乐上甚至还推出一款阿尔法脑波音乐集锦歌单。所谓阿尔法脑波音乐，是指节拍在 60～70 之间，频率在 8～14 赫兹的音乐。其作用的原理是通过 8～14 赫兹的音乐波动使得大脑产生共振，将脑电波调整成右脑工作的阿尔法波，进入右脑潜意识状态。此时，大脑清醒且放松，注意力集中，情绪稳定愉快，不易受外界干扰。大脑凭直觉、灵感、想象接受与传递信息。据说，听此款脑波音乐，对不同的人群都有不同程度的治愈效果。实验发现，当萨满透过鼓声进入出神状态时，脑电波通常处于西塔波，这个频率是产生出神状态最有效的一段波。[①] 德国著名导演、自我疗愈的创始人克莱门斯·库比表示，在进行精神治疗时，首先要进入平静但还未入睡的"阿尔法状态"。只有在进入低频脑电波，于左脑活动频率（理性状态）转入右脑（潜意识状态）中时，人们才能感知到来自另一宇宙维度的灵魂、本我，与之进行对话，找到问题的源头，获得宇宙所有可能性，进而达到治愈的效果。

然而最近也有研究显示，高频率的伽马波是开悟的最佳脑电波模式，此时脑部进入专注与活跃的状态，呈现狂喜与清明。[②] 从上述分类可知，除了意识层面的贝塔波外，不同于此状态的冥想思维在其余脑波的一静一动、一慢一快的模式中皆有所体现，只能说到达潜意识的手段以及潜意识的表现模式太过多元化了，对此我们还需要多加关注。

二、虚构型神话在大脑中的分布与表现

以上主要论述的是来自潜意识的体验型神话对应的脑部区域，同时，研究者们亦找到虚构型神话在大脑中的相关定位。脑神经科学家发现诸如宗教、讲故事等被称为文化的精神性符号，这些心智认知与意念化行为，主要与认知脑的新皮层，尤其是新皮层中的额叶、前额叶皮层（prefrontal cortex，有时又被称为前额叶皮质、额前皮质、额前皮层）有关。大脑的这些区域能够让人们使用语言与象征思维，根据那些不能被双眼看见或双手碰到的，只能存在"心中"

[①] [美] 麦可·哈纳：《萨满之路：进入意识的时空旅行，迎接全新的身心转化》，达娃译，新星球出版社，2014 年，第 115 页。
[②] [美] 琳内·麦克塔格特：《念力的秘密：释放你的内在力量》，梁永安译，中国青年出版社，2016 年，第 73—74 页。

的画面计划、反思与想象未来和未知。① 心智活动的度数越高,所需要的核心意念区域的神经活动量与神经元就越多②,它们的发展决定了精神活动的复杂及社会组织的大小,对人类至关重要。认知脑的新皮层主要负责理性、认知与意识,因此,又可以说意识发明了宗教、神话等文化活动,文化又促进了意识的发展。③

自从南方古猿进化以来,人类的脑容量直线上升。从南方古猿的约 500 毫升,到匠人的 760 毫升和直立人的 930 毫升,再到海德堡人的 1170 毫升和尼安德特人的 1320 毫升,最后到我们智人这个物种的 1370 毫升④,在不到 30 万年的时间中,智人的脑容量已进化到约是南方古猿脑容量的三倍。其中很大一部分原因是人类开启了文化的旅程,文化作用于大脑与身体,彼此互相牵制,于是我们的身材变得纤细,脑容量(主要是新皮层中的额叶区域)增大。演化心理学家罗宾·邓巴(Robin Dunbar)讲道:

> 能够做到高度心智活动的人,往往在额前皮层有着更大的眶额区(也就是眼睛正后方的上部)。社会化的大脑必然消耗更多的能量,高度数的意向性需要更多的神经物质参与,从而完成高度数的意念活动,能够完成高度数意念活动的物种就需要更大容量的大脑。而类人猿灵长类的大脑额叶区域,恰恰是在进化的后期快速增大,在最为社会化的物种中,它们的这部分区域是最大的。⑤

格尔茨也表示,在文化的影响下,前脑(与新皮层概念有重合——笔者注)与中枢神经系统发生了激增的变化,并指出"我们的中枢神经系统——最重要

---

① [美] 彼得·莱文:《心理创伤治愈之道:倾听你身体的信号》,庄晓丹、常邵辰译,机械工业出版社,2017 年,第 217—219 页;[法] 大卫·塞尔旺-施赖伯:《自愈的本能——抑郁、焦虑和情绪压力的七大自然疗法》,曾琦译,人民邮电出版社,2017 年,第 20—21 页;[美] 范德考克:《身体从未忘记:心理创伤疗愈中的大脑、心智和身体》,李智译,机械工业出版社,2016 年,第 48—51 页。
② [英] 罗宾·邓巴:《人类的演化》,余彬译,上海文艺出版社,2016 年,第 49 页。
③ [英] 罗宾·邓巴:《人类的演化》,余彬译,上海文艺出版社,2016 年,第 49 页;[美] 范德考克:《身体从未忘记:心理创伤疗愈中的大脑、心智和身体》,李智译,机械工业出版社,2016 年,第 50—53 页。
④ [英] 罗宾·邓巴:《人类的演化》,余彬译,上海文艺出版社,2016 年,第 187 页。
⑤ [英] 罗宾·邓巴:《人类的演化》,余彬译,上海文艺出版社,2016 年,第 49 页。

的是大脑皮层——部分是在与文化的交互作用中成长起来的"。① 我们在之前也介绍过,情感脑的大小在不同物种间往往变化很小,然而新皮层在人脑中占据的空间比其他动物都大得多,约占据整个脑容量的三分之二,可见大脑中的新皮层在人类进化中所占据的重要位置。

很难说是文化在先还是脑容量扩大在先,这就像是问先有鸡还是先有蛋一样,两者更像是相互交融、共同生长的。更新世始(一说从两百五十八万八千年前至一万一千七百年前,又说一百八十万年前至一万五千年前),气候、地貌、植被发生着迅速而剧烈的变化。此时,地球上的大多数地区都出现了最早的原始人种,严峻的生态环境反而为人类有策略的生存提供了条件。虽然一些原始人种已经发展出轻微的"文化迹象",但都远不及我们的祖先——现代智人。他们发明并使用了象征性符号,创建以乱伦禁忌为基础的社会结构,进化为完全脑化的神经系统,而复杂的脑神经使人们更容易创建象征符号,发展更强大的意向性,并以此组织社会与精神生活,控制本能冲动,集合更大规模的人数开展远距离的贸易及发动战争,最终将其定型为一套稳定、有序、有意义的文化与生活方式。因此这个地质年代也被称为"人类时代"(Age of Humanity)、大冰期(The Great Ice Age)。② 格尔茨认为更新世时,"文化环境在自然选择过程中,日益补充了自然环境,从而将人科动物的进化推进到一个前所未有的速度"③。布莱恩·费恩认为,"文化体系(culture system)是一种由一系列互动的变量——工具、葬俗、食物获取方式、宗教信仰、社会组织等——所组成的复杂系统,其功能在于保证某个团体始终与环境保持一个均势的状态。当这一体系中的某个元素发生变化时(比如漫长的干旱导致狩猎行为的出现),许多其他元素也会对此做出适应性调整"④。莱斯利·怀特把文化称为"人类的体外

---

① Clifford Geertz, *The Interpretation of Cultures*, New York: Basic Books, Inc, 1973, pp.48-49. 韩莉翻译此书时,将"As our central nervous system—and most particularly its crowning curse and glory, the neocortex—grew up in great part in interaction with culture"翻译为"我们的中枢神经系统,——最重要的是大脑皮层——部分是在与文化的交互作用中成长起来的"(参见[美]格尔茨:《文化的解释》,韩莉译,译林出版社,2014年,第62页)。然而根据相关知识,将 neocortex 翻译为"新皮层"更准确与常见。
②[美]布赖恩·费根:《世界史前史(插图第8版)》,杨宁、周幸、周国雄译,北京联合出版公司,2017年,第38页。
③[美]格尔茨:《文化的解释》,韩莉译,译林出版社,2014年,第84页。
④[美]布赖恩·费根:《世界史前史(插图第8版)》,杨宁、周幸、周国雄译,北京联合出版公司,2017年,第16页。

适应方式（man's extrasomatic means of adaption)"①。即，除生理身体的适应外，文化也作为适应性手段，辅助人类克服艰难的生存环境。多种适应方式总比单一适应方式容易存活，因此，在最近一次冰期过后，高度发展文化的智人们成为地球上唯一存活的人种。

除此外，文化理论还认为，人类发明文化、宗教神话等也是为了弥补自身缺陷不得已而为之的产物。与许多哺乳动物相比，人类生来就是不完全的、未定化的。而一般的动物在生理构造方面却比人类更加的专门化，比如在特定季节繁殖、进化为厚厚的毛发抵抗严寒等。动物的这种专门化使它们可以凭借某种特定的自然本能在特定的自然链条上成功生存，而人类的这种先天缺陷使他们在大自然的生物链上成为弱势。为了弥补先天不足，先人们发明了文化。② 他们用宗教建立秩序，凝聚人心，提供意义，缓解焦虑，发明衣服、食物、工具，等等。本尼迪克特在《文化模式》中写道：

> 人失去了大自然的庇荫，而以更大的可塑性的长处得到了补偿。人这种动物并不像熊那样为了适应北极的寒冷气候，过了许多代以后，使自己长了一身皮毛，人却学会自己缝制外套，造起了防雪御寒的屋子。从我们关于前人类和人类社会的智力发展的知识来看，人的这种可塑性是人类得以发端和维持的土壤。③

简言之，先人们用文化作为武器使自己再次完备，以克服先天缺陷，应对艰难环境。然而文化一经产生就拥有自己的生命，甚至连之前发明它的人类也难以轻易撼动。某种意义上，除了生物遗传之外，人类还是文化遗传下的生物。文化蔓延到人类生活的方方面面以至于融入、改变了人类的生理构造。脑神经与文化相互配合、相互推动，之前因为先天不足而处于落后位置的人类物种在劣势下反倒充分发挥潜能，凭借着文化符号一路向前，成为智力最发达的物种之一。唯有人类创造了文化，文化环境对自然环境进行补充；也唯有文化塑造了新型人类，使得人类成为地球上最会应用符号得以飞速进化的生物之一，很可能也是唯一。虽然我们会很好奇，为什么唯有智人发明了精神性的文化符号，以及为何人类这个物种偏偏就没有像其他哺乳动物一样发展成完全、特定的生理构造。同时要警惕，在文化的快速乃至盲目发展中，无法控制的文化劲头可

---

① ［美］布赖恩·费根：《世界史前史（插图第 8 版）》，杨宁、周幸、周国雄译，北京联合出版公司，2017 年，第 27 页。
② 孟慧英、吴凤玲：《人类学视野中的萨满医疗研究》，社会科学文献出版社，2015 年，第 43 页。
③ ［美］鲁思·本尼迪克：《文化模式》，张燕、傅铿译，浙江人民出版社，1987 年，第 13 页。

能带来的诸如人类异化、破坏环境等危害,进而导致所谓的最发达的文化性生物出现作茧自缚的后果。

此外科学家发现,主要是左半脑在负责讲故事。左脑编织故事,利用故事创建意义与秩序,提供价值规范。还是以切除胼胝体后各自独立运作的左右半脑实验为例。当实验人员把一张好笑的照片传到受测者的右脑,右脑负责感官体验,因此,受测者就会大笑。此时受测者的左脑因为没有看过这幅图像,不知道自己为什么笑,但这却不会妨碍左脑编出一套故事进行说明。当实验者问他为何笑时,他可能会说自己刚刚想起一件有趣的事情。在另一个实验中,受测者的右脑闪过一张图片"走"时,受测者可能会不停地走动。当问他要走向哪里时,其左脑会自动编出因为口渴想要找瓶可乐来喝的故事,并对此解释深信不疑。①

右脑负责体验,而左脑负责叙述,成为说故事的大脑。虽然故事以体验为基础,但现实多多少少都有修饰的成分,以至于经左脑转译后,很难发现纯粹的与事实完全一致的真相,想一想《罗生门》的故事就能明白一二。有时,出于某种目的,人们也有可能完全颠覆体验,以故事为真实。比如对于不确定、随机、巧合等无法解释之事,如果人们不能在现实中发现对应于它的意义模式,那么就会强加一套秩序。此时,左脑常常会编造一套谎言,为无法解释之事安排一个有秩序、有意义的故事语境,使生活不至于陷入一团混乱。而这就可能是某些"解释性神话"出现的原因之一。至于这套谎言是不是真实,没有人知道,就像没有人知道现实究竟是不是真实一样。死亡的出现让人们感到吃惊,于是原住民把它归因于人类的自大或不小心等,使神灵收回了原本赐予人类永生,并且相信只要自愿追寻神的脚步,也会像神一样获得永生。戴安娜王妃、猫王、玛丽莲·梦露、张国荣究竟是不是媒体所报道的那样是自然或意外死亡,人们无从知晓。但在私底下他们总会忍不住悄悄地猜测这或许是一场阴谋,由黑暗组织暗中操作,谜底终究将会揭开,即便永不揭秘也不妨碍人们内心藏有这个想法。一般说来,故事是高浓度的文化性故事,它借着文化所渲染的共同价值观,加强文化联结,将社会凝聚在一起。人们相信善恶有报、正义迟早会来临,就像他们的文化告诉他们的一样。于是,人们生活在为集体所共同相信的谎言中,并丝毫不怀疑这个假设。人们需要神话,在很大程度上并不在乎它

---

① [美] 乔纳森·歌德夏:《讲故事的动物:故事造就人类社会》,许雅淑、李宗义译,中信出版社,2017年,第131—132页。

真不真实，而在于是否有用，即能否将繁复无序的事情以简单的故事梳理通，消除困惑，并带来希望。若应用得极端一点就成了鲁迅笔下的阿Q，阿Q虽然在鲁迅笔中是一个被嘲笑的人物，但正是凭借着强大的信念，阿Q才会在艰难的生存条件下"自信"和"骄傲"地活了下来。也有依据文化所定型的故事把自己活成了悲剧的例子，比如非洲原住民若相信刺伤自己的箭是施过巫术的，尽管还有很大的存活希望也会因深信这个信念，乖乖地等死，以至于他真的不久就死去了。如何利用这套故事，使得它在真实与信仰间保持平衡，以不同的态势切换自如，是活得明白与幸福的关键。

其实在左右半脑、认知脑与情绪脑的功能划分中，所表述的是关于神话的两种不同概念，它是情感体验真实型的还是虚构型的。由潜意识定义的神话观认为，神话是情感体验型的，原始神话的核心始终是圣秘的宗教体悟。神灵是潜意识的投射，是独立于意识之外的精神与心理的表达。在与它互动的过程中，个体发展了自己的意识、精神生活与灵性使命。于是，那些体验到潜意识的人完完全全地相信它，相信属于内心的心灵真相。而由意识定义的神话观认为，位于左脑与新皮层中的意识主动虚构了神话。神话是人类发明之物，而神话等文化形式反过来又推动诸脑神经与意识的发展。虚构性神话组织了社会与文化生活，并让人们生活在信以为真的谎言中，依靠故事所赋予的意义抵抗现实的寒冷与困惑。虽然，还不清楚在神话叙事中，是如何平衡个人需要与社会需要二者此消彼长的关系的。因为显而易见，个人需要与社会需要的目标有时候一致，有时候却不一致。那么，在神话的运筹中，二者如何相互补充、相互转化、相互挟制，则是需要考量的问题。

玛格·道格拉斯认为神秘的人格化宇宙主要是用来维持人们在社会中怎么组织起来这一棘手社会问题，为了控制不安分守己的青年人，安抚心怀不满的邻居，防止夺权篡位，等等，于是诸如天命、巫术、幽灵等信仰被推上历史舞台，权利关系与道德价值全都巧妙地被编织其中，形而上的哲学思考只是其副产品。[1]

乔纳森·歌德夏教授指出，宗教是进化适应的结果，虽然极端的宗教会带来一定的副作用，但更多的是它的益处为人们所承认和应用。人类通过捏造神、鬼、精灵等来填补解释的空白，以一种协调、有次序且有意义的方式体验自己的生命，让生命不再是一团松散与混乱。此外，宗教还因能够团结部落群体，社会集团因此而运作得更好。宗教通过强化一套共同的价值观与文化，将所属

---

[1] [英] 道格拉斯：《洁净与危险》，黄剑波、柳博赟、卢忱译，民族出版社，2008年，第115—116页。

同一文化圈的人连接在一起，使得团体利益置于个人利益之上，共同抵抗敌人，进而战胜没有信仰的竞争对手。①

关于为何信仰上帝，17世纪法国数学家、哲学家布莱斯·帕斯卡尔提出"打赌说"。理论内容为，如果我们用生命打赌上帝的存在，假设我们对了，就赢得了永恒的救赎，而假如我们错了，则几乎没有什么损失。另一方面，如果我们用生命打赌上帝的不存在，假如我们对了，几乎什么也得不到，而假如我们错了，则失去永恒的幸福。布莱斯·帕斯卡尔慷慨地论述道：

> 让我们权衡一下赌上帝存在这一方面的得失吧！让我们估计这两种情况：假如你赢了，你就赢得了一切；假如你输了，你却一无所失。因此，你就不必迟疑去赌上帝存在吧！②

人类的信仰只是出于利己主义的考量，信与不信只是看这信仰能不能带给他足够多的好处。只要好处足够多，假的也能是真的，并且不产生丝毫的怀疑。而在此过程中付出了多少的虔诚还有待商榷。比如当一个人面临无法克服的灾难，一个没有信仰的人会突然信仰所有的宗教，佛教、道教、基督、萨满等，哪个有用就选择哪一个，只要保证渡过难关，信哪一个都无所谓。而一旦解除了危机，人们又变成一个无神论者，直到下次危机再次来临。传统部落中的人鲜少考虑诸如于神的本质、神灵之间的传承脉络、神灵与萨满巫师的确切关系等一系列只有现代人才考虑的问题，且似乎并不困扰于其中的逻辑缺失环节。神灵对他们来说，更像是一个上手的工具，以解决自身的难题，就像电脑一类的存在。人们使用电脑时，并不考虑其中的代码程序、运作原理等，而更多的是用它来处理信息、文档，方便现代生活。当人类学家拉内·韦尔斯莱夫教授一再向一位尤卡吉尔猎人询问关于神灵的问题时，年轻的猎人恼怒地回答道："这就像你使用你的计算机。你在上面写作，但你不会考虑它是如何工作的。你已亲口告诉我了。你只需使用，不需要理解它。这跟我一样。我只需杀死一头麋鹿，不会考虑这件事的深层意义，我没必要知道。"③ 只有当所祈祷与应用的神灵不再对人的生活起到辅助作用时，人们才会思考神灵的属性这类问题。就

---

① [美] 乔纳森·歌德夏：《讲故事的动物：故事造就人类社会》，许雅淑、李宗义译，中信出版社，2017年，第161—185页。
② 转引自朱狄：《信仰时代的文明：中西文化的趋同与差异》，武汉大学出版社，2008年，第87页。
③ [丹] 拉内·韦尔斯莱夫：《灵魂猎人：西伯利亚尤卡吉尔人的狩猎、万物有灵论与人观》，石峰译，商务印书馆，2020年，第167页。

像只有当电脑因故障不再工作时，人们才会考虑电脑的运作原理。[1]

孟慧英与吴凤玲在对宗教文化的由来进行广泛研究的基础上总结道：

> 人们创造神圣和神秘的事物并非超越现实的偏好，而是呼应或解决自身的各种问题。这些问题既有认识需求上的，也有社会秩序、社会生活、个人和社会心理的，甚至更为实际的生计的、身体的、生育的、疾病的方方面面。所以神圣的事物离不开人们从自身的角度去理解和解释。[2]

在他们的观点中，宗教神话是发明之物，用以指导人们的生存、生活与思想，赋予社会秩序与意义，是人类赖以生存的文化与精神形式。人们有时候会相信这个神话，也可能反对这个神话，但一定会相信下一个神话。未必是统治者主动地构筑意识形态的神话观，神话是我们共同的选择，很可能那些统治者比我们信仰得都真诚，只是他们很会利用神话把整个部落、民族、国家统治在一起，在一种微妙抉择中通过神圣的叙事权衡统治阶级与被统治阶级的关系，维持可控制的、彼此认可的相处模式。而在此过程中神话很可能会偷梁换柱，它不再是我们的感情依托，或者它假借其中的感情依托，蒙蔽现实的冷酷，让人们把摆脱不幸、灾难的厚望寄托在国家神话所宣扬的不可能实现的价值观中，从而失去警觉性。窦娥只能凭借六月下雪来证明自己的清白，老百姓只能凭借窦娥的"成功"复仇故事来幻想自己的不幸也有会沉冤昭雪的时候。然而故事只是故事，它只是在某种意识形态下所允许推广的故事，谁曾见过六月下雪，不幸的百姓如果只活在这种期待之中，又失去了多少付诸努力进行反抗的机会，来一次真正的命运反弹。故事总告诉我们会好的，总是会好的，此时我们就要分辨它是骗人的，用来让我们变乖的工具，还是真的是一种美好的希望与祝福，我们可以完全信任它，并因此变得越来越好。一个判断的标准是如果随着神话故事的堆积，不幸只是越来越多，很可能它只是那个让我们变乖的神话，积累到一定程度的时候，我们会再次拿出当初创造、选择神话的另一个权利，即主动放弃它，寻找下一个让我们变好的神话。个人也好，社会也好，发展机遇即在针对于传统的变与不变之间。人们有可能被神话的意识形态蒙蔽，但迟早会进行反抗，并发明属于自己的下一个故事。政权不断地更迭，而故事所构筑的

---

[1] ［丹］拉内·韦尔斯莱夫：《灵魂猎人：西伯利亚尤卡吉尔人的狩猎、万物有灵论与人观》，石峰译，商务印书馆，2020年，第166—171页。

[2] 孟慧英、吴凤玲：《人类学视野中的萨满医疗研究》，社会科学文献出版社，2015年，第49页。

信仰会轮番上场,从狩猎采集时代万物有灵论,到农业时代国家宗教的有神论,工业时代的民主概念,都是神话故事观念的变形。它组织成一套信仰系统,人们依靠这套信仰观把我们的生活组成有序且有意义的故事。或许一个政权想要长久和谐地存在,重要的一点就是在未被推翻时自己主动地发明下一个神话,自己推翻自己,提高自己,推陈出新,适应人们和社会发展的需求。

我们会很好奇,体验型神话与叙事型神话是并行出现的,还是先后出现的;两者是相互排斥,还是相互补充;莫非在虚构的过程之中人们的身体机能发生了相应变化,进而体验到了圣秘,还是在神圣体验的过程中越来越不虔诚的人们失去了沟通天地的能力,只能靠叙事来勾勒其零星。神话的原始语境更偏向于哪一个,还是说存在两种不同的神话形式,又或者它们只是关于神话的不同方式的叙述。灵性指引者胡沙乌(Hushahu)表达道:

> 真正的灵性世界和想象的不同。我大可以闭上眼睛想象繁星落入掌中、繁花围绕四周,这些都是我脑海中的东西。真正的灵性世界不一样,它不是头脑的产物,是实实在在存在的另一个世界。有些人只是想象着灵性。如果我们有足够强大的勇气,灵也会自己来寻找我们,你能感受到。①

伊利亚德则认为在北极、西伯利亚和亚洲的意识形态中,神话并不是由入迷术大师萨满创造的,早在萨满教出现之前这些元素就已经出现,它们只是"普通的"宗教经历的产物。从这个意义上讲,这些元素与萨满教是并行出现的。②"普通的""想象的"宗教经历也就是我们所讲的叙事型神话,它是高度发达的新皮层和左脑用语言、意识主动虚构的产品与象征物;而灵性的世界与萨满入迷则是体验型神话,此神话是定位于右半脑、情感脑、中脑负责情绪的某些中枢、慢脑电波(阿尔法波与西塔波)的潜意识以情感与幻象的原型投射方式进行的一次心理体验。在一些学者看来,两者似乎并行不悖,各有出现的理由与证据。关于叙事型神话与体验型神话所诞生的时间,学者们也做了相关论述。

简·哈利法克斯(Joan Halifax)认为萨满的这种宗教入幻体验,至少始于

---

① 他者 others 编辑整理:《接收到灵时,身体是有感受的》,"他者 others"微信公众号,2021 年 6 月 12 日。
② [美] 米尔恰·伊利亚德:《萨满教:古老的入迷术》,段满福译,社会科学文献出版社,2018 年,第 5 页。

旧石器时代，很可能与意识一样古老，甚至可以追溯到尼安德特人时期。[1] 罗宾·邓巴认为萨满的迷幻状态可追溯到海德堡人时期，扩大规模了的海德堡人通过唱歌跳舞的方式产生的安多芬，以建立亲密联系，维持彼此的关系，并在此过程中有了致幻体验。他具体解释道：

> 说到这里为止，语言对于宗教还不是重要，因为宗教只是你的体验，并不是什么高深的神学理论，对认知能力有要求。或许你也想告诉别人你在精神世界里的漫游，并且和他人达成某种可以交流的共识。但是，你不需要复杂的神学知识，你在精神世界里遇到的大部分动物，其实也就是你平时所熟悉的，虽然有时会出现半人半兽的怪物。迷幻的状态以及如何进入这种状态由来已久，最初很有可能是偶然发现的，或许，在海德堡人时期，当音乐和舞蹈在维持社会关系中变得越来越重要时，有些人如此忘我得投入歌舞之中，直到虚脱昏迷，然后就进入了迷离恍惚的状态。一旦知道了如何才能进入这个状态，再次复制就不难了。[2]

叙事型神话出现的时间也相当早，当然对此的界定同样存在着分歧。很多学者都把完整语言的出现与应用看作宗教等象征性文化形成的重要标志。大历史学派的大卫·克里斯蒂安指出："符号语言使得人们有可能进行想象并且分享所想象的对象。这样的分享乃是一切宗教思想的基础。"[3] 尤瓦尔·赫拉利把旧石器晚期由语言符号的出现所引发的新思维和沟通方式的变化称为认知革命，并指出，语言最大的功能是能够编制出种种共同的虚构故事，使智人凝结为一个共同的信仰体，同力作战，而这正是智人统治世界的原因。[4] 这也不难理解，宗教与神话都需要完整的语言来传递，没有完整的语言就没有办法表达、虚构、交流一系列复杂的文化符号，因此语言与精神性、象征性思维紧密相连。完整语言的出现、应用与象征性思维、象征性文化、神话宗教等互为表征，对应于人类历史的发端。[5] 罗宾·邓巴解释道："如果没有语言的描述，诸如神或者祖

---

[1]［美］简·哈利法克斯：《萨满之声：梦幻故事概览》，叶舒宪主译，陕西师范大学出版总社，2019 年，第 2 页。

[2]［英］罗宾·邓巴：《人类的演化》，余彬译，上海文艺出版社，2016 年，第 282—284 页。

[3]［美］大卫·克里斯蒂安：《时间地图：大历史，130 亿年前至今》，晏可佳、段炼、房芸芳等译，中信出版社，2017 年，第 222 页。

[4]［以］尤瓦尔·赫拉利：《人类简史：从动物到上帝》，林俊宏译，中信出版社，2014 年，第 23 页。

[5]［美］布赖恩·费根：《世界史前史（插图第 8 版）》，杨宁、周幸、周国雄译，北京联合出版公司，2017 年，第 92 页。

先等符号就没有意义。"① 查尔斯·达尔文也论述道:"没有词汇,一连串复杂的思想便无法形成,正如没有数字,便无法计算一样。"② 传统观点认为,包括人类语言在内的现代人类独有的行为,直到 7 万至 3 万年前旧石器时代晚期才出现,主要表现为四种特征:新的生态学适应;新技术;更大规模的社会及经济组织;与符号语言的使用同时出现的各类符号活动。③ 它们的出现显示着人们创造活动的繁荣,也标志着人类历史的起源,被称为旧石器晚期革命、认知革命。但这里面存在一个漏洞,那便是人类躯体成熟于 25 万至 20 万年前的旧石器中期④,而人类行为却发生在 7 万至 3 万年前的旧石器晚期,为何人类行为发生在人类躯体成形之后,中间接近 20 万年的时间竟成为无意义的空白?且这一时期大规模象征性符号成熟而又复杂的应用只能是标志着描述虚构性事物的语言可能出现的最晚的时间,那么完整语言与相应的象征性思维的源头又在哪里,是否与解剖意义上的现代人的出现同步,甚至略早?有学者顺着这条思路在全球范围内寻找人类历史的起源。

  认知革命的考古证据主要来自欧亚大陆与澳大利亚地区,而对于人类的起源地非洲的考古调查较少。针对此现象,萨莉·麦克布里雅蒂和艾莉森·布鲁克斯奔赴非洲进行考察,发现在 28 万年前非洲的人类就很可能已经使用了赭土颜料,用来创作人体画这种艺术形式,这种现象间接证明了非洲在几乎 30 万年前就存在了象征性思维,或许也存在符号语言。⑤ 罗宾·邓巴根据人类心智的演化史,也明确地推论道:"语言的出现,必须与解剖学意义上的现代人同步,甚或可能早于现代人。"⑥ 因此,一个合理且保守的估计是,大约在 25 万前年,也即为智人出现的时间,或者更早,表达象征性思维的完整语言可能已经出现。⑦ 需要指出的一点是,由于语言的起源与应用是一种无法直接证明的存在,只能依靠来自化石与遗传这样的间接证据来证明,尤其是具有艺术性的考古发现,

---

① [英] 罗宾·邓巴:《人类的演化》,余彬译,上海文艺出版社,2016 年,第 237 页。
② [美] 大卫·克里斯蒂安主编:《大历史:从宇宙大爆炸到我们人类的未来,138 亿年的非凡旅程》,徐彬、谭瑾、王小琛译,中信出版社,2019 年,第 203 页。
③ [美] 大卫·克里斯蒂安:《时间地图:大历史,130 亿年前至今》,晏可佳、段炼、房芸芳等译,中信出版社,2017 年,第 209 页。
④ 解剖学意义上的现代人出现的时间依据考古证据的发现略有浮动。
⑤ [美] 大卫·克里斯蒂安、[美] 辛西娅·斯托克斯·布朗、[美] 克雷格·本杰明:《大历史:虚无与万物之间》,刘耀辉译,北京联合出版公司,2016 年,第 131 页。
⑥ [英] 罗宾·邓巴:《人类的演化》,余彬译,上海文艺出版社,2016 年,第 236 页。
⑦ [美] 大卫·克里斯蒂安:《时间地图:大历史,130 亿年前至今》,晏可佳、段炼、房芸芳等译,中信出版社,2017 年,第 574 页。

这是因为"艺术活动表明这些人类在使用象征性思维,这或许也意味着,他们正在以符号语言交谈"。① 于是考古学家们又竞相寻找最早的象征性符号的证据,这又对语言出现时间的界定造成冲击。②

三、小结

不管神话发生的条件与运行的机制原理是什么,初民们都在信以为真的价值倾向中,把神话集体规划为某种神圣的真实。而就在这结果的一致性中,我们就更会模糊,起初的神话究竟是体验的还是虚构的,又何者为真,何者为假。且鉴于大脑是一个高度复杂、彼此协作运行的有机体,神话的表达与影响又是全方位的,那么,只能说体验与虚构型神话主要与上文所表述的脑部区域产生关联,即体验型神话主要定位在右脑、情感脑、中脑负责情绪的某些中枢、慢脑电波,虚构型神话主要定位在认知脑的新皮层、左半脑,而不能说体验型与虚构型神话就完全限定于其中。很可能大脑全方位参与到了神话的表达与所产生的影响。比如,当处于三摩地、静心冥想、启蒙状态时,通过功能性磁共振扫描发现,在认知脑中占绝大部分的前额叶皮质往往是脑中最活跃的部分。③ 三摩地开悟启蒙状态涉及潜意识与意识的整合,属于自性实现的一类,这或是它与认知脑密切关联的原因。各种意识与大脑之间存在错综复杂、千丝万缕又包罗万象的关系,即便脑神经异军崛起,也不可能一句话就概括、厘清全部意识的分布。有时候出于不同的目的或者不同的面向,实证科学也会得出不同的结论,对此还需要持续探索。

---

① [美] 大卫·克里斯蒂安、[美] 辛西娅·斯托克斯·布朗、[美] 克雷格·本杰明:《大历史:虚无与万物之间》,刘耀辉译,北京联合出版公司,2016年,第131页。

② 鉴于语言与意识思维的复杂性,语言与象征性思维的出现时间一直在持续更新,25万年前亦是一个待定值。最新的证据显示,并非只有智人才拥有语言与象征性思维,人们在54万年前至43万年前的直立人的生活环境中,亦发现了象征性沟通的线索——由直立人在贝壳上刻画出的锯齿状曲形纹理,这些图形符号表明直立人曾使用图形符号,所以也可能发明了语言。(参见 [美] 大卫·克里斯蒂安主编:《大历史:从宇宙大爆炸到我们人类的未来,138亿年的非凡旅程》,徐彬、谭璆、王小琛译,中信出版社,2019年,第202—206页。)存在的问题是,不同程度的语言对应不同程度的神话表达,在什么意义上使其发生了质变,可对应人类的文明。如果直立人也有了语言和象征思维,是不是对唯智人主义造成冲击,那么是什么因素让智人变得独特且领先于其他物种,开启文化旅程;其他物种与人类关于文化的应用上有何不同……还是让问题再飞一会儿。

③ [美] 阿贝托·维洛多、[美] 蒲大卫:《当萨满巫士遇上脑神经医学》,李育青译,生命潜能出版社,2012年,第52、79页。

第二章　神话与潜意识的关系

第一节　神话：意识与潜意识的连接枢纽

原型、象征与神话在荣格的论述中经常随意交替使用，让人陷入概念谜团，以至于让研究者经常产生学术究竟为何的永恒哲学问题。荣格有时候为此感到难为情，但却又无可奈何。因为荣格自身就受内在原型驱使，而原型语言的特征又是绮丽多变、含混夸张的，荣格的自传就是在故意半闭着眼睛、半堵着耳朵的状态中，任由潜意识的驱使完成的。据说这样才能写出内心真正要表达的东西，而读者唯有细细品味才能发现其中的起承转合。大致来说，原型属于潜意识的心灵结构，借由投射变为原始意象后表达为神话，神话即潜意识原型的象征性表达。世界上出现诸多相同的神话母题，主要指涉潜意识原型的心理功能方面。以象征机制为代码，神话向内连接潜意识，向外发展为意识。原型、象征、神话确实在某种程度上可以互换。何以如此，才是我们探讨的真正原因。

一、神话的发生机制：潜意识投射

投射，是潜意识心理内容的外显，主要指将心理主观内容（subjective contents）转换为客体（object）的心理机制。任何被激活的原型都出现于投射之中，它们是一些梦、情感、幻觉、冲动、拟人化的精神形象、巫师的灵、精神分裂患者的另一重人格、鬼神、灵魂、山神、树神等。需要注意是，荣格虽然把所投射之物称为主观内容，但这并不意味着它与主观意识有任何的关系。因为神话原型来自潜意识的驱动，与外在现实相比属于人的心理的一部分，所以被称为主观的。（我们在这里选择以物质现实为基准，定义潜意识）但是这些来自潜意识的幻象和体验都是真实的、具体的、集体的、客观的，它们是潜意识心理的自动与自发反应，位于最高的心理价值之列，属于客观心理的实相。虽然与外在现实并不相同，但也有自己的生命与意志，就像人一样。只有当它们被自我意识意识到时，来自潜意识的投射才会停止，成为自我意识的一部分。

于是所投射的内容就在主观与真实之间来回摆动。荣格称从心理学上来讲，上帝这个意象就是一个真实又主观的现象。① 从中也可以看出，荣格对潜意识终极归属判断的某种模糊性，即它究竟属于心理学还是形而上学与宗教性。② 美洲印第安霍皮人的宇宙形式与荣格关于原型的表述有奇妙的吻合之处。用现代语言来概括的话，霍皮人有两种宇宙形式：一种是已呈现的（manifested），又称之为客观的，指存在于过去与现在时空中所有感觉到的或可感觉的东西；另外一种是呈现中的（manifesting）或未呈现的（unmanifest），又称之为主观的，指将来的东西、头脑里的东西，或者用霍皮人喜欢的说法，是心里的东西。心里的东西在现代人看来是主观的，但是霍皮人却认为它们是完全真实的、客观的，一直与他们同在，包括精神、思维、情感等，充满生命、力量与潜能，且"所有这些都通过思维走出内心王国（霍皮人的心），将自己呈现出来"③。

作为潜意识内容的原型先于意识而存在，本质上是不可描述、不可见、纯形式的先验因素，它的最终含义实际上类似于理念、心灵图式和道。对原型的具体理解还需要借助于原始意象。原始意象是原型象征性表达后、明确显现的具体形式，一种填充了意识材料的潜意识内容，又称之为意象、象征性意象。它才是与我们打交道的神话内容。原始意象针对时代精神、地域特征有相应的变化调整，在具体情势、不同的社会文化背景下有相对不同的样貌，以至于自性原型在现代是以 UFO 来表征。人们只能通过具体的原始意象才能意识到原型。对于原型与原始意象的关系，程金城先生总结道：

> 如果对原型的内部结构进行剖析的话，处于核心位置的是原始意象。向上，它联系着抽象的、纯粹形式的原型；向下，它联结着人的具体的情感体验和心理活动。原始意象是具体可"见"的、伴随着"象"的精神现象，在人的心理活动过程中，它是沟通感性与理性的桥梁。原型要真正被现实中的人所感知，只有在特定的情势下，以现实的具体的情感和体验激活某种原始意象，形成特殊的古今沟通的关系，使现实人的深沉的原先未被觉察的心理情感和体验得到意识和体验。④

---

① ［瑞士］卡尔·古斯塔夫·荣格：《原型与集体无意识》，徐德林译，国际文化出版公司，2018 年，第 76 页。
② 蔡昌雄：《荣格对当代心灵探索的启示》，见［美］莫瑞·史坦：《荣格心灵地图》，朱侃如译，蔡昌雄校，立绪文化事业有限公司，2017 年，导读第 7 页。
③ ［美］本杰明·李·沃尔夫著，［美］约翰·B. 卡罗尔编：《论语言、思维和现实：沃尔夫文集》，高一虹等译，商务印书馆，2012 年，第 29—30 页。
④ 程金城：《原型批判与重释》，陕西师范大学出版总社，2019 年，第 40—41 页。

在某些严格的表述中，原型与原始意象的含义并不一致。然而更多的情况下，原型与原始意象是混杂使用的，彼此并没有明确的区分。

在此基础上，荣格提出的一个著名观点即为神话，尤其是相对原始、纯粹的神话即源于潜意识自动的投射。由于这种心理的同一性，世界各地才会出现相似的神话母题。在投射的过程中，先民会把外在的感官体验同化为内在的心理事件，使得任何事物都染上一层心理色彩。也就是说，先民的感知很少以自然事实为基础，更多的是依据心理体验自然事实的方式。先民以此来解释、渗透、感知现实之中的一切，其作为心理的一部分又反作用于主体，先民于是生活在神话统觉的世界中。荣格说：

> 原始人对事物的感知仅仅在一定程度上受制于事物本身的客观行为，而唯有通过投射才与外在客体相关联的心灵内部事实所起的作用则更大……对原始人而言，世界或多或少就是他自己的幻想之河里的一种流动现象，其间的主体与客体并无区隔可言，处于一种相互渗透的状态之中。①

埃利希·诺伊曼写道：

> 初民（犹如儿童）神话式地认识世界。就是说，他主要凭借他投射于世界而形成的原始意象来经验世界……人类生活的开端在很大程度上是由无意识而非意识决定的，它更多地受原始模型而非概念、本能而非自我的意志决断所支配；而人更多地是团体的一部分而非个人。而且同样地，他的世界不是一个被意识所明察的世界，而是一个被无意识所经验的世界。换言之，他并不是通过意识功能去感知世界的，因为一个客观世界要以主观与客观的分离为前提，而是以神话的方式，以原始意象、以象征来经验世界。象征是无意识的自发表现，它们帮助心理确定其自身在世界中的位置，并作为神话母题，形成了一切民族的神话资料。②

于是，我们看到，原始生活中的各类事物都因人类心理的浸染而变得神秘、各具生命。日月星辰、高山流水，甚至东南西北都住着一位神灵。就像一位因纽特人讲述的那样：

---

① [瑞士] 卡尔·古斯塔夫·荣格：《原型与集体无意识》，徐德林译，国际文化出版公司，2018年，第81页。

② [德] 埃利希·诺伊曼：《大母神——原型分析》，李以洪译，东方出版社，1998年，第15—16页。

我们畏惧天气之神，因为我们必须与之搏斗才能从土地和大海中获得食物。我们害怕斯拉（天气之神），因为我们害怕在寒冷的雪屋中忍饥挨饿甚至死亡。我们害怕伟大的女神塔卡娜卡普萨拉克降到海底，因为她统管着所有的海洋生灵。我们害怕疾病天天缠绕着我们；我们不害怕死亡但是害怕遭受苦痛的折磨。我们害怕天空中、海洋中和陆地上的恶灵帮助邪恶的萨满伤害人们。我们害怕被我们杀死的人类和动物的灵魂。[1]

万物有灵构成因纽特文化的基调，因此因纽特人制定了详细复杂的规则与禁忌，比如冬季月份捕获的动物不能直接和夏季的物品接触，狩猎和捕鱼的模式应该围绕季节变化发生变化等，来安抚所捕杀动物的灵魂，以免它们因为人们夺取了它们的肉体而降怒于人们。俄国学者斯特恩堡观察到，对于初民来说，这些"神"并不是什么特别不可思议的物体：这是和他本身一样自然、正常的物体。初民总是称神为"人"并加上某种别号，德意志神话传说中有代表性的一些名称就足可说明此问题：我们的林（人）、家（人）、水（人）等。大多数情况下，这是一些和初民一样的存在，它们在各方面都同人相似，甚至讲着初民所在地方的族语。于是，整个自然界都充满着新的、美妙的人性。陆地、水中、地下、天上等最偏僻的角落，到处都密居着形形色色的"人"部落。这些"人"分别是陆地上的虎、熊、象、骆驼等，海中的逆戟鲸、海豚，宇宙各个边缘的蛇、龙以及各种各样的动物。每个初民都会讲出几十件"可信的"事，譬如他的某个同伙曾在"太阳人"那里做客，如何娶了或者偷了他们的姑娘，他又怎样为他们效力并为此而得到了慷慨的奖赏。[2] 尼埃－尼埃的布须曼人认为云彩有公母之分。伊图利森林中俾格米人遭遇不幸时会说森林的情绪不太好，因此特意整晚唱歌来使森林高兴起来，期望他们所做的事会更加兴旺发达。[3] 楚克奇人认为灯会走，房子的墙壁有自己的声音，甚至尿壶也有自己的国度和帐篷，以及妻子和儿女。放在口袋里的皮子每到夜间便会说话。坟墓上的鹿角会结成队围着坟墓走，死者本身也能起来，去找活人。[4]

---

[1] 转引自［英］I. M. 刘易斯：《中心与边缘：萨满教的社会人类学研究》，郑文译，社会科学文献出版社，2019年，第119页。

[2] ［俄］Л. Я. 斯特恩堡：《原始宗教原理》，见吉林省民族研究所编：《萨满教文化研究》（第2辑），天津古籍出版社，1990年，第17—18页。

[3] ［英］道格拉斯：《洁净与危险》，黄剑波、柳博赟、卢忱译，民族出版社，2008年，第109—111页。

[4] ［俄］Л. Я. 斯特恩堡：《原始宗教原理》，见吉林省民族研究所编：《萨满教文化研究》（第2辑），天津古籍出版社，1990年，第11页。

初民也会观察到生老病死的一般规律，但令他们不明白的是，明明活着的人比那个死去的老人还要老，为什么那个相对年轻的老人却去世了；明明别的人也得了同样的病，甚至病得更厉害的人也康复了，而那个病人却死了。阿赞德人困惑的则是，为什么偏偏在此时此地，粮仓崩溃，压死了正好坐在它底下乘凉的那个人。除了用心理所投射的神灵以及与之相关的巫术来解释之外，他们不知道如何来应对这种例外。很多部落人认为，唯一的一种自然死亡便是在战争中死亡。有的部落甚至认为在战争中死亡也是不自然的，将战士们致死的敌人不是巫师就是用了某种被施了法的武器。① 从这种观点来看，神话的解释也不全是迷信，在确定因果关系上，它甚至比科学还要追求准确。科学的因果总是在牺牲个别与偶然，寻求平均、总体，而神话的因果总会追问终极的究竟，不放过任何一个，越是偶然与意外，越引起他们的注意。所以那些混乱的、反复无常的、令人吃惊、重大灾难的事物尤其会引起人们潜意识心理的投射。每当初民遇见像日食、月食、畸形的动物、会蜕皮的蛇，冬眠的动物，由东向西流向的水等奇特性的事情时，都会引起他们的关注，并认为这些反常的事物无一不在表明神灵的旨意，不是在解释以前发生过的灾难，就是在预设这即将要来到的灾难。总之，没有事情会是无缘无故、纯粹客观的。从石器时代到中世纪，人们就一直深深地沉浸于灵性之中，维持着与自然的平衡。有人描述道：

  狩猎民族宗教信仰的核心观念是，自然景观中蕴含着一种精神景观。也就是说，人们偶尔会看到，大地上有某种转瞬即逝的东西，或者说，有那么一个瞬间，线条、颜色、动作的效果大大强化，好像有某种神圣的东西显现了，这就让人相信，存在着另一种与有形世界相对应却不相同的实在领域。②

列维-布留尔亦总结道：

  原始人是生活在和行动在这样一些存在物和客体中间，它们除了具有我们也承认的那些属性外，还拥有神秘的能力。他感知它们的客观实在时还在这种实在中掺和着另外的什么实在。原始人感到自己是被无穷无尽的、几乎永远看不见而且永远可怕的无形存在物包围着：这常常是一些死者的灵魂，是具有或多或少一定的个性的种种神灵。

---

① [瑞士] 卡尔·古斯塔夫·荣格：《文明的变迁》，周郎、石晓竹译，国际文化出版公司，2018年，第39页。
② [美] 巴里·洛佩兹：《北极梦：对遥远北方的想象与渴望》，张建国译，广西师范大学出版社，2017年，第236页。

……这后一个体系以一种神秘的氛围包围着前一个体系。然而，原始人的思维看不见这样两个彼此关联的、或多或少互相渗透的不同的世界。对它来说，只存在一个世界。如同任何作用一样，任何实在都是神秘的，因而任何知觉也是神秘的。①

且鉴于潜意识心象的神圣、无形与永恒，它们甚至比现实事物更加真实与重要。这也就是柏拉图的著名洞穴理论，即现实世界其实只是理性世界的模本，如囚徒在洞穴中所见到的火堆下的投影，不仅是第二性的，且是不真实的。

澳大利亚的原住民在睡眠和幻觉的时刻能够体验到神话传说中的"梦幻时代"（dreamtime）。梦幻时代为祖先们所居住，那是一些强大有力的原型性生命。它们教会了澳大利亚原住民至关重要的技术，例如狩猎、战争、纺织和制造篮子等。梦幻时代给日常的生活构成了一种坚实的背景，主宰着日常生活、死亡、变动、无穷尽的事件的序列和季节的循环。澳大利亚的原住民认为，在睡梦中的神圣体验比物质的世界更为真实，只有当他体会到这种神秘的、与梦幻时代合一的经验时，他的生活才有意义。② 拉科塔族的圣人疯马，在梦境中进入万物之圣灵的世界，并从幻象中得到力量，当上首领。部族人认为，幻境中的圣灵世界是我们这个世界背后的真实世界，而我们眼前所见到的一切只是那个世界的投影，在那个世界里草木山河都作为灵魂而漂浮着。③ 云南金河江畔傈僳族村寨一个性格孤僻男子，突然毫无缘由地离家出走，半年后才返家。事后才告知亲友，他离家的原因是多次梦见自己与母亲媾和，于是离家出走。直至在外不做此梦，才能够归家。④ 易洛魁人（Iroquois）只供奉一位神明，那便是梦。一个易洛魁人若梦见洗浴的场景，一觉醒来，便跑进好几个小屋里，虽然外面天寒地冻，但他依然让朋友们把一壶水浇到他身上。⑤ 一个黑人梦见他被敌人追赶，被捉到并被活活地烧死了。第二天他便叫来所有的亲戚，点燃一堆火，并叫他们把他的脚弄到火里去，想通过这种辟邪的仪式来避免他梦中发生的不幸。

---

① ［法］列维-布留尔：《原始思维》，丁由译，商务印书馆，2017年，第65—69页。
② ［英］凯伦·阿姆斯特朗：《神话简史》，胡亚豳译，重庆出版社，2020年，第20—21页。
③ ［美］尼古拉斯·黑麋鹿口述，［美］约翰·G. 内哈特记录：《黑麋鹿如是说》，龙彦译，九州出版社，2016年，第71页。
④ 杨学政：《原始宗教论》，云南人民出版社，1991年，第33页。
⑤ ［英］艾丽斯·罗布：《梦的力量：梦境中的认知洞察与心理治愈力》，王尔笙译，中国人民大学出版社，2020年，第13页。

他被烧得很严重，以至于好几个月都不能走动。① 阿赞德人认为，不好的梦不仅证明了巫术的存在，而且就是做梦者对巫术的实际经历，是做梦者的灵魂经历了巫术。阿赞德人的巫师可以在睡觉时派出自己的巫术灵魂吃掉受害者的肉体灵魂，鉴于他能以任何形式伤害人，所以巫师采取什么形式并不重要。一个人在梦中可能经历从高处摔落、被人刺杀、被蛇追击等，都是巫师在吞吃做梦者灵魂的表达。但凡梦后发生不幸，阿赞德人便把不幸与梦中的巫术行为联系在一起。因此，凡经历巫术之梦，他们就会像将来一定遭受不幸一般，必须采取行动，找出制造不幸的人，赶走厄运。② 阿赞德人确信，灵魂会在做梦者中脱离身体，自由漫游，所以叫醒一个人的时候必须轻柔，这样睡眠者的灵魂在得到警告后才有足够的时间返回身体。部落文化中的人通常都会很小心而温柔地唤醒睡觉中的人。从南美洲的瓦老族到澳洲的孟根族，都认为突然把人摇醒是一件很危险的事情。在希瓦洛族那里，人们也是被以最温柔的方式唤醒，往往是以轻柔、美丽的笛声。甚至有些时候，萨满按照惯例是不能被唤醒的。③ 就像现代人签名上经常表达的那样："不要走得那么快，停一下，等一等灵魂。"梦境等潜意识幻象在原住民的生活中占据着重要地位。西澳大利亚的原住民经常围坐在篝火旁边，与亲朋好友聚在一起喝早茶，并随心所欲地分享他们的梦境。墨西哥西北部的拉拉穆里人（Raramuri），"你昨晚梦到了什么"和"你做了几次爱"几乎是男人们早上最流行的问候语。且拉拉穆里人并不是一次睡八个小时，而是分几次睡，这使得他们有充足的机会整夜谈论他们的梦境。美洲早期的解梦者和铁匠、急救服务提供者以及其他小商贩一样普遍。④ 生活在亚马孙雨林麦茨河畔的皮拉罕人伊萨比在深夜时会突然坐起来开始唱他的梦，他唱道"我飞得很高，那里十分美丽"等，不顾旁边熟睡的人们。皮拉罕人认为，梦不是虚假的，而是真实的经验，是现实生活与客观经验的延续。他们用"伊比皮欧（xibipíío）"一词来表示这种观念，即跨越经验界限的那一刻，"一种刚进入或离开的行为知觉"。在那一刻，人们可以目睹不同层次的宇宙与生命穿越界限而

---

① [瑞士] 卡尔·古斯塔夫·荣格：《心理结构与心理动力学》，关群德译，国际文化出版公司，2018 年，第 35—36 页。
② [英] 埃文斯－普理查德：《阿赞德人的巫术、神谕和魔法》，覃俐俐译，商务印书馆，2010 年，第九章。
③ [美] 麦可·哈纳：《萨满之路：进入意识的时空旅行，迎接全新的身心转化》，达娃译，新星球出版社，2014 年，第 188 页。
④ [英] 艾丽斯·罗布：《梦的力量：梦境中的认知洞察与心理治愈力》，王尔笙译，中国人民大学出版社，2020 年，第 5—16 页。

来，与人们互动。①

现代人际关系与感情同样充满着投射，我们经常把未被自己意识到，或者不愿承认的缺点投射给对手，大声指责说："那个人怎么能够这样！"姑且不论对手是否有我们所指责的缺点，当我们因此激动不安、深受影响时，很可能这种缺点与阴影也存在于我们身上，不然我们只会承认或者单纯地发现了对方的缺点，而没有那么大的情绪反应。越是紧抓着对手的缺点不放，对此存有强烈的情感与主观性，投射的可能性就越大。也就是说，你与你的敌人差不到哪去。女孩子在情窦初开的年纪对一个男子产生好感是正常的，但无论这个男子在与不在，她都会深深受这个男子的影响，无端地饱受折磨，以至于有一种除非把那个男子杀了才能平息心灵的冲动时，很可能是女孩子把自身的阿尼姆斯原型（隐藏在女性潜意识中的男性意象）完完全全地投射给了那个男生。无论男生在不在，那个原型情感会一直折磨着她。男性心目中的女性意象是阿尼玛原型。据荣格介绍，随着年龄的不同，男性投射出去的阿尼玛原型，也会发生在不同年龄阶段的女性身上。一般来说，少年把阿尼玛原型投射给母亲，成年男子的阿尼玛是少妇，老年男子的阿尼玛是少女，甚至是儿童。② 这让我们想到柏拉图时代，希腊的中老年男子为何会找一个十几岁的男孩当情人。

二、何以投射：意识的增长

虽然潜意识给人造成的影响不尽人意，但荣格认为潜意识不得不投射，如此才能形成意识，否则便淹没意识。之前我们曾提到，相对于自我意识来说，非个人因素的潜意识更像一个陌生的客体，是一个暂时无法同化的内容，因此它必须被投射出去。此时，主体的潜意识内容将自己呈现为某一幻觉客体，有时还与周围环境交融在一起（比如树神），客体开始鲜活起来，并对主体施加影响，而那只不过是因为此客体源于主体的潜意识心理内容，主体被自己迷惑罢了。荣格认为所有巫术的运行原理即基于此。比如，我们把山头上的大树当神当仙，对之恭敬有加，那棵树的树神也能够对我们的生活产生影响，而所崇拜的树神其实是心中投射出去的潜意识原型变现为神话。唯有当所投射的客体又返回主体，成为主体的意识时，投射才会停止，树神不会再对我们产生影响，

---

① ［美］丹尼尔·埃弗里特：《别睡，这里有蛇：一个语言学家和人类学家在亚马孙丛林深处》，潘丽君译，新世界出版社，2019年，第152—154页。
② ［瑞士］卡尔·古斯塔夫·荣格：《原型与集体无意识》，徐德林译，国际文化出版公司，2018年，第158页。

而是我们对自己产生影响。在自觉的情况下,我们可以选择要不要大树神对我们产生影响及产生多大程度的影响,而不只是单纯地臣服于大树神,做出像献婴这样的行为。当我们把在对手身上投射的潜意识情感收回,发现那是属于自己的阴暗面,自我正视、消化、转化它,整合到心理的下一个高度,无论对手是否还拥有此缺点,由于意识到所投射的内容,并加以整合,我们已经自我超越,也远远甩对手一头,不屑于与他们玩耍了。老年男子惊讶地发现自己竟然对少男少女神魂颠倒,不知如何是好,当他把阿尼玛原型转回内心,发现阿尼玛是他遗失已久的内在生活,从此更加关注灵性、宗教的一面,而不是具体某个人。思春的女孩子不再单纯受男性的影响,把他供若神明,而是把阿尼姆斯原型返回来,发展自己理性、有决断力的一面,成为与男性一样优秀的人。潜意识在成为意识的过程中,不仅意味着投出,也意味着摄取。埃利希·诺伊曼总结道:"就像我们所见,人们体验外于他们的超个人东西开始于投射出诸如天堂、世界神灵一类的,而结束于吸收进它们,把它们变成个人心理的一部分。"①

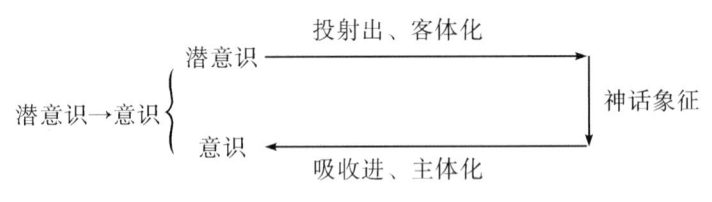

图 2-1 潜意识发展为意识的投射-吸收模式

这并非一个不能封合的单程路线,当意识陷入死胡同的时候,意识可以通过内省、退行、仪式等方式再次进入潜意识,寻求潜意识的赠予与合作。里面危险重重,要想拿到潜意识的宝物,必须来一场自我献祭般的战斗,此时潜意识表征为毒龙,如果个体能以无畏的心打败,更确切地说是赢得潜意识的话,那么毒龙便乖乖地呈献出它守护千年的宝物,即内心的自性的象征,整合为超级意识,发展为新的自己。作图为:

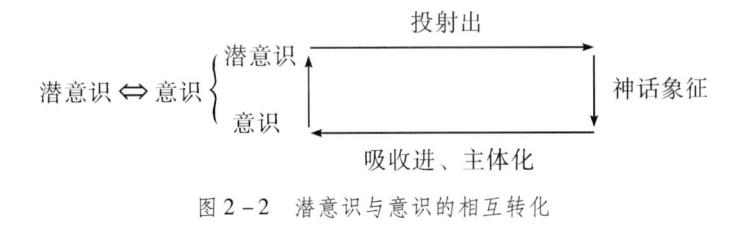

图 2-2 潜意识与意识的相互转化

---

① Erich Neumann, *The Origins and History of Consciousness*, London: Karnac Book Ltd, 1989, p.336.

至于为什么要先把潜意识投射为象征性的神话这一客体，才能发展为自我意识，卡西尔有过精彩的见解。他介绍了 E. 卡普《技术哲学》中的观点。卡普在此书中表达到，诸如斧、刀、钳等原始工具是手的延伸，人只有通过他创造的工具学会理解自己的身体本质，只有在反思他已塑造的东西的过程中，才能理解他自己的生理结构。又由于人的概念、内在性亦体现在他的创造物中，所以这种通过反思所获得的理解也包括人的精神、意识。以此为根据，卡西尔认为人为自己创造了神，因为人只有使能动性走出他自身，投射于外，显现为神及一系列的文化英雄，反思投射于外的客体，才能理解在全能神身上所体现的属于人的能动性，进而发展为自我意识。也就是说人通过神，迂回地发现自己及自己的能动性。卡西尔总结道：

> 这里与其说自我被反映在物中、微观世界被反映在宏观中，不如说自我在对他似乎是全然客观的自身创造物中，为自身创造了一种对立面。自我只有在这种投影中才能沉思自身。在这个意义上，神话的神所表征的不外是神话意识连续的自我显现。①

黑格尔同样论述道：

> 因为古人在创造神话的时代，就生活在诗的气氛里，所以他们不用抽象思考的方式而用凭想象创造形象的方式，把他们的最内在最深刻的内心生活变成认识的对象……②

其实这也解释了为什么有分离的必要性。很多现代人对洪荒时期充满了想象，相关的小说、影视剧纷纷问世，扎堆成集，它们通通把洪荒时期描绘为和谐、优美、有魔力、没有伤害也没有分离的神话时期，似乎远古之人有着比我们更高的智性、更健康的生活、更纯真的感情。且不说所谓洪荒时期亦有破坏环境、凶狠的残害行为，就连它们的未分离，在荣格看来也只是没有意识的未分离，只是被潜意识模糊笼统捆在一起，却没有做出必要的区分。而分离是必要的，只有存在投射这种分离活动，人们才能够通过所投射的"他者"审视自己、认识自己、发展自己，进而形成、深化意识。分离是为了再次整合，有意识地整合。比如一个圆球，它怎么看都看不全自己，因为它就是自己。但如果，它把自己一点点投射出去、分割出去，具体化、二元化，直至全部，它便可以通过所分割出去的客体，来审视自己全部的样子。我们曾经为一，为了自我认

---

① [德] 恩斯特·卡西尔：《神话思维》，黄龙保、周振选译，柯礼文校，中国社会科学出版社，1992 年，第 238 页。

② [德] 黑格尔：《美学》（第 2 卷），朱光潜译，商务印书馆，1979 年，第 18 页。

识把自己撕开，又再次为一，成为清醒的一。当人们通过所投射的神话幻象形成自我意识时，才认识自我与世界。同时潜意识也借由人类的感知睁开了混沌的双眼。在这场意识的进化旅程中，神秘的自性原型似乎首先选择了人这个特殊的物种进行试验，由人进行潜意识的投射，并吸收所投射的内容发展为清晰的意识（至于无机物有没有潜意识并展开某种方式的投射，荣格虽没有否认，但也没有具体进行分析）。荣格说：

> 为了完成创造，人是必不可少的；人本身就是世界的第二个创造者，只有人才把客观的存在提供给世界；如果没有这种客观的存在，世界就不会被听到、被看见，只是在寂静中吃、生殖、死亡、点头，达亿万年，在非存在的最深沉的黑夜之中继续下去，直至尚不可知的终结。①

巫师唐望说，我们是宇宙所创造的能量先锋，因为我们是拥有意识的能量，所以我们是宇宙用来察觉自身的工具。② 物理学家斯宾赛·布朗说："因此我们就无法逃出这样一个事实：我们所认知的世界是为了（通过这样一种方式才有能力）能够看见自己而被建立起来的。"③ 莫瑞·斯坦通过对荣格思想的研究总结道："对荣格而言，从集体的类灵无意识深处，浮现进入意识的模式与意象，赋予人类在宇宙中的目的，因为只有我们（就我们所知）有能力了解这些模式，并且表达我们所了解的内容。换个方式说，神灵需要我们才能被察觉……我们人类在宇宙中有特殊的角色要扮演。我们的意识能够反映宇宙，并把它带入意识的明镜中。"④ 日本著名禅师铃木大拙说："一开始，实际上这也不算真正的开始……意志想要了解自身，而唤醒了意识。随着意识被唤醒，意志也就一分为二了。"⑤ 这也可以看作由潜在自性转化为明显自性之路。潜在自性自发投射为神灵，经意识整合，转化为明显自性。神灵需要人类才能觉醒，因此借由人类自发将自己投射出去；而人类通过所投射的神灵才能一步步拥有察觉与认知的能力。神灵与人类相互需要，相互整合，目的是一点点认出自性宇宙，宇宙与

---

① [瑞士] 荣格：《荣格自传：回忆·梦·思考》，刘国彬、杨德友译，译林出版社，2014年，第283—284页。
② [美] 卡洛斯·卡斯塔尼达：《穿越生命之界》，鲁宓译，中国盲文出版社，2003年，第178页。
③ 转引自 [美] 威尔伯：《意识光谱（20周年纪念版）》，杜伟华、苏健译，万卷出版公司，2011年，第18页。
④ [美] 莫瑞·史坦：《荣格心灵地图》，朱侃如译，蔡昌雄校，立绪文化事业有限公司，2017年，第275—282页。
⑤ 转引自 [美] 威尔伯：《意识光谱（20周年纪念版）》，杜伟华、苏健译，万卷出版公司，2011年，第17页。

我为一体，在荣格思想的深处我们可以看到来自神秘传统的影子。

原型的多义、费解、不知所终的象征性表达，亦使得它成为供思索与反思的对象。当潜意识投射为原型时，多呈现一种象征性符号，它们拥有固有的能量与丰富的情感，指向过去也指向未来，远远领先于现在的意识所能把握的程度。其多义含混的特点，也使之容易发展为意识。荣格把符号分为两种：一种为单纯的符号（sign），用语言指称事物，并无特别的引申含义，比如联合国的符号为UN、北约组织为NATO等；还有一种是象征符号（symbol），它虽然是我们熟悉的意象，比如车轮、十字架、双扁斧等原始象征性符号，却永远暗示着一种不明确的或者未知的含义，总要比自身所指示的东西包含得更多，有一种更广阔的潜意识精神层面在里面，不能被准确定义或充分解释。在探究这种象征时，人的心灵最后终被引向一种超越性概念。在那里，理性让位，人们必须调动一切潜能与它对应。① 原型内容往往借比喻表达自己，用已知表达未知，但它绝不仅仅是喻体，而是扩展已知的范围，指向超脱。有时候原型所呈现的样貌也令人费解，它们是《山海经》中的神兽、无法解释的梦境、怪诞、迷离，又带来震撼，随时准备给意识当头一击，以供审思，在整合的意义上带领意识超越当前的情势。埃利希·诺伊曼描述道：

> 象征性符号是精神面向的表达，是居住在潜意识中的构成原则的表达。作为一种自成一格的原则，精神以直觉显现在心灵中。就意识发展而言，象征符号的精神面向是决定因素。除了"扣人心弦"的一面外，象征性符号还有意味深长的一面：它不只是记号，而是充满意义，它总是意味着什么，需要解释。就是这种多义性，使得象征符号对我们的理解力诉说，唤醒我们让我们去反思，而不只是情感性的感受……作为潜意识创造性产物的意向与象征性符号，它们是人类心灵精神面向的一系列表达。在它们之中，潜意识充满意义与给予意义的倾向正在表达着它们自己，无论是通过一个异象、一个梦、一个幻想，还是通过神灵的可见显现使得内在意象在外被看见。总之，内在总是通过象征符号的方式"表达"它自己。多亏了象征，人们的意识变得精神化并最终达到了自我意识。"人只有在一定程度以神的形象将自己显现，才能够理解自己并拥有自我知识。"神话、艺术、宗教和语言是

---

① ［瑞士］卡尔·古斯塔夫·荣格：《象征生活》，储昭华、王世鹏译，国际文化出版公司，2018年，第145页。

人们创造性精神的象征性符号表达，在其表达中，精神呈现为客观的、可感知的形式，人们通过意识到它使它变成意识的一部分。[1]

潜意识自发地产生象征符号，化身为以原型为表征的神话母题内容。神话形象指向潜意识内核，进行情感的合一；而具体与费解的神话意象更容易让自身成为供思索的对象，作用于意识的诞生与意识的增殖。因此，神话本身的存在形式就表明了它既是潜意识又是意识的，既表达内在又形成外在，既有体验下的情感功能，也有意识发展下的认知功能。坎贝尔直接表达："神话连接了我们清醒的意识与宇宙的奥秘。"[2]

综上可知，意识没有内在潜意识的帮助只会成为没有灵魂的知识。同样，潜意识如果没有发展为意识，也是一场未完成的旅程。潜意识是意识的动力与种子胚胎，意识是潜意识的开花结果，潜意识愈加使用得当，意识也会越来越发达，反之亦然。神话的重要性恰在于此，它保持意识与潜意识的平衡，在内与外来回切换，推动彼此的合作与发展，随时准备在两者即将走入极端时将它们拉回来。作图为：

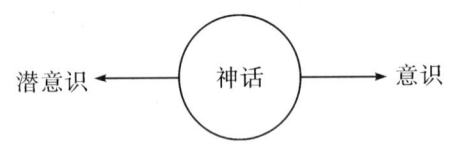

潜意识 ← 神话 → 意识

图 2-3　连接潜意识与意识的神话

神话宛若一个半透明的容器：一方面作为外显的潜意识，发展为意识，随着投射的退却与遗忘，步入非灵化的结局；另一方面又指向超越，在人们的意识渴望得到潜意识能量滋养时，通过神话仪式的摄入方式进入潜意识的核心，进行修复，只看人们愿意选择哪一方。在荣格学派看来，初民们更愿意选择灵性的一方，而现代人选择了意识。于是，初民们被潜意识统治，处于单纯的屈服状态。神话的象征功能对于初民们而言主要为形成意识；对现代人而言则是深入潜意识内在，对偏颇的意识态度进行补偿。或许最健康的状态在于两者之间的动态平衡，既通过客观化的表达方式使得潜意识能够得到理解，又进一步在深入潜意识体验后获得更高的意识整合。神话就在客观化领悟与反潜的统摄之间穿梭不息，带来可理解、可把控的精神力量，而其可出奇地治愈自身与他

---

[1] Erich Neumann, *The Origins and History of Consciousness*, London: Karnac Book Ltd, 1989, pp. 368-369.
[2] [美] 戴安娜·奥斯本：《坎贝尔生活美学：从俗世的挑战到心灵的深度觉醒》，朱侃如译，浙江人民出版社，2017年，第52页。

人的疾病，由心至身，供人们可持续地发展。

需要注意的是，在荣格理论中，投射不是目的，投射而来的意识，才是关键。无限制的投射是神经病人的状态，他们或因拒绝承担潜意识，或因过多亲近潜意识而被潜意识吞噬。总之在此过程中所投射的神话形象并没有发展为意识。此时，潜意识便会表现为无止境的投射，让人单纯生活在潜意识单一心象中，以为此单一心象是唯一真实。当所投射的客体不能被立即理解时，便需要用积极想象（active imagination）的方式对之进行辅助，帮助其发展为意识。积极想象主要表现为首先让那些无止境投射的精神病人天马行空地发展想象力，任其自由发展，然后根据个体的喜好与天分借用视觉的、听觉的、辩证的、戏剧的等不同的方式展现幻觉，使其具体化，以加快认清幻象并采取相应行动。[1] 这其实是用艺术的方式将心理幻象这一客体客观化，给它做一套衣服、盖一所房子，使得心理幻象所蕴含的主观内容更具体地现行，患者才能通过这一具体的形式长久地理解其固有的观念。我们现在来到了荣格思想的概念混乱区，争论点在于两个概念，即客体与积极想象，它们既有不同又有交叉点。在潜意识的投射过程中，当所投射出的原型不能被意识识别时，它们会被长久地当作真实的客体，对人的思维进行扰乱，此时分析师会建议患者用积极想象的方式予以这一幻象客体某一具体的形式，使得它更容易为意识所理解，将幻象客体转化为主观的心理，停止潜意识的投射。也就是说，客体更像是一个存在物，在病态状态下人们会以为这一心理是外在于我的唯一真实存在，而积极想象则是一种方法与手段，目的是指出原型客体的幻象性，使其回归主观心理。从此我们不再依赖外在的神灵，而是依赖自己的心。然而我们也看到投射为客体这一形式也是有助于发展为意识的一种方式，它们已经投射为具体的"象"帮助人们发展意识，只有当它们出于些许原因长久未被意识到时才成为麻烦。所以，客体也是积极想象的一种方式，起码是初步的方式；在艺术客体化的创作过程中，有些受潜意识原型的驱动，化作灵感、直觉，使得创造者不自觉地采取更进一步的赋形。那么艺术形式可看作潜意识心理的象征性表达，艺术创造也即投射过程的继续，如《诗·大序》所述："情动于中而形于言，言之不足故嗟叹之，嗟叹之不足故永歌之。永歌之不足，不知手之舞之，足之蹈也……"综上

---

[1] 在一些表述中，积极想象只是一种自由流动的、创造性的冥想。但越来越多的表述中，积极想象还包括以艺术的方式将来自潜意识的冥想表达出来。参见［美］戴维·H. 罗森：《转化抑郁：用创造力治愈心灵》，张敏、高彬、米卫文译，中国人民大学出版社，2015 年，第 74 页；［英］安东尼·史蒂文斯：《简析荣格》，杨韶刚译，外语教学与研究出版社，2015 年，第 216 页。

可见，虽然客体与积极想象表现的方式不同，但两者又有交叉乃至同质，目的都是作为符号形式实现潜意识到意识的过渡，不可否认的是积极想象的方式加速了其中的过渡过程。荣格发现，当幻觉自由展开，不受理性阻扰，并以艺术形式具体化、客观化后，病人会在很大程度上削减梦与幻想的频率和强度，从而减弱无意识的侵袭，将其规划进意识的领域。① 比如，一个充满幻想的女神经病人，具有人格分裂倾向，当她听从荣格的意见，画出自己的幻觉，使其具体化，这时候，来自潜意识的侵袭便减少了。当她进一步把画与所知的东西联系之后，终于恢复了常态，不再受潜意识的摆布。② 荣格把侵袭减少的原因解释为："意象与意义是等同的；所以当意象成形时，其意义也就清晰了。事实上，行为模式不需要任何解释：它体现自己的意义。"③ 情感、幻觉的意象化是心相具体的表达，心相千变万化，转瞬即逝，比较难以把握。当其变为更具体的有形，成为一种艺术创造时，人们会更容易理解此刻已展现为艺术形式的心相想要对我们述说的内容，转化当下以自我为中心的态度，发展为更开阔的视野与意识。精神病人对所投射的内容情有独钟，信以为真，而不把它当成一个象征性表达，被自身所投射的潜意识内容压迫，幻觉压倒了他的生活，这样的投射是我们不喜欢的投射。而当我们用艺术的方式把投射形象化、具体化后，所投射的原型内容会逐渐变得有序，在其按照固有内在逻辑的发展形成艺术意象的瞬间，病人可透过外在形式了解潜意识的内在嘱托，容易为意识所接受，缓解精神病症。这与当下所流行的艺术疗法功能类似。戴维·H. 罗森认为，艺术疗法的主要价值在于将折磨着患者灵魂的原型冲突通过原型意象的形式，变成可以看到的事物，这样，患者就可以正视它，并且决定如何处理这一意象所指向的心灵部分，甚至患者可以利用积极想象的方法激发、发展乃至转换原型，将毁灭性的能量转化为建设性的作品，供内心整合与超越。④ 托斯高度赞扬了作为积极想象的形式之一的写作的治疗功能，他评价道，以文字的方式来将尚未确定的精神内容转变现实，可与内在的情感世界保持一定的距离，将其置身于个

---

① [瑞士] 卡尔·古斯塔夫·荣格：《心理结构与心理动力学》，关群德译，国际文化出版公司，2018 年，142 页。
② [瑞士] 卡尔·古斯塔夫·荣格：《象征生活》，储昭华、王世鹏译，国际文化出版公司，2018 年，第 82 页。
③ [瑞士] 卡尔·古斯塔夫·荣格：《心理结构与心理动力学》，关群德译，国际文化出版公司，2018 年，143 页。
④ [美] 戴维·H. 罗森：《转化抑郁：用创造力治愈心灵》，张敏、高彬、米卫文译，中国人民大学出版社，2015 年，第 79—81 页。

体经验之外,以客观的态度对这一内心意象进行反思,进而有了相应的理解与把控。[①]

投射的神灵本来已经是一个潜意识具体化的行为,在理想的发展模式中,所投射神话形象相对有序,容易发展为意识。但若因为时代或个人的原因,所投射的潜意识内容没有发展为意识之时,投射则会变得混乱无序,但也很可能存在一定秩序,因为潜意识的目的是拯救人、发展人,而非摧毁人,即便在摧毁人的时候也在以另一种方式拯救。此时,积极想象的方式营运而出,它让潜意识心相以可见的艺术意象更为具体地现形,自我意识更容易对其审视,进而整合。当潜意识被意识意识到时,投射便停止,我们成为把握自己内心力量的人,而不是被它们把握。作图为:

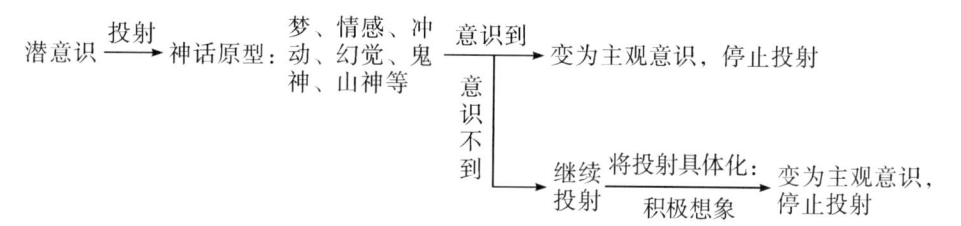

潜意识 →(投射) 神话原型:梦、情感、冲动、幻觉、鬼神、山神等 →(意识到) 变为主观意识,停止投射
(意识不到) → 继续投射 将投射具体化:积极想象 → 变为主观意识,停止投射

图2-4 潜意识发展为意识的不同方式

三、投射的终极:现实是一个梦

人们的心理投射了神灵,这是一个大胆且创新十足的观点,但荣格又悄悄存有疑问,似乎又不尽如此。鉴于梦、神的威力如此强大,荣格不禁偷偷设想,投射的过程可能与我们所设想的恰巧相反,是梦中的那个人做梦梦到了我们,神投射了我们,我们的世界才是一个投射幻象、一个梦。如果潜意识是像人一样有生命的存在,那么它的灵魂是不是就是现在的我们,就像我们的灵魂是梦中的他们一样。于是,荣格在书中再三追问:"无意识是否也会做梦?换句话说更深层次的东西是否存在?"[②]"普遍意义上的心灵——灵魂、神灵,或者潜意识——是否起源于我们,还是说心理在意识演进的初期阶段确实是以拥有自身意

[①] [美]戴维·H.罗森:《转化抑郁:用创造力治愈心灵》,张敏、高彬、米卫文译,中国人民大学出版社,2015年,第75页。

[②] [瑞士]卡尔·古斯塔夫·荣格:《心理结构与心理动力学》,关群德译,国际文化出版公司,2018年,第101—102页。

志的专断理论的形式存在于我们之外?"① "是否真有一种有生命的力量——某种甚至比电子更重要的东西——超越了我们日常人类生活的世界?我们是否自欺欺人地相信我们已经拥有并控制了我们自己的灵魂呢?是否科学称为'心灵'的并不仅仅是限制在头脑中的一个句号,而更重要的是上界通往人类世界的一扇门——它使神秘未知的力量受人类的支配,并用黑夜的翅膀把人类载入一个超越个人命运的世界?"② 虽然他用疑问句进行提问,但显然他的回答是肯定的。在自传中荣格讲当他梦到两个不明飞行物被惊醒时,不禁想到:"我们一直为飞碟是我们的投射物,现在证明,我们是它们的投射物。我是这个幻灯映射出来的,是卡尔·荣格。但是,是谁操作了这一器具呢?"③ 还有一次,他梦见在祭坛前一个瑜伽师盘腿而坐面对着他,当荣格看向他时,才发现他们长着相同的脸,于是又惊醒过来想到:"'哎呀,他不就是设计我的那个人么。他做了一个梦,我就是梦'。我知道,等他一醒来,我就不复存在了。"④ 这就让我们想到著名的庄周梦蝶的故事,到底是庄周梦蝶还是蝶梦庄周,为何在潜意识的梦中两者浑然不分,自得其乐,而现实却是如此黯淡无光,到底哪一个更像梦,究根到底,是人们想选择哪一个变为梦罢了。倘若在意识与潜意识任何单一领域内人都不能得到完全,接二连三地受挫,非要在二者选择其一的话,我们不能肯定到底意识与潜意识哪一个实相更属于人类本然的生活。瑜伽大师们认为现实生活是劫是幻,红尘中人认为那些"仙人"所追求的才是傻是痴,人们努力在两者寻求平衡,却发现那是毕生难以达到的企及,然而总有人在追求着其一。对于注重心灵实相的人而言,现实反倒像一个梦,不是现实中的人们投射了梦,而是梦投射了这个现实的世界,梦成了主体,而人成了它的客体。庄子在蝴蝶的梦中,这里已经走向了所有神秘学的极端,所以荣格总是小心翼翼不愿向前探索,又忍不住一再试探。如果两者皆为正确,我们将看到以下的图式表达:

我(作为人心理的潜意识)——投射——→ 梦(幻)

我(幻)←——投射—— 梦(客观存在的潜意识)

图 2-5 双向投射模式

---

① [瑞士] 卡尔·古斯塔夫·荣格:《文明的变迁》,周朗、石小竹译,国际文化出版公司,2018 年,第 52 页。
② [瑞士] 卡尔·古斯塔夫·荣格:《人、艺术与文学中的精神》,姜国权译,国际文化出版公司,2018 年,第 119 页。
③ [瑞士] 荣格:《荣格自传:回忆·梦·思考》,刘国彬、杨德友译,译林出版社,2014 年,第 348 页。
④ [瑞士] 荣格:《荣格自传:回忆·梦·思考》,刘国彬、杨德友译,译林出版社,2014 年,第 349 页。

一个理论，如果不包含悖论，很难称之为成熟的理论。加入悖论的理论会把自己推翻，如有可能自己也会更加丰富与超越。以上图所示，即为"我"与"梦"皆为彼此的实相，也皆为彼此的幻觉，似乎可以来回切换。皆为实相是说，在不同的意识感知中存在不同的认知；皆为幻觉是说，对于主导意识而言，另一重意识根据需要变成相对的幻觉。如果二者皆为幻觉与梦境，那么有没有不受任何意识主宰的、不针对任何意识的绝对的实相呢。庄子言：

  且有大觉而后知此其大梦也。而愚者自以为觉，窃窃然知之。君乎！牧乎！固哉丘也！与女皆梦也！予谓女梦，亦梦也。是其言也，其名为吊诡。万世之后，而一遇大圣，知其解者，是旦暮遇之也。①

  庄子认为世间如一场大梦，唯大觉之人能看透超脱，而说世间是一场大梦的人本身也在做梦，梦像是一个俄罗斯套娃，一层又一层，一个梦设计另一个梦。如《盗梦空间》的布局，终极问题是，如果每一个都是梦中梦，谁是最初做梦的人，谁是设计一切的人。极限的问题永远指向不可知的哲学与神学，它不是用来回答的，也未必令人完全相信，而只是用来玩味的，为我们的思想提供另一种可能性。它像某种旗帜，引领我们超越它、接近它或者颠覆它。

  当我们劝自己说所谓的幻象只是脑神经失调下的错觉，像梦投射的现实也只是不值得推敲的空虚哲学命题时，不料科学界却推出了某些支持这些传统观点的证据与理论。有学者就提出，根据目前的科学定论，我们所体验到的一切都是脑电波活动的结果，所以理论上确实能够模拟出一个完全无法与真实世界相分辨的虚拟世界。在不远的未来，一些脑神经科学家相信我们就能做到这种事情。但凡顺着这种思路往下走，我们就会得到一个非常可怕的结论：因为只有一个真实的世界，而可能的虚拟世界却是无穷无尽的，所以我们所在的这个世界碰巧真实的可能性接近于零。很可能今年就是 2217 年，自己正泡在虚拟游戏里，选择 21 世纪进行一次原始体验之旅，我们真的只是我们所设计的一个梦而已。② 如果此种理论为真，神话即便是一种迷信，也是一种创造性的迷信；哲学命题即便无法证实，也在扩充其至颠覆我们的认知力。里面所包含的丰富想象力，为科技进一步假设、发展做出贡献。自古以来，相对于轻而易举的答案，都是无法解决的问题刺激着科技的进步。中世纪最早出现的大学就是为了研究上帝究竟是什么而存在，尔后才在摸索中一步步发展为科学。

---

① 孙海通译注：《庄子》，中华书局，2016 年，第 46—47 页。
② [以] 尤瓦尔·赫拉利：《未来简史》，林俊宏译，中信出版社，2017 年，第 108 页。

四、小结

仔细分析荣格的神话观，会发现其中有很多未衔接的环节甚至是漏洞，成为我们理解这一理论的障碍。比如，一方面，荣格认为初民生活在灵性之中，看起来比现代人更为虔诚；但另一方面，在荣格的理论体系中，初民更多的是呈现一种被动式、不自知的投射。对于大多数初民，由于他们的意识相对薄弱，更善于以潜意识投射的方式认识世界，而潜意识作为一种客观精神不受初民的控制，像神灵、灵感等都是自己浮现又消失。于是，潜意识投射常常是一种不受意志与意识所控制、自动发生的过程。这种投射机制似乎具有某种神秘的先行性，又具有强迫性。[1] 初民几乎完全包裹在潜意识氛围中，常常把来自潜意识的模糊暗示视为确凿知识，把幻境当作真实，而无法将其与现实中的意识相整合。在情感的冲击下，初民的意识还经常被潜意识完全推翻，陷入心理分裂的状态，极容易发展成为神经质。荣格认为，原住民深受迷信、恐惧以及冲动的折磨，其心灵的显著特征便是屈从于超人的力量，无论这种力量是本能、情感、巫术、魔法、幻想、灵魂、恶魔或者神。[2] 这也就是初民的矛盾心理：一方面他们的内心都渴望与神灵沟通，但又害怕放弃做普通人的自由而成为圣显顺从的工具。[3] 因此，在荣格看来，虽然很多人美化原始年代，然而那里并非至善之境。初民多数还只是处于一种还原状态，未发展至更高的意识的状态。[4] 然而，荣格等人只是从意识、心理发展的理论视角来观察、定义原始文化，于是把原始文化安排在了意识发展的开端，视其为还原状态。这其实是有失偏颇的。如今的文化人类学认为，文化差异仅仅是环境与历史文化的产物，每一种文化都有其独特的智慧与本地知识，没有对错高低之分，都值得尊重。以这种观点来看，原住民并不是如荣格所言，由于整日浸泡在灵性中，容易意识分裂，成为

---

[1]［瑞士］卡尔·古斯塔夫·荣格：《象征生活》，储昭华、王世鹏译，国际文化出版公司，2018年，第109页；［瑞士］卡尔·古斯塔夫·荣格，《原型与集体无意识》，徐德林译，北京：国际文化出版公司，2018年，第7页。

[2]［瑞士］卡尔·古斯塔夫·荣格：《原型与集体无意识》，徐德林译，国际文化出版公司，2018年，第20、95—96页；［瑞士］卡尔·古斯塔夫·荣格：《象征生活》，储昭华、王世鹏译，国际文化出版公司，2018年，第152页；［瑞士］卡尔·古斯塔夫·荣格：《文明的变迁》，周朗、石小竹译，国际文化出版公司，2018年，第103—105页。

[3]［美］米尔恰·伊利亚德：《萨满教：古老的入迷术》，段满福译，社会科学文献出版社，2018年，第21页。

[4]［瑞士］卡尔·尔古斯塔夫·荣格：《心理结构与心理动力学》，关群德译，国际文化出版公司，2018年，第32—42页。

没有主体意识的圣显顺从的工具。他们只是与现代人拥有不同的假设与逻辑。多数原住民文化偏灵性，现代文明则偏理性。

再比如，原型的表现方式与投射多种多样，包括象征性符号、原型故事、神灵等。它们之间是先后出现还是并行出现，彼此之间有何关联？原型的投射虽然有目的性，但就它以英雄原型的方式表达意识与无意识之间的转化，是否太具有目的性了。一个梦能涵盖如此之多的内容？如果荣格不能回答以上问题，那些虚构型的神话姑且不论，连那些带有神秘性质的神话也似乎不能完全被原型理论说服。那么，我们不禁得出这样的一个结论，此神话观未免太过于原型化了。

第二节 作为创造性源头的潜意识

一、潜意识对艺术、宗教神话、哲学、科技产生的影响

潜意识是创造性的源头，艺术、宗教神话、哲学乃至科学中某些重要的概念最初莫不来源于它或与之相关。

（一）潜意识与艺术

萨满的圣歌往往是在狂喜、痛苦、内省中无意识地显现，是由萨满于圣灵启示下不自觉哼唱的神秘音符。这些圣歌具有治愈的功能，很可能成为诗歌的源头。阿拉斯加岛上有个叫小戴奥米底的地方，有一位老妇人，穿得破破烂烂，住在漆黑阴冷的山洞里。作为一名圣者，她用雄辩的辞藻和深邃的洞察力讲述了圣歌的渊源：

> 我们的祖先认为，当所有的人都心无杂念，并在憧憬着美好时，圣歌就在这宁静中产生了。圣歌先在人们脑海中形成人的形象，然后缓缓升起，就像深海中升起的水泡。水泡在寻找空气，那样就能破裂。圣歌就是这样产生的。[1]

奈特西里克的因纽特人对于圣歌的诞生讲道：

> 当人被触动，就像冰块那样到处浮动。当他感觉欣喜或悲伤时，他的思想会被一股力量所驱动。思想会像洪水一样冲刷他的身体，使他的血液流动起来，心脏跳动起来。当气温降低时，就会有东西保持

---

[1] [美] 简·哈利法克斯：《萨满之声：梦幻故事概览》，叶舒宪主译，陕西师范大学出版总社，2019年，第24页。

他的温度,这样,当一切要发生之际,我们就越发觉得自己渺小,或变得更小。于是,我们会害怕使用语言。但是,那些我们所需要的语言会自己产生。当这些语言自己喷发出来时,我们就有了新的圣歌。①

基特卡汕印第安人艾萨克·特斯回忆到,他第一次遇见精灵时,就处在一种失去意识的状态中,身体不停地颤抖。他接着描述道:

> 我一直处在这种状态中,然后开始唱歌。歌声就这样自然而然地流露出来,我无法阻止。不久就出现了很多东西:大鸟、动物……这些生物只有我才能看见,屋里的其他人是看不见的。这种幻象只有在一个人即将成为萨满时才会出现,并且因人而异。歌曲自己就会完全呈现出来,无须人为地去创作。②

满族的萨满神谕包含各种散文体祭祀禁忌、咒语、韵文体祭歌,由萨满用本族语言口耳相传。一般认为,神谕是萨满所唱的出神的话语,是氏族吉祥与安宁所在。只有氏族萨满有传诵权和解释权,族众对其尊敬有加,不可亵玩。③

对于诗歌,柏拉图提出的一个著名观点,即诗歌是诗人于迷狂状态中产生而来的,有如酒神附体。他写道:

> 凡是高明的诗人,无论在史诗或抒情诗方面,都不是凭技艺来做成他们的优美的诗歌,而是因为他们得到灵感,有神力凭附着。科里班特巫师们在舞蹈时,心理都受一种迷狂支配;抒情诗人们在做诗时也是如此。他们一旦受到音乐和韵节力量的支配,就感到酒神的狂欢,由于这种灵感的影响,他们正如酒神的女信徒们受酒神凭附,可以从河水中汲取乳蜜,这是她们在神志清醒时所不能做的事。④

最近很火的"与神对话"系列作品被誉为新一代的圣经,而写成此书却纯属意外。当时作者尼尔·唐纳德·沃尔什穷困潦倒,接连受挫,濒临崩溃。于是,尼尔愤怒了,1992年的某个凌晨,他向上天发出挑衅,大声呼喊:"要么给我个答案,要么我自行了断。"此时,他"听到了"某种"声音",开始与之"对话",并做下笔录。"与神对话"系列由此诞生,于十一年间先后有九部书问

---

① [美] 简·哈利法克斯:《萨满之声:梦幻故事概览》,叶舒宪主译,陕西师范大学出版总社,2019年,第24页。
② [美] 简·哈利法克斯:《萨满之声:梦幻故事概览》,叶舒宪主译,陕西师范大学出版总社,2019年,第26页。
③ 富育光:《一部考译精湛的满文神谕巨著》,见薛刚主编:《萨满文化研究》(第4辑),民族出版社,2015年,第124页。
④ [古希腊] 柏拉图:《柏拉图文艺对话集》,朱光潜译,人民文学出版社,2022年,第6页。

世，尼尔与那个声音共同探讨了生、死、幸福、意义等生命重大课题，融合各种宗教学说进行解答，成为灵性畅销书。①

在以上描述中我们可以看到潜意识对艺术创造的绝对主导力。潜意识是一个有生命的、独立自主的存在，而象征性艺术作品如同神话一样，只是潜意识的表达，暂借一些艺术家来呈现。有时候，艺术家们甚至必须牺牲某部分人性以便让潜意识灵感彻底显现。潜意识灵感成了象征性艺术作品的作者，其脉络与主要内容匡正时代精神的偏颇，治疗现代人的精神疾病。因此，一些艺术创作者总是略显散漫，他们给出的答案是：不是慢，只是在等灵感。

（二）潜意识与宗教、神话

因沾染神圣，艺术、宗教、神话间的界限并不全然明了，一件与潜意识相关的作品可能既是艺术的又是宗教神话的。

伊斯兰教的创始人穆罕默德是在恍惚中听见天使安拉的话，由弟子编撰为书，成为伊斯兰教的圣经《古兰经》。满族某些萨满神灵偶像的获得，要通过萨满做梦去寻求。萨满醒来根据梦中所见进行描绘，由此制作成神灵偶像。因此，贪睡在民间被认为是萨满得神的标志，也是萨满与神灵的沟通方式之一。萨满醒后细细思索梦中暗示，若不得解，还要寻求其他萨满的帮助，共同解梦。② 卡斯塔尼达笔下的著名巫师唐望也曾经说过，他老师的老师艾利亚曾在梦中到达另一个世界，醒来就立即复制出在那个世界所见到的器物，精美绝伦却不知为何。③ 最早出现的象征性图案诸如圆形、十字、螺旋、浅浪线等被埃利希·诺伊曼称为抽象符号，并论述它们并非抽象表达的过程，而是一种意味深长的潜意识的显现。其特征主要是简单性而非抽象性，象征着物质因素降低到最低、由物质因素向精神因素的变形。这些抽象符号是富于想象的内心视觉的表达，所表达之处都能带给人力量。④ 荣格在被幻觉侵蚀的时期，自觉出现曼荼罗图案，并不断描绘，尔后才能够平静，进行内心的整合。曼荼罗在冥想中自发显现，形状多为圆形、方形，代表完整的自性，在希腊神话的女妖术和印度神秘的瑜伽术中，此图案是用来静思打坐的工具，是诸神的椅座和出生的地方。2009年去世的秘鲁艺术家保罗·阿马林戈（Pablo Amaringo），在年幼时生了一场大病，

---

① [美] 尼尔·唐纳德·沃尔什：《与神回家》，赵恒译，中信出版社，2011年，IV。
② 孟慧英、吴凤玲：《人类学视野中的萨满医疗研究》，社会科学文献出版社，2015年，第149页。
③ [美] 卡洛斯·卡斯塔尼达：《寂静的知识：巫师与人类学家的对话》，鲁宓译，内蒙古人民出版社，1998年，第48页。
④ [德] 埃利希·诺伊曼：《大母神——原型分析》，李以洪译，东方出版社，1998年，第105页。

被巫医以致幻药物死藤水所救,从此自己也走上了萨满巫师的道路,在亚马孙到处游历,利用超凡知觉体验帮助他人治病。与此同时,他也不断以绘画的形式描绘在超知觉中经验到的世界,图像绮丽神秘,成为不可多得的艺术品。① 在印第安人文化中,进行雕塑时,要禁食,向神灵的世界打开内心,直到看到幻象为止,等那个图像自己显现出来,出现在雕塑者的脑海中,然后雕塑者依照神灵的指引把它雕刻出来。他们认为这个世界只是神灵的显现,当制作一个东西时,就是请神灵以那种形式呈现出来,给神灵的力量做一个家。② 皮尤克人还会在一些萨满面具上刻画萨满幻象,再现超自然体验。仪式中佩戴面具的萨满载歌载舞,重演着自己的超自然体验或追溯神话中早期的英雄或神灵,从而与超自然世界建立联系。③ 法国的贡巴来尔洞穴于19世纪末期被重新发现。在洞穴的深处,洞壁上绘着数百幅壁画,画着栩栩如生的动物,有些已经灭绝了,像猛犸、原牛、披毛犀等。进入此洞穴绝非容易,当时洞顶很低,只能爬着进来,而且要在黑漆漆的山洞中看到东西,必须有火。当时的原始人费这么大劲儿跑到洞穴深处刻画这么多动物绝非简单地玩闹。于是人们猜测,当时绘画的先人或许是受到"某种创造力的驱动",或者是"精神力量的驱动",又或者仅仅是受到"疯狂的驱动",才会做出此举,壁画对他们而言拥有魔力。④ 安德瑞斯·隆美尔(Andreas Lommel)在其著作《萨满教:艺术的起源》中表述到,古代岩画艺术是由萨满创作的,它们是作为迷幻经验的幻想记录。⑤ 一些专家认为也许大多数岩洞艺术都与萨满仪式相关,所刻画的动物形象是幻视中的灵性存有,作为守护灵是萨满生命力量的源泉。⑥ 且洞穴的隔绝状态与洞穴中墙壁的微光本身就有利于某种变形知觉的产生,这种变形知觉将导致人的恍惚状态。⑦ 一些古代人,比如总是试图解梦的希腊人,就经常进入洞穴以培养主要的想象力。⑧ 于是不难理解,一些部落(比如北美大盆地地区的印第安人)将洞穴、山

---

① 姚梦晓:《萨满、死藤水与艺术》,"他者 others"微信公众号,2019年2月16日。
② [美]肯特·纳尔本:《对着水牛唱歌的女孩》,李小撒译,广西师范大学出版社,2017年,第241—243页。
③ 李楠:《北美印第安人萨满文化研究》,社会科学文献出版社,2019年,第175页。
④ [美]伊丽莎白·科尔伯特:《大灭绝时代》,叶盛译,上海译文出版社,2015年,第361页。
⑤ Andreas Lommel, *Shamanism: The Beginning of Art*, New York: McGraw-Hill, 1976, p. 12.
⑥ [美]布莱恩·费根:《考古学与史前文明》,袁媛译,中信出版社,2020年,第289页。
⑦ William A. Haviland, Harald E. L. Prins, and Dana Walrath, et al, *Anthropology: The Human Challenge*, fifteenth edition, Boston: Cengage Learning, 2016, p. 216.
⑧ [英]艾丽斯·罗布:《梦的力量:梦境中的认知洞察与心理治愈力》,王尔笙译,中国人民大学出版社,2020年,第96页。

洞等视为圣地,人们在寻求幻觉时便独自前往。① 当萨满进入出神状态时,动物神灵进入他们的身体,萨满会做出和这些动物相像的动作,此时他们已经变形为某种动物助手,从而获得更完全的超自然力。对于变形,萨满并不认为自己只是在意识改变的状态下想象出来的动物形象,而是认为自己的外形也发生了变化。不仅如此,很多印第安人也坚信他们的萨满真的可以变形为某种动物。② 于是萨满的身体变形成为萨满文化视觉艺术中心常见的母题之一。如同曲枫教授总结的现象:

> 在阿拉斯加爱斯基摩人文化中,一些萨满面具往往一半表示人的面孔,另一半表示精灵的面孔,表达萨满在巫术旅行中的身体变形。一幅南非布什曼人的岩画表现了八个长着羚羊头的人物,表现了萨满身体由人转换为羚羊的过程。北美西北岸印第安人有一种雕塑有乌鸦和人合体的拨浪鼓,乌鸦在当地神话中是世界的创造者,这个母题表现了萨满与乌鸦相互变形的经历。在世界各地的史前文化中,均发现了大量的人与动物的合体形象。一些考古学者正是根据萨满身体变形理论,推论这些美术形象应与萨满的 trance 经历有关。③

一些原始艺术成为最真诚的艺术、难得的艺术收藏品,很大部分原因在于,原始艺术家刻画的是他们头脑里的超自然的神祇,而神祇往往在他们超意识状态中出现。鉴于此,考古学家吉尔·库克明确表达道:"古代艺术可能是一种突破的尝试……靠的是人类的智慧,以及沉浸在往往异于自然现实的虚幻领域的能力。"④ 迈克尔·莫洛伊亦表达道:

> 出现于神话和梦境中的象征符号是原始宗教艺术的基本元素。一般的象征符号包括坐落于世界中心的巨大山脉、生命之树、太阳和月亮、火、雨、闪电、鸟或羽翼、死者的头颅和骨架、十字架和环状物等。然而,这些形象通常出现在不寻常的形式中;比如,闪电也许由"之"字形来代表,太阳以万字符形式出现,生命之树看上去像阶梯。

---

① 李楠:《北美印第安人萨满文化研究》,社会科学文献出版社,2019 年,第 113 页。
② 李楠:《北美印第安人萨满文化研究》,社会科学文献出版社,2019 年,第 127 页。
③ 曲枫:《身体的宗教——萨满教身体现象学探析》,见郭淑云、薛刚主编:《萨满文化研究》(第 3 辑),民族出版社,2013 年,第 54 页。
④ [美] 大卫·克里斯蒂安主编:《大历史:从宇宙大爆炸到我们人类的未来,138 亿年的非凡旅程》,徐彬、谭瑾、王小琛译,中信出版社,2019 年,第 213 页。

色彩被普遍用作象征含义，尽管在不同的文化中其确切的含义不尽相同。①

包利克认为，涉及图像艺术的"模拟"（memesis）实际上是一个哲学概念，并非指对事物的外观模仿与复制，而是对一种真实存在的揭示。"模拟"的概念起源于柏拉图与亚里士多德的"圣像"理论。"圣像"是"模拟"的再现，它表达的是大脑中的图像，是揭示神圣思想的基本存在，是一种有关自我的显现（self-showing）而不是存在的表象（appearance of beings）。根据这一"模拟"理论，包利克认为欧洲旧石器时代洞穴壁画以及其他美术形式中的人与动物合体的图像并非对日常生活的描写，而是再现了人在意识改变的状态下所经历的幻象。②

从上可见，宗教、神话中的象征物、圣象、显圣物等常常是在潜意识状态中完成，或者是事后追溯潜意识幻想将它们描绘出来的。因此，那些具体的宗教、神话显圣物可与潜意识紧密相连，它们作用于主体的心理机制，对主体有魔幻般的力量。最初，这些精致的艺术品可能并不仅是用作审美或者实用，很多时候，初民们还把它们当作与神秘心相等同的圣器，用来沉思、理解、治病、祈祷等，并加以崇拜。当再次解读一个原始显圣物时，需要从内心与它对应，由潜意识与它融汇，才能窥探到它原始的震撼。这些圣器常常有属于自己的生命、名字、性格等，拥有这些显圣物就等于拥有潜意识中的神灵。因此，只有少数在位者才能得到与使用。当在位者拿着显圣物在仪式中表演时，显圣物的存在有助于潜意识神灵的降临，表演者本人就等于潜意识神灵。鉴于显圣物拥有来自潜意识领域的神秘力，它们往往会被特殊处理。佛教徒相信，宗教艺术作品能够承载和传递灵力，在一件作品完成之后，通常会对其举行开光仪式，将法力注入画像。然后，这件作品就可以担负起不平凡的任务，直接与观想它的人对话，为家庭带来宁静与超脱的气氛，作为精神支柱可以发挥治疗、庇护等神力。因此，藏族人将买卖开过光的佛像看作最重的罪业之一。如果出于任何原因，需要对圣象进行修复，需要先举行免除开光的仪式，将其中的灵力召唤出来，送回它们的天然居所。仪式举行完毕以后，画师或雕塑师才能对作品

---

① [美]迈克尔·莫洛伊：《体验宗教：传统、挑战与嬗变》，张仕颖译，北京联合出版公司，2018年，第57页。
② 曲枫：《身体的宗教——萨满教身体现象学探析》，见郭淑云、薛刚主编：《萨满文化研究》（第3辑），民族出版社，2013年，第55页。

进行修复。① 澳大利亚、南美等地，神圣器物只可使用一次，仪式过程一结束，它们必须被销毁或存放起来，仿佛其力量已被耗竭，每一新阶段要有新的神物。② 有些表达潜意识心相的贵重器物在仪式过后要被彻底销毁，因为它们是重要的内在意象能量，不能保留在外部世界。纳瓦霍印第安部落用于治愈的沙画在日落时分就要被处理掉；在沙盘游戏治疗结束后，患者所画的象征潜意识心相的沙画也要被清理。③ 澳大利亚原住民男孩在割礼仪式后返回主营之时，胸前所描绘的神圣画像也要进行模糊处理，使得画面重新变得灰暗，以保护人们不被图中的神力伤到。④

萨满幻象如此神圣，又影响广大，自20世纪80年代开始，与萨满幻象相关的神经心理学现象就被考古学家引入对史前萨满的探寻，出现萨满教考古学这一交叉学科。在这一领域最具影响的人物当属南非考古学家刘易斯·威廉姆斯。他认为，无论是欧洲旧石器时代的洞穴壁画，还是西亚、欧洲等地新石器时代的房屋壁画、石刻及陶器装饰艺术中的母题，均与当代人进入意识改变状态时所经历的大脑幻象相似，也与民族学资料中萨满的意识幻象相似。因此，萨满教考古学派主张史前的几何图像及人物、动物图像均为萨满大脑幻象经验的表现。⑤ 惠特利是萨满教考古学的又一领军人物，他认为岩画的首要功能是对幻觉意象的视觉记录。加州中南部和大盆地地区的岩画都是由萨满专门绘制，萨满在幻象结束时以制作岩画的方式描绘其意识状态转变过程中的独特体验。在南加州青春仪式中，少男少女们就用岩画来记录自己的助手灵和出神时而获得的能力。刻画着超自然体验的岩画还发挥着备忘录的功能，不仅可以激发萨满进入意识转变状态，也避免因遗忘这种体验而丧失与超自然世界接触的能力，进而引发一些潜在危险。⑥ 然而有相当一批学者拒绝接受萨满教考古学这一理论模式并对其展开批评，批评的主要焦点在于萨满考古学在应用幻觉理论对古代艺术解读时，忽视了时间因素、空间因素以及文化特殊性，看不到文化在时间流程中的变化，因而令人难以信服。虽然幻象及幻象艺术更偏向个体心理，但是

---

① 吉布：《唐卡中的度母、明妃、天女》，陕西师范大学出版社，2006年，第26页。
② [法] 阿诺尔德·范热内普：《过渡礼仪》，张举文译，商务印书馆，2012年，第64页。
③ [瑞士] 茹思·安曼：《沙盘游戏中的治愈与转化：创造过程的呈现》，张敏、蔡宝鸿、潘燕华等译，中国人民大学出版社，2012年，第3页。
④ [澳] 霍华德·墨菲：《澳大利亚土著艺术》，苗纡译，湖南美术出版社，2019年，第183页。
⑤ 曲枫：《张光直萨满教考古学理论的人类学思想来源评述》，载《民族研究》2014年第5期，第117页。
⑥ 李楠：《北美印第安人萨满文化研究》，社会科学文献出版社，2019年，第19页。

若说完全脱离所在文化语境也是不合适的。比如，虽然世界上大部分地区的萨满都具有化身为动物或精灵的形式，但所化身的动物或精灵形式并非一致。它们常常依地域与文化背景的不同而呈现不同的形式。墨西哥的惠考尔人（Huichol）萨满常常化身为狼，因为狼是惠考尔人的神话中的祖先。考坡尔因纽特（Copper Eskimo）萨满常常幻化的动物有白熊、棕熊、狼、狗，甚至白人。南美亚马孙河印第安人萨满能够变形为美洲虎。西伯利亚的雅库特（Yakut）萨满可以变形为鸟、鹿、马等动物精灵。[①] 迈克尔·哈纳则先验地表达到，无所不知的灵性存有知道关于旅行者的一切，于是为了使得旅行者能够更好地明白灵界知识，它们会依据旅行者不同的历史和文化环境，给予意义符号。甚至在相同的文化中，每个人在幻觉中所获得象征意象也不尽相同，因为个体有不同的成长背景。[②] 就像荣格所讲述的自性原型，对西方人来说，是"基督"代替了自性这个词；到了近东，它就是黑德尔（Khidr）；在远东，它是灵魂，是道是佛；到了美国中西部（远西地区），它就化身为一只野兔或是孟达明；而在犹太神秘哲学中，它便是美。依据不同的地域文化，表现以不同的面貌。人们曾对恍惚状态做实验，发现它分为三个阶段，其中第二与第三阶段都与所属文化相关。在第一阶段，神经系统生成的是发光的、颤动的、旋转的、不断移动的几何图像，被称为内视现象。这些几何图像常常包括点状、"之"字形、网格状、巢状曲线、平行线、螺旋图案，与周期性偏头疼看到的图像类似。在第二个阶段，大脑会试图理解这些抽象形式。在这里，文化的影响发挥了作用。一个生活在卡拉哈里沙漠的布须曼人可能会把网格状认作长颈鹿皮肤的纹路，将巢状当作蜂巢（蜜蜂在这一带是佳肴）。然而一个在加拿大种小麦的农民或者中国的鞋匠却可能会用非常不同的方式来解释这些抽象形式。在第三个阶段，进入深层恍惚状态，人们会觉得自己与想象融为一体，进入了一个旋转的隧道或旋涡。通常，这个隧道有格状的侧面，里面出现了动物、人类和怪物的形象，并与第一阶段的内视形态融合在一起。这些形象具有文化特殊性，出神状态的个体往往看到的是在他们文化中具有重要意义的图像。这样，布须曼人就会看到羚羊，巨大的羚羊被认为具有兴风作雨的超自然力量。在出神的第三阶段，还包括被拉伸感、延长感，像在空中或水中失去重量的感觉，又像是在水下一样难以呼吸的

[①] 曲枫：《身体的宗教——萨满教身体现象学探析》，见郭淑云、薛刚主编：《萨满文化研究》（第3辑），民族出版社，2013年，第53页。

[②] ［美］麦可·哈纳：《萨满与另一个世界的相遇：从洞穴进入宇宙的意识旅程》，达娃译，新星球出版社，2016年，第147—148页。

感觉。因此，我们会发现绘画中的人物被难以置信得拉长或是在空中、水里游泳。① 这些不同的高见，让我们对神话物象与潜意识的关系有了更全面的认识。

（三）潜意识与哲学

彼得·索思得（Peter Sjöstedt-H）认为，柏拉图的哲学思想受了摄入迷幻剂的启发，鉴于后来的西方哲学都是对柏拉图的一系列注脚，因此可以说整个西方哲学都是由服用迷幻剂所诱发产生的。② 在著名的《斐多篇》中，有这样一段描述：

> 如那些与秘仪相关的人所说，持杖者很多，酒神信徒（真正的神秘主义者——笔者注）很少。在我看来，后者无非就是那些以正确的方式实践哲学的人。我今生今世不遗余力地做事，为的就是能够置身哲人之列，我一直千方百计地渴望成为这样的人。③

柏拉图毕生所愿便是成为一个酒神般神秘主义式的哲学家。在他看来，哲学家与被神灵附体的神秘主义者一样，追求的都是灵魂的自由与解放、与神灵相遇的状态。于是，哲学家时刻练习、准备着死亡，视死如归，因为，唯有死亡时，灵魂才能脱离肉体的束缚，达到那样的至福状态。

柏拉图本身就参加过神秘宗教仪式——厄琉息斯秘仪（Eleusinian Mysteries），它在距离雅典约19千米左右的厄琉息斯的得墨忒耳神庙举行，与祭奠酒神狄奥尼索斯的庆典紧密相连。每年的厄琉息斯秘仪要举行好几天，它的高潮是最后一天在夜间举行的接纳新成员的仪式。在得墨忒耳神庙，新成员、参与者会喝下一种药水——卡吉尼亚（kykeon）——里面含有大麦、薄荷和水。普遍认为，卡吉尼亚含有某种致幻成分。在黑暗的庙宇里，参与者需要高呼："我已然斋戒，我已然饮下卡吉尼亚。"④ 此后发生的事情，十分神秘。且新成员禁止泄露在庙宇最核心、最神圣会室中所学和所见的东西，否则就会以处死来惩罚他们。没有一个在厄琉息斯秘仪中被接纳的人泄露过这个秘密，但在《斐德罗篇》中，柏拉图为我们留下关于秘仪体验的珍贵画面：

> （我们跟在宙斯的队伍里，而其他灵魂追随其他灵魂），然后被引入我们可以正确地称之为最有福分的秘仪。参加庆典的我们是全善的，

---

① ［美］威廉·A. 哈维兰、［美］哈拉尔德·E. L. 普林斯、［美］达纳·沃尔拉斯等：《人类学：人类的挑战》，周云水、陈祥、雷蕾等译，电子工业出版社，2018年，第607—608页。
② ［瑞典］Peter Sjöstedt-H：《鲜为人知的哲学迷幻史》，苦山译，https：//www. thepaper. cn/newsDetail_forward_9110218，2020-09-10。
③ ［古希腊］柏拉图：《柏拉图全集》（上卷），王晓朝译，人民出版社，2018年，第61页。
④ ［瑞典］Peter Sjöstedt-H：《鲜为人知的哲学迷幻史》，苦山译，https：//www. thepaper. cn/newsDetail_forward_9110218，2020-09-10。

没有被未来的麻烦所玷污,而在那隆重的入教仪式最后显现给我们看的景象是完善的,不变的,赐福的。这就是终极的景象,我们沐浴在最纯洁的光辉之中,而我们自身也同样一尘不染,我们还没有葬身于这个被我们叫作肉身的坟墓里,就像河蚌困在蚌壳里一样。①

足见,柏拉图对神秘体验的倾心。于是彼得·索思得大胆推测,那些服用过迷幻剂的哲学家,其中的神秘体验可能启发了他们的思想,影响了他们的哲学观。我们上文提到过的柏拉图的迷狂附体哲学概念,其本身的神秘体验即对此哲学概念的最好注解。

(四)潜意识与科学

很多伟大的科学发明、伟大思想都来自一个直觉、一个梦、一种特殊的意识状态。爱迪生一生有1000多种发明,每晚只睡四五个小时,然而他有打盹小憩的习惯,据说他的发明很多是在他小憩的时候想到的。他常常舒服地坐在沙发上,两手各拿一个重重的铁球,试图入睡。在进入睡眠与清醒之际,手中铁球落下,掉入他早已精心安置好的位于双手下方地板上的两个金属盘中,金属球与金属盘的撞击声会把他惊醒,这时他会马上用笔记下他刚才即将入睡时出现的灵感,而这往往变成了他专利的一部分。在寻找下一个灵感时,爱迪生便又主动地进入下一个小憩。詹姆斯·哈特博士认为,睡眠与清醒之间状态是神奇西塔波密集生成的时候。此时,我们与下意识、本能相连接,下意识与本能是一个包罗万象的文件系统,人的这一部分能够走进意识不能走进的多维现实,成为解题高手。②中松义郎的发明比爱迪生还多,拥有3000多项专利,比如软盘、硬盘、电子手表等,是世界上成果最多的发明家。他说他产生创意点子的最好秘诀是"游泳游到累死"。中松义郎经常屏住气息在水下游泳,一直游到极限,这样才可产生大量的创意想法。与此同时,他用所发明的水下有机玻璃即刻记下这些在屏气中产生的想法。詹姆斯·哈特博士解释到,这是因为当身体缺氧后,血液中的二氧化碳上升,此时身体自动做出反应,扩张为大脑供血的颈动脉,颈动脉会让更多的血液流向大脑。经常做这样的训练,颈动脉就会永久扩张,大脑就会持续获取更多的氧气。而富含氧气的大脑是生成阿尔法波的必要条件,在此意识状态中大脑会产生较多的创意。这也可以用来解释为何鲸与海豚的大脑可进化为与人类一样复杂的大脑,要知道鲸与海豚可能是有史以

---

① [古希腊]柏拉图:《柏拉图全集》(上卷),王晓朝译,人民出版社,2018年,第658页。
② [美]詹姆斯·哈特:《超脑智慧:全球顶级脑科学家教你如何开启大脑潜能》,美国生物智能反馈技术研究所译,中国青年出版社,2015年,第10页。

来屏气时间最长的哺乳动物了。① 地中海沿岸的人们一直喜欢海豚，认为它们是聪慧灵性之物，很多原始艺术品中都描绘了海豚的可爱形象。海神波塞冬与战神阿波罗都以海豚为象征代表，神庙德尔斐的希腊语为"delphis"，即为海豚的意思。传说阿波罗变为海豚，把克里特岛人接到了德尔斐，为希腊带来了克里特岛的知识，战胜巨蟒，成为德尔斐的新主人。看来人们不仅崇拜那些善于利用与代表潜意识的人，也喜欢善用潜意识进而进化为较为复杂化大脑的动物。脑洞大开的以色列青年历史学家尤瓦尔·赫拉利著有《人类简史》《未来简史》等气势磅礴的历史丛书，而他把所获得的成就归因为每天两个小时的冥想。在《今日简史》中，尤瓦尔·赫拉利这样描述道：

> 这不是逃离现实，而是接触现实。因为这样一来，我每天至少有两个小时能真正观察现实，另外 22 个小时则是被电子邮件、推文和可爱的小狗短片淹没。如果不是凭借禅修带给我的专注力和清晰的眼界，我不可能写出《人类简史》和《未来简史》。至少对我而言，冥想与科学并不冲突。特别是要了解人类心智的时候，冥想就是另外一种重要的科学工具。②

哈特博士认为做瑜伽和坐禅时，会出现超意识状态，这时会发现高阿尔法活动。在此意识状态中，修行者会专注于内心的喜悦，心境开阔、平和，有无限的创造力。③ 被称为数学界的鬼才的拉马努金只活了 32 岁，然而却独立发明了 3900 个公式和命题。经过后世数学家的不断努力，他的很多公式都被证明是对的，成为当今世界数学界最宝贵的遗产。1976 年，比利时的一位数学家证明了拉马努金的一道公式，因此获得了普利策奖。然而拉马努金的这些成就并非受益于教育，而是来自神秘直觉，当他一觉醒来，就能写出很多没有证明的公式。他的老搭档剑桥大学的数学教授哈代一再追问他是怎么样发现这些神奇难解的公式时，拉马努金终于松口说出他的秘密："是娜玛卡尔女神给的启示。"爱因斯坦说："直觉的大脑是上帝的赋予，而理性的大脑是忠实的奴仆。我们创造了一个赞颂奴仆而忽略天赋的社会。"④ 亚伯拉罕·马斯洛也认为，始发性的

---

① [美] 詹姆斯·哈特：《超脑智慧：全球顶级脑科学家教你如何开启大脑潜能》，美国生物智能反馈技术研究所译，中国青年出版社，2015 年，第 12 页。
② [以] 尤瓦尔·赫拉利：《今日简史：人类命运大议题》，林俊宏译，中信出版社，2018 年，第 304 页。
③ [美] 詹姆斯·哈特：《超脑智慧：全球顶级脑科学家教你如何开启大脑潜能》，美国生物智能反馈技术研究所译，中国青年出版社，2015 年，第 23 页。
④ [美] 詹姆斯·哈特：《超脑智慧：全球顶级脑科学家教你如何开启大脑潜能》，美国生物智能反馈技术研究所译，中国青年出版社，2015 年，第 1 页。

创造性来自无意识，它是新发现、新事物、新思想之源。① 对于潜意识的重要性，印第安巫师熊心（Bear Heart）表达道："我们的心灵有两个层面：一个是意识觉知，紧贴其下的就是你的无意识觉知。无意识曾是打从你出生以来所吸收过的知识的储存处，拥有你有意识觉知所面临问题的解答……"② 一位因纽特老人也有类似的观点，他表示："现代人总说身、心、灵，这个顺序是错误的，先有灵，再用心感受它，最后才是头脑的工作。光有头脑指引工作生活，必定觉得孤独。它只能创造机械，也终将崩坏。"当因纽特人击鼓时，便打开心扉，接收来自意识、宇宙、祖先的信息与指引，再告诉头脑应该如何生活、看待世界等。③ 布须曼人认为螳螂既是神明又是人类，是有超能力的物种，是"梦想中的布须曼人"。在许多古老的岩画上都能看到长着螳螂脑袋的布须曼人。螳螂遇险时首先是把自己隐没到大自然中，以期不被发现。当遇见事情的时候，布须曼人和螳螂一样，不会冲动应对，而是先避一避。他们会"躲起来，睡一觉，去梦见一个解决方式"。布须曼人所谓的睡觉，用现代人的说法就是冥想、思考，直到找到最好的解决方法才现身。他们认为冥思带来的力量远比蛮力强大。

近年来相关科学也对这一现象加以研究。史迪克·戈尔德、霍布森和他们的同事发现，梦境可以促使无关记忆之间的新联系，而事物之间的新联系是创新的关键。比如在 REM（快速眼动睡眠，即梦境发生时）唤醒人们后，他们的联想可能是反传统的，且更容易解决简单的同字母异序词谜语，这是因为 REM 激活了事物之间更遥远的联系，而在非 REM 睡眠被唤醒或清醒状态下，人们的思维则更多的是一本正经。④ 有人曾总结，特别具有创造力的人可能天生偏爱生动的梦境。诸如导演、编剧等职业创意人会最大化地利用梦境的创造力。比如编剧在做项目策划时，他们会在睡梦中将创意过程出现的问题视觉化，在第二天早上便带着一个新的创意醒来。这些职业创意人的梦境回忆几乎是普通民众的两倍。相比之下，无梦境回忆者的创意则十分稀少。⑤

---

① [美] 亚伯拉罕·马斯洛：《人性能达到的境界》，曹晓慧、张向军译，世界图书出版有限公司北京分公司，2018年，第93—95页。
② [美] 熊心、[美] 茉莉·拉肯：《风是我的母亲：一位印第安萨满巫医的传奇与智慧》，郑初英译，橡树林文化，2014年，第210页。
③ 他者 others 编辑整理：《"北极圈之声"：因纽特老人自述》，"他者 others"微信公众号，2020年9月19日。
④ [美] 巴塞尔·范德考克：《身体从未忘记：心理创伤疗愈中的大脑、心智和身体》，李智译，机械工业出版社，2016年，第256页。
⑤ [英] 艾丽斯·罗布：《梦的力量：梦境中的认知洞察与心理治愈力》，王尔笙译，中国人民大学出版社，2020年，第97—98页。

对于无意识，陈兵教授表达道：

> 近十几年来脑科学、神经科学的实验，证明导致诸如移动一根手指之类自愿行为的大脑活动，几乎在意识到需要移动它半秒钟之前就开始了，说明"无意识"在意识之前进行筹划，人像木偶一样受无意识的操纵。无意识处理信息需要半秒，故人的反应不能与事件同步。利用大脑扫描技术对无意识的活动进行观察，发现大脑处理信息的大部分过程是在意识层面下由无意识自动进行的；人的判断可能受到已经存在于无意识中的潜在信息或神经编码的影响，如昏迷中的病人仍然能在无意识中分辨熟人的照片；神经系统在被认为属无意识的大脑皮质下区域产生恐惧、悲伤等情绪；大脑在未意识到的情况下识别文字。当代生理学认为：由大脑垂体分泌的激素物质控制的生物钟，归根结底由人的无意识控制，由起居习惯化而形成。人和动物经过多次强化刺激后形成的条件反射，也应以无意识的作用为依托。无意识还被运用于商业，如所谓"萨尔曼茨隐喻诱引术"（ZMFT），便运用图画发现表达希望等情绪的隐喻，制造信息激发客户的无意识。[①]

基于以上发现，陈兵教授总结道：

> 一般说，人仅仅在5%左右的认知活动中有意识，其余大多数决定、行动、情绪、行为都决定于无意识。从心跳、耳边响起某种旋律、喜欢可口可乐、突然看见蛇胆战心惊、看浪漫电影手出汗，到与配偶结婚、配偶的表情会激起自己的爱欲或怒气、推购物车、驾车转过街角、理解有歧义句子，到决定不伤害一窝小猫等，皆决定于"适应性无意识"。[②]

借鉴于脑科学、神经科学的研究，无意识的重要性也日益彰显。

可以看到，某些艺术作品（包括诗歌与神话）、哲学概念、科学发明、宗教显圣物等常常是发明制造者于潜意识状态中，受其启发而产生的。他们或者是处于柏拉图所说的迷狂、昏迷状态中，或者是在静态的冥想、内省与禅定的状态下，而往往在此时，他们会突破时空阻隔，获得真知灼见，有惊艳的艺术表达与创造发明，与萨满巫师的出神状态相同。接下来，我们将对神话中的出神及人们于其中获得灵知的现象进行考察与分析。有学者指出印度教的瑜伽、道

[①] 陈兵：《佛教心理学》（上），陕西师范大学出版总社，2015年，第72页。
[②] 陈兵：《佛教心理学》（上），陕西师范大学出版总社，2015年，第72页。

教的冥想、佛教的禅等几乎所有的宗教都进入意识变化与医疗的领域,包括深度的集注、平静和平衡等,而这种意识传统最早可能来自萨满教。[1] 因此,虽然像印度教、道教、佛教的修行方式与萨满出神并不完全一致,但是作为意识改变的一种我们也把它们涵盖进出神的范畴,进行比较。

二、潜意识与精神原型

(一)萨满出神现象及表现

民族志等相关材料中有大量关于萨满出神现象的记录。萨满巫师经常于出神状态中,收获知识,知晓奥秘,帮助部族成员。老庄经常描绘于恍惚状态下的悟道体验,也被人猜测为巫师、萨满。《道德经》有言:

> 孔德之容,惟道是从。道之为物,惟恍惟惚。惚兮恍兮,其中有象;恍兮惚兮,其中有物;窈兮冥兮,其中有精。其精甚真,其中有信。自今及古,其名不去,以阅众甫。吾何以知众甫之状哉?以此。[2]

恍惚无形之道是万物存在的依据,恍惚之中有象、有物、有精等一切宝藏,要用心去看。

《庄子》云:

> 视乎冥冥,听乎无声。冥冥之中,独见晓焉;无声之中,独闻和焉。故深之又深而能物焉;神之又神而能精焉。故其与万物接也,至无而供其求,时骋而要其宿,大小、长短、修远。[3]

并附故事说明,黄帝在昆仑遗失宝物玄珠,令众大臣去寻皆没找到,只有代表大道的无心的象罔找到了玄珠。得道之人常常在与道相对应的另一种状态与意识中发现了象征大道的宝物:他们放弃自我中心主义,潜意识在恍惚、梦境、呆滞、昏昏闷闷中接位现形,于无限的时空中排列组合,推陈出新,虚室生白,吉祥止止。萧兵、叶舒宪认为"惟恍惟惚"既是客体之总法则——道的那种超越的、缥缈的、空灵的运动状态,也是体道主体的感受与精神状态,与体道者的参与相关。老子选择从主体感受来反照道之客体属性,使道常常杂糅主、客的双重内涵,看似矛盾,却也表达出主客互渗、主客无间、天人合一的悟道

---

[1] 王恩铭:《美国反正统文化运动:嬉皮士文化研究》,北京大学出版社,2008 年,第一、二章。
[2] 汤漳平、王朝华译注:《老子》,中华书局,2014 年,第 82 页。
[3] 孙海通译注:《庄子》,中华书局,2016 年,第 202 页。

极致。①

著名禅师铃木大拙在论述诸如剑道、插花、茶道、舞蹈、美术等东方艺术时表达了相似的观点：

> 我们注意到这些艺术的最重要的特征之一便是既非单纯出于功利的目的，也不是纯粹为了获得美的享受，而是旨在炼心；确实，旨在使自己的心与终极存在相连接。……首先，大脑必须处于无意识状态。……这种无意识状态只有当一个人摆脱自我，彻底透空，并拥有完美的技巧的时候才能实现……人能思想，却弱如苇草。然而，当其无思无虑之时，即可成其伟业。"如婴儿状态"须长年累月的忘我训练才能达到。一旦达到这种状态，人便会不思而思，其思如阵雨从天而降，如波涛涌过海面，如星辰闪耀星空，如绿叶吐芽于和煦的春风之中。确实，它就是阵雨，就是海洋，就是星辰，就是绿叶。②

也就是庄子所说的官之止而神欲行，心斋、坐忘后的天地悠悠之感。然而这种如婴孩般天真的能力却需要锻炼才能集聚，也就是在我们好不容易长大之后，接下来的任务却是再次成为儿童，以此来练心凝神，神思雨下。无怪乎荣格认为与成人相比，婴孩与潜意识的关系更密切。

一位名叫萨瓦尔·约斯卡·苏斯的匈牙利萨满曾经在老萨满托马斯·巴克斯的门下学习。托马斯·巴克斯常常把他的徒弟带到一棵树下，让他们闭上眼睛，然后让他们有节奏地跳动，同时拍手唱歌，渐渐进入有如胎儿般的意识状态。有时萨瓦尔·约斯卡·苏斯这些人还会进入更深层次，甚至感受到宇宙振动的和谐。老萨满托马斯·巴克斯不解释任何东西，他只是让门徒自己去感受。很久以后，约斯卡才明白，他们所看到的画面是原始意象，是无意识的符号。③

12世纪80年代的威尔士，有一种人被通称为"awenyddion"，意即"有灵感的人"。如果有委托者向他们询问是否应该冒险，他们就会像被神灵附体了一般大吼大叫，说些无意义的词句，但从里面通常可以拼凑出问题的答案。结束的时候，他们必须使劲摇晃身体，以摆脱恍惚状态，而且根本就不记得之前说过的话。他们声称这种能力是在梦中获得的，也是对基督教绝对虔诚的结果，

---

① 萧兵、叶舒宪：《老子的文化解读——性与神话学之研究》，湖北人民出版社，1997年，第382、411—412页。
② [德]欧根·赫里格尔：《学箭悟禅录》，余觉中译，黄山书社，2010年，第9—11页。
③ [比利时] Dirk Gllabel：《匈牙利萨满——萨瓦尔·约斯卡·苏斯简介》，见薛刚主编：《萨满文化研究》（第5辑），民族出版社，2018年，第210页。

因为在预言之前,他们会向圣三一和诸位圣人祷告。①

格萨尔说唱艺人有一类被称为神授艺人,他们自称在童年做过梦,尔后害病,在梦中他们得到故事神、格萨尔大王或史诗中其他战将的旨意,经寺院喇嘛为其开启智门,从此便会说唱《格萨尔》。说唱艺人认为当他们在说唱时,并非本人在说唱,而是降下的故事神或者史诗中的某一英雄的灵魂附在说唱艺人身上,使他们在顷刻间变成那位英雄或者神灵开始说唱。降神以后其表现与原来判若两人。② 热乌仲堪说唱《格萨尔》时,降神于体后,"身体摆动全身发抖,仲夏帽上的羽毛也像雪花一样飘落下来,说到激动时,他的脸通红,脖子上的血管胀了起来,此时,听众害怕艺人讲完《格萨尔》要飞走,就立即煨桑、献哈达,让他慢慢地宁静下来"。③ 有时,说唱艺人在梦中会得到他根本没有学过的知识。说唱艺人扎曲在 12 岁时做了一个梦,梦见有许多部《格萨尔》的书摆放在眼前。他本来只有一年级的文化水平,仅认得一些字母,但是在梦中他却能无师自通地把这些书读下来。醒来后,《格萨尔》的故事就全部装在他的脑子中,不吐不快,经喇嘛为其诵经后,便能够自如地说唱。20 年来,扎曲仍不断做梦,每次做梦都会学习到新的章节,扩大他说唱的范围,至今他已经能够说唱《格萨尔》中的 41 部。④ 锡伯族的萨满郭玉仙病了很长时间,只有接了萨满病才渐渐好转,并拥有了治病的本领。她称自己是在梦中被带到另一个世界学习,那个地方教她治疗手脚方面的伤病和治疗小孩子的病,还有汉字。在这之前她只学习锡伯文,现在却能看汉文了。⑤ 著有《阿赞德人的巫术、神谕和魔法》一书的英国人类学家 E. E. 埃文思-普理查德虽然以最大限度的客观态度对阿赞德人的信仰进行田野调查与书写,但他发现其中仍有些许超出他理性所理解的地方。比如巫医在举行降神会,帮受害者指出实施坏巫术的巫师的时候,会喝一种魔药,跳舞至疯狂的状态,割破舌头并向观众展示,突然在某一个临界点上,巫医头脑处于一片空白,发出一种断断续续、仿佛来自很遥远的梦幻恍惚之音,说出实施坏巫术的巫师的名字。这使普理查德不得不相信巫医是在

---

① [英] 罗纳德·赫顿:《巫师:一部恐惧史》,赵凯、汪纯译,广西师范大学出版社,2020 年,第 124 页。
② 杨恩洪:《民间诗神:格萨尔艺人研究》(增订本),中国社会科学出版社,2017 年,第 69 页。
③ 杨恩洪:《民间诗神:格萨尔艺人研究》(增订本),中国社会科学出版社,2017 年,第 69—70 页。
④ 杨恩洪:《民间诗神:格萨尔艺人研究》(增订本),中国社会科学出版社,2017 年,第 165—166 页。
⑤ 孟慧英:《寻找神秘的萨满世界》,群言出版社,2014 年,第 85 页。

另一种意识——无意识中,靠直觉发现以巫术伤害受害者的那个人。① 德尔斐神庙阿波罗的皮提亚女祭司也是在疯狂或者着魔的状态中发布神谕。在发布神谕时,她有一系列的准备步骤,沐浴、焚烧月桂叶和大麦饼、饮圣水、咀嚼月桂树叶,然后坐在三脚架上,吸入地缝中散发的气体,陷入恍惚。据科学研究发现,月桂叶与地缝中的气体确实容易让皮提亚进入潜意识状态。月桂中的化学成分,能够产生轻微的麻醉效果,此麻醉效果有致幻的功能。此外,德尔斐神庙所处的位置,也恰巧能产生致幻气体。德尔斐位于帕纳索斯山上,被称为世界之脐,中间还有一条裂缝,一直渗透着莫名的气体。地质学家发现,发布神谕的密室被具有麻醉作用的乙烯气体和有致幻作用的乙烷及甲烷气体笼罩,神庙墙壁上提取出的乙烷和甲烷粒子残余以及从神庙附近检测出的少量乙烯都可以证明他们的观点。后来一系列的地质活动使得地壳间的裂缝逐渐闭合,减少了那些气体,人们才不再容易致幻。马来半岛的原住民塞芒-尼格利人信奉萨满教,他们的萨满属于超自然圣灵,在改变意识状态下,接受用于治疗的歌曲,并能从人类的形态变成动物和植物的形态,从而体验动、植物界生物的情感和经验世界。萨满的改变意识状态,在马来语中,被称为"berjalan di dalam mimpi",翻译过来即"在梦中行走"(Walking in dreams)②。因纽特卡里布族(Caribou)一位名叫依格加卡加克的萨满这样描述自己的治病体验:

> 如果有什么事情非常费解,我的独居时间就要延长三天两夜,抑或是三夜两天。在所有的那些时间里,我必须无休止地四处游荡,只能时不时地在一个石头或雪堆上坐坐。当我外出很久,变得十分疲惫时,我几乎可以在打盹时或梦里看到所要寻求的东西,那是我用所有时间一直思考的东西。每天早上,我可以回家并且继续报告我目前所发现的东西。不过,我一说完就必须再次转身离家,进入野外,到我能保持非常孤独状态的地方。在一个人外出探求某种东西的时候,他可以吃一点东西,但并不多。如果一个处在"独居的秘密状态"的萨满,发现一位病人将死,他会赶回家并且守护在那里,以便首先阻止生命的流失。除非有一种可能的治疗方法,否则他必须自始至终留在

---

① [英] E. E. 埃文斯-普里查德:《阿赞德人的巫术、神谕和魔法》,覃俐俐译,商务印书馆,2010 年,第 235—251 页。
② [希腊] 戴安娜·瑞波里:《艺术与自然、自然与艺术的浑然天成——塞芒-尼格利陀人之萨满教关于自然世界的审美观》,见郭淑云、王维双主编:《萨满教与传统艺术:西方萨满教研究文选》,田春燕译,民族出版社,2014 年,第 5—7 页。

野外。从野外孤独游荡回来后的第一个晚上，萨满不能和妻子睡在一起，也不能不穿衣服睡觉，也不能全身躺下，而须以坐姿入睡。①

瑞士人类学家约基克（Zeljko Jokic）于1999年至2000年对委内瑞拉的雅诺玛米人（Yanomami people）的萨满进行了为期一年的人类学田野调查。他不仅近距离观察新萨满的入会仪式，之后还亲身体验了意识转变状态，成了萨满。以下是他在意识改变状态中的体验：

> 我那无形的意识就这样获得了地球和空气的身份，于是我成了弥漫在森林中的风，蜿蜒于树木之间。与此同时，我的身体自我形象开始经历某种结构上的转变。当旧的自我死亡，献祭给 hekura（萨满或者精神——笔者注），新的身体正在成形。一开始我有一种"打开"的感觉，我的耳朵以漏斗状的方式展开，这变成了一种超感官的听觉感知。我开始"听到"远处森林的声音。接着，我觉得我的整个面部结构开始改变形状。值得注意的是，我的眼睛感觉像是深深地陷进眼窝，然后向相反的方向向外扩展。在那一刻，我体验到了一种超感官的"视觉"：一只美洲虎咆哮着从我的胸口跳了出来；它开始在森林里奔跑，我透过它的眼睛看着它。在这段时间里，我自己的眼睛实际上是睁开的，而不是闭上的。然后我假扮成一条蛇，在森林的地板上爬行。最后，我透过一只鸟的眼睛，俯视着森林。接下来，我的下巴"下沉"到喉咙里，收缩，然后又膨胀。我的脖子、胳膊和腿开始伸展并变长。同时，我觉得我的脚趾和手指正在变成爪子。
>
> 在这期间，我也体验到了 hekura 对各种真理、能力和表现方式的直接启示。因此，在身体-意识转变的同时，通过自我反省的心理行为和直接经验，hekura 的宇宙学知识也同步展开。换言之，通过将我的注意力集中在各种问题上，hekura 的知识是通过引导我的注意力集中在各种问题上面揭示给我的。其中一个例子是关于 watoshe（有光的头冠，萨满和灵魂都戴在头上——笔者注）头冠作用的启示。当我在心里问自己这个问题时，答案就变成了一种"通过"（watoshe），看得很远，就像用双筒望远镜看一样的直接体验。我必须强调，在这种情况下，视觉体验与知识的获得直接相关；因此，视觉是一种即时理解

---

① [美] 简·哈利法克斯：《萨满之声：梦幻故事概览》，叶舒宪主译，陕西师范大学出版总社，2019年，第57页。

的形式。①

纳瓦霍人中的萨满拥有抖手的技术：在进行预言时，萨满自动进入一种改变的意识状态并在治疗仪式中呈现出特有的抖动和抽搐。此时，萨满正常的个性被掩盖，并会看到暗示疾病产生的原因和救治方法的各种图像，诸如闪电、圆圈或一个洞等。这些图案都有可能是诊断的暗示或预言，决定着萨满具体需要采用哪种方法对病人进行救治。② 也因此，印第安人把在出神状态中的"颤抖"看作一种与众不同的重要力量或能量，是圣灵所为。人们会说"某某是真的，因为我的颤抖告诉我如此"。③ 一般情况下，萨满预言的内容是对个体或部落群体有害的事件或活动，成功或有利的事情往往不能被预见。

一位帕维欧佐人向人类学家讲述了作为萨满的父亲在帮助他人寻找丢失之物方面的预言：

> 我的父亲（Billy Roberts，住在皮拉米德湖）是一位萨满。他能找到丢失了的或者被偷的东西。人们花钱来让他做这件事。如果有人来找我的父亲并告诉他自己丢了东西。我父亲会让那个人第二天再来，他总要先睡一觉。那一晚父亲的萨满力会告诉他丢失的物品现在在什么地方。如果东西是偷走的，萨满力会告诉他谁是那个小偷。④

人们认为萨满在出神状态中所沟通的灵性力量可以使得他们洞察过去与未来，这个过程被称为占卜。占卜英文为 divination，来自拉丁语 divus（神）和 divinare（预测），即交给神来预测。哈利法克斯这样描述拥有出神本领的萨满：

> 他们（萨满）与神祇和精灵的世界进行沟通。当飞向超自然王国的时候，他们可以把自己的身体留下。他们是诗人和歌唱家。他们可以起舞，可以创作艺术作品。他们不仅是灵魂的领袖，而且是法官和政治家，堪称是历史文化知识的信息库，不论这些知识是宗教的还是世俗的。他们熟知宇宙和自然地理，动植物的生活方式以及自然环境。他们是心理学家，表演家和食物的发现者。总之，萨满是神圣事物的

---

① Z. Jokic,"Yanomami Shamanic Initiation: The Meaning of Death and Postmortem Consciousness in Transformation", *Anthropology of Consciousness*, 2008, 19(1): 48-49.
② 李楠：《北美印第安人萨满文化研究》，社会科学文献出版社，2019 年，第 167 页。
③ [英] I. M. 刘易斯：《中心与边缘：萨满教的社会人类学研究》，郑文译，社会科学文献出版社，2019 年，第 22—23 页。
④ 转引自李楠：《北美印第安人萨满文化研究》，社会科学文献出版社，2019 年，第 167—168 页。

技师和出神状态的掌控者。①

高有鹏对巫师解读道:

  在远古社会漫长的岁月中，巫的出现是划时代的一件大事，对于文明的发生和发展，都是至关重要的。巫作为原始人与神灵对话的使者，成为氏族的精神支柱，思想文化的集大成者。从许多史料中可以看到，无论是法律、文字、天文、历算、医学，还是绘画、歌曲、舞蹈、戏曲，巫不但是这些文化、科学的创造者，而且也是传承者和传播者。在以祖先崇拜等原始信仰为主要内容的庙会中，巫促成了庙会的神庙制度系统化、制度化，即巫成为人们政治、经济、军事、文化、道德、哲学、法律、信仰等广泛内容的指导者——人们每当举行大的活动之前，都要讨问巫，让巫做出决定。在《尚书》、甲骨文辞等材料中，占卜的内容尤其多，其主要原因就在这里。作为神使意义的巫，无论是其职业还是其意识，在今天许多古庙会上都存在着，并且还深深地影响到庙会文化的具体内容。②

为了能够理解萨满巫师在另一重意识状态的经历，超个人心理学家们针对人类学家的研究还提出了一个新概念，即超个人人类学。在大多数情况下，人类学家对于萨满巫师的经历只是单纯地记录，并试图在自己的文化语境中去理解他们的世界观，这往往导致彼此间的错位，使研究者错失了解该经验文化现象的意识层面。人类学家任凭萨满巫师众口一词，却真假难辨，无法以自己的经验对其说辞产生真切的理解。超个人人类学家的出现试图改变这一人类学研究的传统范式。此概念鼓励人类学家以足够的洞识和勇气，来进入多重实相的直接经验，用当地文化的诠释方法，以第一手的方式描述他们的现象学。此时，人类学家们要去学习如何从一种意识层面转换到其他意识层面，他们可能会亲自参加"附身仪式"，成为萨满的门徒，在恍惚状态中寻求指引。从这个角度来看，超个人人类学家可谓是马林诺夫斯基所创建的"参与者观察"（participant observation）这一调研方法的延伸。"参与者观察"以科学和实证主义的态度为基础，偏好用口述的田野方式，强调独立观察的中立性，尽量减少对所研究文化的干扰和打扰。超个人人类学家试图通过参与萨满事件来获得某种"参与者

---

① [美] 简·哈利法克斯:《萨满之声：梦幻故事概览》，叶舒宪主译，陕西师范大学出版总社，2019年，第2页。

② 高有鹏:《庙会与中国文化》，人民出版社，2008年，第128页。

理解"(participant comprehension),哈纳又称之为"彻底地参与"(radical participation)。① 从"参与者观察"到"参与者理解""彻底地参与",方法上不再单纯依靠非被动的观察与访谈,而是更加强调主体积极地参与仪式活动来检验他者文化的有效性、可靠性,以发现主体与他者文化的"相同",而非相反。简单来说,他们认为,如果不成为萨满就无法理解萨满的世界。当然,并不是每个人类学家都适合成为超个人人类学家。超个人人类学家必须有强壮、弹性的自我结构。这样,面对新奇的经验时不至于使人类学家的自我受到严重的伤害,令原世界观分崩离析。成为超个人人类学家并不是要求他们抛弃以前的思维模式,而是要求他们既有高度抽象的思考能力,保持科学家的态度,同时又能完全投入多层面的探索,进而构建出结合神经认知学、心理学和跨文化的精微理论,以解释超个人经验的本质。当发展到一定程度时,超个人人类学家们甚至可成为巫师或者医学与临床心理学医师来帮助、指导那些有需要的人。② 之前介绍的体验萨满意识状态的瑞士人类学家约基克、新萨满教之父哈纳、卡斯塔尼达等无疑属于超个人人类学家之列。美国人类学家伊迪丝·特纳也表达了相似的观点,她认为应当摆脱先入为主学术性的世界观,学会与原住民文化知情人一样看待神灵,才能够对一些所谓的神秘现象有更充分、更恰当与更深刻的理解。她说道:

> 此后,我知道了非洲人是对的,是有一个神灵,而不是什么隐喻和象征在实施迫害,当然不是萨满有心理问题。我开始明白,人类学家在他们以善意为借口所参加的那些仪式中犯过很多对土著人自身体验进行贬损的错误。他们可能获得了有价值的材料,但是却用了错误的范式,即实证主义者的否定态度。

> 要在仪式中达到顶端的体验,使自己完全沉浸在其中是完全必要的。对我而言,"入乡随俗"使我获得了转向完全不同的、不同于学术性的世界观的突破,并由此收集到了还需有无法获取的信息……

> 神灵仪式一再地举行,土著诠释者也一再试图解释神灵是在场的,

---

① Andrei A. Znamenski, *The Beauty of the Primitive: Shamanism and the Western Imagination*, Oxford: Oxford University Press, Inc, 2007, p.212.
② [加]杰里查尔斯·拉夫林、[加]约翰·麦克曼诺斯、[加]琼恩·希勒:《超个人人类学》,见[美]沃什、[美]方恩主编:《超越自我之道》,胡因梦、易之新译,中华工商联合出版社,2013年,第231—236页;Z. Jokic, "Yanomami Shamanic Initiation: The Meaning of Death and Postmortem Consciousness in Transformation", *Anthropology of Consciousness*, 2008, 19(1): 35-36.

而且神灵仪式就是他们文化的核心事件。对此,人类学家有不同的解释。在人类学家和他或她的研究课题之间好像有一种力场,一种宗教式的冷淡,这让他或她无法接近自己的研究对象。我们这些人类学家需要训练自己,使自己能看见土著人所看见的东西。①

萨满在鄂温克语言里是"什么都知道"②,科利亚克萨满的名字是恩恩阿来(enenalan),其含义为一个"被神灵激发的人"③,二者合起来便是,被潜意识神灵激发的人,什么都知道。富育光先生认为,Saman 的词根 sa 或 sar 在满族、赫哲族、锡伯族、鄂伦春族、鄂温克族等通古斯语系各族中均为"知道""知晓"之意。④ 鄂温克族的萨满纽拉曾表达,知道的"知"不同于智慧的"智"。"智"是经过头脑考虑的结果,"知"是与神灵直接沟通而得到的神谕,这是有区别的。⑤

萨满往往会在潜意识中与神圣沟通,借此了解天地间的一切知识。达斡尔族大萨满斯琴掛佩戴一切护神之首阿巴嘎拉岱(Abagaladai)面具,以召请它护身时吟唱道:

> 青铜制造的,
> 熠熠发光的曼妙的面具啊!
> 棕红色的阿巴嘎拉岱,
> 九天赏赐的阿巴嘎拉岱!
> 棕红色阿巴嘎拉岱啊,
> 请增强我的力量!
> 九太神恩赐给我们的阿巴嘎拉岱,
> 主神赏赐给我们的阿巴嘎拉岱,
> 皇天赋予我们的阿巴嘎拉岱,
> 欲依有所依,欲靠有所靠,

---

① [美] 伊迪丝·特纳:《训练自己,使自己能看见土著人看见的事物》,见 [加] 杰里米·纳尔贝、[英] 弗朗西斯·赫胥黎主编:《穿越时光的萨满:通往知识的五百年之旅》,苑杰译,社会科学文献出版社,2017年,第215—217页。

② 孟慧英:《寻找神秘的萨满世界》,群言出版社,2014年,第132页。

③ [美] 米尔恰·伊利亚德:《萨满教:古老的入迷术》,段满福译,社会科学文献出版社,2018年,第251页。

④ 富育光:《萨满教与神话》,辽宁大学出版社,1990年,第2—3页。

⑤ 孟盛彬:《萨满文化知情人孟和先生访谈录》,见薛刚主编:《萨满文化研究》(第4辑),民族出版社,2015年,第211页。

图 2-6 佩戴阿巴嘎拉岱面具的斯琴掛萨满

骁勇无比的阿巴嘎拉岱
你是造就我一生智能的神灵！①

从斯琴掛萨满的吟唱中可知，阿巴嘎拉岱神灵是她一生智能的来源。这与柏拉图的见解十分相似。柏拉图认为，唯有纯粹、不朽的灵魂才能理解智慧，灵魂就是智慧。

萨满出神时有两点值得关注，一是萨满体内的火光，一是萨满的眼睛，这使得他们在黑暗恍惚中得以看见，收获启示。有时候，萨满能够感觉到有一种光在他体内、在他大脑里，就像火光一样给予他力量，使他的灵魂能够照明，让他能够闭上眼睛看清楚黑暗、隐藏的东西或预见到未来，甚至发现他人的秘密。据说，当萨满说话或者唱歌的时候，或者当他解释自己或他人的幻觉体验的时候，他所拥有的超自然界的冷光就会显现出来。如果一位萨满的解释对听众来说仍比较模糊，那么人们就会说："他的灵魂没有燃烧，也没有闪耀，他的灵魂还没有显现出来。"② 因纽特人的伊古卢里克族（Iglulik）萨满具有灵视能

---

① 吕萍、邱时遇：《达斡尔族萨满文化传承：斯琴掛和她的弟子们》，辽宁民族出版社，2009 年，第 63—64 页。
② [加] 杰里米·纳尔贝、[英] 弗朗西斯·赫胥黎主编：《穿越时光的萨满：通往知识的五百年之旅》，苑杰译，社会科学文献出版社，2017 年，第 178 页。

力,他们把光或光启叫作夸满伊克(qaumanEq),称这种光启使他得以在黑暗中也能看见,可感知他人看不见的和即将发生的事物。阿晤瓦(Aua)是一位伊古卢里克族的萨满,他这样描述自己的光启经验:

> ……我透过他人的协助,努力成为一个萨满;但这种方法还是不成功。我拜访了许多著名的萨满,送他们大礼……我独处,结果反而更沮丧。有时候我倒地大哭,无缘无故变得不快乐。然后,不知为何,一切突然转变了,我感受到一股难以形容的强大喜悦,那喜悦强大到我无法控制,忍不住爆发成一首歌,一首强劲有力的歌,而且只能唱出两个字:喜悦!喜悦!我使劲全力高歌。然后,在这么突发的奥妙且完全淹没我的欣喜状态中,我变成一名萨满,我不知道是怎么回事。但我已经是名萨满。我能以全然不同的方式去听、去看,我得到了夸满伊克,得到了我的光启,也得到我脑袋和身体的萨满之光;而且,在这个状态中,我不但可以看穿生命的黑暗,也看见光从我身体散发出来,人类察觉不到它,但地球上、天上和海洋中的所有灵性存有都看得到,如今这些灵性存有来到我面前,成为我的灵性帮手。[①]

希瓦洛族也有同样的观点。他们认为萨满是散发着光的人,尤其是"顶放光明",也就是头顶上有一个光环。这个光环是多彩的,只有在喝下致幻剂转换意识之后才会形成,而且只有处于类似意识状态的萨满才能看见。[②] 内心之光与火的体验也成为一些部落萨满入选的标准之一。萨满有时也被翻译成"燃烧,着火"。这既指的是萨满对内部火的掌握,也指萨满巫师在出神状态下灵感狂热的表现。[③] 这种"光"与"火",在神秘主义者的语录中又被称为来自"精神之眼"中的"灵知",借助于此,萨满可以看到凡人看不到的东西。

在尼泊尔的塔芒萨满教文化中,萨满巫师要经历由"天然幻觉"到"清晰幻觉"的转变。赫拉尔阿迪-多尔马托夫也发现,在哥伦比亚的图卡诺中,萨满巫师能有清楚的和有意义的幻觉很重要。他们的视觉不能变模糊,听觉必须敏锐。更确切地说,在出神状态时,他必须能清楚分辨头脑中出现的图像,并能领悟对他讲话的超自然的声音。无疑,这种能力大部分是萨满巫师经过了多

---

① [美]麦可·哈纳:《萨满之路:进入意识的时空旅行,迎接全新的身心转化》,达娃译,新星球出版社,2014年,第71页。
② [美]麦可·哈纳:《萨满之路:进入意识的时空旅行,迎接全新的身心转化》,达娃译,新星球出版社,2014年,第72页。
③ Christina Pratt, *An Encyclopedia of Shamanism*, New York: The Rosen Publishing Group, Inc, 2007, p. xxi.

年练习才获得的。但是，据说有些萨满巫师在很小的时候就已经可辨别了。理查德·诺尔认为，通过训练提高心象的清晰度的一个普遍象征是萨满巫师眼睛的变化，或者是"内心的""精神之眼"的发展。① 在知觉改变的状态中，通过心灵与精神之眼的训练，萨满在幻象中看到秘密与知识，并用心理幻象实施治疗。据澳大利亚人类学家阿道弗斯·彼得·埃尔金介绍，外来者很怕萨满的眼睛，那双眼睛全知、深邃且安详，透着精明之光和具有洞察力，似乎能够看穿一切的秘密。② 在霍皮人的语言中萨满往往与表示"眼睛"的词相关，可被理解为"能够看到的人"或"有一只眼睛的人"，萨满预言所使用的法器水晶即有"萨满的第三只眼睛"的含义。历史上，所有的霍皮人萨满一度都要加入被称为"眼睛团体"的萨满团体。因此，预言以及与预言相关的疾病诊断和治疗往往被视为霍皮人萨满的主要功能。③ 东方的灵性传统中，也有对"第三眼"的描述。比如二郎神在双眼中间的"千里眼"；澳洲原住民也有"力眼"（strong eye），同样位于额头中央。跨文化中的萨满都认为白水晶具有强大的能量与威力，可以帮助萨满看见。有时，白水晶会被压入额头中央位置，帮助初学萨满以萨满的方式看得更清楚。在更早的时候，美洲帕维欧佐族（Paviotso）萨满，会带着白水晶进行洞穴力学追寻仪式，这是为了接下来能够"看穿任何事物"。④ 澳洲的威拉杰瑞族（Wiradjeri）会将水晶放到水里喝下，使一个人能够"看见灵魂"。澳洲原住民旅行到上部世界时，有时灵性存有导师拜雅玛会将白水晶"唱入"旅行者的前额，"好让他能够看穿事物"。⑤ 澳大利亚原住居民中的心象训练包括对"厉害的眼睛"的开发。埃尔金说："'聪明的人'拥有能被刻苦训练的一种重要才能，是'厉害的眼睛'……拥有'厉害的眼睛'，就是拥有看到神灵，看到活着的人和死去的人的才能。"伯格拉斯在他的著作《楚克奇人》中说："萨满巫师的眼睛，是不同于其他人的，人们认为说萨满巫师的眼睛非常明

---

① [美] 理查德·诺尔：《作为一种文化现象的心象培养：谈表象在萨满教中的作用》，见郭淑云、沈占春主编：《域外萨满学文集》，学苑出版社，2010 年，第 102—103 页。

② [澳] 阿道弗斯·彼得·埃尔金：《土著医生是杰出的人》，见 [加] 杰里米·纳尔贝、[英] 弗朗西斯·赫胥黎主编：《穿越时光的萨满：通往知识的五百年之旅》，苑杰译，社会科学文献出版社，2017 年，第 92 页。

③ 李楠：《北美印第安人萨满文化研究》，社会科学文献出版社，2019 年，第 151 页。

④ [美] 麦可·哈纳：《萨满与另一个世界的相遇：从洞穴进入宇宙的意识历程》，达娃译，新星球出版社，2016 年，第 87 页。

⑤ [美] 麦可·哈纳：《萨满与另一个世界的相遇：从洞穴进入宇宙的意识历程》，达娃译，新星球出版社，2016 年，第 275 页。

亮，给了他们在黑暗中看见'神灵'的能力。"① 亚马孙流域上游的马希跟卡（Matsigenka）印第安人将萨满称为"看得见的人"。② 萨满能看穿一切的特殊双眼似乎与加入式仪式的相关操作有关。阿范-萨摩耶德族的准萨满在成为萨满的仪式中，入幻人物"铁匠"会更换准萨满的眼睛。因此准萨满成为萨满后，"不用原生的眼睛，而是用神灵的眼睛去观察"③。婆罗洲的季亚克族准萨满的加入式仪式中，老萨满会将金粉洒在准萨满的眼睛中，"让他拥有足够敏锐有力的眼力，使他能够看到任何地方游荡的灵魂"④。

赵志忠认为，Saman 一词由满语词根 sam 加上词缀 -an 组成。与 Saman 一词最为接近的词有两个：一是 sambi（知道），一是 sabumbi（看见）。从构词上看，sabumbi（看见）是从 sambi（知道）一词变化而来，是 sambi 的使动形式。从词义上看，"知道"与"看见"这两个词的含义也有相同之处——只有"看见"才会"知道"。⑤ 迈克尔·哈纳认为，"灵视"（seeing）是萨满及萨满旅程的重要面向，英语中的"先知"（seer）即可能所指古欧洲时期那些身为"视者"（see-er）的萨满。⑥ 伊格鲁力克因纽特人中，想要成为萨满的人必须得向萨满发誓："我走进你是因为我想看见。"⑦ 当然，优秀的萨满在出神状态中不仅能看得见，也能听到、闻到、触摸到、感受到。

巫师、萨满乃至超个人人类学家常常是在意识改变状态下，也就是潜意识下发生人格的转变，远离我们所居住的中部世界，在纯粹的灵性领域，比如上部世界、下部世界等，用心灵之眼看见各种幻象，经历与以神形象显现的深层心理的一番交往，以此收获来自潜意识的神秘知识，作为神圣与世俗的媒介履行群体要求。这也就我们所说的出神。内华达州的帕维欧族认为不能进入出神状态的萨满也可以通过召唤力量来帮助看病，但与能够出神召唤力量的萨满相

---

① [美]理查德·诺尔：《作为一种文化现象的心象培养：谈表象在萨满教中的作用》，见郭淑云、沈占春主编：《域外萨满学文集》，学苑出版社，2010 年，第 103 页。
② [美]麦可·哈纳：《萨满与另一个世界的相遇：从洞穴进入宇宙的意识旅程》，达娃译，新星球出版社，2016 年，第 86 页。
③ [美]米尔恰·伊利亚德：《萨满教：古老的入迷术》，段满福译，社会科学文献出版社，2018 年，第 40 页。
④ [美]米尔恰·伊利亚德：《萨满教：古老的入迷术》，段满福译，社会科学文献出版社，2018 年，第 56 页。
⑤ 赵志忠：《"萨满"词考》，载《中央民族大学学报》（哲学社会科学版）2002 年第 3 期，第 141 页。
⑥ [美]麦可·哈纳：《萨满与另一个世界的相遇：从洞穴进入宇宙的意识旅程》，达娃译，新星球出版社，2016 年，第 86 页。
⑦ 曲枫：《身体的宗教——萨满教身体现象学探析》，见郭淑云、薛刚主编：《萨满文化研究》（第 3 辑），民族出版社，2013 年，第 41 页。

比，他们的能力要弱一些。① 达斡尔族的巴格其、斡托西、巴日西、巴列沁等也有治病、祭祀的功能，但他们不能进入神灵附体的状态，没有扎瓦（萨满神服），因此，他们不是萨满。对达斡尔族来讲，"神灵附体"是成为萨满的重要标志。② 不能附体的祭祀者往往职能单一，有时仅作为萨满的助手存在。相比之下，达斡尔族萨满涉猎的范围更广、能力更大。我国满族，萨满跳神可分为跳家神（家祭）和跳野神（野祭），也就有了家萨满和野萨满之分。前者又称氏族萨满，后者也称安巴萨满（安巴在满语中意为"大"）。两者区别在于，前者主持氏族的祖先祭祀，以击鼓、歌舞和祝祷为主要内容，没有降神附体表演。后者主持动物神等自然神祭祀，以击鼓、歌舞为降神手段，具备附体的技能。③ 当野萨满被附体时，其助手栽利④会继续与附在萨满体内的灵继续交流。一个宗族既可以举行家祭，也可以举行野祭，不同之处在于，萨满助手栽利，可以充当家萨满的角色，举行不需要出神技能的家祭。这些家萨满与萨满助手通常是由宗族会议选举出来的。而野萨满通常是由已逝萨满的灵魂选中的，更具特殊性。⑤ 可见出神体验是萨满文化中的关键环节，它常常是萨满仪式的高潮与仪式成功的标志。在漫长的萨满仪式中，除了开始与结束，出神环节绝对也成为那些人类学家的大型围观现场。郭淑云认为"萨满通神构成萨满教的本质"⑥。伊利亚德则认为"萨满教＝入迷术"⑦。围绕出神的萨满现象，形成了萨满教信仰。从地方意义上讲，萨满教是产生并流行于北亚通古斯人中的原始宗教和普遍信仰，但鉴于世界各地普遍存在着类似于出神的萨满现象，因而从广泛学术意义上来讲，萨满教就包括世界各地散在的类似东西。⑧ 萨满文化是一种世界范围的宗教文化，与中国历史有深厚的渊源。中国北方少数民族信仰萨满文化由来已久。早在宋代的《三朝北盟会编》中就有关于"萨满"一词的记载，它是我国

---

① ［美］威拉德·Z. 帕克：《帕维欧族萨满教》，李楠译，见廖旸主编：《宗教信仰与民族文化》（第4辑），社会科学文献出版社，2012年，第472页。
② 丁石庆、赛音塔娜编著：《达斡尔族萨满文化遗存调查》，民族出版社，2011年，第226页。
③ 曲枫：《萨满教与边疆：边疆文化属性的再认识》，载《云南社会科学》2020年第5期，第125页。
④ 栽利是萨满的助手，他在同萨满的问答过程中，只起传达、解释神灵的旨意和代表病者家属向神灵探寻、了解彼岸奥秘的双向交流的桥梁作用。
⑤ Feng Qu, "Two Faces of the Manchu Shaman: 'Participatory Observation' in Western and Chinese Contexts", *Religions*, 2018, 9(12): 388.
⑥ 郭淑云：《中国北方民族萨满出神现象研究》，民族出版社，2007年，引言第1页。
⑦ ［美］米尔恰·伊利亚德：《萨满教：古老的入迷术》，段满福译，社会科学文献出版社，2018年，第2页。
⑧ ［日］赤松智诚、［日］秋叶隆：《萨满教的意义与起源》，见吉林省民族研究所编：《萨满教文化研究》（第2辑），天津古籍出版社，1990年，第36页。

满族先人女真族用于专称"女萨满"的语言,原文记作"珊蛮",智者之意。萨满文化信仰在我国北方民族中始终未曾中断。至今,萨满信仰活动还不同程度地在满族、蒙古族、锡伯族、赫哲族、鄂伦春族、鄂温克族、达斡尔族、维吾尔族、哈萨克族、柯尔克孜族、朝鲜族等北方边疆民族的民俗生活中上演。① 因此,赵志忠称:"中国是世界萨满文化圈的中心。"②

广州的萨满举行治愈降神会时,进入恍惚状态,身体开始摇晃,体温下降——这都是灵魂附体的迹象。③ 亚瓦纳瓦人(Yawanawa)的灵性指导师 Hushahu称:"接收到灵时,身体是有感受的,我们的族人皮肤会感到冰凉。这个世界上有多种多样的灵性信仰,感受也不同,但它们都同样无法被触及,只能被感知。"④ 大致来说,出神常常包含两种表现形式:一是脱魂(ecstasy)——灵魂出游至他界与附体(possession);二是神灵附着于人体。虽然脱魂与附体时,萨满的意识状态都发生了不同程度的改变,但是二者的表现形式却迥异。如郭淑云所总结的:当灵魂附体时,是一种"来"的形式,萨满呈现一种亢奋的精神状态,表现出超人的技能,所谓萨满的疯癫、迷狂、歇斯底里等表象都是在这种状态下体现的;而当脱魂时,是一种"去"的形式,萨满的表征则与附体时恰巧相反。此时,萨满的生命机能减少到一个反常的最低限度,陷入一种似昏睡状态,恍惚若梦。⑤ 有时,附体和脱魂是联系在一起的。精灵先进入他的身体,然后就带着他的灵魂到超自然的世界之中去。⑥ 事实上,萨满们在出神时的表现方式是多种多样的。如同罗纳德·赫顿总结的:

> 但即便在同一个社群或家族中,每个萨满进行表演的方式都大不相同。有的萨满让人感到亲切、悲伤,发人深省;有的则看起来凶恶、癫狂,让旁观者感到恐惧。有的萨满指派自己的灵体出窍,完成所需要的任务;有的则让灵体进入身体,用传统灵媒的方式被附身,变成灵体的传声筒;还有的则与他们所求助的对象进行对话,从中获得信息。在表演中,一些萨满全程保持清醒和活跃;而另一些则倒下继而

---

① 色音:《中国萨满教现状与发展态势》,载《西北民族研究》2015 年第 1 期,第 63—78 页。
② 赵志忠:《序言》,见奇车山:《衰落的通天树:新疆锡伯族萨满文化遗存调查》,民族出版社,2011 年,第 2 页。
③ [美] 波特:《广东的萨满信仰》,见 [美] 武雅士:《中国社会中的宗教与仪式》,彭泽安、绍铁峰译,江苏人民出版社,2014 年,第 226 页。
④ 他者 others 编辑整理:《接收到灵时,身体是有感受的》,"他者 others"微信公众号,2021 年 6 月 12 日。
⑤ 郭淑云:《萨满出神术及相关术语界定》,载《世界宗教研究》2009 年第 1 期,第 97 页。
⑥ 孟慧英:《论原始信仰与萨满文化》,中国社会科学出版社,2014 年,第 241 页。

在大部分时间内躺着一动不动,似乎陷入昏迷。①

伊利亚德用 ecstasy 一词来表现萨满在进行灵魂飞翔时的身体状态。ecstasy 特指人灵魂出体,在汉语中有"脱魂""出神""精神昏迷"等多种译法。批评者认为伊利亚德仅把脱魂视作萨满教的本质,而对附体现象的重要性未予以重视,不免失之偏颇。因此有些学者对这一术语并不认同,他们更喜欢使用心理色彩较浓重的 trance 一词来表示出神。此外,法国音乐史学家吉尔伯特·罗格特(Gilbert Rouget)认为,ecstasy 与 trance 两者表示的含义并不一致:前者多与静态有关,而后者为动态并伴有声音和动作。鉴于此,美国精神病学家阿诺德·路德维希(Arnold Ludwig)于 20 世纪 60 年代建议使用纯心理学术语 Altered States of Consciousness(ASC)来表达萨满出神状态,以避免争议。ASC 表示的是不同于平常意识状态的各种意识状态,在不同语境中常常有不同的翻译,比如超意识状态、转换意识状态、潜意识状态、不同寻常的意识状态等,但是表达的含义却是一样的。此后,ASC 这一术语迅速为研究萨满教的学者所接受。但是美国心理人类学家迈克尔·哈纳(Michal Harner)却认为 ASC 概念涵盖太广,既包括萨满的出神状态,也包括通过其他方式,如瑜伽、药物等达到的意识改变状态。此外,哈纳还表示,ASC 与 trance 一样,在西方文化中,有"无意识状态"的含义,因此建议应将萨满出神称为萨满意识状态,即 Shamanic States of Consciousness(SSC),以示意识的变化,而不是意识的丧失。F. D. 戈德曼进一步明确为"religious or ritual state of consciousness"(宗教或仪式意识),以此来说明萨满有别于常人的意识和心理学、精神病学意义上的非常意识状态,而具有特殊的意识状态。然而,在具体的学术实践中,大多数学者仍然沿用 ASC 而不是 SSC。② 意识改变状态(ASC)涵盖了萨满脱魂和附体状态下的异常意识状态。A. M. 路德维格还提出了意识变异状态的十个特征:

1. 思维改变:原始性思维占优势;不能进行有指向性的注意。
2. 时间知觉改变:加速、减慢或停滞(无时间感)。3. 丧失自我控制感。4. 随着自我控制感丧失的出现,出现强烈情绪,可从幸福、极乐、狂喜、销魂直至恐惧或深度忧郁。5. 躯体感觉、形体感改变:身

---

① [英]罗纳德·赫顿:《巫师:一部恐惧史》,赵凯、汪纯译,广西师范大学出版社,2020 年,第 131 页。
② 曲枫:《何为萨满与萨满何为》,见薛刚主编:《萨满文化研究》(第 4 辑),民族出版社,2015 年,第 5—7 页;郭淑云:《萨满出神术及相关术语界定》,载《世界宗教研究》2009 年第 1 期,第 92—93 页;[日]佐佐木宏干:《"新萨满教"学说的问题点》,见白庚胜、郎樱主编:《萨满文化解读》,吉林人民出版社,2003 年,第 5 页。

体和外界的界限消失,身体的各部分变形、消融,身体提升、移位、化解,可引起强烈恐惧。6. 感知觉变化:视觉系统较明显,如幻觉、错觉、假性幻觉、联觉现象。7. "意义"体验改变;正常情形状态下很少或根本不会察觉的事物或关系,会被赋予重大的意义;"顿悟"体验。8. 对各种强烈体验有"不可言说"、"不可名状"感。9. 再生或脱胎换骨体验。10. 高度暗示性:由于失去习惯了的恒常性,出现不确定感。构建性的,似乎能起支撑、稳定作用的体验或信息特别容易乘虚而入。①

萨满的出神状态是一种超时空深层次心理状态,被视为精神原型,与荣格的观点相似。于是,萨满教学者又重新拾起、审视、应用荣格理论。荣格从无人问津的神秘家跃升为发现人类内在世界的哥伦布。萨满也经历了相似的转变。在中世纪,萨满被称为"魔鬼的主人";理性启蒙时期,萨满又被视为"骗子的伎俩";而到现在,萨满与萨满教以改头换面的姿态又开始复兴。自20世纪70年代以来,对萨满的心理学与治疗学研究基本主宰了美国萨满教研究领域。一些人类学家和心理学家开始将萨满教与拓展人类潜能的心理学结合起来,将萨满教看作原初的自我实现方式,萨满之路是一条重要的精神之路,而萨满则可能是最早对人类精神与心灵进行探索的人,他们是与精神世界及精神力联系密切的人。不同的文化用不同的词汇描述此精神与超自然力,毛利人和美拉尼西亚人称为玛纳(mana),易洛魁人称为奥伦达(orenda)或奥基(oki),苏人称为瓦坎(wakan),阿萨帕斯卡人称为科恩(coen),特林吉特人称为约克(yokby),阿尔冈琴人称为曼尼图(manitouby)②,因纽特人称为阿尼尼克(anirniq,意为呼吸,类似灵魂)③,非洲布须曼人、昆人称为嗯唔(n/um)。人类学家卢克·拉斯特具体将超自然力分为两种:一种是非人格化形式,如作为纯粹能量的嗯唔(n/um)④,这被称为泛生论(animatism);还有一种是非常人格化的形

---

① 转引自邓启耀:《中国巫蛊考察》,上海文艺出版社,1999年,第316页。
② Christina Pratt, *An Encyclopedia of Shamanism*, New York: The Rosen Publishing Group, Inc, 2007, p. viii.
③ [美]威廉·A. 哈维兰、[美]哈拉尔德·E. L. 普林斯、[美]达纳·沃尔拉斯等:《人类学:人类的挑战》,周云水、陈祥、雷蕾等译,电子工业出版社,2018年,第578页。
④ 这种非人格化的能量常是人格化的神灵所赋予的。如萨满努尔古丽森说:"我不是后天习得的,我很早就知道我身体里有某种能量。你刚才看见我手拿神鞭的样子,一会又忽然做出动物的形态,那都是神灵的指引。"参见韶声:《从新疆到内蒙古,寻找这个时代的萨满》,"Life and Arts集锦"微信公众号,2021年12月1日。

式，如祖先灵等，它则被称为泛灵论（animism）。① 然而所有的这些词都无法真正翻译出精神的真正所指。在萨满的世界里，这种生命力般的精神、力量、能量、灵性是万物所固有的，精神连接了所有的事物。萨满的帮助和治疗能力也来源于此，因此，精神与拥有精神者备受推崇。萨满是应用精神、理解精神、控制精神的人，他们还没有失去玛纳，与旁人相比，在和超自然交涉方面更胜一筹。也因为萨满的这种神圣性，人们通常赋予他们一种社会属性。萨满作为社会安康之体，上通下达，在超自然与人类世界来回沟通，维持彼此间的和谐与平衡。这种来自心灵另一侧的精神十分重要，却因种种原因一再被人们排斥在外，也不甚理解。英国人类学家雷格汉姆·汤斯利通过对亚米尼华人萨满的考察直接表述道：

> 不能用显然是建构出来的信仰、象征和意义来定义亚米尼华萨满教。它并非是已知的知识和事实体系，而是一整套求知技术的集合；也并非是已经被建构出来的话语体系，而是用以建构话语的方式。②

萨满与萨满教是一种开放式的求知技术，是未知而非已知。其知识与求知体系很可能是未来建构新话语与新知识的重要证据和资料，呼吁人们保持某种"未知心"继续探索，以革新认知。一位生活在萨满传统的人告诉我，萨满出神无法证实，但也不能证伪，量子力学证明了一点，但也不是全部。萨满或许不是我们这个时代所能理解的，至少不是科学语言所理解的。

（二）出神技巧

为了尽快进入出神状态，出神大师们还发明了一系列技巧，像为我们所熟知的瑜伽、禅定、观想、诵经、祈祷、凝视火焰等冥想修行方法。此外，一些萨满还通过禁食、流汗、沐浴、按摩、香薰、呕吐等方式使自己身体获得洁净，以此吸引、迎接超自然力的降临。如《九歌·云中君》云：

> 浴兰汤兮沐芳，
> 华采衣兮若英。
> 灵连蜷兮既留，
> 烂昭昭兮未央。③

---

① [美] 卢克·拉斯特：《人类学的邀请：认识自我和他者》，王媛译，北京大学出版社，2021年，第218页。
② [英] 格雷汉姆·汤斯利：《"扭曲的语言"作为学习的技术》，见 [加] 杰里米·纳尔贝、[英] 弗朗西斯·赫胥黎主编：《穿越时光的萨满：通往知识的五百年之旅》，苑杰译，社会科学文献出版社，2017年，第218—219页。
③ 林家骊译注：《楚辞》，中华书局，2016年，第41页。

米姆（Meme）是非裔巴西人，他也是巴西马拉尼昂州的一位米内罗（mineiro，指宗教神职人员）。他说道：

假若你天生是灵媒，你要从淋浴开始，之后你就收到你的使命。使命就是任务。你要追随你的任务直至你达到高度专心的程度（concentration）。

淋浴的目的是保护你自己。让 encantados（多指神灵实体——笔者注）去找你是很有必要的。我们身体必须要有很多力量来呼叫他们和接收他们。这不同于叫 meme。为了能够呼叫，我要接收很多力量。所以，首先你要净化你的身体并将之交给 encantados。淋浴是为了使身体干净，这是一件很重要的事情。有各种各样的淋浴产品，它们是店里现成可买的东西，而且它们并不昂贵。

第一次淋浴是为了给各神灵实体开路，这是鲜花淋浴。你要用各种各样的鲜花，而花朵的数量必须为单数而非偶数的。你还要放一点酒精。如果你有 cachaca（一种烈酒——笔者注）的话，可以放半杯，加上一点氨（阿摩尼亚）。然后再放入你的日常生活用品，如香水、除臭剂等。每样放 7~9 滴。你要洗个薰香澡。你要用从药店买回香和药。香是为了开路，是在洗澡之后用的。穿衣服之前，你要用香把衣服薰好。

连续七天或九天的时间，你每天都要洗一次澡，这叫作七天或九天淋浴。之后你可以用香皂冲一般的澡。洗澡之后你不要擦干，当你身体干了以后，你可以用上已准备好或已买好的淋浴产品。不要从头部上方往下冲，你只需要将淋浴品涂抹全身并等到全身干透，千万不能擦干。这是最后一次淋浴，之后不可以再冲澡了。这是虔诚之淋浴。我们活着必须要洗澡，这是无穷无尽的事情。你出远门时，要把淋浴品也带上。

……

为了成为一个 pai de santo（初入巫者——笔者注），你要通过很多艰难的考验。你要独自一个人待六个月或者一年，将你孤立起来，关在屋子里。你只能和家里人说话，我记得我曾经如何被封锁、关闭和隐藏地活着。我只跟我父亲、母亲和家里其他人说话。家里人若是想看我和跟我交流的话，他们要洗香薰澡。经过这些艰难的考验之后，你可以看。你可以通过你的梦来看。你睡觉时，神灵实体会到来并跟你说话。他们只在你梦里说话。你开始对所有的事情有了预感。你开始可以看很多东西。①

哈萨克萨满行巫治病时,所有参加行巫的人都要净洗。如果谁没有净洗,萨满的神灵就会告知萨满,萨满就会用鞭子驱赶没有净洗的人,并且,神灵不会帮助萨满。② 这种洁净不只针对的是躯体,更是由外而内的精神洁净。面对伟大神灵时,需要一种纯净的态度、纯净的心灵、纯净的生活。

有的萨满认为真正的知识只在远离人群和孤独中才能被发现,因此他们主动寻求孤单和受难来开启头脑。阿拉斯加南部的因纽特人中,准萨满喜欢到偏僻的地方独处,此时,他们容易进入昏迷状态且在山巅或冰冷的海水中苏醒。③ 面具作为通灵的媒介也有帮助萨满通灵的作用。萨莫耶德人中的萨满以面具代替手帕,把眼睛遮住,这样他就可以通过一种内视象进入灵魂世界。粟特人(Soyots)的萨满以及居住在阿尔泰地区诸民族的萨满举行巫事时,要用长布遮住脸的大部分。布鲁特人的萨满则用木头或金属、皮革制成的面具遮住脸。④ 赛库普人萨满巫师的眼罩,据说可帮助萨满巫师集中注意力。中部因纽特人中的萨满巫师在窗帘后面,或者为一张皮所覆盖,坐或躺在睡觉的平台后面,精神深度集中,这样得以进入幻觉。萨满的表演大都在暗处进行,以避免外部视觉刺激。⑤ 在黑暗的环境中,寻常世界对意识的干扰会降到最低,以方便萨满将注意力转向非寻常世界的种种面向上。郭淑云认为,萨满戴上面具,便阻隔了与现实世界的联系,同时意味着失去自我。此时,萨满的精神和意识被面具的强大魔力威慑,进入一种特殊的精神状态,使得萨满感到与超自然建立了联系,甚至与之融为一体。⑥ 在一些文化现象中,只有天生的盲人才能做萨满。萨满一般会把目光往内收,此时看不见东西可能对萨满而言是巨大的优势,这样他们

---

① [意] Roberto Malighetti:《非裔巴西人宗教中的入巫、出神与着魔——一位来自马拉尼昂的 mineiro 的故事》,见郭宏珍主编:《宗教信仰与民族文化》(第6辑),社会科学文献出版社,2014年,第160—162页。

② [苏联] K. 拜博茨诺夫、[苏联] P. 穆斯塔菲娜:《哈萨克女萨满》,见白庚胜、郎樱主编:《萨满文化解读》,吉林人民出版社,2003年,第505页。

③ Asen Balikci, "Shamanistic Behavior Among the Netslik Eskimos", in J. Middleton ed., *Magic, Witchcraft and Curing*, New York: The Natural History Press, 1967, p.94. 李楠:《北美印第安人萨满文化研究》,社会科学文献出版社,2019年,第122页。

④ [奥] 内贝斯基·沃杰科维茨:《关于西藏萨满教的几点认识》,见郭淑云、沈占春主编:《域外萨满学文集》,学苑出版社,2010年,第331页。

⑤ [美] 理查德·诺尔:《作为一种文化现象的心象培养:谈表象在萨满教中的作用》,见郭淑云、沈占春主编:《域外萨满学文集》,学苑出版社,2010年,第104—105页。

⑥ 郭淑云:《萨满面具的功能与特征》,载《民族研究》2001年第6期,第67页。

才会更专注于内心,在内心中产生光、幻象与洞见。巫师米姆说:

> 专心是为了收到 encantado(多指神灵实体——笔者注)。你坐下来并专心于各种事情。你要保持沉默,不说话。你专心,然后你会吸收。最好是闭上你的眼睛。当他经过,闪光是一掠而过的。这是严肃的事情。你要闭眼睛,这样你比睁着眼睛看得更多。你看到一切东西,神灵和 encantado。①

在溪族印第安部落,为了培养年轻人的直觉,与大自然保持联系,长者会带他们进入森林,蒙住他们的眼睛,让他们坐在一棵特别的树旁边,并从这棵树身上学习些东西。经过半天甚至更久,长者才会带他们回营地,摘掉眼罩,告诉他们:"去找你的那棵树。"经过无数次触摸树的训练后,青年人就会花时间找出与之建立联系的那棵树。②

马来人的萨满通过跳舞进入"卢帕"状态,"卢帕"意味着遗忘或者恍惚,在恍惚中,巫者对自己的个性浑然不知,还会化身为某个神灵,与观众进行漫长的对话,发现丢失的物品、预知未来、治病等。③ 通常,这些舞蹈为围成圈状的形式。萨满仪式表演时会戴用来遮盖萨满面目的萨满帽,萨满帽的前面有下垂的细布条或者坠珠,这些在萨满面前不断摇晃的坠链据说有助于萨满进入意识的昏迷状态。④ 美洲的印第安人发现,由烧红的炭所引起的强烈的热力,也可以催人进入恍惚状态——他们的发汗茅屋就是为此而设计的。⑤ 诸如斋戒、禁欲、不睡觉等对身体或感官的剥夺行为据说有利于萨满精神状态的增强与意识状态的改变。珍妮·阿赫特贝格对此总结说:

> 萨满使用了各种各样文化认可的剥夺手段发现他们通向萨满意识状态之路,他们通过诱导电解质失衡、低血糖、脱水、失眠和感觉输入的丧失等方法,可能会导致生理和心理的改变。简言之,他们似乎愿意将自己的身体推到生理的极限,以唤醒心智。现代世界中那些被视为对健康甚至是对生命本身危险的威胁,萨满却视之为通向知识的

---

① [意] Roberto Malighetti:《非裔巴西人宗教中的人巫、出神与着魔——一位来自马拉尼昂的 mineiro 的故事》,见郭宏珍主编:《宗教信仰与民族文化》(第6辑),社会科学文献出版社,2014年,第162页。
② [美] 熊心、[美] 茉莉·拉肯:《风是我的母亲:一位印第安萨满巫医的传奇与智慧》,郑初英译,橡树林文化,2014年,第89—90页。
③ [美] 米尔恰·伊利亚德:《萨满教:古老的入迷术》,段满福译,社会科学文献出版社,2018年,第345—346页。
④ 孟慧英:《寻找神秘的萨满世界》,群言出版社,2014年,第147页。
⑤ [美] 琳内·麦克塔格特:《念力的秘密:释放你的内在力量》,梁永安译,中国青年出版社,2016年,第71页。

道路。①

萨满们还经常利用鼓声等声音装置自我催眠。音乐与声音对人体的最重要的影响就是改变脑电波状态。大脑会对特定的声音产生反应，这取决于音高、节奏等其他因素，不同的音频可以让大脑进入不同的脑电波状态。巫医治疗时经常使用鼓声，节奏通常介于每分钟240~270拍之间。此节奏可以让脑电波慢下来，使萨满的贝塔波（14赫兹以上，正常的清醒状态）转至西塔波（4~7赫兹，内省和另类意识状态），进入恍惚状态。②德鲁里（Druy）说："在冥想的层面上，鼓的声音就像萨满的聚焦装置，它创造了一种专注和决心的氛围，使得他在转变注意力通向精神之旅时，陷入深深的恍惚状态。"③新萨满教的发起者迈克尔·哈纳发现单调的打击乐器声与致幻剂一样都拥有使萨满通往精神领域的能力。甚至单调的打击乐器比致幻剂在世界范围内的原住民萨满中使用得更为广泛。其中，每秒钟4至7次平稳、单调的打击乐器声对通往精神世界的旅行最为有效。也正是因为诸如鼓之类的打击乐声对意识有如此的催化作用，位于西伯利亚南部边境图瓦境内的索约特人称鼓为马，以表达鼓具有帮助萨满飞至上界的能力。斯堪的纳维亚北部的萨米（拉普）人按字面的意义称鼓为"从中出图像之物"，亦承认其促发视觉经验方面的效果。④在奥吉布瓦人中，鼓与起源神话相关。人们认为击鼓能够召唤马尼托能力并帮助萨满进入昏迷状态。在神话中，鼓有着比沙锤更强大的能力，因为沙锤发出的响声不足以吸引精灵。一位印第安长者受神灵指导，化身为鼓，用来召唤精灵。因此在仪式中，鼓不仅受到尊敬，而且鼓本身被视为进入昏迷状态召唤马尼托能力的萨满治疗能力。⑤在蒙古萨满传统中，一位女萨满使用雷电击中树木上取下的木材，并用母的红鹿皮制成的鼓。当萨满进入出神状态时，她的鼓就会变成魔法的坐骑带她进入祖先所在的黑暗天空。⑥在埃文克，萨满板鼓有多种用途。当萨满（更确切

---

① Jeanne Achterberg, *Imagery in Healing: Shamanism and Modern Medicine*, Boston: Shambhala Publications, Inc, 1985, pp.36–37.
② [美]辛蒂·戴尔：《精微体：人体能量解剖全书》，韩沁林译，心灵工坊，2014年，第395页；[美]琳内·麦克塔格特：《念力的秘密：释放你的内在力量》，梁永安译，中国青年出版社，2016年，第71页。
③ N. Drury, *The Shaman and the Magician*, London, Brston, and Henley: Routledye & Kegan Pand, 1982, p.8.
④ [美]迈克尔·哈纳：《意识变异形态与萨满教——个人回忆录》，见郭淑云、沈占春主编：《域外萨满学文集》，学苑出版社，2010年，第49—50页；[美]麦可·哈纳：《萨满之路：进入意识的时空旅行，迎接全新的身心转化》，达娃译，新星球出版社，2014年，第115页。
⑤ 李楠：《北美印第安人萨满文化研究》，社会科学文献出版社，2019年，第173页。
⑥ [美]威廉·A. 哈维兰、[美]哈拉尔德·E. L. 普林斯、[美]达纳·沃尔拉斯等：《人类学：人类的挑战》，周云水、陈祥、雷蕾等译，电子工业出版社，2018年，第583页。

地说是萨满的灵魂）被想象到去下层世界时，板鼓对他来说就是木筏或者小船，鼓槌作桨，他乘此船沿着神话氏族河划行；当萨满上天的时候，板鼓就变成了鸟（多半是鹰）。在其余情况下，板鼓成了萨满乘骑的动物。①除了鼓之外，澳大利亚萨满的手杖，东南亚地区萨满的铜锣、手镯、脚镯，北美、墨西哥和南美的拨浪鼓②，亚马孙流域上游的弓琴，蒙古和西伯利亚的口琴等③，也都是通过单调的打击乐声与重复的拨弦声使萨满进入出神状态。萨满仪式表演组合成多声部音乐，亦是通往另一个世界的媒介。玛丽莲·沃克认为，音乐触动人的内心，更深刻地留在人们记忆中，先于语言而产生。音乐像记忆术一样，能够把短暂的瞬间与过去联系起来，并把它们带到现实中来。音乐超越某一特殊时刻，把无限与普遍带给人们。萨满对音乐的使用是综合性的，他/她既是一名歌者、舞者，也是一名乐器演奏者。"萨满的声音、鼓、他们衣裙上的金属片发出的碰撞声、铃声或嘎嘎声，所有这些与萨满的肢体运动、衣裙上的穗饰和流苏融为一体，产生一座有节奏的声音之桥（sound bridge），通向另一个世界，让萨满在其中寻求知识，拯救世人。"④

当然还有大量依靠服用迷幻剂进入神奇世界的例子，在词典里，迷幻药的意译便是启灵药。诸如美洲印第安部落的培奥特仙人掌（peyote），已有2000年历史的墨西哥神圣蘑菇，印度的苏摩酒（soma），祆教的圣露（haoma）和大麻，古希腊的酒，东南亚的安息香（benzoin），第五杯能使人净化、第六杯能召唤神灵的禅茶，澳洲原住民的皮特尤里树（pituri），可能在厄琉息斯秘仪第六天的结束高潮中服食和饮用的神秘卡吉尼亚，在南美洲被称为阿亚瓦斯卡的醉藤，在欧洲被称为知识之树的参茄，以及被墨西哥人称为托洛阿切的毛曼陀罗等迷幻药，都是改变意识的工具。⑤世界上各地的原住民深谙致幻物之道。他们还有非常温和的迷幻药，通常是给婴儿服用的，以帮助他们和灵性世界中有益的灵性存有接触。还有专门给儿童、猎人、萨满使用的迷幻药，使他们将所接触的灵

---

① [苏联] 阿·弗·阿尼西莫夫：《埃文克人萨满的神具及其宗教信念内涵》，见白庚胜、郎樱主编：《萨满文化解读》，吉林人民出版社，2003年，第344页。
② [美] 迈克尔·哈纳：《意识变异形态与萨满教——个人回忆录》，见郭淑云、沈占春主编：《域外萨满学文集》，学苑出版社，2010年，第49页。
③ [美] 麦可·哈纳：《萨满与另一个世界的相遇：从洞穴进入宇宙的意识旅程》，达娃译，新星球出版社，2016年，第76页。
④ [加] 玛丽莲·沃克：《西伯利亚萨满教及其他治疗传统中的音乐知识》，见郭淑云、王维波主编：《萨满教与传统艺术：西方萨满教研究文选》，田春燕译，民族出版社，2014年，第41页。
⑤ [美] 休斯顿·史密斯：《药物有没有宗教的意涵》，见 [美] 沃什、[美] 方恩主编：《超越自我之道》，胡因梦、易之新译，中华工商联合出版社，2013年，第98—99页。

性存有应用于各自不同的目的。当少年行为不端时,父母会强迫他们服用迷幻药来矫正错误,接受祖灵的教诲。①

精神性药物在原住民的生活中必不可少。世界上已知的150种精神类植物中,有130种来自南美,绝大多数来自亚马孙。这些拥有生物活性的植物所含的生物碱可以穿过细胞膜,进而产生致幻的生理效应。雨林原住民认为这些药物是由灵魂、性灵掌控的生命体,和人相似。同时,它们有更苦、更冲,以及令人迷醉的气味。雨林原住民称这些致幻植物为"萨满吃的植物"或更直接称之为"植物萨满"。对他们来说,这些强有力的植物有时就是萨满本身,可以授业解惑,而生而为人的萨满只是另一种形态而已。这些植物在热水中煮时,灵魂就会散发到药剂中,它的味道、气味和颜色是灵魂特性的展现,人喝下后身体也就拥有了植物的灵魂,它们和人类灵魂共存,植物灵魂的品质、能力和智慧就为人所用。② 鉴于致幻物拥有如此神奇的本领,遂被先民视为神圣。他们认为这些植物拥有神灵的力量,里面住着神。这神灵赐予人类的礼物,其本身就是神,是人们与超自然沟通的神圣媒介。R. 高登·沃森甚至建议,放弃"致幻剂"(hallucinogen)这一古老的说法,转而使用另一个新术语"宗教性致幻剂"(entheogen)。这种新的表达方式来自希腊语,意思是"产生上帝的观念""包含神""内在的上帝",更形象地传达了这些植物的精神意义。③

目前,墨西哥的原住民是全球范围内使用致幻物最多样,也是最大量的。④张光直、郭淑云等人观察到我国古代文献虽然缺乏对麻醉性植物崇拜的记载,但从《神农本草经》等古代药物学专著对一些药物的记载中,可以见到中国古代先民对一些致幻植物的药性是有所了解的。如《神农本草经》载:

> 云实,味辛温。主泄利,肠澼,杀虫,蛊毒,去邪毒结气,止痛除热。平主见鬼精物,多食令人狂走。久服,轻身通神明,生川谷。

> 麻蕡,味辛平。主五劳七伤,利五藏,下血,寒气,多食,令人见

---

① [美] 麦可·哈纳:《萨满与另一个世界的相遇:从洞穴进入宇宙的意识旅程》,达娃译,新星球出版社,2016年,第64页。
② [美] Lewis Darly、[美] Gleen Shepard:《有些萨满是植物》,"他者 others"微信公众号,2019年4月27日。
③ Andrei A. Znamenski, *The Beauty of the Primitive: Shamanism and the Western Imagination*, Oxford: Oxford University Press, Inc, 2007, p.136.
④ [美] 理查·伊文斯·舒尔兹、[瑞士] 艾伯特·赫夫曼、[德] 克里斯汀·拉奇:《众神的植物:神圣、具疗效和致幻力量的植物》,金恒镳译,商周出版,2010年,第26页。

鬼狂走。久服，通神明，轻身。

莨菪子，味辛温，主齿痛出虫，肉痹拘急，使人健行，见鬼，多食令人狂走。久服轻身，走及奔马，强志益力通神。

鸡头，味甘平。主湿痹，腰脊膝痛，除暴疾，益精气，强志，令耳目聪明。久服，轻身不饥，耐老，神仙。

《神农本草经》对上述草药药效描写的"见鬼""通神明""轻身""狂走"，当是古代巫医服用后的切身体会，与萨满出神后的飞翔体验恰相契合。①

有的民族还按这些致幻植物的形状、成熟季节、色彩等绘制神偶，在族中祭奉。如满族苏木哈拉（徐姓）萨满祭祀神堂上供奉的两位黑头蓬发男女瞒爷神娄杜妈妈、娄杜玛发，就是用生长在兴安岭丛林中的娄兜草根制成的。据民间传讲，娄兜草的茎、液加乌鸦血，可制成致幻药，饮后双脚若飘，双眼生出各种有色幻象。② 非洲撒哈拉沙漠距今9000年至7000年前新石器时代的岩画中发现大量的、重复出现的蘑菇图像，比如收获蘑菇、对蘑菇的崇拜、带着蘑菇形状面具的神灵等。专家们纷纷对此进行解读，认为这些岩画反映的是最古老的致幻物——神圣蘑菇的崇拜遗留，并推测，在石器时代人们在举行宗教仪式时已经开始服用这些致幻物了，这些致幻蘑菇与欧亚和北美的萨满实践活动有关。③ 此外，中亚的卡拉尔河流域和东西伯利亚楚科奇的岩画中，也刻有带着蘑菇状帽子头饰的人形图像，这些岩刻因此被称为"蘑菇形人像"。人们认为，这类岩画可能代表了通过食用致幻剂——有魔力的蘑菇，而获得了超自然力量的萨满巫师。④ 自然这些岩画也表达了对致幻蘑菇的崇拜。直至今天，一些墨西哥印第安人和美国原住民基督教派成员仍然会在宗教仪式上服用致幻仙人掌籽和花球制成的粉末状"圣药"，认为那是进入超自然界和神在一起的有效途径，并用于治疗精神、身体方面的疾病。⑤ 有些致幻药物，比如神圣蘑菇，人们只在晚上吃，

---

① 郭淑云：《致幻药物与萨满通神体验》，载《西域研究》2006年第3期，第72页。
② 郭淑云：《致幻药物与萨满通神体验》，载《西域研究》2006年第3期，第72页。
③ 孟慧英：《西方现代萨满教简说》，见何星亮主编：《宗教信仰与民族文化》（第8辑），社会科学文献出版社，2016年，第213页。
④ ［波］安杰伊·罗兹瓦多夫斯基：《穿越时光的符号：中亚岩画解读》，肖小勇译，商务印书馆，2019年，第26—27页。
⑤ 孟慧英：《西方现代萨满教简说》，见何星亮主编：《宗教信仰与民族文化》（第8辑），社会科学文献出版社，2016年，第208、216页。

似乎置身神话传统中的人们认为神灵偏爱夜晚等一切迷离之物，只有在晚上才能请得下来。① 迷幻药在医学与宗教上有相当长的使用历史，可上溯至石器时代，许多宗教观点可能就是由这些物质引发的。"史密森学会的放射性碳实验室已证实，大致在一万到一万一千年前，也就是古印第安人最后一次从亚洲大陆迁徙结束后不久，我们就已经知道并使用了致幻植物佩奥特掌（mescal bean），这是关于美洲致幻剂起源于旧石器时代假说的强有力的间接证据。"②

服用致幻剂前也有讲究。印第安人认为只有"干净"的人才能食用它们。其中包括食用蘑菇前后至少四天性节制，按照某些仪式规矩来采集蘑菇等。也因此，如果幻药剂经由一个干净、无邪的孩子制备，据说，这药剂的活性会更强。③ 在过去，斐济人的致幻剂卡瓦要靠处女咀嚼植物根茎后制成，而不是像现在这样用棉布揉搓。据说，这样制作出来的卡瓦致幻性强，最具能量。

但过量服用迷幻药存有依赖成瘾及损坏身体健康的副作用，它在现代社会中便成了禁忌。西藏的巫师、祭司等就禁止使用烟草或者酒精之类的致幻剂。如果有人为了达到一定的迷幻程度而偷用致幻剂，就被人们看成是骗子，且一

---

① [墨] 玛利亚·萨拜娜、[美] 奥尔瓦罗·埃斯特拉达：《一位萨满因与观察者互动而失去提高的机会》，见 [加] 杰里米·纳尔贝、[英] 弗朗西斯·赫胥黎主编：《穿越时光的萨满：通往知识的五百年之旅》，苑杰译，社会科学文献出版社，2017年，第137页。萨满文化知情人孟和先生介绍，鄂温克族萨满跳神一般在晚上跳得多，白天不跳。神晚上才请得下来。参见孟盛彬：《萨满文化知情人孟和先生访谈录》，见薛刚主编：《萨满文化研究》（第4辑），民族出版社，2015年，第208页。西非奔人称死去祖先的灵魂为wru，并认为他们到晚上时，就会和亲戚一起生活，但在黎明就会离开，到活着的人看不见的名为Wrugbe的精灵村庄。参见 [美] 威廉·A. 哈维兰、[美] 哈拉尔德·E. L. 普林斯、[美] 达纳·沃尔拉斯等：《人类学：人类的挑战》，周云水、陈祥、雷蕾等译，电子工业出版社，2018年，第413页。秘鲁亚马孙地区的亚米尼华人把yoshi称为神灵，或者生命的本质，事物的生命都是由yoshi赋予的。所有与yoshi相关的事物都具有极大的模糊性，且多与黑夜相关，是只能被看见一半的事物或梦境。参见 [英] 格雷汉姆·汤斯利：《"扭曲的语言"作为学习的技术》，见 [加] 杰里米·纳尔贝、[英] 弗朗西斯·赫胥黎主编：《穿越时光的萨满：通往知识的五百年之旅》，苑杰译，社会科学文献出版社，2017年，第219页。亚马孙河流域厄瓜多尔的吉瓦洛印第安文化中，萨满只能在晚上从病人身体里吸取具有超自然性质的魔镖，而且只能在房子里幽暗之处进行这项工作。这是因为他们声称只有在黑暗中，才能察觉到由药物引起的幻觉，那是超自然的现实。参见 [美] 迈克尔·哈纳：《魔镖、具有魔力的萨满和为人治病的萨满》，见 [加] 杰里米·纳尔贝、[英] 弗朗西斯·赫胥黎主编：《穿越时光的萨满：通往知识的五百年之旅》，苑杰译，社会科学文献出版社，2017年，第162页。迈克尔·哈纳称，萨满与灵性存有通常是在黑夜互动，因为在黑暗中更容易看见灵性存有。此外，黑暗能去除日光下寻常影像与灵性存有相互混淆的可能性，因此也是辨认灵性存有的重要媒介。参见 [美] 麦可·哈纳：《萨满与另一个世界的相遇：从洞穴进入宇宙的意识旅程》，达娃译，新星球出版社，2016年，第87页。

② Peter T. Furst, *Hallucinogens and Culture*, California: Chandler & Sharp, 1976, p.9.

③ [瑞士] 霍夫曼：《LSD——我那惹是生非的孩子：对致幻药物和神秘主义的科学反思》，沈逾、常青译，北京师范大学出版社，2006年，第93—94、122页。

旦骗术败露就要受到制裁。① 西伯利亚楚科奇原住民人认为，只有较弱的萨满才需要服用蘑菇之类的致幻剂，强大的萨满并不需要。② 印第安人一般选择晚上喝下死藤水，于幻觉中与神灵相见。此时，印第安人要给村里的狗都戴上口罩，这样它们就不能狂吠了。这是因为他们认为，狗的狂吠能让一个喝了死藤水的人变得疯狂。孩子们也被警告要安静，保证寂静降临在太阳落山后的村庄里，为进入幻觉的人创造安静与安全的环境。③ 据说，福里斯特的一个女医生在吃了没有帽的毒蘑菇（致幻剂）时，还被毒死了。那里的人们认为只有知道蛤蟆菌起源的人才能在吃的时候幸免。④ 美洲原住民也警告不要在未被告知的情况下使用药物，并承认它们偶尔会导致死亡。⑤ 印第安人会向外人告诫，像当地诸如"血红天使之喇叭"之类的致幻植物，唯有经验老到的巫医才能用它来占卜与治病，其他人若轻率使用，则会引起强烈的迷幻反应与轻度兴奋。⑥ 印第安希瓦洛族（或称之为恩祖利修尔族，Untsuri Shuar）当地的致幻物是一种叫作麦苦阿的植物。据说，当喝下麦苦阿之后，有些人死掉了；有些人从此永远丧失正常心智，并因为精神错乱而四处狂奔穿越森林，最后掉落悬崖或被淹死。因此，希瓦洛族人从来不在没有清醒伙伴可以压制他们的状态下，饮用麦苦阿。⑦ 当欧洲游客慕名而来，体验亚马孙死藤水仪式时，有的萨满因为没有经验，给游客配了过量的死藤水，导致仪式失去了控制，而游客也在幻觉驱使下挥刀自杀了。⑧ 墨西哥西北的塔拉乌马拉人（Tarahumara）有一种神秘的仙人掌致幻剂，人们称之为岩牡丹（Ariocarpusretusus）。据称，心术不正的人食用它时会失心疯致死。⑨

---

① ［奥地利］内贝斯基·沃杰科维茨：《关于西藏萨满教的几点认识》，见郭淑云、沈占春主编：《域外萨满学文集》，学苑出版社，2010 年，第 332 页。

② Andrei A. Znamenski, *The Beauty of the Primitive: Shamanism and the Western Imagination*, Oxford: Oxford Univwesity Press, 2007, pp. 131 – 132；孟慧英：《西方世界关于萨满教认识的演变》，见郭宏珍主编：《宗教信仰与民族文化》（第 6 辑），社会科学文献出版社，2016 年，第 53 页。

③ ［美］迈克尔·哈纳：《我感觉像是苏格拉底接受毒草》，见［加］杰里米·纳尔贝、［英］弗朗西斯·赫胥黎主编：《穿越时光的萨满：通往知识的五百年之旅》，苑杰译，社会科学文献出版社，2017 年，第 139 页。

④ ［瑞典］阿克·霍特克兰茨阿凡：《关于欧洲萨满昏迷术的想法》，见郭淑云、薛刚主编：《萨满文化研究》（第 3 辑），民族出版社，2013 年，第 233 页。

⑤ 孟慧英、吴凤玲：《人类学视野中的萨满医疗研究》，社会科学文献出版社，2015 年，第 138 页。

⑥ ［美］理查·伊文斯·舒尔兹、［瑞士］艾伯特·赫夫曼、［德］克里斯汀·拉奇：《众神的植物：神圣、具疗效和致力量的植物》，金恒镳译，商周出版，2010 年，第 33 页。

⑦ ［美］麦可·哈纳：《萨满之路：进入意识的时空旅行，迎接全新的身心转化》，达娃译，新星球出版社，2014 年，第 59—60 页。

⑧ 姚梦晓：《萨满、死藤水与艺术》，"他者 others" 微信公众号，2019 年 2 月 16 日。

⑨ 一凡：《植物与人，那些千古缠绕的秘密》，"他者 others" 微信公众号，2017 年 7 月 15 日。

迈克尔·哈纳发现，世界各地多数文化中的萨满，并未通过使用致幻物来改变意识。诸如鼓之类的听觉驱动法，才是世界各地最常见、也是最简单的转换萨满意识的方法。比如，真正的西伯利亚萨满通常只使用鼓来改变他们的意识状态，而不是使用致幻物毒蝇菇。只有无法透过鼓声来进行旅行的非萨满才会使用这种蘑菇。而萨满之所以不选择毒蝇菇是因为他们认为，当毒蝇菇的灵性存有占据了某个人的身体后，这个人通常无法维持进行萨满工作时必要的纪律。[①]郭永玉对此表达道："相比较而言，静修对于超个人心理学就具有更大的意义。拿致幻剂与静修进行对比，可以说致幻剂是精神之门，那么静修就应该被视为精神之路。"[②] 此外，致力于意识转换的现代版技术也在来临，比如隔离槽、生物反馈实验等。

潜意识像一个幽灵，可遇而不可求，虽然可以通过一些手段快速转换到潜意识的调频，比如说主动进入梦幻、跳舞至恍惚，内省到达观、音乐切换脑波，甚至借助帽坠、香、屏气、热力、致幻药剂等，但潜意识更看重的是人心的纯洁，一旦心灵不再纯洁，再怎么借助手段，潜意识也很难出现。入选萨满的人一般都会流露出骨质洁净、灵魂纯洁的特质。[③]柏拉图认为，被缪斯女神附体的，往往是一些"温柔、贞洁的灵魂"[④]。一些萨满在入行前要主动坦白自己的罪过，像新生之人那样重新开始。萨满安久成认为只有眼睛非常干净才能看清楚病人的病状，"做萨满的不能做恶事、坏事，只能做好事，不然就是惩罚自己"[⑤]。清花尔萨满则表示，要好好走（做事），不要坏了名声。做事要忠诚。这些事情是徒弟间的秘密，因此，这些人是"灵魂干净的人"，不能喝酒，自己也要干净。[⑥] 卡察·阿旺嘉措是藏族一个罕见的铜镜圆光者，铜镜占卜在藏语中被称为"圆光"，圆光者自称拥有与众不同的眼睛，可以从镜子中看到别人看不到的景色，并通过镜中的幻影加以附会之后，预测未知之事。卡察·阿旺嘉措认为进行圆光前，一系列心理准备是必要的：

当坐在铜镜前，自己心里要具有慈悲感，要有洁净的心，同时，

[①]［美］麦可·哈纳：《萨满与另一个世界的相遇：从洞穴进入宇宙的意识旅程》，达娃译，新星球出版社，2016年，第73—75页。
[②] 郭永玉：《精神的追求：超个人心理学及其治疗理论研究》，华中师范大学出版社，2002年，第178页。
[③] 孟慧英：《寻找神秘的萨满世界》，群言出版社，2014年，第79页。
[④]［古希腊］柏拉图：《柏拉图全集》（上卷），王晓朝译，人民出版社，2018年，第653页。
[⑤] 孟慧英：《寻找神秘的萨满世界》，群言出版社，2014年，第105—106页。
[⑥] 奇车山：《衰落的通天树：新疆锡伯族萨满文化遗存调查》，民族出版社，2011年，第269页。

使自己进入好似白牦牛（藏族视白牦牛为神牛，具有吉祥的征兆）的自我感觉状态，而把铜镜看作大海。心理准备完毕后，便可布置道场。①

北美洲苏族一位名叫布鲁克·医药鹰的医生说：

> 在追求幻象前，我们需要获得明净，减少对抗。这也是一种忍让，一种摒除。如果你不愿意立即付诸行动，幻象之门将不会向你打开。你需要做的是进入一个圆圈，在这个圆圈里没有对抗，没有上下，也没有绊脚石。这样的话，在某一天，你便会成为那个圆圈。②

《管子·心术上》写道：

> 虚其欲，神将入舍。扫除不洁，神乃留处。③

《管子·内业》又云：

> 凡道无所，善心安菱；心静气理，道乃可止。……修心静音，道乃可得。道也者，口之所不能言也，目之所不能视也，耳之所不能听也，所以修心而正形也。④

神与道相互表征，而唯有虚其欲、善其心，才能吸引它们的到来。

上刀梯是萨满学徒能否成为一名易勒土萨满的关键，为锡伯族萨满教的一个重要特点。锡伯族的萨满分为两种：凡是经过上刀梯成功者叫易勒土萨满，"易勒土"为明显之意，即得到神灵正式认可而又被人们公认的著名萨满。这种萨满能够通达较多的神灵，因而法力大，在群众中声望也高。未经过上刀梯或上刀梯不成功者叫布土萨满，"布土"意为不明显，即未得到人们公认的一般萨满，他所能通达的神灵不多、法力不大，在群众中的声望也较易勒土萨满为低。上刀梯是一次公开的考核，又是学习萨满的人在广大群众面前显示自己法力、取信于民的一个难得机会。它也是一种神意选择。在锡伯族萨满教看来，通往萨满教神秘境界并不是一条平坦大道，而是要经历若干艰难险阻，经受神灵的种种考验，其中包括上刀梯这样的严峻考验，这是神灵意志的体现。只有为人正直、心地善良、忠于神灵者，神才保佑其逢凶化吉，顺利地通过刀梯，进入神秘的萨满世界，与诸神广为交往，并成为沟通神界和人界的中介者；凡心怀

---

① 杨恩洪：《民间诗神：格萨尔艺人研究》（增订本），中国社会科学出版社，2017年，第251页。
② [美]简·哈利法克斯：《萨满之声：梦幻故事概览》，叶舒宪主译，陕西师范大学出版总社，2019年，第76页。
③ 李山译注：《管子》，中华书局，2016年，第197页。
④ 李山译注：《管子》，中华书局，2016年，第271页。

叵测、对神不忠者，即会在上刀梯这块试金石上显露出本来面目，从而招致失败，不能成其正果。于是，上刀梯仪式开始，先由师傅念祷词请神，说某姓氏某属相的孙儿，如何"血液清洁、骨本良好"，并哀求说"若蒙上苍怜爱，提拔为萨满；祈望众神灵，赐授神术，在下告本源，留下姓名"，请求神灵保佑其顺利地通过刀梯，成为易勒土萨满。① 中美洲惠乔尔族一位名叫马苏瓦的老萨满讲道：

> 只有愿意承受严苛的自我牺牲的人才能学习法术。这些特别的人被称为萨满巫医，他们只能在治病救人、保护和引领人们的时候才能使用他们的法术。一旦他们使用法术来引诱女人或者伤害别人时，他们的法术便会被收走，他们也会因此生病、发疯或者死亡。②

一位维吾尔族萨满阿布拉讲述，他算命、治病、寻人的本领都是依靠自己的精灵，叫作"艾比宅提"（abjat），维吾尔语的意思为"什么都有"。但是因为自己年轻时有段时间结婚后又与其他女人来往，精灵就不理睬他了，直到他改过后许久，精灵才重新与他和好。③ 维吾尔族认为，只有远离罪恶，心地善良、心术正的人才能得到神灵的青睐、支持以及与神灵相见的机会，他们才能成为萨满。④ 以下是达斡尔族萨满对自己当选萨满做理由陈述时的祷词片段：

> 由于我骨头洁白，
> 你就选定了我；
> 由于我血液纯洁，
> 你就附在我身上；
> 从我出生之时起，
> 你就占据了我；
> 从我婴儿之时起，
> 你就引导着我；
> 要我继承"雅德根"的职责，

---

① 满都尔图、夏之乾《察布查尔锡伯族的萨满教》，贺灵《锡伯族信仰的萨满教概况》，见吉林省民族研究所编《萨满教文化研究》第 1 辑（吉林人民出版社，1988 年，第 87—106 页）。
②［美］简·哈利法克斯：《萨满之声：梦幻故事概览》，叶舒宪主译，陕西师范大学出版总社，2019 年，第 212 页。
③ 陈建宪：《一个当代萨满的生活世界——维吾尔老人阿布拉访问记》，华中师范大学出版社，2015 年，第 30 页。
④ 阿地力·阿帕尔、迪木拉提·奥迈尔、刘明编著：《维吾尔族萨满文化遗存调查》，民族出版社，2010 年，第 56 页。

走上"安德"的道路。

由于不能回绝挣脱，

为了族众的安宁，

我承受了你的选择，

当了"莫昆"的"雅德根"……①

　　熊心表述道，向无形的上帝祈祷时，心念必须纯正、清净。如若不然，仅为一己私念，那么用于帮助与神灵沟通的手段，比如烟斗、念珠、蜡烛、燃香等，都毫无意义，仅成为美化的玩意。在他们本族——印第安溪族中还有这样一个说法，即当愤怒填身时，有时用于与神圣相沟通的神圣烟斗的烟管还会因此而塞住，使得烟雾都出不了烟管，上达不了上天。也因此，当他们吸食神圣烟斗时，并不将其吸入。因为不像现代人，他们并不是因为享乐而抽烟，而只是单纯地想通过烟雾与上天交谈，请求它赐予力量与理解力。②萨满巫师们在利用神圣力量治病时，似乎践行两个方案，要么纯粹为人服务，要么就只帮助自己，且不能混淆，遵循到底。所以，熊心自己从不为自己调药，因为一旦这么做过一次，他就只能为自己看病，而不能帮助其他任何人。③莫阿（Moi）是华欧拉尼人，曾联合族人一起来抵制石油公司到他们土地开采。尽管几年前他已经成了一位萨满，但他依然觉得在心理上没准备好，因为"对前来入侵的外人心怀太多怨恨"，而一个好萨满绝不应该有怨恨之心。

　　萨满之所以注重道德约束，是因为人们相信那些为恶念所操控的萨满往往恶意地使用自己的超自然能力，并对社会成员或社会群体造成伤害。因此，在有些社会中，如克里克人，老萨满十分看重未来萨满人格品质方面的特质，并挑选那些将来不会滥用自己超自然能力的人作为萨满的继任者，且在对萨满的培训中一再强调作为萨满的职业操守，即不能滥用萨满力做危害他人和社会的事情。④熊心便是通过这种方式被老萨满选中并加以培训的。老萨满这样解释选中他的原因：

　　我之所以挑选你，是因为你并不是报复型的人。你将会掌管可以

---

①　吕大吉、何耀华总主编，满都尔图等主编：《中国各民族原始宗教资料集成·达斡尔族卷》，中国社会科学出版社，1999年，第339页。

②　[美]熊心、[美]茉莉·拉肯：《风是我的母亲：一位印第安萨满巫医的传奇与智慧》，郑初英译，橡树林文化，2014年，第251—256页。

③　[美]熊心、[美]茉莉·拉肯：《风是我的母亲：一位印第安萨满巫医的传奇与智慧》，郑初英译，橡树林文化，2014年，第57页。

④　李楠：《北美印第安人萨满文化研究》，社会科学文献出版社，2019年，第153页。

伤害别人的能力，假如有人对你轻慢，一定不可以企图使用那种能力来回击。这并不容易做到，因为我们是人，我们有感情，我们会受伤。那种时刻，我们可以仰赖智慧更高的神灵。①

在高原地区的特奈诺人中，即使有些人表现出未来萨满的一些特质，比如不断产生幻象等，也不一定有资格成为萨满。老萨满会对这些萨满候选人的整个生命史进行回顾，根据他们的能力和人格特质，如道德素养、判断力以及控制冲动念头的程度等，来判断哪些人更适合承担萨满这一职位。正因为如此，特奈诺人的萨满往往具有"非常正派、品格高尚、是非分明且有责任感"等人格特质。②锡伯族神本《萨满神歌》中讲，萨满收学徒，如果是十个人的话，只传授最诚实的一个。③莫力达瓦旗的达斡尔族萨满郭宝山说："我 20 岁以后才开始正式出马给人治病，带过 3 个徒弟，也不想把自己的技术带走，有品德不好的徒弟，想拿这个谋利益，我就把东西（治病的神灵）收回来，让他变回黑身子（变成普通人）了。"④

于是很多人，在成为萨满巫师之后，合乎道德的行为便会自发表现出来，并自然表现出对所有人与生命的认同。萨满在治病时，心存慈悲，为众生祈祷，只要属于自己的那一份酬劳，不多不少，没有贪念。民间都存有这样的信念，那些漫天要价的"神医"往往医术并不精湛，相反，那些不轻易承诺、混迹在"要饭"行列中的巫医才是真正的行医高手。布里亚特的父萨满会对候选子萨满说：

> 当穷人需要你的时候，要的少一些，接受他们给你的东西。为穷人着想，帮助他们，向天神祈祷保护他们免受邪恶神灵的侵害；当富人招呼你的时候，不要因你的服务而索取很多。如果一个穷人和富人同时召唤你时，先去帮助穷人，之后再去帮助富人。⑤

哈萨克女萨满库梅斯对有"萨满路"的新萨满肯洁克孜训导道："要助人，不要行骗，要保持自己宗教上的洁净，要为病人祛病，必须每周要一次 oin，可

---

① ［美］熊心、［美］茉莉·拉肯：《风是我的母亲：一位印第安萨满巫医的传奇与智慧》，郑初英译，橡树林文化，2014 年，第 56 页。

② George Peter Murdock, "Tenino Shamanism", *Ethnology*, 1965, iv(2): 168. 李楠：《北美印第安人萨满文化研究》，社会科学文献出版社，2019 年，第 125 页。

③ 奇车山：《衰落的通天树：新疆锡伯族萨满文化遗存调查》，民族出版社，2011 年，第 261 页。

④ 孟盛彬：《达斡尔族萨满教研究》，社会科学文献出版社，2019 年，第 85 页。

⑤ ［美］米尔恰·伊利亚德：《萨满教：古老的入迷术》，段满福译，社会科学文献出版社，2018 年，第 117 页。

取报酬,但不能贪。"① 萨满庆花说:"接了萨满以后,首先要替病人着想,老老实实做人,老老实实做事。这样的人做的时间长,否则,不长。"② 一个不愿意透露姓名的女萨满说:

> 接了这个(萨满——笔者注)以后,不管哪个人心也就善了,不恶了。交给我们的任务是给别人做好事,不做恶事。在我们看来,除非你没做,只要做恶事就能看出来,连他祖宗上做的不该做的事也能看出来。③

北美洲苏族一位名叫皮塔咖·宇哈·玛尼的巫医说:

> 我不想被称作医师,我只是一个能治病疗伤的人,这是我的宿命。我不要求任何回报。白人的医生要收取费用,牧师也要,而我不收任何费用。病人完整健康地从我这走出去就是对我的回报。有时,我的法力消失,这使我很伤心;当我重拾法力时,我的心情就变得很好。一些人总想着钱,想着如何去挣钱,我却从来没有这种想法。④

莫恩古什萨满表达道:

> 萨满没有明文规定的戒律,但是有一条守则——只能做对他人好的事。利用自己的天赋加害别人的萨满寿命不会长。如果非常恶毒地对待别人就一定会有恶报,而且不仅会影响他,还会影响他的子孙后代。萨满的力量是大自然赋予的,如果用这个天赋去做错误的事,天、地、水和树的神灵都会惩罚他。⑤

2020年3月25日,笔者走访了一位50多岁的民间医生,这位民间医生以看孩子的惊吓之病见长。看病者络绎不绝,她却一生清贫,一次收费只有几十块。据她介绍,祖上是赤脚医生,世世代代为人看病。在以前,祖辈年末收揽治病费用,能要来的就要来,要不来的把账单一烧,就算完事,也图个清静省心。所以在以前别的医生世家多数是富农,而她自己祖上顶多是个中农。《吴氏我射库祭谱》劝诫萨满要"气贵养涵,朝夕勿惰。清寒寡居,洁身敛淫。心正

---

① [苏联] K. 拜博茨诺夫、[苏联] P. 穆斯塔菲娜:《哈萨克女萨满》,见白庚胜、郎樱主编:《萨满文化解读》,吉林人民出版社,2003年,第503页。
② 孟慧英:《寻找神秘的萨满世界》,群言出版社,2014年,第53页。
③ 孟慧英:《寻找神秘的萨满世界》,群言出版社,2014年,第102页。
④ [美] 简·哈利法克斯:《萨满之声:梦幻故事概览》,叶舒宪主译,陕西师范大学出版总社,2019年,第144—145页。
⑤ 都尔东:《人皆可以为萨满》,"他者 others"微信公众号,2018年11月24日。

爱勤，气畅常存"，"常秉一心，万勿杂思。尤忌淫嬉，伤神自恨"。① 或许，心灵的纯净才是萨满巫师们与神灵沟通的必要条件，也是与神灵沟通后他们自发的表现。据说现在萨满的能力普遍没有以前厉害了，大概是他们很难遵守与潜意识之间关于心灵的约定了。

（三）出神生成与表现原因探析

那么上述的这些方式与技巧是如何帮助或者导致萨满巫师进入另一种意识状态，不同学者从不同的方面对此进行阐释说明。荣格认为：

> 无意识的自主始于情绪被滋生之处。情绪是本能的、无意识的反应，这些反应通过它们的自然爆发颠覆意识的理性秩序。情感并非是"被制造的"或者任意地被生产的；它们仅仅是出现。在某种情感状态下，性格会显现出一种甚至对有关人员来讲也都不可思议的特征，或者说秘密的内容会无意识地猛然发作。②

神话表演前的大量的仪式准备，常常会使萨满进入某种情绪，而情绪是潜意识的发生条件，也是潜意识的本能性反应，它颠覆意识的理性秩序，带来神圣体验，由情感触动人类的灵魂知识，等待被意识认识。另外，正是在恍惚、失明、内省、睡眠等意识强度减弱的状态中，意识才能解除施加于潜意识之上的控制，使之更容易倾泻而出。与此同时，意识能量也从白天与外在事物中收回来，注射到潜意识上面，激活潜意识的表达，得到能量注入的潜意识又化为象征性启示等待被认识。超个人心理学家查尔斯·塔特把一般意识状态与超常意识状态称为基线意识状态与个别超常意识状态，并认为要诱导出个别超常意识状态，首先要对基线意识状态施加破坏的力量，也就是以心理和生理作用（比如斋戒、不睡觉、服用致幻剂等）破坏、干扰基线意识状态的稳定，将基线意识状态推到它们稳定运作的极限，并且超越这个极限，进而摧毁与瓦解基线意识系统的完整性。此时，在这个混乱的过渡期里加进了一些模塑力——心理和（或）生理的活动，将结构或次系统模塑成一个新的系统，一个理想的个别超常意识状态。如果这个作为新系统的超常意识状态想持续下去的话，还必须

---

① 转引自富育光：《萨满敏知观探析》，见白庚胜、郎樱主编：《萨满文化解读》，吉林人民出版社，2003年，第64页。
② [瑞士] 卡尔·古斯塔夫·荣格：《原型与集体无意识》，徐德林译，国际文化出版公司，2018年，第221页。

发展出自己的稳定性活动。① 也就是说，当普通意识通过某些方式达到极限并突破极限进而瓦解后，便是超意识状态开始施展拳脚的时刻，此时心理状态会模塑成一个较为稳定的新系统，展开属于新意识系统的活动。

我们会对萨满与超个人心理学家的一些做法与说辞有所保留，因为毕竟不是每一个人都体验过他们深刻的精神之旅，是真是假不好判断，似乎两者都存在，只有尽可能多地呈现他们的世界观，以供对照、研究。但不可否认的是，在轻松的意识状态中，灵感确实更容易来临，在一些梦境中，确实也会让我们怀疑刚才经历的是不是真实。在不同的意识状态中，人们似乎有不同的身体与心理反应，并都视之为真。日本萨满附体的时候，会出现一些生理上的征兆：手的剧烈颤抖和振动，打鼾似的声音或者吼叫，从双腿交叉的坐姿转变为身体的悬浮状态等。通常，那些性情暴烈的萨满要比性情温和的萨满更具信服力，他们的声音和行为上所表现出来的非人性是出神时所带来的人格变化的生动表现。② 有的萨满在出神时还表现出喝血、用火热的铁刀刺向自己却不会受伤、疯狂的舞蹈等超人技能。有研究显示，在应对不同的意识状态所呈现多重人格转化关系中，每一个次级人格中都有令人惊讶的身心关联存在，以至于在某个人格中所呈现出来的生理功能或障碍，在其他的人格中却不会展现出来。比如某项人格可能对吸烟过敏，另一项人格可能是老烟枪。③ 蒙古科尔沁神灵附体仪式中，当萨满的徒弟附体时，会不停地向人要酒喝、要烟抽，并且是一盅接一盅地喝，一盒接一盒地抽。而此人平时性格温顺，不抽烟，也不胜酒力。④ 在深度催眠状态下，人的判断能力削弱，很容易受催眠师的动作、视觉和声音的幻觉性暗示，做出平常难以做到的事情。比如，被催眠者本为小童，命之化为老妪，则显老态龙钟之相。苏联的催眠师曾暗示被催眠者，你现在就是拉斐尔或者列宾，你现在以拉斐尔或者列宾的身份作画。结果，被催眠者所作的画或者签名，

---

① [美] 查尔斯·塔特：《意识的系统论》，见 [美] 沃什、[美] 方恩主编：《超越自我之道》，胡因梦、易之新译，中华工商联合出版社，2013 年，第 34 页。

② [英] 卡门·布莱克：《日本萨满的两个类型：灵媒和苦修者》，见 [加] 杰里米·纳尔贝、[英] 弗朗西斯·赫胥黎主编：《穿越时光的萨满：通往知识的五百年之旅》，苑杰译，社会科学文献出版社，2017 年，第 171 页。

③ [美] 莫瑞·史坦：《荣格心灵地图》，朱侃如译，蔡昌雄校，立绪文化事业有限公司，2017 年，第 66 页。

④ 耿学刚：《科尔沁左翼中旗蒙古族莱青仪式音乐调查研究》，见郭淑云、薛刚主编：《萨满文化研究》（第 3 辑），民族出版社，2013 年，第 199—200 页。

果然有拉斐尔或者列宾的风格。① 还有些病人被催眠后接受截肢手术竟然毫无痛感。②

那么这究竟是为什么？幻觉体验何以为真，又为何与常态知觉大相径庭呢？

芬克关于心象做过一项实验，并得出结论为"心象一旦形成"，会激活"视觉中一些相同的信息的加工机制"。查理德·诺尔将这个结论应用在萨满的幻觉领域。他认为，心象可以直接刺激视觉加工机制。因此，当心象形成后，这些机制就会以与观察到的事物非常接近的方式做出反应，导致在感觉上，这些心象像真实客观事物一样被观察。转换到萨满巫师的出神语境则是，这些萨

图 2-7 达斡尔族斡米南降神环节，出神时陷入迷狂的一位萨满

满巫师把幻觉全部接受为有效与真实的体验，并对其内容在心理、生理水平上给予强烈的反应，引起生理、心理的变化。就像一个瓦肖文萨满所说的那样："对我而言真实的东西对你是不真实的。"③ 这或许可以稍微说明，为什么萨满巫师会视幻觉为真。珍妮·阿赫特贝格是此一观点的拥护者，并继续深入阐发。她认为心象在没有适当外在刺激的影响下虽然也会牵涉一些感官系统，但是却会产生与实际刺激本身并不完全相同的内部反应，只能够说是相似。比如，在内视化（visualization）的经验中，视觉皮层通常被激活，但是像瞳孔之类的更外围的视觉通路，可能参与，也可能没有参与进来。一些研究人员甚至认为这

---

① 郭淑云：《催眠术与萨满附体状态下的人格变化》，载《世界宗教文化》2006年第4期，第20页。
② ［美］沃什、［美］方恩主编：《超越自我之道》，胡因梦、易之新译，中华工商联合出版社，2013年，第7页。
③ ［美］理查德·诺尔：《作为一种文化现象的心象培养：谈表象在萨满教中的作用》，见郭淑云、沈占春主编：《域外萨满学文集》，学苑出版社，2010年，第101页。

些心象以特殊的方式编码，并完全超越了大多数感觉通路。①在这里需要注意的一点是，珍妮·阿赫特贝格把在没有外物刺激下的心象内部反应，仅仅归类为与外物刺激相似的反应。但相似仅仅是相似，而绝非完全相同。内部神经系统错综复杂，一个环节出错也会与实际差之千里，它们可能超越普通感觉通路而形成新的途径。这也就意味着，虽然萨满视心象为真，但是重新编码后的它们可能与真正的外物刺激所形成的感知并不完全一致，而是超越了大多数的感觉通路，以某种我们还不了解的行径穿越内部感官系统，为人们所感知。超个人心理学家认为，超常意

图2-8 达斡尔族斡米南降神环节，恢复正常意识后，平静坐在一旁的一位萨满

识状态中存在"取决于特定状态的学习"（state-dependent learning）这一限制，它的存在更详细地阐释了不同意识状态何以呈现截然不同的身心反应。

　　早期科学家让老鼠服用LSD、可卡因、酒精或其他改变意识的药物后，教导老鼠走迷宫，当药效消退后，老鼠就忘记如何跑迷宫了。再让老鼠服用LSD、可卡因、酒精或其他药物时，老鼠又知道如何跑迷宫了。这种现象被称为"取决于特定状态的学习"。也就是说，知识的储存方式只有学习时的意识状态才有办法读取，改变意识状态就会改变读取记忆的方式。所以迷幻药治疗虽然可能带来深刻的经验和洞识，在当时似乎如宇宙般广大、可以改变一生，可是恢复日常意识后，原先的经验或洞识可能变得非常虚幻、难以回忆或无法实行，经过一段时间后，就会销声匿迹。因此，在药效结束后和隔天早晨花时间重温经

---

① Jeanne Achterberg, *Imagery in Healing*: *Shamanism and Modern Medicine*, Boston: Shambhala Publications, Inc,1985, p. 113.

历,是非常重要的。① 人们也曾戏谑,之所以看不懂尼采的书,可能是因为差点与他一样的嗑药经历。加州大学埃尔文分校的精神医学与哲学教授戈登·格罗布斯以自己的亲身经历验证了在不同意识状态产生的不同观点。其不同的观点针对的是塔特发表在《科学》期刊上的充满争议的文章《意识状态与针对特定意识的各种科学》,这篇文章认为应该科学探究超常意识状态(altered states of consciousness,简称ASCs)。在正常意识状态下,戈登·格罗布斯教授认为塔特所表达的这一观点太过于极端,甚至是没有意义及荒谬的。然而当他处在超常意识状态时,突然认为塔特的观点竟然非常正确。戈登·格罗布斯教授自己也预料到,当他再度恢复平常的状态时,会完全无法领会这个经验,除非他再次进入超常意识状态读取相关信息。② 人类学博士卡斯塔尼达也这样表达,当在异于日常意识状态的清明意识状态下,他能够较为深刻地理解巫师唐望关于神秘知识的教诲,而当他恢复日常意识状态时,他连在清明意识状态下发生过的记忆都不曾记得。③ 日本学者樱井德太郎观察到萨满在神启时刻通常会以第一人称代神立言。比如,附于其体的若是八幡神,那么萨满就会宣称"吾乃八幡大菩萨是也",然后道出八幡神的意旨。那些正宗的巫者在恢复常态以后,常常都说不出所宣谕的神启内容,这是因为巫者完全化作所附神灵的替身,一时丧失人性。④

不同意识状态之间的表现差别如此之大,以至于超个人心理学家们假设,在超意识状态中,心理功能的模式发生了质的变化,而不只是量的转换。此时,超常意识状态已是一个具有独特属性的新系统,它能改变意识的结构。⑤ 从中可推测,真正实物刺激所产生的内部反应和内视的心象所产生的与之相似的反应,其间的差异非常大。超心理学家肯·威尔伯则说:

> 意识状态并不是在空中盘旋摇摆,缥缈无实体的某些东西,相反,每一个心智都有自己的"身体"。每一种意识状态都有可以被感知的能

---

① [美]布兰特·寇特莱特:《超个人心理学》,易之新译,上海社会科学院出版社,2014年,第197页。
② [美]戈登·格罗布斯:《不同状态产生的不同观点》,见[美]沃什、[美]方恩主编:《超越自我之道》,胡因梦、易之新译,中华工商联合出版社,2013年,第221—222页。
③ [美]卡洛斯·卡斯塔尼达:《寂静的知识:巫师与人类学家的对话》,鲁宓译,内蒙古人民出版社,1998年,第13—14页。
④ [日]樱井德太郎:《日本的萨满教》,见吉林省民族研究所编:《萨满教文化研究》(第2辑),天津古籍出版社,1990年,第136页。
⑤ [美]查尔斯·塔特:《意识的系统论》,见[美]沃什、[美]方恩主编:《超越自我之道》,胡因梦、易之新译,中华工商联合出版社,2013年,第221—222页;杨韶刚:《超个人心理学》,上海教育出版社,2006年,第120页。

量成分、一种具体的情感，任何一种觉知状态都有一个实在的载体为之提供切实的支持。①

综上可见，不同的意识状态拥有不同的系统，不同系统之间已发生了质的改变，一种意识状态的记忆与认知不容易为另一种意识状态所理解。每一种意识状态都有独属于每一种意识状态的知觉体验、能量构成、实相与相应记忆，需要进入特定的意识状态才能将其捕获。

现代普遍认为，只有理性意识才是标准与王道，然而很多人却在超意识状态中寻找到了归属、永恒、灵感与至乐。尼采经常服用鸦片以缓解慢性偏头痛、恶心和抽搐，在给密友写信时对这一经验表达道：

> 亲爱的露和瑞……你们俩，把我视作一个被长期的孤独完全弄糊涂，时刻头痛的半疯的人罢。我之所以产生了对于事物之状态的这一敏锐洞察，想来是在绝望中吸食了大剂量鸦片的缘故。但我并没有因此失去理智，反而似乎终于寻得了理智。②

在合并了印第安传统与基督教传统的仙人掌教集会仪式上，人们将佩奥特掌切成片来享用，代替面包和葡萄酒作为圣餐。其间美洲印第安人会看见幻象，听见神的声音，感知上帝的在场。参与过仙人掌教集会仪式的芝加哥大学人类学教授J. S. 史罗金（J. S. Slotkin）发现，通过服用致幻剂的方式打开精神之门，从实际的结果上来看，似乎是良性的。他描述道，仪式期间的印第安人"显然并未呆若木鸡，也没有烂醉如泥……他们不像那些醉鬼或蠢货，从不走调，也从没有吐字不清……他们都很安静、谦逊、体谅他人。在任何白人家庭的宗教仪式中，我从来没有看到过如此虔诚的情感和端正的礼仪"。史罗金教授还报告说，经常服用佩奥特掌的信徒，总体而言比那些不服用佩奥特掌的人更勤奋、更温和、更和善，其中许多人甚至完全抛弃了酒精。③

一位萨满在服用毛花柱属的仙人掌致幻剂后，将迷幻经验视为"清醒如明月"：

> ……药效会先出现……出现睡意或梦境，一种瞌睡的感觉……有点头晕……然后是一阵幻视，全身清醒如明月……身体会有一点麻木，

---

① [美] 肯·威尔伯：《灵性的觉醒：肯·威尔伯整合式灵修之道》，金帆译，中国文联出版社，2005年，第18页。

② 转引自 [瑞典] Peter Sjöstedt-H：《鲜为人知的哲学迷幻史》，苦山译，https://www.thepaper.cn/newsDetail_forward_9110218，2020-09-10。

③ [英] 阿道司·赫胥黎：《知觉之门》，庄蝶庵译，北京时代华文书局，2017年，第79—80页。

然后又是心情宁静如镜。接着会有超脱一切的感觉……一种视觉的力量，包括所有的五官……还包括第六感，及无阻无碍穿越时空的心身感应……有如把人的思想送到遥远之处。①

瓦哈卡（Oaxaca）的琼塔尔（Chontal）印第安人把一种被称为"萨卡特奇奇"（Zacatechichi）的苦草当作致幻物，将其叶子捣碎泡茶。琼塔尔的巫医坚信，喝了这茶能在梦中看见异象，他们认为萨卡特奇奇非但不是让意识迷失，而是让意识清醒，称此植物为"特莱－佩拉卡诺"（Thle-pelakano），即"神仙之药"。②一些致幻物可解放、改变人的意识，使其穿越物质、时空的界限，抵达无形的精神国度，收获知识。从致幻物名称中可也感知这一点。比如，含有精神活性的锥盖伞属蘑菇，被一些原始教派称为"塔穆"（Tamu），意为"知识之菇"；能够致幻的茄科植物，被称为"知识之树"；等等。③

在超意识状态中，人们非但没有丢失理智，反而寻得了理智与洞见。那层意识状态幽远、深邃、达观，拥有我们从未碰触过的潜力。这暗示着，当代人对意识的认识与利用只是局限一角，对所有的意识状态保持开放的态度，同力开发，整合利用，探寻意识的真相并因此充分发挥人类潜能依旧是道阻且长的任务。

虽然意识与潜意识位于不同的轨道与系统中，各自有各自的表现，看似相互独立，却并非完全隔离，不同的系统之间还是会出现"交叉"。其中之一的表现就是，有时候，现实中的理性意识能够对潜意识状态的体验进行回忆与记录。LSD之父阿尔伯特·霍夫曼在以自己为实验对象进行LSD测试时表示：

> 似乎更有意义的是，我能回忆起试验中LSD醉状的每一个细节，即使在LSD体验的最高峰，常规的对世界的感知已完全破碎时仍然如此。这表明意识记录功能未受到阻扰。在这个试验的整个过程中，我自始至终意识到在参加试验，然而尽管对自己状态具有认识，但是不管我多努力，我仍不能摆脱LSD的世界。我所体验的每一件事都那么逼真，令人惊奇地像现实一样。之所以说令人惊奇，是因为另一类熟

---

① ［美］查理·伊文斯·舒尔兹、［瑞士］艾伯特·赫夫曼、［德］克里斯汀·拉奇：《众神的植物：神圣、具疗效和致幻力量的植物》，金恒镳译，商周出版，2010年，第169页。
② ［美］查理·伊文斯·舒尔兹、［瑞士］艾伯特·赫夫曼、［德］克里斯汀·拉奇：《众神的植物：神圣、具疗效和致幻力量的植物》，金恒镳译，商周出版，2010年，第38页。
③ ［美］查理·伊文斯·舒尔兹、［瑞士］艾伯特·赫夫曼、［德］克里斯汀·拉奇：《众神的植物：神圣、具疗效和致幻力量的植物》，金恒镳译，商周出版，2010年，第40、88页。

悉的日常现实图像依然保留在记忆之中并与之进行着比较。[1]

有的个体能够回忆、记录乃至尝试认知潜意识体验画面，而有的却不能。这存在多种原因，比如致幻剂药量的差别、药品种类的不同[2]，以及随着时间的推移，出神意识形态中存在着流动性和变化性，都可能与之相关。

"交叉"的另一个表现是，一方甚至能成为另一方的良药。初步研究显示，大脑和身体（身体受影响的程度较小）会受到梦中活动的影响，就好像它们会受到清醒时的相同活动影响一样。朱迪斯·马拉穆德博士通过清醒梦（做梦者察觉到自己在做梦）的训练，提出一个大胆的假设，即通过清醒梦中的一系列练习，做梦者极有可能产生理想人格的变化，虽然这一假设还需要更多的研究来证明。比如，由于在清醒梦的状态包含生动的知觉体验，却不存在醒时生活中的后果。如果在清醒梦中训练学生应用"面对并克服危险"的原则，那么这些学生在清醒时仍能保持更自信的状态，并有较果断的行为。[3] 神经病专家奥利弗·萨克斯在他的自传中记录过他利用另类疗法——催眠，治疗好了一位特殊的患者。这位患者患有脑炎后遗症，在术后连打了六天嗝，医生们用尽了所有的常规方法和一些罕用的手段，统统不见效。在山穷水尽的情况下，奥利弗·萨克斯建议请一个催眠师来尝试治疗。让医生们大吃一惊的是，催眠师似乎能够"控制"这个患者，然后下了催眠的命令："我打个响指之后，你就会醒过来，不再打嗝了。"结果，患者醒来后，一个嗝都没打，打嗝的毛病也没再犯。[4]不同的意识状态所代表的不同人格之间，隔离着的是两扇门，或者两扇窗，而非完全笃实的墙壁。不同的人格透过闪出的空隙，来回走动、切磋，相互给出建议，相互成为彼此的灵魂，尝试拯救那个在另一个时空中正遭遇困难的自己。我们透过那个窗口与宇宙相连，与古今相连。这究竟是一个猜测，还是一个有待证实的理论，有赖进一步的研究才能得出结论。

---

[1]〔瑞士〕霍夫曼：《LSD——我那惹是生非的孩子：对致幻药物和神秘主义的科学反思》，沈逾、常青译，北京师范大学出版社，2006年，第16—17页。
[2]〔美〕查理·伊文斯·舒尔兹、〔瑞士〕艾伯特·赫夫曼、〔德〕克里斯汀·拉奇：《众神的植物》，金恒镳译，商周出版，2010年，第86、108—109页。
[3]〔美〕朱迪斯·马拉穆德：《清明梦的益处》，见〔美〕沃什、〔美〕方恩主编：《超越自我之道》，胡因梦、易之新译，中华工商联合出版社，2013年，第78—79页。
[4]〔英〕奥利弗·萨克斯：《说故事的人：萨克斯医生自传》，朱邦芊译，中信出版社，2017年，第77—78页。

三、潜意识与动物助手

狩猎文化中的动物助手拥有强大的行动力与穿越力，承载着一种神秘而可畏的集体力量，这些都使得动物助手在诸多灵性助手中一枝独秀，助力萨满的神圣性，在萨满文化中扮演着重要角色。此外，动物助手在出神状态中往往有特殊的表现，其不同寻常之处正是动物助手作为萨满神圣力量来源的表征。通过整合相关文献，此小节对动物助手的特征与出神表现进行整理、介绍与分析，并尝试用荣格心理学等理论对出神时动物助手特殊表现的原因等问题进行解释，以期呈现一个更为清晰的动物助手形象，进而更好地理解萨满文化。

萨满信仰的首要特征，是上中下三界的宇宙观，萨满借助连接三界的地轴自由登天入地。张光直结合萨满研究，检视中国古代的巫觋传统，认为以《左传》《国语》等为代表的中国古文献"均有关于动物能协助巫史或神人升天的记载"，与中国古文献相对应的新石器时代与商周时代的动物图像属于萨满动物助手形象，中国文明的整体性和联系性宇宙观与亚洲和美洲萨满宇宙观相吻合。[①]动物助手是萨满信仰和萨满仪式的重要组成部分，值得深入辨析。

萨满活动是特殊的社会文化现象。西方人最早在西伯利亚的通古斯语系各族发现了萨满信仰，一开始只被视为当地原住民的文化现象。但随着民族志材料的收集、萨满教研究视野的开阔，人们发现世界各地普遍存在着类似于出神附体的萨满文化。萨满在出神状态中进行相关工作时，需要依赖很多的灵性助手，比如动物助手、自然神、植物神、幽灵或者亡灵等。这些灵性助手是萨满根本且重要的神圣力量来源，它们向萨满传递所需信息、辅助萨满治病等。在这些诸多灵性助手中，动物助手无疑属于最为出名的一类。在北美萨满文化中，动物助手似乎要比自然神、植物神更为常见。如信奉魔力观念的平原印第安人，更多的是将太阳、大地母亲等自然神视为献祭对象，而很少作为萨满的灵性助手。此外，自然神常常与兽主或某种特定动物形象结合在一起。比如作为兽主而存在的月亮神、雷神和鸟类结合而成的雷鸟等。植物神主要在以农耕为主要生计方式的社会占有重要地位，比如南部各印第安人常将玉米神视为萨满能力的来源。[②]且新萨满教之父哈纳认为，植物神（又叫作植物灵性帮手）的力量并

[①] 曲枫：《张光直萨满教考古学理论的人类学思想来源述评》，载《民族研究》2014年第5期，第112—120页。

[②] 李楠：《北美印第安人萨满文化研究》，社会科学文献出版社，2019年，第105、130页。

不如动物助手的力量强大。一个萨满收集到数百种植物神，它们的集体力量才能够媲美萨满的动物助手。① 无论萨满有没有植物神，但至少会拥有一个动物助手作为守护灵。② 亡灵作为萨满灵性助手的现象虽然十分常见，也拥有其他灵性助手无法比拟的重要性，但仍没有动物助手种类繁多。③ 动物助手与萨满之间是一种"保护与被保护以及合作关系"。④ 许多学者均强调，若无动物助手的协助，萨满根本就不可能作为人神之间的中介出入不同的宇宙空间。⑤ 当进入史前博物馆这一展厅时，经常会听见孩子发出这样的感叹："妈妈，这里怎么这么像神奇动物园啊。"多以动物助手出现的灵性助手（有的书籍将其直接概括为动物助手）在人类学文献中又称为"守护灵"（guardian spirits）、"守护天使"（guardian angles）、"妖精"（familiars）、"助理图腾"（assistant totems）、"监护灵"（tutelary spirits）等，在北美西北海岸地区的原住民中，动物助手通常被称为"力量动物"（power animal）。⑥ 鲁思·本尼迪克特（Ruth F. Benedict）在谈论北美原住民对于"守护灵"概念时曾讲道："几乎在每一处，在某种形式或层次上，都是以灵境守护灵综合体（vision-guardian spirit complex）的概念为中心来建构……"⑦ 哈纳认为，不只在北美，守护灵概念在北美以外也具有同样的地位。

那么为什么动物助手能够在诸多灵性助手中成为佼佼者呢，对于这一问题存在不同的说法，但主要认为可能与长期的狩猎文化相关。狩猎文化占据人类历史相当长的一段时期，尽管它早已被现代人忽略，但并非不重要，一些原住民文化很可能还保留着狩猎文化的些许踪迹。在史前文明，万物有灵，尽管动物成为人们的主要食物，但人们却对动物十分尊重，彼此关系亲近。在因纽特、印第安等文化传统中，人们常会在猎杀动物前后举行必要的仪式，以示对动物

---

① [美]麦可·哈纳：《萨满之路：进入意识的时空旅行，迎接全新的身心转化》，达娃译，新星球出版社，2014年，第210页。
② [美]麦可·哈纳：《萨满之路：进入意识的时空旅行，迎接全新的身心转化》，达娃译，新星球出版社，2014年，第100页。
③ 李楠：《北美印第安人萨满文化研究》，社会科学文献出版社，2019年，第106页。
④ 色音：《中国萨满文化研究》，民族出版社，2011年，第36页。
⑤ 曲枫：《张光直萨满教考古学理论的人类学思想来源述评》，载《民族研究》2014年第5期，第113页。
⑥ [美]麦可·哈纳：《萨满与另一个世界的相遇：从洞穴进入宇宙的意识旅程》，达娃译，新星球出版社，2016年，第122—123页。
⑦ 转引自[美]麦可·哈纳：《萨满之路：进入意识的时空旅行，迎接全新的身心转化》，达娃译，新星球出版社，2014年，第100—101页。

的尊重，并让动物的灵魂得以自由。只有这样，得到礼遇的动物灵魂在下一年的狩猎季节才会重新化为动物，变成人类的食物。① 还有一种说法是，动物行动力高，只要萨满召唤，协助就会来。② 此外，动物助手的穿越能力也是它成功被选的原因之一。萨满文化所表达的上中下三层世界中，存在多种屏障或过渡地带。经过多年萨满实践，哈纳发现只有动物助手才能轻松穿越所有屏障，承载萨满到处旅行。③ 民族志学者萨达尔表示，在一些牧人与萨满看来，动物拥有许多人类没有的能力，在很多情况下是高于人类的。比如一些动物拥有强大的夜视能力，能够在黑暗中畅通无阻。萨满进入出神状态时，遇见的就是这样一个黑暗世界，因此需要借助动物能力才能畅行其中，这也是萨满选择动物作为灵性助手的原因。

当然，不是所有的动物都可当选为动物助手。关于动物助手的入选也并非毫无章法，它们常常依据文化地域的变化而变化。比如，极地因纽特人萨满的动物助手一般包括鲸鱼、海蟹等海洋生物。西北沿海萨满的动物助手中，鲑鱼占据重要位置。诸如加州、平原、大盆地等印第安人以羚羊、麋鹿或野牛为生，那么自然这些动物常常成为萨满的动物助手。④ 由于人们认为现实中的动物原型自身能力的大小与动物助手的能力成正比，动物原型越凶猛、拥有特殊或强大的能力，动物助手的力量就越大，萨满的力量也随之升越。拥有这些特征的动物包括各种鸟类（如鹰、雷鸟、乌鸦等）、熊、响尾蛇、狼等⑤，它们也就经常入选为动物助手一列。与其观念相似，哈纳认为，相比于豢养的动植物，野生的动植物更具有力量。从萨满的观点看，正是因为这些动植物没有力量，它们才会被豢养。因此，成为灵性助手的一般为野生动植物。⑥ 因为评选标准的多样化，常出现这样的情况，即在这个标准下能成为力量动物的在那个标准下则不能入选。

动物助手并非萨满的专属品，很可能每个人都一度拥有动物助手，尽管他

---

① 李楠：《北美印第安人萨满文化研究》，社会科学文献出版社，2019 年，第 104 页；曲枫：《变形与变性：青海柳湾裸体人像性别认读与意义分析》，载《华夏考古》2016 年第 3 期，第 71 页。

②［美］麦可·哈纳：《萨满与另一个世界的相遇：从洞穴进入宇宙的意识旅程》，达娃译，新星球出版社，2016 年，第 124 页。

③［美］麦可·哈纳：《萨满与另一个世界的相遇：从洞穴进入宇宙的意识旅程》，达娃译，新星球出版社，2016 年，第 113 页。

④ 李楠：《北美印第安人萨满文化研究》，社会科学文献出版社，2019 年，第 126 页。

⑤ 李楠：《北美印第安人萨满文化研究》，社会科学文献出版社，2019 年，第 125—127 页。

⑥［美］麦可·哈纳：《萨满之路：进入意识的时空旅行，迎接全新的身心转化》，达娃译，新星球出版社，2014 年，第 210 页。

们并未意识到。希瓦洛族人认为，守护灵等灵性助手如同力场一样渗透在人的全身，如果没有守护灵的帮助，孩子根本不可能长大成人，人们也无法抵抗除传染病之外的所有疾病和灾难。① 在一些美洲原住民的文化中，孩子于青春期过渡礼仪期间会独自寻求幻境。他们往往在梦境或幻象中看到一位以动物形象出现的神灵。当这种幻象出现时，动物神灵就成为这些寻求幻象的印第安人的守护灵，赐予他们力量。印第安人相信在幻象中出现的动物，将在他们的一生中与其保持密切的精神关系。动物助手的名字还有可能添加进寻求幻象者的名字中。这种习俗又被称为具有个体性特征的图腾崇拜，与带有集体性质的氏族图腾不同。② 可以看到虽然都是动物，但是动物助手与我们熟悉的动物图腾并非完全一致。动物图腾制往往是一种社会图腾，指整个氏族群体与某类图腾间存在血缘关系；而动物助手常以个体图腾为表征，个体在幻觉中收获自己的动物助手。动物助手与出神者之间没有血缘关系，而是合作者与伙伴的关系。此外还有一些动物既作为氏族动物图腾又作为动物助手，这都需要具体情况具体分析。③

一般来说，人们认为萨满要比普通人拥有更多的动物助手，与超自然的沟通技巧也更为娴熟。④ 且目的不同，透过动物助手，萨满主要是一种利他工作，鲜少利己。在出神状态中，动物助手承载萨满进行必要的穿越旅行，萨满向动物助手咨询信息，并运用它们的力量使病人康复。动物助手用于治病的灵性力量并非体现在个体动物的能力上，而是个体动物所代表的整个物种乃至更上一级的整个科属的力量。这在神话中常有表达。美洲印第安神话中，充满了形形色色的动物角色的故事。但这些故事并不是讲述某只渡鸦、某匹草原狼冒险的故事，而是整个渡鸦、整个草原狼的故事。爱作恶作剧的是草原狼，经常仰赖他人猎杀动物的是渡鸦。显然，在其故事表达中，动物的个体属性代表了整体

---

① ［美］麦可·哈纳：《萨满之路：进入意识的时空旅行，迎接全新的身心转化》，达娃译，新星球出版社，2014年，第101页；［美］麦可·哈纳：《萨满与另一个世界的相遇：从洞穴进入宇宙的意识旅程》，达娃译，新星球出版社，2016年，第31页。
② ［美］刘易斯·M. 霍普费、［美］马克·R. 伍德沃德：《世界宗教》，辛岩译，北京联合出版公司，2018年，第33—34页；李楠：《北美印第安人萨满文化研究》，社会科学文献出版社，2019年，第106—109页。
③ 色音：《中国萨满文化研究》，民族出版社，2011年，第36—37页。
④ 比如，在北美高原地带，普通人至多可拥有5种守护神，而萨满的守护神远超过这个数量。一位高原地带的特奈诺萨满介绍说，他能控制55种守护神。参见李楠：《北美印第安人萨满文化研究》，社会科学文献出版社，2019年，第118、130页。

属性，个别动物代表了其所属的整个物种或者科属。① 西伯利亚尤卡吉尔人的神话也体现了这一点。在他们的神话表达中，神话人物常常倾向使用个体性的名字，而动物则是其所属物种的名字，有时带了后缀，如熊男（bear-man）、兔男（hare-man）、狐女（fox-woman）等。拉内·韦尔斯莱夫曾引用英戈尔得的一段话对此描述道：

> 北方猎人倾向于使用专有名词来指称人，赋予他们一个独特的身份，而动物更多被看作其所属物种的一个类型，不强调其个体性，以及"人格化的是类型而不是其表现形式"。②

前文介绍现实中动物原型的能力与灵视现象中动物助手的能力是相互关联的，那么动物助手所具备的灵性力量就包含了整个物种与科属的动物力量，尽管是用个体动物来表征的。

萨满透过动物助手进行相关工作时，二者也并非简单的控制与被控制的关系。当萨满忽视动物助手等其他灵性存有的指示、不正确对待神圣的萨满器物、违背道德、触犯禁忌时，动物助手或者其他一些灵性存有就会离开萨满，使萨满失去超自然力，这种能力的丧失常常伴随着萨满的生病。人们认为，能力越强大的萨满往往能够很好地控制动物助手等其他灵性存有。③

萨满常常是在出神状态中看见这些动物助手的。出神状态，或者叫作萨满意识状态、意识改变状态、潜意识等，其并非意识的消失，而是意识的改变。如果说，意识展示的是外部世界的话，出神意识表达的则是内心世界的画面，它是对外部世界的补偿性镜像，二者处于不同的知觉与体验系统。似乎唯有诸如萨满巫师一类深谙出神之道的人，才明白二者互为真实又互为镜像的关系，并自如地在出神状态与寻常意识之间来回转换。在此基础上，人们对于神话进行重新定义。荣格发现原始心理、原始神话与精神病人的幻觉之间存在大量的相似性，因此提出，包括动物助手在内的所有神灵与精神病人的幻觉一样，都是潜意识内在心理的投射，它们是精神性心象的表达。坎贝尔将荣格的潜意识概念应用在神话领域。他认为，神话等民俗传统可能并不是出于底层，而是一种精英文化，记录的是萨满巫师这类有特殊天赋之人的体验，他们曾深层地搜

---

① ［美］麦可·哈纳：《萨满之路：进入意识的时空旅行，迎接全新的身心转化》，达娃译，新星球出版社，2014 年，第 124—125 页。
② ［丹］拉内·韦尔斯莱夫：《灵魂猎人：西伯利亚尤卡吉尔人的狩猎、万物有灵论与人观》，石峰译，商务印书馆，2020 年，第 87 页。
③ 李楠：《北美印第安人萨满文化研究》，社会科学文献出版社，2019 年，第 130—131 页。

索自己的心象。① 曲枫教授通过比较发现，英雄神话的情节与萨满进入迷幻状态时的灵魂经历如出一辙，于是总结道："神话极可能诞生于萨满的深度迷幻。也就是说，这些神话故事并非是人们异想天开的杜撰，而是一种来自神示的意识深处的风景呈现。"② 经过多年心理学研究，迈克尔·纽顿博士也总结道："我还有一个信念，我们大多数民间传说，来自于灵魂在其他物理或精神世界中经历的记忆，他们在催眠中不得不说的这些经历，在某些方面符合地球上的神话和传说。"③

如果动物助手是深层意识状态的呈现，那么它们与出神状态中的人则关系亲近，事实上人们也这么看待它们。比如一些人就把动物助手称之为"另一个身份或密友"④、"另一个自我"⑤、"萨满个性的另一面"⑥、"精神分身"（spiritual doubles）⑦ 等。布里亚特萨满将动物助手称为"库比尔甘"（khublilgan），即"元形态"之意。"库比尔甘"一词源于"库比尔库"，意为"改变自己，呈现其他形式"。因此，萨满的这第二个自我又被当作他的灵魂，即"以动物形象存在的灵魂"，或者"生命的灵魂"。⑧ 丹尼亚·热波里介绍，在尼泊尔车旁（Che-pang）等地区，那里的一些人依旧相信死者的灵魂，特别是那些已逝的萨满的灵魂能够转变成动物。⑨

为了与动物助手进行沟通，萨满文化中的人们还发明了一些技巧。这些技巧有的与沟通其他灵性存有的方式一致，比如灵性追踪、受难牺牲、喝致幻剂

---

① [美] 约瑟夫·坎贝尔、[美] 比尔·莫耶斯：《神话的力量：在诸神与英雄世界中发现自我》，朱侃如译，浙江人民出版社，2013年，第81、117页。
② 曲风：《真实的幻象——萨满教神话的神经心理学成因》，载《河池学院学报》（社会科学版）2005年第3期，第33页。
③ [美] 迈克尔·纽顿：《灵魂之旅2：浮生归宿》，夏芒译，华夏出版社，2012年，第55页。
④ [美] 麦可·哈纳：《萨满之路：进入意识的时空旅行，迎接全新的身心转化》，达娃译，新星球出版社，2014年，第101页。
⑤ [美] 麦可·哈纳：《萨满之路：进入意识的时空旅行，迎接全新的身心转化》，达娃译，新星球出版社，2014年，第127页。
⑥ [美] 米尔恰·伊利亚德：《萨满教：古老的入迷术》，段满福译，社会科学文献出版社，2018年，第93页。
⑦ [英] 罗纳德·赫顿：《巫师：一部恐惧史》，赵凯、汪纯译，广西师范大学出版社，2020年，第129页。
⑧ [美] 米尔恰·伊利亚德：《萨满教：古老的入迷术》，段满福译，社会科学文献出版社，2018年，第93—94页。
⑨ [希腊] 丹尼亚·热波里：《萨满灵魂转化和变异：两者之间的关联和联系》，见白庚胜、[匈] 米哈伊·霍帕尔主编：《萨满文化辩证：国际萨满学会第七次学术讨论会论文集》，大众文艺出版社，2006年，第155页。

等，有的则独属于动物助手，比如佩戴刻画动物助手的面具与服饰，以舞蹈的方式模仿动物助手的姿态、动作（这些舞蹈往往与萨满被动物助手附体时不自觉的表演动作一致）。有时，萨满通过吃动物助手爱吃的食物来吸引动物助手。比如北美洲西北海岸的萨满通过祈祷与吃鲑鱼，吸引同样爱吃鲑鱼的熊、白头鹰等。① 更为极端的情况是，萨满会牺牲与动物助手相对应的现实中的动物原型，让这些动物的精灵因动物的死亡而从动物的躯体中升华出来。② 那么这些出现在出神状态中的动物助手又有什么样的"惊奇"表现，以示它们作为内在力量的象征呢？

首先，萨满在出神状态中时，动物助手常常以人形来显化自己。

动物助手显化为人这一情节在美洲印第安人的宇宙观和世界各地的原住民文化中都十分常见。海岸撒利希族称动物助手为"印第安人"，因为它们也能以人的形态显现。而希瓦洛族的动物助手，最初通常以动物的形象出现在灵视中，尔后以人类形象出现在梦中。③ 当下流行的新泛灵论似乎可以一解其中的缘由。不同于泛灵论（又称之为万物有灵），新泛灵论并未把原住民的万物有灵思想看作注定要被抛弃与替代的错误的思维方式，而是从相对公平的视角主义来重新解读这一现象。比如，一般情况下，人会视自己为人类，视动物为动物或者神灵。但在亚马孙印第安人的宇宙观中，如果从动物视角来看，掠食动物或者动物神灵会视自己为人类，而将人类视为动物猎物。因此，动物亦被称为"非人之人"（non-human persons）。④ 维维洛斯·德·卡斯特罗斯（Viveiros de Castros）用"美洲印第安透视主义"（Amerindian Perspectivism）这一术语来概括美洲原住民的泛灵本体论。即，世界上居住着不同种类的人，人类与非人类，他们根

---

① [美] 麦可·哈纳：《萨满与另一个世界的相遇：从洞穴进入宇宙的意识旅程》，达娃译，新星球出版社，2016年，第36页。
② 曲枫：《商周青铜器纹饰的神经心理学释读》，见《辽宁省博物馆馆刊》（第2辑），辽海出版社，2007年，第93页。
③ [美] 麦可·哈纳：《萨满之路：进入意识的时空旅行，迎接全新的身心转化》，达娃译，新星球出版社，2014年，第125页。
④ Carlos Fausto, "Feasting on People: Eating Animals and Human in Amazonia", *Current Anthropology*, 2007, 48(4): 497.

据自己的视角来理解现实。① 当然，新泛灵论思想并不仅局限于美洲原住民，很可能所有史前拥有万物有灵观的部落文化都参与到这一文化实践中来。因纽特人称动物为"因努阿"（inua），"因努阿"在因纽特语中即为"人"的意思。② 西伯利亚尤卡吉尔人的文化中，不仅人具有人性，重要的狩猎动物，诸如熊、麋鹿、驯鹿等也具有人性。据说，当这些非人之人回到自己的领地——森林、河流或湖泊的深处时，它们就会变成人形，类似于人类生活在家里。③ 科罗拉多河谷中的科科帕族（Cocopa），动物会在梦中以人形出现。④ 有人推论，动物身体内深藏着的人形其实就是动物的灵魂，普通人无法看到，唯有诸如萨满这类具有特殊禀性的人才能看见。⑤ 此时，萨满应该也是处于出神状态，才可看见超自然的灵魂。那么，不难理解，为何动物助手在出神状态下又呈现人形，那或许是更深层次的灵视的呈现，抛弃现实中动物的外衣，展现更纯粹的灵性面貌。

其次，动物助手可与人沟通。

动物助手能够与人进行沟通，这也可看作力量的指标。大致来说，这种沟通可分为两种不同的方式。一种是动物助手以人类的语言与人沟通。还有一种为动物助手与出神者以神秘的语言进行沟通。伊利亚德认为这种神秘的语言为某种动物的语言。⑥ 这种动物语言极有可能为动物助手在现实中的原型动物语言，在出神状态下，动物助手会向出神者教授这些神秘的语言，使他得以了解自然与天地间的奥秘。有时候这两者的沟通方式是同时进行的。对于拉科塔苏

---

① E. Viveiros de Castro, "Cosmological Deixis and Amerindian Perspectivism", *The Royal Anthropological Institute*, 1998, 4(3): 469-488. E. Viveiros de Castro, "Perspectival Anthropology and the Method of Controled Equivocation", *Tipiti*, 2004, 2(1): 3-22. 曲枫：《变形与变性：青海柳湾裸体人像性别认读与意义分析》，载《华夏考古》2016年第3期，第70—71页；曲枫：《平等、互惠与共享：人与动物关系的灵性本体论审视——以阿拉斯加爱斯基摩社会为例》，载《广西民族大学学报》（哲学社会科学版）2020年第3期，第2—6页。

② 曲枫：《平等、互惠与共享：人与动物关系的灵性本体论审视——以阿拉斯加爱斯基摩社会为例》，载《广西民族大学学报》（哲学社会科学版）2020年第3期，第4页。

③［丹］拉内·韦尔斯莱夫：《灵魂猎人：西伯利亚尤卡吉尔人的狩猎、万物有灵论与人观》，石峰译，商务印书馆，2020年，第93—98页。

④［美］麦可·哈纳：《萨满之路：进入意识的时空旅行，迎接全新的身心转化》，达娃译，新星球出版社，2014年，第125页。

⑤ 曲枫：《变形与变性：青海柳湾裸体人像性别认读与意义分析》，载《华夏考古》2016年第3期，第70页。

⑥［美］米尔恰·伊利亚德：《萨满教：古老的入迷术》，段满福译，社会科学文献出版社，2018年，第95—98页。

族来说，当动物助手出现在灵视寻求者面前时，往往会开口说话。[1] 当卡斯塔尼达在内在停顿状态与小狼对话时，即表示他在成为狼巫师的道路上又近了一步。[2] 前两种对话都是以人类的语言展开。萨斯瓦普部落一位萨满在领神期间得到动物的点化，这些动物即为他的动物助手。其中动物助手会教萨满说这种动物的语言。据说，尼古拉山谷的一位萨满在念咒时，可以说草原狼的语言。[3] 显然，这在动物助手与萨满的交流中加入了原型动物的语言。

对于希瓦洛族来说，若有动物开口对你说话，那么该动物就是动物助手的证据。[4] 其实这则信息已经模糊了，当动物开口向你说话时，个体是处在出神状态还是正常意识状态，开口说话的是动物助手还是现实中的动物原型，对于生活在萨满信仰的部落民众而言，他们经常会将二者进行混搭，却丝毫不困惑于其中的逻辑缺口，这只对于拥有单一理性意识的现代人来说才是个谜。当南澳大利亚西部沙漠部落中的某个人要成为萨满时，他将获得与鸟类或者其他动物说话的能力。[5]

再次，动物助手出现不属于寻常环境的元素，即某种程度上的"怪物"。

诸如龙、凤等组合型动物，拥有单项动物所不具备的综合性本领，它们超越寻常动物与寻常存在的本质，显示出非比寻常的能力，因此成为力量的象征与动物助手的代表。[6] 肯特·纳尔本跟随印第安长者——丹旅行，着手写一本关于印第安人的书。在旅行的最后一站，他梦见了一只神奇的鸟，这只鸟的颜色五彩缤纷，容光焕发，几乎占据了整个天空。当他把这个梦告诉丹时，丹告诉他："我想你可以准备动笔写了。"[7] 这只神奇的鸟是独属于肯特·纳尔本的动物助手，带给他力量，让他能够毫无畏惧地动笔。

---

[1]［美］麦可·哈纳：《萨满之路：进入意识的时空旅行，迎接全新的身心转化》，达娃译，新星球出版社，2014年，第126页。

[2]［美］卡斯塔尼达：《前往伊斯特兰的旅程：巫士唐望的世界》，鲁宓译，北京联合出版公司，2018年，第289—294页。

[3]［美］米尔恰·伊利亚德：《萨满教：古老的入迷术》，段满福译，社会科学文献出版社，2018年，第99—100页。

[4]［美］麦可·哈纳：《萨满之路：进入意识的时空旅行，迎接全新的身心转化》，达娃译，新星球出版社，2014年，第126页。

[5]［美］麦可·哈纳：《萨满之路：进入意识的时空旅行，迎接全新的身心转化》，达娃译，新星球出版社，2014年，第126页。

[6]［美］麦可·哈纳：《萨满之路：进入意识的时空旅行，迎接全新的身心转化》，达娃译，新星球出版社，2014年，第127页。

[7]［美］肯特·纳尔本：《帕哈萨帕之歌：与印第安长者的旅行》，潘敏译，广西师范大学出版社，2018年，第265—267页。

最后，出神主体变形为动物助手。

几乎世界各地的原住民文化中，都可以发现萨满变形为动物助手的传统，且历史悠久。比如，墨西哥萨满常常变身为狼，这些变身应该是在出神状态下完成的。[1] 卡斯塔尼达在跟随著名巫师唐望学习巫术之道的过程中，在迷幻药的作用下，发现自己与乌鸦一起飞，且看到的乌鸦是白色的。唐望解释，这表明卡斯塔尼达用乌鸦的视角在看，因为在乌鸦的眼中，它们的羽毛为银白色，而不是人眼中的黑色。那也就意味着，出神中的卡斯塔尼达正与乌鸦融为一体。[2] 一位践行萨满文化的西方人在出神时遇见一匹狼，她描述道：

> 我觉得我是它（狼——笔者注）。我觉得我变成了这匹狼在看星星。我感受一股开阔豪迈感，我开始奔驰。我感受到风在耳边呼啸……我飞快地移动着，我的腿奔驰着。雪地的感觉非常坚硬，似乎在我脚下滑动，完全不会塌陷。移动得非常非常快速……非常非常快。快到仿佛我们（我）就要飞起来……[3]

有时，这种变形还会给现实中的萨满以影响，使其不自觉做出与之合一的动物助手一致的动作，或者与现实中的动物原型长期相处。比如，在阿拉斯加人中，当动物助手应萨满召唤降临时，萨满不仅发出动物助手的声音，还会部分或者全部地化身为某种动物。[4] 在鄂温克族，萨满入神时化为鸟状，并模仿鸟步和鸟态。满族萨满的动物助手较多，要"一铺一铺"地请神。当被动物助手附体时，他们或呈熊状，威猛异常，或变雄鹰，以鼓当翅膀，呈飞翔状，或化为母虎，与装扮成虎崽的小孩亲切玩耍。[5] 在我国北方民间，当萨满被神鹰附体后，甚至有马上吃鲜猪肝的需求。[6] 以至于有人推测到，中国功夫中的虎拳、鹤拳、猴拳及龙拳，极有可能改编自中国及中亚萨满的力量动物之舞。[7] 在加州印

---

[1] 曲枫：《身体的宗教——萨满教身体现象学探析》，见郭淑云、薛刚主编：《萨满文化研究》（第3辑），民族出版社，2013年，第53页。

[2] [美] 卡洛斯·卡斯塔尼达：《巫士唐望的教诲：踏上心灵秘境之旅》，鲁宓译，北京联合出版公司，2018年，第174—177页。

[3] [美] 麦可·哈纳：《萨满与另一个世界的相遇：从洞穴进入宇宙的意识旅程》，达娃译，新星球出版社，2016年，第131页。

[4] 曲枫：《变形与变性：青海柳湾裸体人像性别认读与意义分析》，载《华夏考古》2016年第3期，第72—73页。

[5] 孟慧英：《论原始信仰与萨满文化》，中国社会科学出版社，2014年，第116页。

[6] 郭淑云：《中国北方民族萨满出神现象研究》，民族出版社，2007年，第214页。

[7] [美] 凯文·唐纳《萨满回归的时代》，见 [美] 麦可·哈纳：《萨满之路：进入意识的时空旅行，迎接全新的身心转化》，达娃译，新星球出版社，2014年，第4页。

第安人的尤基族（Yuki）中，那些被认为拥有力量能变形为熊的萨满被称为"熊萨满"。初为萨满时，他会和真的熊为伍，吃它们的食物，偶尔也和它们睡在一起，有时会和熊度过整个夏天。[①] 前面我们介绍过，动物助手是深层意识状态的呈现，可看作萨满的第二层人格与身份，那么也不难理解为何萨满在现实生活也会与动物助手现实中的原型亲密相处。尤其是，当萨满与动物助手合体，或者被动物助手附体完全转变为动物助手时，萨满的自我意识会越来越少，而属于深层意识状态的第二层人格——以动物助手来展现，所占的比重会越来越大。萨满越来越多地被动物助手这两层人格支配，使得现实中的萨满也不自觉地展现动物助手的动作。由于与第二层人格的联系的紧密性，以至于他真的去亲近动物助手在现实中的原型。

萨满变形因此就成为萨满文化视觉艺术中最常见的母题之一。南非布须曼人的岩画中描绘了八个长了羚羊头的人物，表现了萨满身体由人转换为羚羊的过程。北美印第安人有一种拨浪鼓，上面雕塑着乌鸦与人的合体，表现了萨满与乌鸦相互变形的经历。[②] 法国南部莱斯·特罗伊斯·弗雷雷斯洞穴画中有一幅著名的鹿角人兽图，代表了萨满进入鹿时的迷幻变形状态。[③] 人们推测，这些美术形象应与出神状态时，萨满变形为动物助手的体验有关。

至于为什么在出神状态中会出现这些变形体验，至今还没有人进行很深入的探讨，仅存在几种可能性的描述。比如，这或许就是神经系统刺激下，出神中某种独特体验，没有什么原因。还有一种常见的说法为，因为动物助手等于超自然力，在最初产生幻象的时候，萨满往往要通过融入动物助手的本性与能力，才能获得超自然力，而唯有完全变形为动物，萨满才能得到更为完全的超自然力。[④] 那也就意味着，出神状态中，萨满的变形并非毫无章法，而是出神机制中的冥冥安排，或者是萨满更深层次的本性要求。这就导致萨满有时会在仪式中将自己装扮成动物助手的形象，象征性表达与动物助手的合一，以期获得其所蕴含的超自然力。比如那些扮演熊的巫师，会真的把熊掌套装自己的手

---

① ［美］麦可·哈纳：《萨满之路：进入意识的时空旅行，迎接全新的身心转化》，达娃译，新星球出版社，2014年，第127—128页。
② 曲枫：《身体的宗教——萨满教身体现象学探析》，见郭淑云、薛刚主编：《萨满文化研究》（第3辑），民族出版社，2013年，第54页。
③ Andreas Lommel, *Shamanism: The Beginning of Art*, New York: McGraw-Hill, 1976, p.12.
④ 李楠：《北美印第安人萨满文化研究》，社会科学文献出版社，2019年，第127页。

上。① 因纽特萨满在仪式表演中，还会身穿动物皮毛制作的外衣、手戴动物的指甲、口套动物的牙齿等，进而通过模仿以达到与动物助手的合一。② 而所产生的问题是，虽然出神体验与人类普遍的神经系统相关，但是这些可产生出神体验的神经系统又是怎么来的？为什么会在人类的进化史中，普遍出现了可导致出神的神经系统？出神与相关神经系统的因果排序到底哪一个在前，哪一个在后，彼此配合解答的过程中又能揭示出哪些更深层次的身心运行机制原理呢？在解答"神秘"现象时，未知比已知还要多，甚至还要重要，而这正是探讨这些"神秘"现象的乐趣与价值所在。

同样的，在萨满变形为动物助手的过程中，也出现了现实与幻象不分，或者更准确地表述为现实与幻象融合的现象。那就是，一些生活在萨满文化中的人真的相信萨满会变成与动物助手相对应的现实中的动物原型，以实施巫术。③此时，萨满与现实中的动物助手，一荣俱荣，一损俱损。现实中代表动物助手的动物受伤的话，萨满也会在相同的位置受伤。北美佩诺布斯科特人存有大量关于萨满变形为动物助手的故事。其中一则讲述两个被部落派出去侦查的萨满，在被易洛魁人发现后，分别变身为熊和豹逃跑的故事。还有一则是萨满变形为豪猪，当其被追打后，帮助猎人获得好运的故事。而且豪猪受伤的位置与萨满受伤的位置是一致的。④ 那么，表征萨满与动物助手合一的现实中的动物，到底是真实还是表征灵体，更不能分清。为什么萨满文化中经常出现现实与幻境混溶不分的情况，是出于有意还是无意？更进一步追问，变形具化到现实中的真实动物，是出神状态中变形体验的文化延伸，还是萨满在出神时所达到的真实精神力在起作用？这些都需要继续发问、继续探讨。

以上便是动物助手在出神状态中的表现，分别为：常以人形来显化自己；可与人沟通；出现不属于寻常环境的元素；与出神主体合一，即出神主体变形为动物助手。出神状态中人与动物助手的交流模式，似乎重建远古神话时代人

---

① [美] 麦可·哈纳：《萨满之路：进入意识的时空旅行，迎接全新的身心转化》，达娃译，新星球出版社，2014 年，第 130—131 页。

② J. Blodgett, *The Coming and Going of the Shaman: Eskimo Shamanism and Art*, Winnipeg: The Winnipeg Art Gallery, 1978, pp. 75 – 76.

③ 践行印加巫术之道的阿贝托·维洛多博士曾描述，一个名叫罗拉的资深女巫师，可在白天觉醒的时候与兀鹰融为一体，并依据她的旨意支配兀鹰。参见 [美] 阿贝托·维洛多：《印加能量疗法——一位心理学家的萨满学习之旅》，许桂绵译，生命潜能文化事业有限公司，2008 年，第 48—50 页。

④ Elisabeth Tooker ed., *Native North American Spirituality of the Eastern Woodlands: Sacred Myths, Dreams, Visions, Speeches, Healing Formulas, Rituals and Ceremonials*, New York, Ramsey, Toronto: Paulist press, 1979, pp. 93 – 94. 李楠：《北美印第安人萨满文化研究》，社会科学文献出版社，2019 年，第 127 页。

与动物和谐相处的美好场景。神话传统常常记载，在天地未分的年代，人类了解动物的语言，与动物和平相处，彼此经常沟通。随着人类的"堕落"，人与动物的关系开始敌对。而在出神状态时，出神主体又可以体验到与动物的交流、合一，彼此建立友谊、相互帮助与尊重。① 人与动物和谐相处的画面虽然只处于出神状态中，但是，出神状态作为主体的第二人格，必会给人造成影响。一个合理的假设便是，越多的人体验到动物助手，他们也就会在现实生活中更融洽地与动物相处。因为这些神奇的表现，动物助手还成了原始艺术中的常客，刻画有动物助手的原始艺术因表征了神秘心象，也被视作神圣，成为显圣物，拥有巨大的魔力，可作用于出神主体的心理。张光直就认为商周青铜器上的动物形象，甚至新石器时代发现的动物美术形象，大都代表着萨满的动物助手形象。② 此番言论一出，迅速在国内引起波澜，不乏批评者。他们认为，这是在割舍中国文化的特殊性，强用一种地方性文化解释所有地区的所有文化现象。③ 然而，神经心理学的研究发现，萨满出神就是一种普遍现象，虽然具体到不同的文化会有一些差异。维护文化特性固然是好，但也要抛弃民族主义的偏见，以更广阔的视野看待具有共通性的出神与相关文化遗产，并用以继续解答中国文化的奥秘。在萨满理论的助力下，以期探求中国神话的变与不变、独特性与普适性间的真正所在。

　　动物助手虽然以现实中的动物原型为框架，却又"凌驾"其上，展现出超高本领与非同寻常的一面。这些"非同寻常的一面"是萨满出神时内在心理画面的真实展示，作为萨满神圣力量的来源，以辅助萨满进行各项工作。同时，出神状态中看到的动物助手与现实中的动物原型关系密切，动物原型能力越高，动物助手的力量就越大。于是萨满的神圣能力既源自内心精神力量，又连接现实动物原型。现实原型与内在精神力如何相互结合，构成萨满能力来源，还有待进一步研究，但是这一结合却似乎能解答何以不同神灵拥有不同的本领，可治疗不同的疾病。比如作为"狗"的动物助手与作为"狼"的动物助手所拥有

---

① ［美］米尔恰·伊利亚德：《萨满教：古老的入迷术》，段满福译，社会科学文献出版社，2018年，第98页。
② ［美］张光直：《考古学专题六讲》，文物出版社，1986年，第5页；［美］张光直：《艺术、神话与祭祀》，刘静、乌鲁木加甫译，北京出版社，2017年，第四章。
③ 批评张光直先生泛萨满化理论的文章具体见萧兵：《中国上古文物中人与动物的关系——评张光直教授"动物伙伴"之泛萨满理论》，载《社会科学》2006年第1期，第172—179页；陈来：《古代宗教与伦理：儒家思想的根源》，北京大学出版社，2017年，第53—54页；李零：《中国方术考》，中华书局，2019年，第363—365页。

的治病本领不尽相同，很可能就在于其所对应的动物原型狗与狼不尽相同。更进一步展开，动物助手、植物神、自然神等这些灵性助手拥有不同的治病本领，或许也是因为更大范围内的动物、植物自然是不同的。而不同文化在诸多灵性助手中选择以特定种类作为本地区的主导灵性助手，我们在其中发现出神现象的一致性时，更是从具体的出神表现中，窥探到文化的演变与特殊性。选择以动物助手进行研究也是将之作为一个切入口，试图从它的运作模式中推演其他的灵性助手的运作与发展模式，并进行相关比较。借由对动物助手的探讨，触类旁通，继续解答在时间流变中的萨满出神之谜。

四、小结

潜意识是创造性的源头，某些艺术作品、哲学概念、科学发明、宗教显圣物等常常是发明、制造者于潜意识状态中，受其启发而产生，与萨满巫师的出神状态相同。萨满巫师乃至超个人心理学家常常是在潜意识状态中，经历与化身为神灵的潜意识心理的一番交往，获得来自潜意识的神秘知识。这也就是我们所说的出神。为了尽快进入出神状态，出神大师们还发明了一系列技巧手段，像瑜伽、禅定、观想、诵经祈祷、击鼓、汗蒸屋、绝食、跳舞至恍惚、不睡觉、吃迷幻剂等。潜意识像一个幽灵，可遇而不可求，虽然可以通过一些手段快速转换到潜意识的调频，但潜意识更看重的是人心的纯洁。一旦心灵纯洁不再，再怎么借助手段，潜意识也很难出现。不同的意识状态存在不同的系统，其中已发生了质的改变，一种意识状态的记忆与认知不容易为另一种意识状态所理解，每一种意识状态的知觉体验、能量构成、实相与相应记忆，需要进入特定的意识状态才能将其捕获。虽然意识与潜意识位于不同的轨道与系统中，各自有各自的表现，看似相互独立，却并非完全隔离。具体的运行机制还有赖进一步的研究才能得出结论。其中，狩猎文化中的动物助手拥有强大的行动力与穿越力，承载着一种神秘而可畏的集体力量，在萨满文化中扮演着重要角色。动物助手在出神状态中往往有特殊的表现，即它们虽然以现实中的动物原型为框架，却又凌驾其上，其不同寻常之处正是动物助手作为萨满神圣力量来源的表征。借助荣格心理学，我们将会更为清晰地看到这一点。

第三章　神经质表现中的潜意识

　　神经质在荣格的描述中是一个非常宽泛的概念，当出现诸如气得发疯、思想与情感的分裂、不自觉的口误、内心的冲突、该哭的时候却笑出来等分裂行为时，就已经是一种轻微的神经质表现了。如今，神经质俨然已经成为一句口头禅，流传于各种文化现象中。以上其实是意识与潜意识分裂现象的一种表现，不和谐的心理势力才会导致自己与自己的不一致。当潜意识一再受到压制时，被压抑的潜意识便会彻底征服意识，轻微神经质升级为真正的神经质，以至于来自潜意识的幻觉心理再无法与意识相容。在荣格看来，各种各样的神经质现象都是在不同的语境下由于潜意识情结造成的意识暂时分裂所致。

　　对于现在社会而言，神经质是压抑潜意识遭其反噬的结果。当意识一再压抑潜意识的表达与要求时，这些精神能量并没有消失，作为独立的心理生命，即便人们抛弃它，它也绝不会抛弃人。潜意识只是暂时的退行，待攒聚能量后，它们会在潜意识源头处激活并复苏所有那些至关重要的东西、那些与意识不一致的倾向等，并进行投射。这些被激活的潜意识化为某种声音、某种形象与患者进行交谈，异质且独立地存在着，被患者当作唯一的真实。此时，潜意识再也不受意识的控制。它们导致意识、心理的分裂，使意识无法整合潜意识幻象。神经质患者被潜意识包围与吞噬，并对其信以为真，因而再也无法回归到现实生活中。然而这些潜意识并无过错，在正常与理想的模式下，它们是上一章节投射出、吸收进模式，用于意识的增长、视野的开阔、人格的转变。但当由于某些原因潜意识不能依此模式进展时，便有可能出现神经质，它是心理失调的后果。此外还有一些部落中人、艺术创作者等因过于投入潜意识、不能控制潜意识而形成神经质倾向，以及使得萨满巫师成为萨满巫师的带有神经质性质的疾病入会礼。可见，在与潜意识的接触中，神经质的原因与表现多种多样，以下是具体分析。

第一节　过犹不及：不同比例的潜意识与神经质

一、不及：压抑潜意识所导致的神经质

（一）失衡所导致的神经质——以道德失衡为例

就像身体一样，心理也有一个调节系统，主要是由潜意识主持。[①] 每当意识态度出现偏移与失衡，潜意识便主动对其进行调适，使意识不至于太偏离本性，告知可能存在的危险，维持心理平衡。如若个体一再不听从潜意识的意见，便会得到来自潜意识的极端调节与补偿，常常表现为与神经症相关的各种心理疾病。有时，那些为善为益的潜意识心理也会因为受到压抑而变得为恶为虐，但只要人们能够认出幻象中的潜意识意图，神经质也是潜意识对偏颇心理进行调适的一种表现，只不过这次不再那么温柔。

以《但以理书》中的一则故事为例：国王尼布甲尼撒在征服了整个索美尼亚和埃及后，自认为非常伟大，于是他做了多数成功之人都会做的那种梦。他梦到一棵巨大的树直冲云霄，树木投下的阴影遮蔽了整个世界。这时天上的守护神命令把树砍掉，只有树桩保存下来，他自己则和野兽们生活在一起，他的人心也被取走，换之以兽心。所有的智者都不愿意分析这个梦，除了一位勇敢的分析师丹尼尔。他警告国王要对自己的不公和贪婪忏悔，否则梦会变成真的。自然历史上大多数国王如尼布甲尼撒一样，是不听劝的，他们已经被权力与荣耀蒙蔽了真心。然而所有的一切都按照潜意识的预言发生了。最终尼布甲尼撒被驱逐到野兽中去，变得像动物一般，回到原始状态。所有的一切都象征着一个曾经走过了头的人的回归。[②] 在上述事例中，那些自大、骄傲的人偏离自然轨道，不轻易听取与采纳潜意识的意见，以致遭到潜意识的惩罚，成为自己野心的牺牲品。潜意识调节体现的一个侧重点便是对"大东西"的挟制以及"小东西"的弥补，以至于"大东西"不得不做出牺牲、献祭、施舍等行为取悦于神明，才不至于招致不可挽回的厄运。如《老子》言：

　　天之道，其犹张弓与？高者抑之，下者举之；有余者损之，不足

[①]［瑞士］茹思·安曼：《沙盘游戏中的治愈与转化：创造过程的呈现》，张敏、蔡宝鸿、潘燕华等译，中国人民大学出版社，2012年，第28—29页。

[②]［瑞士］卡尔·古斯塔夫·荣格：《象征生活》，储昭华、王世鹏译，国际文化出版公司，2018年，第88页。

者补之。天之道，损有余而补不足；人之道则不然，损不足以奉有余。孰能有余以奉天下？唯有道者。①

也正如波斯国王克谢尔克谢斯的叔父玛尔多纽斯欲阻止要征战希腊的波斯国王时所言：

> 那些小东西却不会使神震怒。而且你还会看到，他的霹雳怎么总是落在最高的建筑物和树木身上去；这是因为神不允许过分高大的东西存在，这乃是上天的旨意。所以，一支人数众多的军队是完全可能毁在一支人数较少的军队的手中，因为实力强大的总会遭到神的嫉妒，而被施以雷霆手段，结果，他们就一钱不值地毁掉了。确实神除了他自己之外，是不容许任何人妄自尊大的。②

民族志中也有大量相关的例子。苏丹的豪萨人在"几内亚麦"成熟的时候便会发生热流行病，而避免这种热病的唯一方式便是把麦子送给穷人。在地中海和欧洲等地区有仪式期间小孩子造访各家、讨要礼物的习俗，这时家家户户都会对小孩子特别慷慨，把小孩当作神明供以礼物。对这些人来说，慷慨是必须的，因为人们有这样的一种信念，即复仇女神会替穷人对那些过分幸运和富有的人加以报复，后者应该散掉他们的好运和财富，做神灵所喜欢的事情，赢得神灵的青睐。③ 如果表征潜意识的神灵或者支配着各种传统习俗的潜意识心理倾向于对弱小予以辅助，对强大加以遏制，使两者不至于相差太远，维持公平与正义，那么从这种倾向中可以看到潜意识的某种道德属性。在神经质的诸多原因中，就有一种因为个体的不道德进而导致的心理疾病。荣格经常举的一个例子为，一个患有强迫性神经症的青年对自己的病症进行彻底的心理分析，分析内容之翔实都可以达到发表的程度。然而他的病症却丝毫不减，于是跑去问荣格这到底是怎么回事。通过敏锐的直觉，荣格问了他一个边缘性问题，即他去不同地方过冬度夏的钱是怎么来的。在男子遮遮掩掩的回答下，荣格了解到，原来是一个工资微薄的36岁的大龄未婚女性爱慕这个28岁的小伙子，于是省吃俭用供养着他，让他潇洒过日。于是有了如下的争论：

荣格：你还问你为什么有病！

小伙子：你这是道学观点，不是科学。

---

① 汤漳平、王朝华译注：《老子》，中华书局，2017年，第292页。
② [希腊] 希罗多德：《历史》（下），周永强译，安徽人民出版社，2012年，第480页。
③ [法] 莫斯：《礼物》，汲喆译，商务印书馆，2016年，第27—28页。

荣格：你口袋里的钱是从那个女人那里骗来的。

小伙子：不。我们商量好的。我跟她认真地谈过了，我从她那里拿钱是可以的。

荣格：你对自己伪称这些钱不是她的，但是你却靠这些钱生活。这是不道德的。这也是你得强迫性神经症的原因：因为它是对不道德态度的补偿和惩罚。①

这是潜意识在用神经质的方式调节患者已经偏移了的、不道德的心理。除非患者终止不道德的行为，否则神经质将继续存在，即便他自己对此还未察觉。《世说新语》中记载，王献之病危，请道士上表求神祛病，而在此之前病人应首先自动陈述罪过。道士问他："你一直以来有什么过失？"王献之回答："我不觉得有什么其他的事情，只是想起与郗家离婚之事。"② 王献之的原配为郗昙之女，名道茂，与王献之感情深厚。后新安公主仰慕王献之，孝武帝下旨让王献之休掉郗道茂，再娶新安公主。王献之无法违抗圣旨，只好忍痛割爱，不得不休妻，成一生憾事。王献之身患重病是否与此一憾事有关还很难说，但其治疗方式却表明，似乎要先通过坦白错误使内心澄净，方可有治愈的机会。高基人认为万物相连，如果不能维系自身的内在平衡，就会威胁外在世界的平衡，疾病与灾难便会降临。当高基人生病了，那里的祭司会来盘问病人："你做了些什么事？是什么让你把自己抛出平衡之地？是什么让你将自己暴露于疾病的威胁之中？"③ 由此可推测，心理平衡对心理疾病乃至身体疾病的治愈作用。这或许也是各大宗教都有忏悔这一环节的原因所在。

在荣格理论体系中，当人们因为不能保持自己的本性，也就是不能满足潜意识要求时，便会陷入某种道德冲突，而道德冲突是神经质发生的最常见的起因，此时的心理疾病是潜意识在以神经质的形式调节已非自然的心理。④ 再次可见潜意识内涵中的某种道德属性。需要指出的是，此道德与刻板的道德准则并不相同，它是一种先天性的道德反映，发生在道德准则之前。此道德内容上也超出后者，甚至于颠覆。前文说原型的对立法则，使得它既包括好的一面也包

---

① ［瑞士］卡尔·古斯塔夫·荣格：《象征生活》，储昭华、王世鹏译，国际文化出版公司，2018 年，第 102—103 页。

② 朱碧莲、沈海波译注：《世说新语》，中华书局，2011 年，第 39—40 页。

③ ［英］艾伦·艾来拉：《高基族人发出的警诫》，"他者 others" 微信公众号，2016 年 9 月 17 日。

④ ［瑞士］卡尔·古斯塔夫·荣格：《心理结构与心理动力学》，关群德译，国际文化出版公司，2018 年，第 69 页。

括坏的一面，既黑又白。正面的道德与良心形象被称作守护神、元灵、守望天使、内心的声音、更高人格的人，负面的道德与伪良心被称作魔鬼、诱惑者、试探者、邪灵等。然而原型的负面性，只是为增强内心的抵抗力，使人们对邪恶有认知，从而不再轻易地被邪恶控制，并尝试转化的可能。而原型本质上是中性的，位于人类心理最高的价值之列，多是保护性与治疗性形象的代表。唯有位置不当时它才变成一种恼人的偏见。若运用得当，则是精神财富与精神宝藏。荣格举过一个例子：因纽特人会因为自己用铁质的刀具而不是传统燧石刀来剥去兽皮而惴惴不安，也会因为自己把朋友弃于险境而良心不宁。因为二者行为都背离了他们普遍接受的传统习俗，而那些传统习俗与既定的行为范式多由潜意识心理所支配。越是与此相背离，其惹起的情感反应越强烈。① 在荣格语境下，一个合理的推测为，与如今那些丢掉灵魂的现代人相比，多被潜意识心理支配的原住民，要更为道德。②

在传统社会，人们被潜意识氛围包围。受到潜意识心理或者与之相关的文化传统的约束后，他们自发地过一种有道德的、受禁忌的生活。而一旦他们的行为与神灵所表述的要求不一致，有意无意做出不道德之事，就会得到神灵的惩罚，招致不幸、疾病、灾难等。即便生前没有被惩罚，死后也逃脱不了。同一部落信奉同一神灵，作为一个整体处于神秘的互渗之中，于是那里的人相信其中一人因触犯神灵法则引起的疾病会污染整个部落，使得整个部落都生病；同样的，如果是多数部族之人共同违反了神灵传统，神灵也会选择这一部落中罪恶轻微的人作为惩罚代表。这在传统社会和文学作品中有大量的描述。

根据古希腊悲剧《俄狄浦斯王》的描述，俄狄浦斯摆脱不了自己的命运，无意中做了杀父娶母这等大逆不道之事，成了忒拜城的污染。由于污染太大，整个城邦都生病了，田间的麦穗枯萎了，牧场上的牛瘟死了，妇人流产了，带火的瘟神也降临到这个城邦，只有查明真相，清除污染，这场灾难才会停止。

索福克勒斯在《俄狄浦斯王》中又借歌队所言：

> 愿命运依然看见我所有的言行保持神圣的清白，为了规定这些言行，天神制定了许多最高的律条，它们出生在高天上，他们唯一的父亲是奥林波斯……如果有人不畏正义之神，不敬神像，言行上十分傲

---

① ［瑞士］卡尔·古斯塔夫·荣格：《文明的变迁》，周朗、石小竹译，国际文化出版公司，2018年，第343页。
② ［瑞士］卡尔·古斯塔夫·荣格：《原型与集体无意识》，徐德林译，国际文化出版公司，2018年，第130页。

慢,如果他贪图不正当的利益,做出不敬神的事,愚蠢地玷污圣物,愿厄运为了这不吉利的傲慢行为把他捉住。做了这样的事,谁敢夸说他的性命躲得了天神的箭?如果这样的行为是可取的,那么我何必在这里歌舞呢……关于拉伊奥斯的古老的预言已经寂静了,不被人注意了,阿波罗到处不受人尊重,对神的崇拜从此衰微。[1]

荣格非常喜欢他的中国通好朋友查理德·威廉在中国所亲身经历的巫师求雨的故事,经常拿来讲述。故事是这样的,理查德·威廉曾来到中国一个偏远的村庄,那里正遭遇严重的旱灾。为了结束这场灾难,村民们绞尽了脑汁,各种祈祷、符咒都用过了,但都没有奏效。村里最年长的老人告诉威廉,现在唯一能做的是从远方请一个法力高强的人来。来者是一个干瘪的老头,只见他不高兴地嗅了嗅空气,然后要求人们在村外盖一所茅屋,待他进屋后,三天不准人打扰他,食物放在屋外即可。三天之内,人们听不见他的任何动静,后来,当人们醒来时迎来了一场倾盆大雨,甚至还下了雪。威廉深感惊异,向那位老者询问原因,老者回答:

你知道,我来自一个地区,在那里一切都井然有序,天该下雨则下雨,需要晴时就放晴。老百姓本身也是循规蹈矩地过活。可这里的人就不同了,他们都既不信教,也不相信自己。来到这里时,我立刻受到了影响,所以我不得不一人独处,直到我再次入道。后来很自然,天就下雨了![2]

泰雅人相信触犯某些 gaga(祖先流传下来的话)就会不净,而且会被 lyutux(泛称神、祖先、鬼)惩罚生病。在他们的日常聊天中,经常会出现的话题是某某生病了,可能是因为他本人、他的家人或者祖先曾经触犯了 gaga,做过杀人、奸淫、不孝顺父母、打架、骂人、造谣等事情,必须请巫医来举行治疗仪式。在过去,由于 gaga 所规定的范围是整个部落,所以有人触犯了 gaga,会给整个部落带来不净而一起招致惩罚,甚至部落中有人会因此而生病或者伤亡。大约于 1950 年后,触犯 gaga 的人数越来越多,为避免所有的部落受到影响,泰雅人便将 gaga 戒律的范围由部落层次改为各家各户或者个人自行负责。从此,若有人再触犯 gaga,lyutux 的惩罚范围就只限于犯错者的家户或个人。相较于泰雅人

---

[1] [古希腊] 埃斯库罗斯:《古希腊戏剧选》,罗念生译,人民文学出版社,2008 年,第 78—79 页。
[2] [英] 芭芭拉·汉娜:《荣格的生活与工作:传记体回忆录》,李亦雄译,东方出版社,1998 年,第 156—157 页。

部落，同支脉太鲁阁人的 gaga 指涉的更多是人和 lyutux、人与人互动过程中的一种状况，甚至是个人内在的状况，更强调心的正直以及人要有自己的力量。当地人相信不管做了什么违背良心的事，或者讲了让人不高兴的话，当别人有怨恨在，就会影响到自己和家人。① 恩登布人通常认为，狩猎失意、女性不育和各种各样的疾病是去世的亲属阴魂在作怪。阴魂并不是无缘无故烦扰亲属，当亲属在心里忘了他们或者做出诸如争吵、离开故土到别的地方去居住等不被赞成的事时，便会被阴魂缠住。有时候，一个人即使过错甚微，也可能作为他所在的被争吵与怀恨包围的社群的替罪羊而被阴魂惩罚。当病人经占卜师确定是有阴魂致病，人们便策划着阴魂仪式，驱赶和安慰制造麻烦的阴魂，这时需要病人与社群相关人员彼此忏悔。因此，此仪式治疗在消除病人病症的同时，对社会关系的裂痕进行修复。② 因纽特人把遵守禁忌作为生活的规则。他们需要劝解被打死或者被打死后用它们皮毛做成衣服的动物，因为它们都有灵魂。如果忽视规则就会激怒海洋的生物母亲，她控制着所有生活的再生与迁徙，能够通过流行病或者控制策略惩罚犯罪的人。只有通过萨满激烈的询问，犯罪者才会承认曾违背某些规则并对之忏悔，这个人才能得到原谅。③ 加拿大中部奥吉布瓦印第安人集体都有这样一种信仰，即生病是对不轨行为的惩罚，任何一种严重的不舒服都与原先违背道德规范的行为有关，不舒服是行为违反了被公认的人际关系的结果，不管这种关系是人与人之间或是人与非人存在物之间的。④ 英属圭那地区的爱卡外欧印第安人相信个人、家庭和社区的敌意与纠纷是疾病、不幸乃至死亡的原因，这种敌意与纠纷引起了神灵的关注，然后这些神灵就用疾病和死亡来惩罚那些人，以此表明自己对这些行为的否定。此时，萨满不仅要治疗身体上的疾病，也要治疗深藏的社会顽疾。当地人认为当犯错者改邪归正、社会与自然的关系逐渐修复时，病人就会康复。⑤ 他们用这种办法来保持人与人、人与天的某种平衡。

当然还有来自埃及《亡灵书》的相关神话传统。古埃及人认为，人死后到达来世之前要通过一段漫长而危险的冥界之旅，最后到达冥界的审判庭，并接

---

① 胡台丽、刘璧榛主编：《台湾原住民巫师与仪式展演》，"中央研究院"民族研究所，2010年，第368—417页。
② [英]维克多·特纳：《象征之林：恩登布人仪式散论》，赵玉燕、欧阳敏、徐洪峰译，商务印书馆，2017年，第13、491页。
③ 孟慧英、吴凤玲：《人类学视野中的萨满医疗研究》，社会科学文献出版社，2015年，第194页。
④ 孟慧英、吴凤玲：《人类学视野中的萨满医疗研究》，社会科学文献出版社，2015年，第78页。
⑤ 孟慧英、吴凤玲：《人类学视野中的萨满医疗研究》，社会科学文献出版社，2015年，第82页。

受重生的审判。其间，死神阿努比斯会称量死者的心脏，如果死者的心脏比羽毛还轻，就说明他的灵魂是纯洁的。之后他就会被带到极乐之地芦苇之境，等待重生。但如果死者的心脏比羽毛还重，说明此人生前罪恶重重，那么他的心脏便会被怪物艾利特吃掉，死者的重生之路就此断送。而《亡灵书》就是帮助亡灵们顺利通过阴间的险阻与神灵道德审判的法宝，其内容多为亲属为死者哼唱的经文、众神的名字和赞美神灵的圣歌、死者申辩生前无过错的自我陈词等。最早的《亡灵书》只有法老与王室成员才使用，他们把这些奇特的咒语刻在金字塔内壁上；随后才在贵族官员与普通百姓中普及，分别记录在石棺与莎草上。以下是《亡灵书》中自我辩白的截取内容：

> 看吧，
> 我到你身边来了，
> 没有错误，
> 没有犯罪，
> 没有邪恶，
> 也没有人作反对我的证词，
> 因为我没做什么不利于他的事情。
> 我以真理为生，
> 我吞下真理，
> 我做人们说的事，
> 我做众神喜欢的事。
> 我用神灵爱之物抚慰他；
> 我给饥饿者面包，
> 给口渴者水，
> 给赤裸者衣，
> 给无船者船，
> 我为神灵提供贡品，
> 为神灵提供乞灵贡品。
> 救我，
> 保护我，
> 不要在（众神）面前打不利于我的小报告，
> 因为我手口都纯洁，
> 看见我的人都对我说"欢迎再来！"

……
我是清白的
……①

以上当然只是神话信仰中的人的说法,我们还应该注意其深层意义与象征功能。在神话信仰中,人们认为世界不只包括物质世界,还包括精神世界。植物、动物、矿物等都住有精灵,拥有灵魂、生命与本质,就像人一样。人类在宇宙整体中并不占据优势。人类世界与精神世界是互渗的,相互交换信息与能量,对周围的事态施以影响,构成宇宙统一体。人类可以影响精神世界及周围的环境。反之,精神世界和周围的环境也可以深入人类的世界。理想情况下,人类世界与精神世界本该是和谐共处的,处于平衡、稳定的状态中。但是由于某些原因,二者之间的平衡被破坏了,这就可能导致疾病、污染、灾难等,而精神世界也会在此施展破坏性或者惩罚性的一面。② 其中,社会道德秩序的瓦解被许多原住民文化视为破坏自然宇宙平衡的一列。当道德瓦解时,精神世界的精灵们就会对人类世界施展惩罚:人们会因此生病,或者社会中发生其他什么灾难。事实上,由于宇宙间互渗互连,本质相通,"一个有病的人意味着一种生病的宇宙"③,所以相应的各种灾难性的情况都有可能发生。这个时候,就轮到萨满大显身手了。萨满通过自己的出神技术,接触超自然的力量,通过对无形的精神世界施以影响,重新创造与超自然的和谐,满足现实需求,消除疾病等各种灾难。萨满出神、治病仪式中,部落中的人往往坦诚自己的错误,祈求神灵的原谅。无怪乎,人们常评价说"萨满是治疗罪恶的"④。

荣格从心理发展的视角对现代人与古代人的道德倾向进行判断梳理有一定的创新性。但要注意到,把道德与否的评判标准完全依据心理来定,其实是有些片面的。人是受内外交互影响的动物,先天性的内在心理与外在的环境都会影响到人们的行为选择。内在心理神秘不可知,对人造成的影响不好判断,然而来自外在环境的影响确是实实在在的。即便在部落时代,由于受到不同的社会影响,也可以出现截然相反的文化氛围。L. S. 斯塔夫里阿诺斯(L. S. Stavri-

---

① [英]福克纳编著:《亡灵书》,文爱艺译,安徽人民出版社,2013年,第14—15页。
② [俄]马克思:《中俄当代布里亚特萨满教比较研究》,见薛刚主编:《萨满文化研究》(第4辑),民族出版社,2015年,第114—115页;孟慧英:《西方现代萨满教简说》,见何星亮主编:《宗教信仰与民族文化》(第8辑),社会科学文献出版社,2016年,第231页。
③ 孟慧英、吴凤玲:《人类学视野中的萨满医疗研究》,社会科学文献出版社,2015年,第192页。
④ 孟慧英、吴凤玲:《人类学视野中的萨满医疗研究》,社会科学文献出版社,2015年,第195页。

anos）教授举出的例子为，塔萨代人是一个生活在菲律宾棉兰小岛上与世隔绝的食物采集的部落，共有 27 人，于 1971 年被发现。这个小群体最主要的特点是完全没有侵略性，他们根本没有"武器""敌对""战争"这样的词，并平等地在群体成员中分配自己采集来的所有食物。然而就在世人知道塔萨代人的同时，又在巴布亚新几内亚发现了另一个拥有 30 人的小群体，即芬图人。与塔萨代人的和平状态相反，这个部落中的人都是凶暴的武士，他们不断地用弓箭进行战斗。于是，斯塔夫里阿诺斯教授总结道：

> 历史记载表明，人类生来既不爱好和平，也不喜欢战争；既不倾向合作，也不倾向侵略。决定人类行为的不是他们的基因，而是他们所处的社会教给他们的行事方法。①

此种观点可以看作对荣格从先验心理视角判断道德倾向的补充。

（二）丢失使命而导致的神经质

除此以外，神经质还与是否完成来自潜意识的使命有关。荣格认为潜意识在每个人的一生中都安排了独属于个人的潜在使命，把某种责任与义务放在了他们的肩膀上，人们只有有意识地实现自己的使命才会得到人格的增长，步入"道"的轨迹中。但假若放弃承担那个命中注定的使命，则有可能患上神经症。拥有使命的人常常听到一种非理性的声音的呼唤，那是属于潜意识心理的客观活动，它不受意识的控制，试图通过内心的召唤同意识对话，并使其不断完善。荣格的一生便充满了潜意识充分发挥的故事。当时社会上主流心理学理论是弗洛伊德主创的精神分析流派，弗洛伊德把荣格视为继承者，然而荣格冒时代之大不韪，在"吾爱吾师，吾更爱真理"的信念下，以自己的幻觉体验为依据创造了分析心理学。此心理学抛弃了神经质来源的性欲冲突说，重视神经质患者的史前神话心理体验，认为潜意识不仅包含弗洛伊德所主张的诸如性欲等不被社会接收的内驱力，还包括未充分发展的但绝非反社会方面的人格。这使他饱受非议，处于孤立无援的位置，然而潜意识的使命要求使得他只能走自己的路，即便跟随弗洛伊德理念所得到的待遇再好也不及此。他写道：

> 我认为，我对心理学的贡献就是我的个人坦白。它是我的个人心理，是我的偏见——我按自己的方式看待心理事实……如果我以某种不同于我的本能告诉我的方式看待事物，那就是神经质了。就像原始

---

① ［美］斯塔夫里阿诺斯：《全球通史》，吴象婴、梁赤民、董书慧等译，北京大学出版社，2006 年，第 43 页。

人所说的，我的蛇会反对我。当弗洛伊德说出了某些东西的时候，我的蛇不赞同了，我采纳我的蛇为我描绘的路径，因为这有益于我。①

荣格所说的蛇、本能、偏见都是他自己潜意识的代名词，荣格的潜意识中包含他所有的创造力乃至命运，只有主动地意识到它们，实现它们的嘱托，才能过独属于自己的那份神话生活。若不如此，荣格就无法成为如今的荣格，而很可能是一个因压抑潜意识使命而被潜意识幻觉吞噬的人，一个因错失了什么而变得平庸的人。并不是说实现潜意识的使命就意味着每个人都追求一样的东西，潜意识赋予每个人的使命不一样，每个人实现潜意识的方式也不一样，当每个人都专注于自己的神话，并不去反对别人实现他们的神话时，这个世界才是包容、有续航力的存有，呈现多样、和谐、有活力的状态。

各部落神话传统中都有因原型意图受挫而导致身心不适的传说。原型意图在他们的表述中是生前自己与幽灵、灵魂等早已签订的一份协议。比如许多非洲西部的民族相信，每一个人在出生前就与天国的幽灵签订了合同，规定了你的一生中你将要做什么的问题，然后就在你即将出生前，有人就把你领到遗忘树前，当你环抱住遗忘树的那刻起，便失去了对这份合同的意识。但是，你一定要兑现你在这份合同的全部承诺，如果你不兑现这些承诺，你就会生病。这时你就需要一个占卜者来提供帮助，他通过占卜与幽灵取得联系，告知你违反了或者未履行哪些合同条文，也就是你注定的使命。② 印度尼西亚的巴塔克人认为，一个人在出生前，要受他的灵魂和他的圆形浮雕的选择，而关系到他的生命和福祸的任何东西都取决于这种选择。③ 根据易洛魁人的信念，任何疾病都是灵魂表示的一个愿望，病人之所以死去，只是因为这个希望没能得到满足。④

通过临床表现，亚伯拉罕·马斯洛认为，理想情况下，几乎每一个人，几乎每一个新生儿，都有一种趋向健康的积极意愿，一种趋向成长、潜能与完满人性（full humanness）充分实现的冲动。当不能与内部信号、冲动的呼声相连，未能实现完满人性，进而使得人的某种可能性消失时，即可能导致神经质。简言之，神经质是个人成长的一种失败。神经症患者未能达到生物学上一个人本来能够达到的，甚至可以说是一个人本应该达到的目标，即他在未受阻扰的方

---

① ［瑞士］卡尔·古斯塔夫·荣格：《象征生活》，储昭华、王世鹏译，国际文化出版公司，2018年，第99—100页。
② ［英］安东尼·史蒂文斯：《两百万岁的自性》，杨韶刚译，北京师范大学出版社，2014年，第145页。
③ ［德］恩斯特·卡西尔：《神话思维》，黄龙保、周振选译，中国社会科学出版社，1992年，第187页。
④ ［法］列维－布留尔：《原始思维》，丁由译，商务印书馆，2017年，第298页。

式中成长和发展就能达到的目标。发明创造者有时需要某种"创造的傲慢"。当人们顾虑重重,逃避自己的使命与可能性,只打算做次于自己能力的事业时,那么即便他能胜任,也会在余生中深感不幸。①

安东尼·史蒂文斯提出心理动力学的五条法则:

(1) 每当我们发现,某种现象具有所有人类社会的共同特点,而不必考虑文化、种族或历史时代时,那么,这种现象就是集体无意识原型的表现。

(2) 原型具有某种内在固有的动力,其目标是在心理和行为中实现自己。

(3) 心理健康源自这些原型目标的满足。

(4) 心理错乱源自这些原型目标受挫。

(5) 精神病症状是自然的心理生理反应的持续夸大。②

安东尼·史蒂文斯分析到,当今环境不能满足于个体的原型需要很可能就是导致压力的原因,而压力是大多数精神疾病中的一个关键的因素。③ 即潜意识原型自我实现的需要与个体之间的错位,使个体得不到内在滋养,发展受阻,压力倍增,精神疾病也随之而来。临床研究表明,50%～75%的人看病主要是由压力造成的,而且就死亡率而言,压力对生命构成的威胁比烟草还要大。④ 这就更需要人们对压力与导致压力的原因多加关注,与原型的需求多加对应,成为真正所是的身心健康之人。

因此,荣格斩钉截铁地说:

> 人只有与本能取得一致,才能达成至关重要的新的适应或人生定位。若做不到这点,任何成就都只是昙花一现,是意志的搞动造成的虚假产物,长远看来,这个人并无生活能力。谁也不能凭着纯粹的理性把自己变成某种样子;人只能变成他潜能中有望成为的样子。⑤

也即那首经常被引用的诗歌:"愿意的,命运领着走,不愿意的,命运拖着走。"⑥ 耶稣在托马斯福音中也如此布道:"如果你生长出你里面本有的,那生长

---

① [美] 亚伯拉罕·马斯洛:《人性能达到的境界》,曹晓慧、张向军译,世界图书出版有限公司北京分公司,2018 年,第二章。
② [英] 安东尼·史蒂文斯:《两百万岁的自性》,杨韶刚译,北京师范大学出版社,2014 年,第 104 页。
③ [英] 安东尼·史蒂文斯:《两百万岁的自性》,杨韶刚译,北京师范大学出版社,2014 年,第 84 页。
④ [法] 大卫·塞尔旺-施莱伯:《自愈的本能——抑郁、焦虑和情绪压力的七大自然疗法》,曾琦译,人民邮电出版社,2017 年,第 6 页。
⑤ [瑞士] 卡尔·古斯塔夫·荣格:《转化的象征——精神分裂的前兆分析》,孙明丽、石小竹译,国际文化出版公司,2018 年,第 200—201 页。
⑥ [瑞士] 卡尔·古斯塔夫·荣格:《弗洛伊德与精神分析》,谢晓健、王永生、张晓华等译,国际文化出版公司,2018 年,第 246 页。

出来的会拯救你。如果你不能生出你里面的，那里面不能生出来的将毁灭你。"①行笔至此，可以看到荣格以及诸类似思想中似乎有种先验的命运决定论，那么，属于人的意志、自由选择在哪呢？如果个体只能是潜意识所要求成为的样子，而我又是谁？有意思的是，很多人不是反对而是从肯定的角度论述在与潜意识这层关系中属于人的自由。乔·维泰利写道："你的选择就是要不要顺其自然。这才是自由意志。有些人称之为'自由的不要'，因为你真正能决定的是要不要依照那股冲动行事。"② 顾城在他的散文中也表达了同样的思想：

> 人的生命里有一种能量，它使你不安宁，说它是欲望也行，幻想也行，妄想也行，总之它不可能停下来，它需要一个表达形式。这个形式可能是革命，也可能是个爱情，可能是搬块石头，也可能是写一首诗。只要这个形式和生命中间的这个能量吻合了，就有了一个完美的过程。

> 一个彻底诚实的人是从不面对选择的，那条路永远会清楚无二地呈现在你面前，这和你的憧憬无关，就像你是一棵苹果树，你憧憬结橘子，但是你还是诚实地结出苹果一样。③

在他们的观点中，生命中那股力量是绝对的主宰，人只有选择是否自由地遵循它，或者不要，而不要的代价则为神经质。

然而神经质并不是完全病态与反自然的，而是有着意义与目的。它其实是重新恢复心理平衡的调整过程，只不过这次比普通的潜意识调节略显强烈。某种意味下，疾病的出现其实是想要使患者恢复健康的征兆与努力。因此，不是我们在治疗疾病，而是疾病在治疗我们，借此想要更改我们在生活中可能存在的有些过了火的态度。荣格经常表述，医生需要诊治的不只是抽象的疾病，而是整体的人。钟南山院士在演讲中也讲到医生诊治的并不是病，而是病人。精神病学专家奥利弗·萨克斯在神经科门诊做住院医生时发现患者大量的症状，诸如帕金森病、肌痉挛、舞蹈症、抽搐、冲动、强迫症等，既是神经上的，也是精神上的，进行治疗时必须把神经科和精神病科的治疗方法结合起来。面对

---

① 转引自［美］拉德米拉·莫阿卡宁：《荣格心理学与藏传佛教：东西方的心灵之路》，蓝莲花译，世界图书出版公司，2015年，第137页。
② ［美］乔·维泰利、［美］伊贺列卡拉·修·蓝：《零极限：创造健康、平静与财富的夏威夷疗法》，宋馨蓉译，华夏出版社，2009年，第205页。
③ 顾城：《顾城哲思录》，重庆出版社，2012年，第16、3页。

患者，他自己便不再仅是神经科医生，也是精神病医生。[1] 转移到荣格的语境中则是，由于人的错误态度所引起的意识与潜意识的不和谐及其所对应的表现，诸如不道德、无法完成使命等，才是引发神经症的原因。医生需要具体研究症状，探究其与心理对应的关系，才能对症下药。且神经症的幻觉中不仅存在幼稚与色情的东西，还包括创造性的幻象、未来的种子、补偿意识的价值倾向等，隐藏着患者的命运、使命感和未来的人格发展，需要善用，汲取有用的信息，加以整合。荣格把神经质患者看作一个潜水者而不是无法作为的溺水者，水里面有着只属于患者的宝藏，需要患者经历艰难的旅程才能被打捞上来。此时，患者需要通过积极想象的各种形式就他的幻象主动地思考，将幻象与意识进行有效沟通，获得超越性态度，让附着在幻象上的力比多发挥它应有的价值，支持前行的轨迹。是神经质，让我们再次完好，如果我们懂怎么使用它的话。于是针对神经质，荣格说："感谢上苍，他能最终成为神经症患者。"[2] 神经症患者只是暂时的退行，是个体心理想要恢复平衡的初始步骤，待更改错误、吸收潜意识能量后，便能又一次前行。只有患者一直处于神经质的幻象阶段，不愿意出来以面对真正的使命的时候，幻象对他才是混乱不堪、没有价值的。这种神经症才是真正的退化与病态，因为患者没有与它很好地对接，没有领悟幻象之于他的意义。待神经症达到目的后，也即患者吸收幻象中的能量、领悟幻象含义应用于当前的使命与任务时，这次的幻象活动也就到达终点。因此，荣格说：

> 我们不要想去"除掉"神经症，而要去体验它有什么意思、它想告诉我们什么、它的目的是什么。我们甚至要学会去感激它，否则就会错过它，错过了解真正的自己的机会。只有当它除掉了自我的错误态度时，神经症才能真正地除掉。不是我们治愈神经症，而是神经症治愈我们。一个人病了，但这个病是自然想去治疗他。从疾病本身我们可以获得许多如何康复的信息。在被神经症患者当成一无是处而遭到抛弃的东西里，包含了我们在其他地方绝对找不到的真金。精神分析师第二个词总是"不过如此而已"，这正像一个商人对于自己想廉价收购的某个物品所说的话一样。而在现在的情况中，这个物品是一个

---

[1] [英] 奥利弗·萨克斯：《说故事的人：萨克斯医生自传》，朱邦芹译，中信出版社，2017年，第191—192页。

[2] [瑞士] 卡尔·古斯塔夫·荣格：《象征生活》，储昭华、王世鹏译，国际文化出版公司，2018年，第132页。

人的灵魂、希望、最大胆的疾病逃离和最精心的冒险。①

如果神经质出现于需要完成使命与任务之际，出现于需要新的心理调节以适应最危急的时刻，那么神经质的原因永远在当前而不是弗洛伊德所说的婴幼儿时期。以此为评判，荣格认为那些患上神经病的人一般都是未来者，有更高的使命要求与敏感的心灵。平常的生活无法满足他，他必须以沦为神经病的代价开拓一条自己的路。在这条路上，他只能站稳脚跟，信任自己的心。外在的集体主义与内在的集体无意识都将成为他的敌人，如果他屈服于外在，成为外在集体主义的一员，而不是潜在的自己，那么他的潜意识驱力所导致的内心冲突会将他击溃，他将成为自己的敌人；如果他一味地屈从于内在的集体无意识，不知从中走出来，成为生活在幻象中的人，也不能实现自己的使命要求。在这两者状态下，他都将成为神经质患者。但如果他战胜两者不自由的状态，成就更伟大的品格，从内与外之中带来拯救之光，此光即便不能照亮众人的灵魂，最起码也能燃烧自己的双眸，那么他就能成为时代的引领者。内在的潜意识就是我们的命运，也许每个人可能都有未来，但并不一定都有命运，只有无畏的英雄才能遇见并实现他的命运。虽然他们作为不接地气的人在当时可能不被理解并极有可能会在追求命运的路途中遭遇危险乃至死亡，但谁都无法让他们停止，他们不仅在为自己开路，也为世界开路。他们也未必是世界的英雄，在实现自己，不负此生中，他们成为自己的英雄亦是足矣。这与我们后面章节所论述的成为巫师的神经质原因相似。哈金的一首诗《不接地气的人》就是描写与赞美这样的人：

  我还歌颂那些不接地气的人
  他们生来就要远行
  去别处寻找家园
  他们靠星斗来确定方向
  他们的根扎在想象的天边

  对于他们
  生命是曲折的旅程
  每一站都是新的开始

---

① ［瑞士］卡尔·古斯塔夫·荣格：《文明的变迁》，周朗、石小竹译，国际文化出版公司，2018年，第125页。

>他们知道自己最终将在路上消失
>
>但他们活着就要与死亡同行
>
>就要把一条路走到底
>
>虽然他们并不清楚
>
>自己的足迹
>
>将改变谁的地图①

人本主义大师马斯洛同样表达道：

>开拓者、创造者和探索者通常是孤单一人，他怀着内心冲突、恐惧，以及对骄横傲慢和偏执的防御孤军奋战。他必须是一名勇士，不畏惧风险，不畏惧犯错，对自我有清醒的认识，如波兰尼所强调的那样，他们是一类赌徒，在缺乏事实依据的情况下得出尝试性的结论，然后花上数年的时间试图验证他的直觉是否正确。如果他还有一点理性的话，一定会被自己的想法、他的鲁莽所吓倒，并且很清楚地意识到他正在试图证实自己无法证明的东西。
>
>正是从这一意义上，我提出了自己的预感、直觉和断言。②

上述无论是因为失德还是完不成使命而引发的神经质，都与压抑潜意识进而导致的意识与潜意识不和谐有关。潜意识越是受到压抑，越是以一种神经质的形式蔓延开来，甚至当它们被压抑时，那些本可能产生有益的倾向，也变成了真正的恶魔。如今的人们太过适应外在生活而忘却了内在，忽略内心的要求和调节，成了内心冲突下的神经质患者，然而一向是内在起着决定作用。荣格认为，人必须在两个领域进行调整，首先是外部生活，包括职业、家庭、社会等，其次是对本性提出的要求进行调整。忽视任何一种都会导致疾病，但生活中绝大多数的情况是，没有人仅仅因为不能适应外界世界而生病，生病的原因更多的是个体不知道如何适应最私密的、来自内心的本性生活。③继往开来，荣格进一步认为，外在的任何的困境，其解决之道的根本不在于外，而在于内。比如一个男子与妻子离婚，再婚后发现与现任妻子又陷入之前的恶性模式，那么此时这一男子更多的是应该反思自己内在性格的缺陷与矛盾点，这绝不是只

---

① 哈金：《哈金新诗选》，北京十月文艺出版社，2017年，第11页。

② [美] 亚伯拉罕·马斯洛：《人性能达到的境界》，曹晓慧、张向军译，世界图书出版有限公司北京分公司，2018年，第4页。

③ [瑞士] 卡尔·古斯塔夫·荣格：《人格的发展》，陈俊松、程心、胡文辉译，国际文化出版公司，2018年，第91—92页。

靠换妻子就能解决的。同时，外部的困境，诸如战争与革命等社会动荡，也与内心冲突相关，它们只不过是心理冲突的表面症状而已。两次世界大战的发生，在荣格看来便是德国把它的内心冲突投射到外面的结果。启蒙运动以来，理性盛行，人们摧毁了神灵却没有摧毁相应的心理因素，它们变为残暴、麻木、荒谬的神经质心理，穿梭于现代欧洲人的头脑中，而德国的神经质倾向更甚。尼采宣布上帝已死，为日耳曼民族的超人心理替代模式打下基础，德国的战败国身份以及社会灾难也加固了群体本能。希特勒本人便是一个癔症患者，他把自卑的心理阴影投射到别处。在他的煽动下，整个德国像是一个中了邪的人，被潜意识吞噬。之前受压抑的潜意识以神经质的面貌再次出现，它扭曲，甚至毁灭着现实，向理性意识索要过犹不及的代价，以报复的方式表达它的补偿功能，用悲剧的方式实现着心理与社会的再次平衡与安宁。二战过后，研制核武器的竞赛如火如荼地展开，1954年，苏黎世心理学俱乐部的一次讨论会上有人问荣格是否会爆发一场原子战争，荣格这样回答：

> 我认为，这取决于有多少人能够承受他们内心对立物的压力。如果有足够多的人能这样做，我认为，形势就会保持稳定，我们将得以绕过数不清的威胁，这样才能避免一切最坏的结局：在一场原子战争中对立物的最后冲突。但是，如果没有足够多的人能够做到这一点，而且这样一场战争爆发了的话，恐怕这将不可避免地意味着我们时代的文明的结束，就如同如此之多的文明已经在过去结束了一样，只是那时的规模小一些罢了。[①]

铃木俊隆禅师表达了相似的观点：

> 我们通常都会不自觉地试着改变别的东西，而不是改变我们自己，我们都会试着让自己以外的东西变得恰如其分，而不是让我们自己变得恰如其分。但是如果你自己不是恰如其分的话，也就不可能让任何东西恰如其分。[②]

事实上，如果每个人都让自己变和谐，世界根本无须让他费心变和谐。但现实的情况却恰恰相反，人们总是争先恐后地让世界变和谐，而忘记了审视自己的内心。很多人都曾表示，心理的冲突是导致外在不和谐的重要因素。在荣

---

① [英] 芭芭拉·汉娜：《荣格的生活与工作：传记体回忆录》，李亦雄译，东方出版社，1998年，第157—158页。

② [日] 铃木俊隆：《禅者的初心》（2），梁永安译，海南出版社，2012年，第28页。

格看来，这种心理的冲突是意识与潜意识配合不当的结果。人们是否让潜意识的内在本性自在地展开，使得意识与潜意识得以良好地配合是人们活得幸福与否的关键，也是世界安康的关键。只有个人内心平和了，世界的和平才会传达到每一个角落。关心个人内心不是不关心世界，而是更关心世界。设想一个像希特勒一样内心矛盾之人以拯救地球的名义再次登上历史舞台，是对世界和平的多大威胁。不管潜意识是否真实存在，荣格对它的强调也是对内在的重视、良知的呼唤、世界和平的维护，其理论价值值得我们重视与借鉴。

在荣格的神经质概念中，当自己与自己相违背，就已经是神经质了，任何心理不适几乎都属于神经质的范畴，神经质冲突还可以引发外在的战争。似乎生活中的一切不幸都与潜意识所导致的神经质挂钩，那么此概念未免有些太"神经质了"。此外，与弗洛伊德太注重导致神经质的生物因素，荣格太注重导致神经质的先验心理因素不同，卡伦·霍尼认为我们时代的文化矛盾与困境，比如过度追求金钱、效率等，才是导致神经质的真正原因。这些矛盾与困境作为种种内心冲突反映在每一个人的生活中，日积月累就有可能导致神经质。因此，神经质是我们文化的副产品。[①] 荣格思想虽然有先验心理倾向，但潜意识心理以神经质的形式进行补偿只有当个人、时代处于偏颇时才运作，伟大的文艺作品就是对已偏颇的时代精神的匡正与补偿。因此，认为荣格思想只注重源于先验心理的固定冲突是不合适的，虽然他可能更偏向于此。对于荣格思想中的神经质观、潜意识与时代关系的联系，还需要更加客观与全面地去看待。

二、过：过于亲近潜意识而导致的神经质

潜意识不仅有宝藏也有危险，如果在意识不牢固的情况下，盲目迷恋潜意识，很容易深陷里面出不来。就像堂吉诃德，编织一个只有他自己才能懂得的幻觉故事，潜意识心理将他包围，使得他沉浸于此，却无法与现实世界相融合。他走不出来，别人也没法进去。这便是本节所论述的第三种神经质表现，即，不是不遵循，而是或有意或无意太过遵循与迷恋潜意识，而导致意识的崩塌，深陷对幻境的追求中不可自拔，也就是我们平常所说的走火入魔。比如，在积极想象的实践活动中，人们于开放的状态面对潜意识，寻求灵感，此时或许会得到一道有关瀑布的意象。正常情况下他们可以通过把瀑布画下来、寻找神话传说中关于瀑布的象征意义或者直接找一个真实的瀑布静心聆听的方式，来探

---

① [美] 卡伦·霍尼：《我们时代的神经症人格》，冯川译，译林出版社，2011年，第15章。

知潜意识向意识传达的真意。直至了悟到，生活不只是工作、成就，还包括放慢脚步，聆听大自然，这才是潜意识以瀑布意象出现的本意。但是如果过于看重潜意识发来的信息，自我意识又不牢固，就有可能走向另一个极端，那就是整天在瀑布前打坐，丢下职责，以求开悟。[1] 太注重意识，或者太寻求潜意识，都是一种偏颇的表现。在倾听潜意识之音的过程中，意识若是简单屈从而不是意识到潜意识，打捞其中有价值的信息，潜意识反倒占据主导地位，使得意识失去控制乃至分崩离析，将同样会把人置于危险的神经质状态。超越性功能在意识领域没有，在潜意识领域也没有，而是在二者的碰撞与配合之中产生。如果说太过压抑潜意识会被潜意识反噬，那么太过追求潜意识也会被它侵蚀，也就是都容易使处于其境况中的人成为神经质患者。潜意识的目标是被意识到，意识的目标是想要成为超级意识以解决接下来的人生难题，二者若是没有配合好，就会彼此挟制，相互打架，直至找到某种平衡，再次携手前进。在此过程中有来自太过偏向于意识的危险，虽然人们往往把潜意识看作解救人生困苦的唯一良药，但太过偏向于潜意识亦存在危险。匈牙利一位老萨满萨瓦尔·约斯卡·苏斯曾经这样教育门徒：当突然间听到音乐之类的幻听时，必须马上关掉它，然后再打开，然后再关上……直到你能够完全掌控它，否则你就会疯掉。[2] 美洲大平原上的印第安人有时会选择以跳太阳舞的方式，寻求幻象，并与神灵合一。他们往往会在夏至最热的时候，围绕一棵特意为此仪式砍伐的树，持续跳三个昼夜，且禁食。但是这些舞者知道，在灵界停留的时间太长是一件危险的事情，所以，他们必须尽快将自己释放。[3] 当新萨满教之父迈克尔·哈迈在南美洲亚马孙河上游的修尔族遇见一个日夜都在森林中游走、对着灵性存有讲话的男人时，兴奋地以为他即萨满。然而当地人却称那个人是疯子。虽然这个部落中，几乎每个人都吃过当地的致幻药，看见并知道灵性存有的存在，但疯子与萨满还是有区别的。这个男人之所以被修尔族人认为是疯子，是因为他不能够切断与灵性存有的联系，而萨满却能在自己的意志下选择何时接触灵性存有，且带着目的，那就是帮助他人。[4] 亚马孙雨林里的亚瓦纳瓦人接收到灵时，皮肤

---

[1] ［美］杰佛瑞·芮夫：《荣格与炼金术》，廖世德译，湖南人民出版社，2012 年，第 20—21 页。
[2] ［比利时］Dirk Gllabel：《匈牙利萨满——萨瓦尔·约斯卡·苏斯简介》，见薛刚主编：《萨满文化研究》（第 5 辑），民族出版社，2018 年，第 214 页。
[3] ［美］刘易斯·M. 霍普费、［美］马克·R. 伍德沃德：《世界宗教》，辛岩译，北京联合出版公司，2018 年，第 34 页。
[4] ［美］麦可·哈纳：《萨满与另一个世界的相遇：从洞穴进入宇宙的意识旅程》，达娃译，新星球出版社，2016 年，第 63 页。

会感到冰凉。此时，他们需要知道如何控制自己。他们会跟随灵的指示而动，也知道何时从身体里释放灵，重新做回自己。也有那些因为不知如何释放灵或是执着于灵的人，成了灵的奴隶，最后失去了自我与控制。[1] 图瓦大萨满莫恩古什虽然很小就显露出萨满的天赋，但是他直到30岁后，莫恩古什才开始挖掘和使用大自然赐予的力量，帮助他人。当有人问他为什么不从小开始学着运用这种力量，他回答道：

> 这样一份"天赋"是很难控制的，所以在萨满还是个孩子时最好不要让他知道如何运用自己的"自然力量"以免伤害自己甚至他人。30岁之前我一直不是很清楚隐藏在我身上的东西，我认为成年后再去唤醒是最好的选择。每一年图瓦萨满们都会举行一次集会探讨各自的经验，有一些年轻人可以在自己身上感受到强大的力量，但他们无法理解其中深刻的智慧，更不知道如何控制。[2]

即便是一直为LSD辩护的阿尔伯特·霍夫曼也表示，对于未成年人来说，不建议他们使用LSD。因为青少年还未与现实建立起一种稳定的关系，盲目地使用LSD，经历幻觉冲击，可能会使敏感的、仍在发育的精神器官受到危害。这些幻觉非但不能帮助青少年打开新的知觉之门，体验更为广阔与深刻的现实，反而会导致一种不安全感和失落感。[3] 一般而言，在原住民的社会，第一次使用致幻物是在成年礼的时候。[4] 青少年于此幻象中获得生命，开始过成人的生活。事实上，多数使用致幻剂、体验幻觉的人都是对幻觉有足够控制的人。他们知道，必须要再次返回地球与现实，得到的新体验也必须在日常状态中来评价，并争取将幻觉体验作用于现实。那也就意味着单纯深入潜意识并不会带来改变，里面危险重重。坎贝尔说："除非你真的要再回到这个世界来，否则就不算完成冒险。"[5] 而有些人就是走不回来了，他们或者是无法，或者仅仅是不想。那些走不回来的人以创造性的艺术家居多。

---

[1] 他者others 编辑整理：《接收到灵时，身体是有感受的》，"他者others"微信公众号，2021年6月12日。

[2] 都尔东：《人皆可以为萨满》，"他者others"微信公众号，2018年11月24日。

[3][瑞士]霍夫曼：《LSD——我那惹是生非的孩子：对致幻药物和神秘主义的科学反思》，沈逾、常青译，北京师范大学出版社，2006年，第59页。

[4][美]查理·伊文斯·舒尔兹、[瑞士]艾伯特·赫夫曼、[德]克里斯汀·拉奇：《众神的植物：神圣、具疗效和致幻力量的植物》，金恒镳译，商周出版，2010年，第64页。

[5][美]戴安娜·奥斯本编：《坎贝尔生活美学：从俗世的挑战到心灵的深度觉醒》，朱侃如译，浙江人民出版社，2017年，第75页。

天才与疯子之间的联系早就为人所常道。那些天才为普通人所羡慕，他们似乎有着普通人再怎么努力都无法获得的天分，但也为人们所惋惜，因为他们常常被自己的创意冲突折磨，患有严重的精神疾病，常常走向疯狂、自杀等悲惨结局。诸如我们熟悉的例子：凡·高割掉自己的耳朵，高更离家出走回归原始地带，川端康成吞煤气自尽，海明威饮弹而亡，伍尔夫在自己的口袋里装满石头沉入欧塞河底端……心理学家贾米森（Kay Redfield Jamison）认为精神疾病与文学创造之间密切相关。举例来说，一位小说作家具有双重人格的概率是一般人的整整十倍以上，诗人患有精神错乱的概率比一般人高出四十倍。以这些统计资料为基础，心理学家丹妮尔·妮蒂（Daniel Nettle）写道："我们很难不这样说，西方文化的经典作品大部分都是带有一点儿疯狂的人所创作的。"精神科医生阿诺德·路德维希（Arnold Ludwig）在他的《伟大的代价》（The Price of Greatness）一书中也指出，优秀的小说家里77%患有精神疾病，而诗人则高达87%，比例远高于其他在商业、科学、政治、军事等非艺术性领域表现杰出的人。即使是大学生，选修诗歌写作的同学也比一般同学有更多双重人格的特质。[1] 而这到底是为什么呢？

在荣格思想体系中，人内心的能量有部分供意识使用，有部分供潜意识使用，一个人在某一时间点内所拥有的内心能量的总量是不变的。在正常情况下，意识使用的能量高于潜意识使用的能量，且意识与潜意识之间的变动趋于稳定，以维持正常的社交、专注的工作等，然而这只是针对普通人的普通工作。如果你恰巧从事的是极具创意性的工作，需要大量地从潜意识领域获取灵感或者直接由潜意识驱动着创作，这时候，潜意识与意识之间的区分更容易变动。潜意识思维及其所使用的能量要高于意识思维及其所使用的能量，而这常常是不健康的心理状态。[2] 这种心理状态与施利茨定义的薄边界类型有相似之处。据施利茨的一项研究显示，音乐家和艺术家这些有创造天分的人都属于薄边界类型。所谓薄边界是指某些人格特质的人会比一般人更容易幻想、认同别人。与薄边界对应的是厚边界。琳内·麦克塔格特对二者所代表的特质总结道：

"厚边界"的人有坚固的自我感，防卫性强，会在自己四周竖起厚墙。薄边界的人则较敞开，没有防卫心理。他们敏感、脆弱而有创造

---

[1]［美］乔纳森·歌德夏：《讲故事的动物：故事造就人类社会》，许雅淑、李宗义译，中信出版社，2017年，第124—125页。
[2]［日］山中康裕编著：《荣格双重人格心理学》，郭勇译，湖南文艺出版社，2014年，第143页。

性，很快就能与别人建立关系，也容易游走于想象与现实之间，有时甚至分不清想象和现实。他们不会压抑不愉快的思想也不会把思想和感情分开。他们也比厚边界的人更善于用念力去改变或影响四周的事物。①

艺术创作者们作为薄边界者常常游走于现实与想象之间，大量接受来自潜意识的影响。一些极具想象力的作品多是艺术家于非正常的潜意识状态中创作而成，潜意识吞噬着艺术家的人性，甚至牺牲他们的健康、幸福，迫使所有的一切都为它服务。此时艺术家们对意识的兴趣减弱，他们退回到婴儿与原始的状态，使得人格中的本能胜过了道德，幼稚胜过了成熟，不合适胜过了合适。②从意识中收回来的能量又激活了潜意识，继续用于创作。有时，艺术工作者们用吸毒、喝酒、抽烟、打坐的办法踏入潜意识之境，从中捕捉灵感和某种合一的满足。在这种环境中，艺术家自然处于危险的边缘，因为他们的工作以及本身的人格特性就需要接触或者被迫接触大量的潜意识。虽然他们很善于与潜意识打交道，也总免不了有失手的时候。但凡因创作需要深入潜意识过多，意识就很难将他们拉出来，于是天平彻底倾倒，完全瘫在了潜意识的那侧，进而导致精神失常。而艺术家以为那就是创作的顶峰，即以精神失常甚至死亡来祭奠他的最高创作。

巴尔扎克曾用珍珠比作天才，这绝非仅为褒奖，就像珍珠是贝壳的病态一样，与潜意识深入接触的天才同样是人间的病态，他们需要不断深入非常态的潜意识来完成伟大的艺术作品，很可能就停留在此，再也无法与现实生活相整合。这或许就是独属于天才的代价，他们要在意识与潜意识的危险关系中来回切换并试图保持平衡，既不可太偏向意识，以失去灵感来源以及做天才的乐趣，也不能太倾向潜意识，进而深陷幻觉，自己也为此精神失常。但现实的情况常常是人们要么成为寻常的大多数，要么踏入那条美丽又危险的路径，深陷其中，无法自拔，似乎只能把二者的完美结合寄托于当下的发展态势中。

三、小结

以神经质表现的潜意识是一副药，需要善用，针对不同时代、不同人群要

---

① [美] 琳内·麦克塔格特：《念力的秘密：释放你的内在力量》，梁永安译，中国青年出版社，2016年，第81页。
② [瑞士] 卡尔·古斯塔夫·荣格：《人格的发展》，陈俊松、程心、胡文辉译，国际文化出版公司，2018年，第99页。

对症下药，使用过多或者过少都会导致危险。这就需要我们处理好潜意识之内与意识之外的微妙关系：既不拘泥于内，也不固执于外，而是要相互打通，不断对转，互为条件，一步步向自性的实现靠近。这就像莫里斯·克里斯在《情人死之谜》中的一段描述：

> 接着，拉杭里提出了这样的问题："梦境与事实之间存在怎样的区别？在梦境中，我能看到一切在清醒时刻能看到的景象。"诗人听到这番话非常惊讶，但是这种询问非常合他的意。他回答道："两者之间没有根本的区别，因为它们是重合的，互为反映、互相依赖、不能独存，并且来自同一个源头；它们都是真实的也是虚幻的，如果没有了对方的存在，两者就都不是真实的。"①

神经质表现中，还有一个显著的情况，那就是在成为萨满巫师过程中，他们所经历的带有神经质性质的疾病，又被称为萨满病、巫病或者灵性危机。接下来我们就要对这一类神经质现象进行探讨。

第二节　灵性危机与潜意识

一、作为精神潜能探索者的萨满巫师

说起巫师、萨满一类，我们首先想到的是他们能根据意愿随意转换意识状态沟通神灵的本领。他们往往是在出神状态中发生人格的转变，作为神圣与世俗的媒介履行群体要求。《国语》中这样描述他们："民之精爽不携贰者，而又能齐肃衷正，其智能上下比义，其圣能光远宣朗，其明能光照之，其聪能听彻之，如是则明神降之，在男曰觋，在女曰巫。"②《春秋·公羊传·隐公四年》："于钟巫之祭焉弑隐公也。"③何休注："巫者，事鬼神祷解以治病请福者也。"《说文解字》："巫，祝也。女能事无形以舞降神者也。"④ 台湾高山族的象形文字形象地表达了巫师通神的性质。在他们的象形文字中，人写作ᛉ，鬼写作ᛦ，而巫写作ᛪ，被称为胡木，是人和鬼沟通的中介。⑤ 在通古斯语中，"萨满"一

---

① 转引自［加］杰里米·纳尔贝、［英］弗朗西斯·赫胥黎主编：《穿越时光的萨满：通往知识的五百年之旅》，苑杰译，社会科学文献出版社，2017年，第253页。
② 王云五、朱纪农主编：《国语》卷十八，商务印书馆，1935年，第203页。
③ 公羊高：《春秋公羊传》，顾馨、徐明校点，辽宁教育出版社，1997年，第4页。
④ 许慎：《说文解字注》，浙江古籍出版社，2002年，第201页。
⑤ 朱狄：《信仰时代的文明：中西文化的趋同与差异》，武汉大学出版社，2008年，第137—138页。

词的意思便是"处于兴奋、移动、上升状态的人",即表达了萨满出神时的状态。① 波利尼西亚人直接用"神的盒子"(god-box)一词来表述萨满和被他人格化的力量。② 孟慧英教授认为萨满具有四个基本方面:萨满是遭受苦难而获得宗教身份的人;萨满是神圣与世俗之间的中介;萨满是古老迷幻技术的掌握者;萨满利用自己的神媒专长满足自己社群或他的信仰者的需要。③ 迈克尔·哈纳认为,判断一个人是不是萨满主要看其是否满足以下两点:是否可以旅行到其他世界;能不能创造治愈奇迹。④ 日本学者樱井德太郎作过一个图来表述萨满出神附体的全过程:

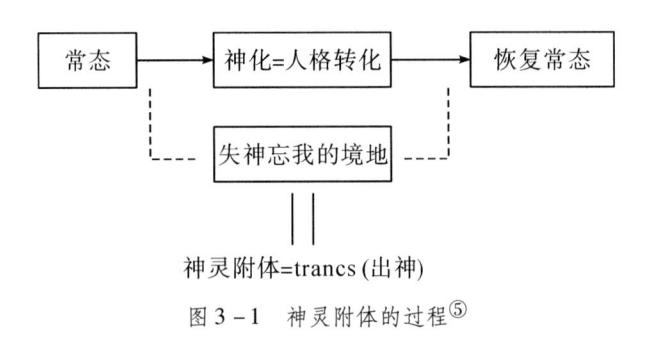

```
┌──────┐    ┌──────────────┐    ┌──────────┐
│ 常态 │ → │神化=人格转化 │ → │ 恢复常态 │
└──────┘    └──────────────┘    └──────────┘
    ┊         ┌──────────────┐         ┊
    └╌╌╌╌╌╌→ │失神忘我的境地│ ←╌╌╌╌╌╌┘
              └──────────────┘
                     ‖
              神灵附体=trancs(出神)
```

图 3-1　神灵附体的过程⑤

在出神仪式中,萨满一般要经历迎神—降神—送神的仪式步骤,人格也要经历人—神—人的转变。在荣格看来,出神状态中遇见所谓的神灵鬼怪,只不过是潜意识所投射的心理意象,是人格化的精神力量。他写道:

> 神话回复到原始的故事叙述者和他们的梦那里,回到在其幻想的激发下而行动的人那里,那些人与后来的诗人和哲学家并无殊异。原始的故事叙述者从不为他们的幻想的来源问题所烦扰;只是在很久以后人们才开始疑惑于这种故事究竟源于何处。⑥

---

① [英] I. M. 刘易斯:《中心与边缘:萨满教的社会人类学研究》,郑文译,社会科学文献出版社,2019 年,第 27 页。
② [英] I. M. 刘易斯:《中心与边缘:萨满教的社会人类学研究》,郑文译,社会科学文献出版社,2019 年,第 31 页。
③ 孟慧英:《关于萨满的看法》,见何星亮主编:《宗教信仰与民族文化》(第 13 辑),社会科学文献出版社,2019 年,第 15 页。
④ 陈贞攸:《找回属于自己的灵性传承》,见 [美] 麦可·哈纳:《萨满之路:进入意识的时空旅行,迎接全新的身心转化》,达娃译,新星球出版社,2014 年,第 7 页。
⑤ [日] 樱井德太郎:《日本的萨满教》,见吉林省民族研究所编:《萨满教文化研究》(第 2 辑),天津古籍出版社,1990 年,第 149 页。
⑥ [瑞士] 卡尔·古斯塔夫·荣格:《象征生活》,储昭华、王世鹏译,国际文化出版公司,2018 年,第 194 页。

在其表述中，神话是体验型的神话，神话中的神灵与神秘力量是精神性心理中的心象表达。一则民族志材料也说明，幻象与心灵的关系。在哈拉尔德部落萨满的入会仪式中，一位澳大利亚萨满讲道：

> 当你躺下来看到规定的幻象时，你确实看到了它们，不要害怕，因为你一害怕，它们将会更恐怖。很难描述这些幻象，尽管它们在我脑海中，存在于我的心灵力量中……如果你看到和听到这些而不害怕，那么你从此就不会害怕任何东西。这些死去的人也不会再出现在你的面前，因为你的心灵力量现在已经足够强大了。你现在很强大，因为你已经看过了这些死人。①

LSD之父阿尔伯特·霍夫曼明确表示，并非作为致幻剂的LSD创造了那些幻觉，而仅仅是触发了那些幻觉。那些神奇的幻觉起源于人们自己的心灵。② 坎贝尔表示道："萨满的法力是从内心的体验获得的，他的萨满仪式的主要内容也由此而发源。"③

那么我们便有一个疑问，那就是在传统年代，对神圣的追求是平等的吗？对神圣的体验是一致的吗？人人可巫，或是与神圣深切地交流，只是一小撮精英与被选中之人的特权。接下来我们将看到不同的学者对此问题有了略带出入或不同的回答。

很多学者观察到，原住民对于神秘力量的感知能力并不一致。有些深层的神秘力量只有萨满巫师才能察觉，那些萨满巫师往往是行过成人礼或者出于某种天赋，能够与高级存在物互渗。较之普通人，他们"显然具有宗教和神秘主义的天赋"，拥有更多的精灵助手，有着更强的驾驭精灵的能力，与超自然沟通的技巧也更为娴熟有效。安德希尔更是以"第一幻象者"（archvisionary）来形容巫医在通过幻象体验与超自然力进行沟通方面所具有的超强能力。④

虽然普通的原住民不能像巫师、萨满一样可与高强度的神秘力互渗，但他

---

① [美]米尔恰·伊利亚德：《萨满教：古老的入迷术》，段满福译，社会科学文献出版社，2018年，第85—86页。
② [瑞士]霍夫曼：《LSD——我那惹是生非的孩子：对致幻药物和神秘主义的科学反思》，沈逸、常青译，北京师范大学出版社，2006年，第74页。
③ [美]约瑟芬·坎贝尔：《萨满教》，见吉林省民族研究所编：《萨满教文化研究》（第2辑），天津古籍出版社，1990年，第307页。
④ Ake Hultkrant, *The Religions of the American Indians*, Berkeley and Los Angeles, California: University of California Press, 1980, p.85. 李楠：《北美印第安人萨满文化研究》，社会科学文献出版社，2019年，第118页。

们对自己目前还无法到达的能力丝毫不感到怀疑,并对那些能够与看不见的力量打交道的巫师、预言家、圆梦师甚至疯子都怀有极大的尊重和虔诚。比如在澳大利亚原住民那里,巫医从病人身体里取出只有他自己才能看见的小东西,并割断一根除他以外谁也看不见的绳子,但是在场的人当中没有一个对这事实的真实性产生怀疑。①在与潜意识所化现的神圣深入交流的过程中,萨满巫师极有可能成为当时文化环境中的精英,他们从潜意识的内在资源中带来解救人类灵魂的良方,成为部落同胞们的精神导师。萨满巫师经过一种完全特殊的经历与修炼,成为神圣之人,在一些方面尤其是与精灵交流方面要明显优于其他人,他们有权进入其他人无法进入的神圣领地。鉴于此,人们判断,有特权的职业萨满教要早于普遍的个人萨满教与家庭萨满教。人人可巫的个人萨满教或家庭萨满教只是外行试图模仿有特权的个人的癫狂体验,大部分仅局限于入定的外围。即便一些人像萨满一样地行事,诸如祈求精灵等,也未必就存在着如萨满一样的能力。比如在楚科奇文化中有家庭萨满教一说。在家族首领举行的庆祝活动中,每个成员甚至孩子都会击鼓尝试化身神灵,像萨满一样行动,但他们还是与职业萨满有差距。家庭萨满教白天在屋外举行,被视为专业萨满癫狂技术的一种抄袭和模仿,没有人会重视这些。严格意义上的萨满教降神则发生在夜晚,这些降神会由职业萨满实施,并且受到人们的重视。②

如果神灵只是潜意识心理的某种表达,就萨满巫师能与神灵深入接触、相互感知而言,某些萨满巫师的意识已经远远超过普通人。罗杰·沃尔什称萨满是探索至今仍然没有被充分理解的人类精神潜能的先驱。③澳洲人类学家艾尔金这样表达萨满巫师:

> ……原住民药师(medicine-men),绝对不是无赖、江湖郎中或不学无术的人,他们拥有高度智慧。他们选择超越一般成年男子会选择的秘密生活——要跨出这一步,意味着要有纪律、心智锻炼、勇气和坚忍不拔的毅力……他们令人景仰,往往拥有非常卓越的人格特质……他们的社会地位崇高,且族群的心理健康状态大部分是取决于

---

① [法]列维-布留尔:《原始思维》,丁由译,商务印书馆,2017年,第60—63页。
② [日]赤松智诚、[日]秋叶隆:《萨满教的意义与起源》,见吉林省民族研究所编:《萨满教文化研究》(第2辑),天津古籍出版社,1990年,第37—39页;[美]米尔恰·伊利亚德:《萨满教:古老的入迷术》,段满福译,社会科学文献出版社,2018年,第252—253页。
③ [美]罗杰·沃尔什:《萨满对人类心灵的探索》,见[加]杰里米·纳尔贝、[英]弗朗西斯·赫胥黎主编:《穿越时光的萨满:通往知识的五百年之旅》,苑杰译,社会科学文献出版社,2017年,第214页。

族人对药师力量的信心……他们据称拥有的超自然力量,不可被随便称为粗糙的魔术或"装模作样",因为他们之中有许多人擅长人类心智的运作方式,心智对身体以及心智对心智的影响。①

萨满巫师的深化意识特征在超个人心理学大师肯·威尔伯的心理学理论中表述得最为明显。他认为前现代的不朽智慧便是长青哲学,又称之为存有巨巢,追求的是意识的灵性演化。长青哲学认为,现实由不同的存在层次和相应认知层次构成,大致涵盖了物质、身体、心智、灵魂(精微的)、灵性(自性的)五个层面(不同的语境下有时会增加或者减少某些层次)。意识状态也由潜意识发展至自我意识,乃至最后的超意识,每个更高的维度都包含并超越了较低的维度。其中灵性、自性既是最高的层次,也是所有层次的根基;既是超越的,又是内在的。肯·威尔伯将其作图②如下:

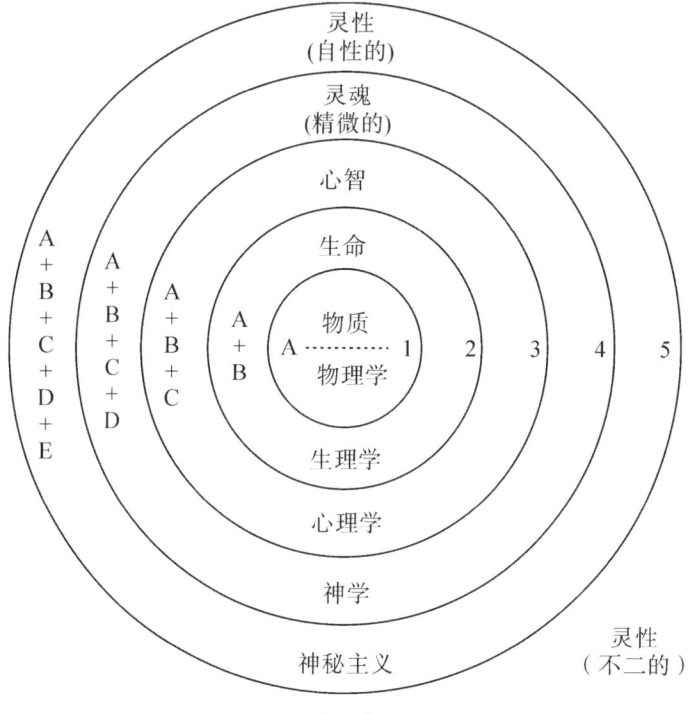

图 3-2 意识发展的层次

① 转引自［美］麦可·哈纳:《萨满之路:进入意识的时空旅行,迎接全新的身心转化》,达娃译,新星球出版社,2014 年,第 17 页。
② ［美］肯·威尔伯:《整合心理学:人类意识进化全景图》,聂传炎译,安徽文艺出版社,2015 年,第 6 页。

在肯·威尔伯的意识理论中，整个存有巨巢表达的是更高的人类意识潜能总图。它起源于前现代，并不是说前现代每一个人都完全觉悟到巨巢的每个层次，事实上只有极少数的巫师、萨满、圣人、瑜伽士进入了较高意识层次，而绝大多数普通人在相当长的时间内都处于较低意识层次。但有一点不同的是，在前现代文化中，处于较低意识层次的普通人都承认，只有萨满巫师才能达到更高的超个人灵性领域，且整个前现代的文化都在支持这种属于少数人的灵性探索之路。而现代人由于神圣体验的无法量化、验证及普及便彻底否认了它们，也鲜有人能够像巫师、萨满那样拥有对深层意识状态的感知力。从这一点来说，前现代智慧体现了存有巨巢所表达的意识发展图景。①

对于萨满巫师，肯·威尔伯饱含感情地评价道：

> 只有极为罕见的萨满巫师、圣人和智者实际上进化到了通灵、精微或自性等更高阶段；因此，作为常见的、普遍的意识模式，这些深具灵性的阶段（通灵的、精微的、自性的）——如果可能的话——存在于人类共同的未来，而非过去……这些灵性先驱者们领先于他们的时代，也仍然领先于我们的时代。他们因而是人类未来的声音，而非过去的声音；他们指向新生事物，而非陈尸古迹；他们敦促我们前进，而非后退。作为人类的成长尖端，他们建立了未来的目标，人类的主流正在缓慢地向这一目标迈进，这一目标不是僵化的既定事物，而是某种"温柔的信仰"（gentle persuasion）。这些先驱者揭示了我们真实自性的最深层次，这些层次从灿烂丰富并越来越美好的未来向我们低声耳语着。②

萨满与巫师是自我开悟的人，借由内在的觉醒而发现了大灵之道。他们有些已到达并揭示了意识发展的最高阶段——自性。而达到此意识阶段者无论在何时何地都是时代的先驱、未来者和引领者，他们像灯塔一般告知我们心理内在图景与向前发展的道路，在实现自身意识进步的同时，带给这个世界来自深度意识领域馈赠的礼物。

然而，就像无相反不成学术一样，大历史学派创始人大卫·克里斯蒂安就指出，在神话刚刚诞生的旧石器时代，人们对神圣的追求与体验是平等且个人

---

① [美]肯·威尔伯：《整合心理学：人类意识进化全景图》，聂传炎译，安徽文艺出版社，2015年，第5—11页。
② [美]肯·威尔伯：《整合心理学：人类意识进化全景图》，聂传炎译，安徽文艺出版社，2015年，第188—189页。

主义的,并以克里斯托弗·蔡斯-邓恩和托马斯·D. 霍尔所描述的殖民前加利福尼亚北部情形为例:

> 没有哪一个家族或是哪一支世系与神灵或神圣的祖先有特别联系。相反,找出那些将能成为他或她的特别盟友的灵力并且与之建立联系是每一个人自己的事情。一个拥有许多这种"力量"的人更有可能成为萨满,但是每一个人都是自己与神灵的世界建立联系。这种宗教的宇宙学与长者为先或是等级制度的主张是相当抵牾的。[①]

通过对这段材料仔细研读可以发现,其所强调的在与神灵建立联系的过程中萨满拥有更多的力量,与我们之前提到的巫师萨满是一小部分与高级神灵力量互渗的精英特权阶级的观点并无二致;而"每一个人都是自己与神灵的世界建立联系"更是对上文反复表述的前现代文化氛围支持、推崇灵性传统,每个人都以自己的方式尽量与神圣交流,这一观点的转译。不可否认的是交流的程度是不相同的,普通初民对神圣的感知力远不及萨满巫师,也就是说不及他们有"圣力"。看来这则材料不是反对,而是支撑了我们前面论述的观点,即萨满巫师拥有远比普通人强烈的神秘感知力,他们已经达到较高的意识阶层,代表人类意识发展的未来。

二、灵性危机与探索者

如果我们承认萨满巫师一类的通灵者是控制入迷术的精英大师,作为未来者、精神潜能探索者引导着社会群体的宗教生活,并守护它的灵魂,那么我们就会对以下问题感到很好奇:萨满巫师随意启动潜意识的本领是如何来的?是天生或者是后天习得?……这些答案甚至连问题往往秘不示人。然而通过对荣格及诸萨满巫师幻觉体验的研究,我们发现它们几乎全部与一场压倒性的精神危机有关。准萨满巫师往往在异常状态下经历一场严重的心理、身体的疾病,在潜意识中畅游变形,直至接受潜意识的邀请,克服它所提出的挑战,吸收整合潜意识能量,才能完成象征性的死而再生似的成长。

《红书》一出,人们才发现荣格理论的实践来源与其说针对神经质患者,不如说针对他自己,因为他自身便存在与神经质患者一样的经历。荣格从小便经历幻象,拥有第二人格,这幻象分别在1913年及1944年达到极致,荣格差点被

[①] [美] 大卫·克里斯蒂安:《时间地图:大历史,130亿年前至今》,晏可佳、段炼、房芸芳等译,中信出版社,2017年,第223页。

它们压倒吞噬。一次一个声音对他说："要是您无法明白这个梦，您必须开枪把自己杀掉。"① 当他理解幻象，识别幻想中的任务，并将其作为自己的伦理责任时，荣格终于战胜了它们。于是两次幻象过后，荣格的创造也随之达到巅峰。细究起来，荣格发生的这两次强烈的幻象经验并非毫无原因。

1912 年，荣格完成代表作《转化的象征——精神分裂症的前兆分析》。在这本书中，他鲜明地表达了与弗洛伊德不同的见解。当时，弗洛伊德精神分析理论已被奉为心理研究的圭臬，于是不难理解《转化的象征——精神分裂症的前兆分析》一出版，便使得荣格由弗洛伊德的冠冕之子，一下子成为众叛亲离、大逆不道之人，一个彻头彻尾的神秘主义者，遭到了孤立、质疑与批评。荣格了解到是时候单独打天下了，于是他停止外部生活，走入内心，幻象向他奔涌而来。这幻象从 1913 年一直持续到 1917 年，其间荣格有了他来自潜意识的精神导师费尔蒙——一个长着牛角及翠鸟羽翼的老人。荣格经常和他探讨问题，并逐渐了解到精神上的自发性、客观性与现实性。当他尽可能写下幻象，把情感变为意象并尝试理解时，内心才会平静和坦然。此后川流不息的幻象便逐渐减少了。1918—1919 年，荣格通过描绘对应内心状态的曼荼罗，观察自己的精神变化。1927 年，荣格做了一个有关自性之梦，即孤岛中央中那一棵开满鲜花的大树，了解到代表方向与中心的自性原型，并认为其描绘了潜意识发展的最高阶段。于是他不再描绘曼荼罗，正视了自己幻象中的使命。1921 年，他又写出一本经典代表作《心理类型》，并把这期间的幻象集景编辑于《红书》中。《红书》后来成为世界十大神秘天书之一。荣格认为，他所有的创造性活动都来自那些梦和幻觉。在《红书》中，荣格写道：

> 我跟你谈到过的那些岁月，追寻内心图像的那些年是我此生最重要的时光。其他的一切皆发源于此。这本书就始于那时，在那之后的枝枝节节几乎无关紧要。我的一生都在阐释那些意象，它们从潜意识中迸发，像一条深不可测的河流，在我的内心泛滥，几乎要毁灭我。这些已超出我的一生所能承载。后来只是一些外在的现象，科学的阐述与生活的融合，而包孕一切的神奇开端就在那时候。②

第二次的创造性疾病始于 1944 年，其时荣格已经 68 岁，不小心跌倒，随后心脏病发作，在濒死体验中，他看到了神奇的幻象。他发现自己正在飞离地球

---

① [瑞士] 荣格：《荣格自传：回忆·梦·思考》，刘国彬、杨德友译，译林出版社，2014 年，第 197 页。
② [瑞士] 荣格：《红书》，林子钧、张涛译，中信出版社，2016 年，封底。

并俯瞰到了它的全貌，与终极的宇宙奥秘似乎只有一步之遥。当荣格被抢救过来，幻象也一点点消失。然而对于自己被救活，荣格更多的是感到失望而非欣喜，因为与内在的奇妙景色相比，现实显得单调滑稽得多。但他知道自己未到离去的时候，依旧身兼使命，于是又活了 17 年，发奋著书，达到了创作的第二个高峰期，理论也逐渐完备。当荣格从重病逐渐恢复的期间，还向好友芭芭拉·汉娜述说过这样一幅幻象，即自己的身体被切成了小碎块，过了相当长的一段时间，它又慢慢聚拢起来，显然这与萨满巫师入会仪式中的断身，即象征性肢解与重生的主题十分类似。① 濒死体验是荣格的一次潜意识体验，他曾经把这次体验当作至乐。② 研究濒死体验的专家们也认为那些"曾经死去"又活过来的人们往往把死亡描绘成从某个状态过渡到另一个状态，甚至是进入更高的意识状态与存有中，并认为自己在濒死状态下的经历是绝对客观与真实，甚至比生活本身更真实，而绝非虚幻的想象。经过濒死体验之后，他们常常会有彻底的灵性转化，不仅体现在态度观念上，还体现在能力中。无论是在对超自然的接收度方面，还是在超自然能力的发展方面，濒死之人似乎都得到强化，拥有诸如心电感应、预知、离体体验等能力。③ 也就是说，在被潜意识超自然能量冲击后，待他们返回正常意识时，已经自动开启了灵性枢纽。

在这两个经典的幻象疾病的案例中我们发现，它们讲述的都是作为病人的荣格意识阈限④之旅，在意识之外，孕育着生动的生命。它们是幻想与梦中的情景，里面有宝藏也有陷阱，只有识别陷阱、攻克挑战才能拾得宝藏，带回创造性的能量，进而整合为一个更高意识状态下的自己。于是，经历神经质的疾病后，荣格反倒有了丰盛的创造力。有人把荣格的这两次幻象性疾病又称为"创造性疾病"，芭芭拉·汉娜则直接把荣格两次面对潜意识的挑战看作萨满巫师的

---

① [英] 芭芭拉·汉娜：《荣格的生活与工作：传记体回忆录》，李亦雄译，东方出版社，1998 年，第 337 页。

② 一位男生曾讲他们小时候玩的一个濒死游戏，与萨满出神十分相似。游戏中，一个人捂住另一个人的口鼻，导致其昏厥。紧接着，伙伴在昏厥者胸口位置，猛然一锤击。待昏厥者昏睡十秒（不能再多，再多会有生命危险），伙伴会猛扇昏厥者耳光，让其醒来。这并不是一种受虐，相反，每个人都轮番当昏厥者，然后诉说昏厥奇迹。昏厥者讲到自己灵魂出游的经历，说就在这十秒钟的时间里，好像已经历三秋之久。后来，因一位昏厥者昏迷的时间太长，再也没有醒过来，他们就再没有玩过这个游戏。

③ [美] 肯尼斯·兰恩：《濒死经验》，见 [美] 沃什、[美] 方恩主编：《超越自我之道》，胡因梦、易之新译，中华工商联合出版社，2013 年，第 239—246 页；[美] 雷蒙德·穆迪：《死后的世界：生命不息》，林宏涛译，中国友谊出版公司，2019 年，第 60—64 页。

④ "阈限"（Liminality）一词来源于拉丁文 limen，指过渡阶段具有间隙性的或者模棱两可的状态，在此特指潜意识。

入会礼。入会礼中的准萨满在病人与萨满（更高意识人格）之间摇摆，在毁灭他抑或成就他的这两股力量间挣扎，有如阈限仪式中的阈限人，正在经历变形。然而只要他能克服这次危机，便能重拾心理能量，走向下一阶段的旅程。

准萨满在成为萨满时，往往会经历精神错乱、身体不适及大量的梦境等疾病，这些疾病又被称为萨满病。此疾病一般是某种征兆与呼唤，拥有目的和意义，是此人具有"萨满路""萨满根""神抓萨满"的表现。当候选人领神成为萨满后，疾病才会消失，如若不听从召唤，则会久病不愈，乃至死亡，有时灾难不仅涉及候选人自己，还牵扯身边的整个家族人员与周围财产、物品。因此，新萨满的领神对于整个部落而言都十分重要。一旦老萨满完全失去法力或者死亡，但是还没有代替他的新萨满就位，那么此时不受约束的神灵就会对部落产生极大的危害。高原地带的特奈诺人认为，已故之人的守护神，特别是已故萨满的守护神处于一种特别饥饿的状态，急于依附于可以"供养"它们的新主人身上。① 鉴于此，每个部落会竭尽全力保障新萨满领神仪式的顺利完成。②

病理性疾病、梦境和癫狂等都是成为萨满的途径之一，其本身也构成了一场加入式。任何形式的疾病所带来的痛苦都与加入式仪式中的象征性死亡类似，而通过仪式克服疾病后，则标志着重生。③ 也就是爱卡外欧（Akawaio）印第安人经常会说的："一个人在成为萨满之前必须先死掉。"④

首先，看病理性疾病。病理性疾病往往是神灵，尤其是家族中去世的祖先萨满要求候选人继任萨满一职而发出的召唤。此疾病往往无缘无故并无法医治，通常与骨关节有关。⑤ 当病者领神成为萨满后，心灵恢复平静，身体也恢复健康。之前折磨他的神，有时会变成他的守护神和力量来源。恩登布人认为，但凡做祖先不认可之事或者在心里遗忘了祖先，便会被祖先阴魂困扰而得疾病。此疾病有两重含义：一是来自阴魂的惩罚；二是表示生病之人已被选中，成为在仪式中给他治病的巫师团的候选人，做沟通死者与生者的中间人。通过仪式

---

① 李楠：《北美印第安人萨满文化研究》，社会科学文献出版社，2019 年，第 137 页。
② [英] I. M. 刘易斯：《中心与边缘：萨满教的社会人类学研究》，郑文译，社会科学文献出版社，2019 年，第 29 页。
③ [美] 米尔恰·伊利亚德：《萨满教：古老的入迷术》，段满福译，社会科学文献出版社，2018 年，第 30—36 页。
④ L. M. Lewis, *Ecstatic Religion—A Study of Shamanism and Spirit Possession*, London & New York: Routledge, 2003, p.63. 孟慧英、吴凤玲：《人类学视野中的萨满医疗研究》，社会科学文献出版社，2015 年，第 108 页。
⑤ 孟慧英、吴凤玲：《人类学视野中的萨满医疗研究》，社会科学文献出版社，2015 年，第 32 页。

得到安抚后,其初困扰他的阴魂,便成为归还他健康、赐予他治疗此类疾病能力的守护神。且此祖先阴魂生前也是巫术团的一员,因此病人、巫师与阴魂都属于一个由已被挑选者和待被推选者所组成的一个单一神圣共同体。① 南王卑南族部落的巫师在成巫之前往往会先得重病,而且常常有做梦的经历,内容多以梦到上天、祖先、某位过世的巫师或者其他奇异祖先为主。当通过占卜得知是家族中某位去世的巫师祖先要求当事者继承巫师的工作,而家人也认为这是无可避免的事情时,便由巫师为候选人主持成巫的仪式。那位已逝的巫师祖先便成为新成巫者自己的神。建和卑南族的成巫过程大致亦是如此。② 达斡尔族的萨满W谈道,由于没人接领萨满祖先神,她的家族成员接连出现死亡事件,许多亲属都是多年疾病缠身,待她举办灵神仪式,接受萨满身份后,家庭成员的身体逐渐好转。③ 鄂伦春族认为,成为萨满的人常常是长久生病,消瘦,没有血色。萨满为其看病,问清病人上辈有无萨满、什么时候培养他当萨满、何时可以跳神等问题。如果时间长了没人领神,这个氏族的男女就会闹病,甚至猎物也打不到,家里的牲畜也会病亡,有的家族还因此灭亡。因此,鄂伦春族人一旦发现病人有准萨满的征兆,便马上请老萨满为其跳神。④ 单纯的生理疾病也被认为是圣召,萨满从中恢复时便会被认为具有力量。比如天花是所有瘟疫中最可怕的一种,如果一个人能从天花中幸存下来,他就能从病魔中穿行并无所畏惧地对待它们,获得了特殊的免疫力,于是一个合理的假设便是:萨满拥有大量的白细胞。⑤ 在西伯利亚和南美洲部分地区,获得个人力量的常见方法,是经历一场临近死门关的重病。如果他突然奇迹般地痊愈了,当地人会认为这是因为某位灵性存有的同情而介入,解除了这位患者的疾病之苦。此时,族人通常会找这位痊愈的患者,请求他用这股力量来帮助其他为疾病所苦的人,通常是患有类似疾病的人。如果这位痊愈者能够治愈患者,那么一位萨满就会产生。⑥

其次,看梦境。萨满能力有时候是在梦境中得到的,候选人逝去的亲属会

---

① [英]维克多·特纳:《象征之林:恩登布人仪式散论》,赵玉燕、欧阳敏、徐洪峰译,商务印书馆,2017年,第13—14、490—494页。
② 胡台丽、刘璧榛主编:《台湾原住民巫师与仪式展演》,"中央研究院"民族研究所,2010年,第142页。
③ 孟慧英、吴凤玲:《人类学视野中的萨满医疗研究》,社会科学文献出版社,2015年,第196页。
④ 孟慧英:《寻找神秘的萨满世界》,群言出版社,2014年,第35页。
⑤ Jeanne Achterberg, *Imagery in Healing: Shamanism and Modern Medicine*, Boston: Shambhala Publications, Inc, 1985, p.22.
⑥ [美]麦可·哈纳:《萨满与另一个世界的相遇:从洞穴进入宇宙的意识旅程》,达娃译,新星球出版社,2016年,第32页。

在梦境中出现。温图族人梦见去世的亲属尤其是自己死去的孩子以后，便会成为萨满。在沙斯塔部落中，梦到逝去的母亲、父亲或是祖先是萨满能力的最初体现。① 在果尔特的传统中，当人们梦见某个超自然的谢沃神的时候就能成为萨满。②在北美大盆地地区，神召以"未寻求的梦"的形式呈现出来。当鹰、猫头鹰、鹿、羚羊、熊、山羊或者蛇等诸如此类的动物多次出现在某人的梦中，便是即将成为萨满的征兆。在梦中，准萨满会得到神灵或精灵的指导，若不遵照其指示，将导致严重的疾病，如果继续忽略精灵或萨满力，那么准萨满便会死去。③ 如果把死亡看作时间长点的睡眠，而睡眠是一次短暂的死亡，那么梦境中虽然没有具体的伤害，但一次短暂的梦境就相当于一次象征性的死亡了。在希腊神话中，死亡之神那托斯是睡眠之神许普诺斯的孪生兄弟。④ 其实，不管是在梦中，还是在清醒状态下，看到神灵就是萨满圣召的决定性标志。因为和死者、神灵取得联系就表示自己已经"死去"，不在正常意识范围内，萨满必须自己"死掉"，才可以遇到死者的灵魂并接受他们的教导，成为与神灵一样本领强大的人。这也解释了在很多地方新萨满返回村庄时，表现得如同丧失记忆，他要重新学习走路、吃饭和穿衣，学习新的语言甚至还获得新的名字，当候选人返回村庄时，村民们视他们为鬼魂。⑤

再次，看癫狂一类的精神疾病。萨满戈韧杰十六七岁时得了一场怪病，甚至昏迷不清，乱跑乱藏，常常爬树，并在顶端哈哈大笑。她这样的病持续了两年，公婆请毛季善萨满给她治病，毛季善为她请神跳神，戈韧杰的病才好。"道老特"氏族有一个女萨满，出嫁20多年后得了疯病，整天在野外奔跑。有一天，她对丈夫说："我要成萨满，赶快去请我的'舍卧刻'（指娘家的神）。"但是丈夫不愿意妻子成为萨满，于是便没有答应去请老萨满为其请神治病。这时，妻子一口将丈夫的猎刀吞进肚里却没有丝毫疼痛，第二天早晨妻子把吞进的猎刀拿了出来，丈夫这才相信妻子非成为萨满不可。于是立即请老萨满，供其妻

---

① [美] 米尔恰·伊利亚德：《萨满教：古老的入迷术》，段满福译，社会科学文献出版社，2018年，第101页。
② [苏] И. А. 洛帕廷：《果尔特人的萨满教》，见吉林省民族研究所编：《萨满教文化研究》（第2辑），天津古籍出版社，1990年，第71页。
③ 李楠：《北美印第安人萨满文化研究》，社会科学文献出版社，2019年，第141页。
④ [英] 艾丽斯·罗布：《梦的力量：梦境中的认知洞察与心理治愈力》，王尔笙译，中国人民大学出版社，2020年，第126页。
⑤ [美] 米尔恰·伊利亚德：《萨满教：古老的入迷术》，段满福译，社会科学文献出版社，2018年，第64页。

子氏族的神，妻子才恢复了正常。① 在选择萨满种子选手时，那些癫痫、神经衰弱、爱幻想沉思、行为古怪、病态敏感者往往入选。中国东北的通古斯人中，宗族会选择并培养一个孩子成为萨满，但起决定作用的还是他的癫狂体验，如果这个孩子并没有癫狂体验发生，那么宗族将会取消这个孩子的萨满资格。② 很久以前，哈萨克-吉尔吉斯部落中的老萨满会挑选一位孤儿作为萨满候选人，如果这个候选人想要继承这一职位，很重要的一点，是他有精神错乱的倾向。③ 斯琴掛萨满在成为萨满之前一直疾病缠身，精神异常，经常有神灵托梦、附体的体验，直至48岁通过出马仪式领神成为萨满后才不再受疾病的困扰。④ 伊利亚德认为癫狂体验虽然内容丰富，但总是包含以下一个或多个主题，分别是：幻视中躯体的分割与更新；升天，与天神和各种神灵进行沟通；入地，与神灵和已逝萨满的灵魂交谈；收获启示。⑤

上述的圣职召唤多数属于天生的，潜意识神灵通过召唤性疾病选择了准萨满，当他成功克服疾病的考验，就会成为神圣之人。有些萨满，尤其是如今的萨满，其资格的获取并非命中注定，而是靠自己主动寻求、学习而得来的。但一般来说，人们普遍认为，那些凭空而来的萨满力是神灵赋予的一种天赋，因此法力强大。与之相比，通过后天学习而来的萨满能力则稍逊一筹。⑥ 事实上，很多萨满表示，若没有神灵的主动召唤，再努力也不能成为一名真正合格的萨满。据一位因纽特卡里布族的名叫依格加卡加克的萨满介绍：

> 一个男人或女人不会因为其希望成为巫医就能成为巫医，而是宇宙中的一种"确定的神秘力量"将这种潜能通过启示性的梦传达给他。卡里布人将这种神奇的力量叫作"西拉"（Sila）。它是一种力量，同时又是宇宙，也是天气。换言之，它就是常识、知识和智慧的混合体。

---

① 孟慧英、吴凤玲：《人类学视野中的萨满医疗研究》，社会科学文献出版社，2015年，第21—25页。
② [美] 米尔恰·伊利亚德：《萨满教：古老的入迷术》，段满福译，社会科学文献出版社，2018年，第15—16页。
③ [美] 米尔恰·伊利亚德：《萨满教：古老的入迷术》，段满福译，社会科学文献出版社，2018年，第18页。
④ 孟盛彬：《达斡尔族萨满教研究》，社会科学文献出版社，2019年，第79—82页。
⑤ [美] 米尔恰·伊利亚德：《萨满教：古老的入迷术》，段满福译，社会科学文献出版社，2018年，第32页。
⑥ [美] 米尔恰·伊利亚德：《萨满教：古老的入迷术》，段满福译，社会科学文献出版社，2018年，第12页。

更进一步讲，它是一种可以被激发和应用的能量。[1]

一位名为 upvik 的内特希利克因纽特人认为："成为萨满并不需要自己强烈的渴望，精灵会主动走近你，特别是在梦境中。"[2] 北美洲苏族的一位名叫雷姆·迪尔的萨满医师介绍，真正的巫医与术士是不能像白人那样通过去医院学习而成为医师的，一个人也许可以学会草药知识、咒语等，但这些东西本身毫无意义。若没有幻象和能量，这种学习并无益处，它不会使人成为巫医。[3] 北美苏族的皮塔咖·宇哈·玛尼在雷霆之精灵选择了他之后成为萨满，他说道：

> 我无法选择，我被迫以这种方式生活，因为他们选择了我……我的一生都在为雷霆之灵，为我的同胞们服务。此外，我还按照祖辈们的指示关心那些该关心的人和事。[4]

在锡伯族眼里，成为萨满者都是和萨满有天生的缘分，是命中早已注定的，成为萨满都有一定的征兆。他们要么是婴儿初生久病不愈，同时长辈经常梦见有关萨满之事；要么人到成年之后突然得癫狂之症；要么天生爱激动，举动颇似萨满。拥有这些征兆的人适合做萨满，"但是，无论从什么途径当萨满，都认为是该哈拉（锡伯语姓）前辈萨满的神灵选中了他"。[5] 在满族，是否有"仙根"是作为萨满的选定标准，"仙根"的表现方式为容易癫痫、发抖、昏厥或者久病不愈，拥有这样"仙根"表现的人才能成为萨满，因此，萨满被认为是"天定"的。[6] 有学者指出，我国北方民族萨满的产生，大多采取先天"神选"的形式，只有在迫不得已的情况下才采取后天的"族选"。[7]

在传统社会，出神一般属于萨满阶层的特权，他们多是有天赋之人。进入现代文明后，新萨满教的创始人哈纳认为所有人都有自然天赋成为萨满，任何

---

[1]［美］简·哈利法克斯：《萨满之声：梦幻故事概览》，叶舒宪主译，陕西师范大学出版总社，2019 年，第 55 页。

[2] Knud Rasmussen, *The Netsilik Eskimos—Social Life and Spiritual Culture*, Copenhagen: Gyldendalske Boghandel, Nordisk Forlag, 1931, p.296. 李楠：《北美印第安人萨满文化研究》，社会科学文献出版社，2019 年，第 138 页。

[3]［美］简·哈利法克斯：《萨满之声：梦幻故事概览》，叶舒宪主译，陕西师范大学出版总社，2019 年，第 60 页。

[4]［美］简·哈利法克斯：《萨满之声：梦幻故事概览》，叶舒宪主译，陕西师范大学出版总社，2019 年，第 144 页。

[5] 贺灵：《锡伯族信仰的萨满教概况》，见吉林省民族研究所编：《萨满教文化研究》（第 1 辑），吉林人民出版社，1988 年，第 102—103 页。

[6] 孟慧英：《满族的萨满教》，见吉林省民族研究所编：《萨满教文化研究》（第 1 辑），吉林人民出版社，1988 年，第 184—185 页。

[7] 富育光、赵志忠编著：《满族萨满文化遗存调查》，民族出版社，2010 年，第 35 页。

个体通过学习都可以达到萨满的出神状态，以发掘内在灵性资源，转化自己的生命，帮助他人。为此，他提出"核心萨满教"（core shamanism）这一概念，以期建设灵性民主时代。此概念强调所有萨满教都有统一的核心元素，学习这些元素就可以成为萨满。哈纳甚至编写了一部萨满习成手册《萨满之道》（*The Way of Shaman*），并且声称任何人只要读过他的这本手册即可成为萨满。心理学家史蒂芬·拉森纳尔（Stephen Larsenal）和斯坦利·克里伯（Stanley Kripper）也提出了"个体神话"（personal mythology）的概念，强调现代社会普通个体的出神实践。① 当现代萨满苏珊认为成为萨满需要一定的天赋时，她的丈夫萨满约翰却讲道：

> 你知道吗？世界上不同地区的人类群体都有自己的萨满，如南美、北美、亚洲、非洲等。我认为我们每个人都具有成为萨满的潜质，只不过并非每个人都培养了它。苏珊认为，这可能源自天赋，并不是所有人都具有这种天赋。但我们还可以理解为有很多人将这种天赋丢掉了。②

巫师米姆同样认为：

> 每一个人都是一个灵媒，没有一个人不是灵媒。有的人更有力量，有的人却虚弱一些。人是善行的，也是邪恶的。如果某一个人没有吸收到神灵那就是因为他没有把自己准备好。③

受过多年萨满训练的尼古拉·利哈切夫也表示："实际上每个人都能成为萨满，只不过有的人要突出一点。"④ 当有人表示，希望像大萨满熊心一样拥有那种灵气时，熊心却说："我们身上都有同样的灵气，你不比我少，我也不比你多；不同个体的差别，只在于谁愿意让至高性灵拥有多一点的你。"⑤ 在这些人的表述中，人们在某些方面都是自己的萨满，或潜在的萨满，拥有特定的天赋，区别只在于向灵性开放的意向性。

---

① 曲枫：《何为萨满与萨满何为》，见薛刚主编：《萨满文化研究》（第4辑），民族出版社，2015年，第8页；[瑞典] Lars Johan Rhodin、毛鑫：《瑞典萨米人萨满教的历史流变》，见薛刚主编：《萨满文化研究》（第4辑），民族出版社，2015年，第72页。
② 李楠：《北美印第安人萨满文化研究》，社会科学文献出版社，2019年，第193页。
③ [意] Roberto Malighetti：《非裔巴西人宗教中的入巫、出神与着魔——一位来自马拉尼昂的mineiro的故事》，见郭宏珍主编：《宗教信仰与民族文化》（第6辑），社会科学文献出版社，2014年，第159页。
④ [丹] 拉内·韦尔斯莱夫：《灵魂猎人：西伯利亚尤卡吉尔人的狩猎、万物有灵论与人观》，石峰译，商务印书馆，2020年，第140页。
⑤ [美] 熊心、[美] 茉莉·拉肯：《风是我的母亲：一位印第安萨满巫医的传奇与智慧》，郑初英译，橡树林文化，2014年，第286页。

如今萨满文化融入市场大潮，各种瑜伽班、深度冥想课程络绎不绝。只要人们有某种精神需求，就会有相应的宗教商品产生。只要付钱，人们总能找到一款看似不错的"灵修"的方式。宗教已经与商业接轨、合谋、共处，形成某种"精神超级市场"现象。在今天，自称是萨满的那些人不再属于传统的文化与社群，其活动也不具备原来的社会意义，他们更多的是指那些通过付钱"修习"的方式，而试图找回自我的人。标准化与商品化的萨满培训大有取代文化传统中作为文化仪式专家的萨满之势。这必将对萨满的定义造成冲击，也会对萨满的伦理提出要求，并对相关经济形态和精神建设产生影响，还需要对此密切关注。

虽然来自疾病、梦境和癫狂的仪式考验各是成为萨满的途径之一，但它们并非截然分开，而常常是相互结合的，诸因素共同构成了萨满的仪式考验，也就是说在癫狂考验中，伴随着梦境、生理疾病等，很少仅有一个召唤特征。其中显著的标志便是发疯、发狂等与精神疾病相关的癫狂经历。有的学者用与神经紊乱相关的癔症来解释北极和西伯利亚地区萨满教中的萨满病：极度寒冷、漫长的黑夜、荒芜孤寂以及维生素匮乏构成了北极险峻的生存环境，进而影响到北极民族的神经构成，易引发诸如癔症、梅亚克、梅纳里克等精神疾病。因此，北极、西伯利亚一带是精神疾病最广泛、最泛滥的地区，精神疾病患者要比其他地方多很多。[①] 随着民族志材料的收集、萨满教研究视野的开阔，更多的学者倾向于萨满教是普遍存在的一种世界性现象，诸多大洲都出现与北极及西伯利亚地区相似的意识状态变化现象。研究发现，人类神经系统普遍可以产生这种恍惚出神状态。出神时，个人经历被构建了相似的视觉、听觉、触觉、嗅觉和味觉的幻象（由于文化的不同，这些幻象也会出现文化上的差异），这显然是这种普遍神经性特征的遗产。[②] 克劳特（Clottes）和刘易斯·威廉姆斯（Lewis Williams）就指出，世界所有地区的萨满教实践的相似性都衍生自人类神经系统变化状态的行为方式。[③] 神经病学家奥利弗·萨克斯还表示，所谓的神游、幻觉等精神疾病即便伴有或多或少器官上的病因，但丝毫不减损这些病例在心理学

[①] ［美］米尔恰·伊利亚德：《萨满教：古老的入迷术》，段满福译，社会科学文献出版社，2018年，第22—24页。

[②] ［美］威廉·A. 哈维兰、［美］哈拉尔德·E.L. 普林斯、［美］达纳·沃尔拉斯等：《人类学：人类的挑战》，周云水、陈祥、雷雷译，电子工业出版社，2018年，第583页。

[③] J. Clottes, J. D. Lewis-Williams, *The Shamans of Prehistory: Trance and Magic in Painted Caves*, New York: Harry N. Abrams, 1998, p.19.

以及灵性上的意义。① 这也就意味着仅凭神经构造方面的原因不足以说明萨满病的全部由来,而且萨满巫师与神经病人最大的不同便是:他们不仅是病人,更是成功治愈自己的病人,没有被幻觉牢固住,而是成为成功掌握幻觉的人,并应用幻觉治愈他人。一旦萨满巫师通过领神等仪式治愈了自己,与潜意识神灵和解、共处,了悟潜意识的奥秘,那么他们就会控制自己的癫痫。此时,他们拥有了随意开启和关闭潜意识资源的能力,作为神圣的代表在潜意识的神灵世界与意识的现实世界中交流,可做精神集中、特别累人的事情,普通人一般无法触及。从某种意义上讲,他们已经穿透了世界奥秘的核心,明白危机的内在运作原理,与生命、死亡领域亲密接触,并能够让自己与其领域的力量融为一体。这股力量有时被称为拥有治愈性的宇宙生命原力。在萨满与之合一的同时,宇宙生命原力透过萨满展开治愈工作。通过自己的这些经验,萨满巫师帮助人们走出那些相似的危机。这实际上已经达到了控制阶段②,正如通古斯人所言,萨满拥有了神灵。③ 在北极圈文化语境中,那些可以操控附体、驾驭神灵的人就是萨满。④ 在因纽特人中,萨满通过观察,如果发现并确定神选定了某个孩子,便要开始对他/她进行训练。训练的最后一项是老萨满要赠给准萨满一个守护神,并在仪式中指导他/她如何控制并利用自己的守护神,而不是被守护神掌控。⑤ 美拉尼西亚肯雅克族把进入出神状态寻找精灵的人称为巴利大勇(bali dayong),大勇在召唤的出神状态中虽然会有痛苦和精神迷狂的表现,但是他们会"控制并指挥那种附在他或她身上的强有力的能量"⑥。雷蒙德·弗斯(Ray-

---

① [美]萨克斯:《错把妻子当帽子》,孙秀惠译,中信出版社,2016年,第207页。
② 当然萨满对神灵的"控制"也并非完全绝对,这种"控制"常常是附带条件的。前面讲,当萨满忽视动物助手等其他灵性存有的指示、不正确对待神圣的萨满器物、违背道德、触犯禁忌等时,动物助手或者其他一些灵性存有就会离开萨满,使萨满失去超自然力,这种能力的丧失常常伴随着萨满的生病。列维-斯特劳斯就曾总结:"神灵保护巫师,同时也不停地监视他;神灵不但是巫师所有财物的真正所有者,甚至是巫师身体的所有者……巫师与神灵之间如此毫不容情地连在一起,实在无法说到底谁是主谁是仆。"参见[法]克洛德·列维-斯特劳斯:《忧郁的热带》,王志明译,中国人民大学出版社,2009年,第284页。
③ [英] I. M. 刘易斯:《中心与边缘:萨满教的社会人类学研究》,郑文译,社会科学文献出版社,2019年,第30页。
④ [英] I. M. 刘易斯:《中心与边缘:萨满教的社会人类学研究》,郑文译,社会科学文献出版社,2019年,第38页。
⑤ Asen Balikci, "Shamanistic Behavior Among the Netslik Eskimos", in J. Middleton ed., *Magic, Witchcraft and Curing*, New York: The Natural History Press, 1967, p. 194. 李楠:《北美印第安人萨满文化研究》,社会科学文献出版社,2019年,第145页。
⑥ [美]简·哈利法克斯:《萨满之声:梦幻故事概览》,叶舒宪主译,陕西师范大学出版总社,2019年,第183页。

mond Firth）指出，萨满就是"神灵的掌控者"，即萨满是神灵的化身，神灵附体是在他可操控的和自愿接受的情景下发生的。① 非洲昆族治疗师在降灵中拥有神赐的治愈能量：嗯唔（n/um）。治疗水平高的年长的治疗师能够控制降灵并释放强大的力量，即便降灵时，也能与人聊天、起身添柴火。这类的治疗师往往能够随心所欲地治疗，很少依赖外界刺激。而青年的治疗师，常常因为降灵力度过猛而突然倒地，昏死过去。此时年老的治疗师便会教给他们如何控制降灵。② 萨满专家富育光先生也表示，萨满在盛大祭祀氛围的特殊状态下，看似微闭双眼、身体颤抖、尽显狂态，但实际上头脑和心智是清醒的。他们时刻聆听着助手栽利的话语，也知道做各式迷狂特技时，不使身边的人受到伤害。于是就有以下俗语："三分萨满，七分栽利。"③ 英国社会人类学家 I. M. 刘易斯清楚地表达道：

> 萨满并非神灵的奴隶，他是异常和絮乱的控制者。存在于内心深处的使命感——超凡的神秘性赋予了他治疗的激情；他最终战胜了扬言要把他打倒的原始力量制造的混乱感觉。当他脱离了备受折磨的痛苦和灵魂的黑夜，那么就会迎来精神胜利的狂喜。他接受了来自控制他生活的力量的挑战，在最严酷的入会仪式中勇敢地战胜了它们，重新整理混乱的秩序、绝望的心境。通过较量，人类再次宣告他才是宇宙的主人，他也完全可以控制自己的命运。④

很多学者也观察到，萨满在出神体验中行诸法事之时，并非像精神病人一样迷失在经验中，而是有一个观察的自我能够旁观自己。萨满借助自我暗示和特殊的技能，能够很好地支配自己的心理，使自己达到一种外表好似失去理智，却从不陷入一种无法控制的歇斯底里的发狂状态，他们的做法就像演员表演一样，其实质是一种"有意识地支配下意识的东西"⑤。坎贝尔用神秘主义者在灵性大海中游泳而精神分裂患者却在其中溺水、淹没来表述二者的区别：

---

① [英] I. M. 刘易斯：《中心与边缘：萨满教的社会人类学研究》，郑文译，社会科学文献出版社，2019年，第31页。
② [美] 马乔丽·肖斯塔克：《妮萨：一名昆族女子的生活与心声》，杨志译，中国人民大学出版社，2016年，第315—320页。
③ 富育光：《萨满敏知探析》，见白庚胜、郎樱主编：《萨满文化解读》，吉林人民出版社，2003年，第63页。
④ [英] I. M. 刘易斯：《中心与边缘：萨满教的社会人类学研究》，郑文译，社会科学文献出版社，2019年，第139—140页。
⑤ [苏] E. B. 列武年科娃：《论萨满其人》，见吉林省民族研究所编：《萨满教文化研究》（第2辑），天津古籍出版社，1990年，第68—70页。

简言之，朋友们，我发现我所说的是，我们的精神分裂者实际上正在经历瑜伽修炼者和圣徒曾努力追求的幸福海洋深层：不同的是后者在海里游泳，而前者却被淹没。①

伊利亚德也认为，虽然有神灵附体的现象，但就萨满可以与各种神灵进行交流却并未变成他们的工具而言，萨满其实是在驾驭这些神灵。② 如果用"驾驭"容易让人产生等级差别的误解，莫若说，他们是在与这些神灵合作，"驾驭"神灵也是神灵的本意，因为神灵本就是潜意识的化身，化作神灵的潜意识渴望被打败，渴望被"驾驭"，渴望被感知，以此获得利用和新生，一次次在意识中绽放。人伴随着神灵的新生而新生，并拥有神的力量，即我们的内在。每次治病，萨满便潜入潜意识状态，利用在潜意识中获得的知识来为病人排忧解难，曾经的病态成分反而成为萨满治愈能力的来源，它们是准萨满由病人转换成萨满的契机，也是萨满以后救人的凭借。了解以上我们便更能明白苏格拉底的这句格言："假如疯狂是上天赐予我们的礼物，那么，临到我们最大的祝福，就是通过疯狂而来的。"③

关于萨满的控制神灵一说，还可以从不同凭灵（附体）类型之间的历时性演变过程来一窥究竟。在萨满自主性凭灵现象中，日本学者佐佐木宏干以超自然存在是否进入身体为判断标准，将萨满的凭灵构造分为三种类型：

（1）神、精灵进入萨满身体，于是萨满的人格发生变化，作为灵的存在而行动，以"我是某某某"的第一人称语言来说话。

（2）神、精灵不进入该人的身体，但是萨满能看到神、精灵的身影，能直接接触神、精灵，传达神意，并感到自己的胸部有压迫感，或有手脚被神、精灵捉住强制活动的感觉。他/她向神、精灵提出"神灵呀，请给我各种指教"的请求后，能得到神、精灵的回答，于是他/她将这些传达给依赖者。在这样的场合，该人的身上不出现人格的变化，与神、精灵的交流一般使用第二人称或第三人称的语气。

（3）神、精灵不但不进入该人的身体，而且也不直接接触该人的身体，因

---

① Joseph Campbell, *Myths to Live By*, New York: Bantam Books, 1980, p.226. 张洪友：《好莱坞神话学教父约瑟夫·坎贝尔研究》，陕西师范大学出版总社，2018年，第170页。
② ［美］米尔恰·伊利亚德：《萨满教：古老的入迷术》，段满福译，社会科学文献出版社，2018年，第4页。
③ 转引自［美］沃什、［美］方恩主编：《超越自我之道》，胡因梦、易之新译，中华工商联合出版社，2013年，第156页。

此，该人通过自己的眼、耳、心的感觉来传达神、精灵的旨意，也就是那种"领悟到了神灵旨意""听到了神灵的旨意"的状况。据萨满说，身体有病的人从远处前来拜访他/她，如果那个人受了灵的影响而患病的话，病痛也会在自己身上表现出来。他们在与神灵交涉时大多用第三人称的语言来表达。

在上述三种情况中，第一种是人格发生"神化"或"灵化"的状态，是彻底的凭灵。此时萨满的主体人格完全被神、精灵替换，属于"超自然存在是进入到身体"的范畴，为凭入型。第二种是人格处于被神灵驾驭的状况。第三种是人格受到了神灵影响的状况。在后两种状态中，萨满的人格还没有完全转换，萨满的意识面还很强，可以闭上眼睛传达神意，近似于普通的直觉、灵感启示、联想等。其属于"超自然力从外部给予他影响"的范畴，为灵感型。

在总结出凭灵的三种状态后，佐佐木宏干还就三种凭灵类型与萨满掌控神灵的能力之间的关系进行了分析。佐佐木宏干观察到日本各地的宗教职能者常常说"年轻的时候，神凭依到身上的症状非常厉害，自己说了些什么都不知道。随着年龄的增加，就能领悟到神的旨意了"。例如，冲绳地区的优姐（萨满的一种），其在刚刚成为优姐的时候常常出现剧烈的异常心理状态，而当她成为老手的时候，则以一种与常态相近的表情来表示神的来临。关于这一点，大桥英寿认为"最初，她的自我主体是受凭依人格（守护灵）的支配，出现那种受外界支配的舞动，但是随着经验的积累，逐渐地出现了相反的情况，即自我主体能够随意操作凭依人格了"。大桥英寿还认为出现异常心理症状，只是灵格低下的表现，也是刚成为优姐的特征。[1] 这也就意味着，主体人格完全被神、精灵替换的凭入型凭灵，在萨满的凭灵范畴等级排位中处于较低级的修行水平。而在萨满还拥有一定人格的灵感型凭灵状态中，萨满不再处于完全受支配地位，反而能够随意操作凭依人格——神灵，因此属于较高级的修行水平。[2] 郭淑云教授通过对我国北方诸位老萨满的采访，亦发现相同的规律，即随着年龄的增加与神事经验的积累，一些造诣颇深的老萨满主要不再依赖神灵附体与神灵沟通，而是更多地通过灵感与感悟就能领悟神意。[3]

---

[1] [日] 大桥英寿：《冲绳萨满（优姐）的生态和机能》，载《东北大学文学部研究年报》1978 年第 28 号，第 201—248 页；[日] 佐佐木宏干：《"凭灵"的构造》，见郭淑云、沈占春主编：《域外萨满学文集》，学苑出版社，2010 年，第 74 页。

[2] [日] 佐佐木宏干：《"凭灵"的构造》，见郭淑云、沈占春主编：《域外萨满学文集》，学苑出版社，2010 年，第 71—76 页。

[3] 郭淑云：《中国北方民族萨满出神现象研究》，民族出版社，2007 年，第 105—106 页。

我们还可以将三种凭灵状态与不同程度的心理疾病做比较，以说明不同类型凭灵何以有高低之分。心理疾病按严重程度由低到高分为三个阶段，分别为神经症、抑郁症、精神分裂症。第一阶段神经症的症状比较轻，患者拥有完整的人格，只是偶尔轻微地受到精神活动的支配；第二阶段抑郁症的症状较为严重，人格虽然基本上能够保持统一性，但是情感和人格会出现乖离状态；第三阶段症状最为严重，此时患者完全放弃了自己的人格。[1] 对照可知，第一阶段心理疾病较轻的神经质对应的是凭灵的第三种，第二阶段心理疾病严重度次之的抑郁症对应凭灵的第二种。在这两种状态中，患者的自我还存在，因此病症较轻。第三阶段心理疾病最为严重的抑郁症对应的是凭灵的第一种，此时患者完全放弃了自己的人格，被精神完全侵占，而毫无觉知。心理疾病的严重程度依照自我的状况来划分，最严重的属于自我完全丧失型，那么不难理解为何还拥有自我的灵感型萨满要比完全没有自我的凭入型萨满的水平略胜一筹。萨满的修行手册则为：癔病癫狂间游历他界，吸收潜意识知识——逐渐控制神灵，可以请神凭灵。其中凭灵的控制步骤又按高低分为两种：初始的凭入型萨满（请来的潜意识神灵完全霸占其人格），成熟的灵感型萨满（还拥有人格的萨满可以随意地操作凭依人格，即神灵）。灵感型萨满又可进一步分为两种：人格被神灵驾驭（萨满自我意识较少），以及人格受到了神灵影响（萨满自我意识较多）。

有时，萨满的萨满病在领神后并未一下子好转，而是通过给病人治病才可逐渐恢复。久梅长年生病，主要是手指变形，腿不能走路，在接了萨满一类的相同神位后，腿便逐渐变好，可手还是伸不开。一旦她给别人治病，手也就好了。[2] 建和卑南人巫师候选人在成巫后身体也不一定见好，除非他出来执行仪式治愈他人。某种程度上，成巫治病已经成了萨满巫师的一种使命，或者"诅咒"。只要他们长时间不行巫治病，便会生病。哈萨克女萨满库梅斯只要周四、周五不行巫，她的身心便会受到折磨，手脚都会水肿。因此，她会自己找病人治疗。另一位哈萨克女萨满肯洁克孜若不耍巫术时，则会旧病复发。[3] 萨满赵淑珍要是不看病，身体就会不舒服，因此得天天看病。[4] 所以人们对萨满巫师的经

---

[1] [日]山中康裕编著：《荣格双重人格心理学》，郭勇译，湖南文艺出版社，2014年，第5页。
[2] 孟慧英：《寻找神秘的萨满世界》，群言出版社，2014年，第100页。
[3] [苏联] K.拜博茨诺夫、[苏联] P.穆斯塔菲娜：《哈萨克女萨满》，见白庚胜、郎樱主编：《萨满文化解读》，吉林人民出版社，2003年，第503页。
[4] 奇车山：《衰落的通天树：新疆锡伯族萨满文化遗存调查》，民族出版社，2011年，第230页。

典描述则为"成为治愈者本身就是一种治愈",即"to cure is to be a curer"。①

在治愈别人就等于治愈自己的治疗关系中,或者只有治愈别人才能治愈自己的境况下,他们都在通过继续深入潜意识、正视与潜意识的关系,治愈自己和他人的疾病,不管这种疾病是身体疾病抑或是心理疾病。治愈别人似乎就是潜意识赋予治疗师的一种宿命,也是他继续与潜意识深入交流的契机。直至我们体悟到在潜意识状态,乃至在现实中,万物为一体,他伤即我伤,除非治愈好所有的疾痛,否则我们作为共同体一直都在共同受伤。比如,安久成萨满表示,如果他不能破译梦中神灵的启示,治不好病人的病,自己就会不舒服。② 吴金梅萨满表示,在梦中会提前一两天得知病人的相关信息,如果病人不来或者碰不上的话,她就会浑身不舒服,什么时候病人来了,她什么时候才会轻松。③ 音新梅萨满直接表示:"要知道,'破译'了你的病,我的病也跟着好。因为你有病,我也是有病,你的病好了,我的病也就好了。"④ 其中的转化治疗关系还需要继续探索。一则关于委内瑞拉的雅诺玛米人(Yanomami)的新萨满成巫仪式,为上述猜想提供了证据。雅诺玛米人的成巫仪式要持续数十日之久,在这一过程中,萨满经历了身体被肢解的痛苦:被刀砍,被美洲虎撕咬,被火烧,被箭射穿等。萨满完整地体验了死亡与重生。在死亡中,准萨满最初的人性消亡,神灵进入他的身体,与自我合二为一。在进入死亡和获得重生的过程中,准萨满的自我与世界并无界限,而是一个意识整体。人的身体成为世界的身体,身体与宇宙相同。此时,萨满的新自我已经融合了世界上的一切物质,包括空气、土地、动物、精灵等。经过成巫仪式,萨满的自我将会得到彻底改变,一个世界性的、宇宙性的自我将会诞生。因此,新萨满的诞生是维持宇宙延续的关键。萨满在成巫仪式中,自我、身体与世界、宇宙合一,那么万物为一的感觉,自然就包含萨满与病人,两者也就有了相互关联的可能。⑤ 在印第安文化中,有"神圣圆圈"一说。所谓神圣圆圈是指包括动物、植物等世界上的一切都是神圣圆圈的一部分,彼此相关,所有的生命都会在此循环。神圣圆圈代表

---

① 胡台丽、刘璧榛主编:《台湾原住民巫师与仪式展演》,"中央研究院"民族研究所,2010年,第295页。
② 奇车山:《衰落的通天树:新疆锡伯族萨满文化遗存调查》,民族出版社,2011年,第225—226页。
③ 奇车山:《衰落的通天树:新疆锡伯族萨满文化遗存调查》,民族出版社,2011年,第267—268页。
④ 奇车山:《衰落的通天树:新疆锡伯族萨满文化遗存调查》,民族出版社,2011年,第237页。
⑤ Z. Jokic, "Yanomami Shamanic Initiation: The Meaning of Death and Postmortem Consciousness in Transformation", *Anthropology of Consciousness*, 2008, 19(1): 33-59. 曲枫:《身体的宗教——萨满教身体现象学探析》,见郭淑云、薛刚主编:《萨满文化研究》(第3辑),民族出版社,2013年,第44—45页。

了宇宙间的所有生灵。这些生灵像亲属一般群聚，关系亲近。因此，印第安人会说："现在起，你的问题就是我的问题，我的烦恼也成了你的烦恼。"印第安人自古的训诫即为，只要让神圣圆圈完好无缺，宇宙就会保持和谐状态，人们也会安全无虞。①在神秘体验中，经常会有自我与外物客体之间的界限消失，自我与宇宙万物融为一体的感受。那或许即得道之人的"万物皆备于我矣"②，"天地与我并生，而万物与我为一"③，"一言之解，上察于天，下极于地，蟠满九州"④，"乃能穷天地、被四海"⑤中的宇宙合一之感。

鉴于萨满巫师成功通过危机的考验，可以控制神灵成为神圣的代表，他们不仅在生前受到尊重，死后也要进行特殊的葬礼处理。在锡伯族的传统中，萨满不进行一般的土葬而是要进行火葬。葬礼结束后，老萨满生前使用的法具，如果有徒弟则交给徒弟，没有后继者的，在众萨满的协助下，将其收拾妥当，由家人保存起来，等新萨满出来后郑重交给他。⑥满族有传统续谱或者办谱仪式，即将上一次办谱之后新生人员的名字用红笔添上，去世人的名字则用黑笔描上。但是有的族姓去世的萨满用红笔写，因为人们认为萨满不死。⑦《宁安县志》记载了过去满族萨满去世时的规定：

> 昔时萨满之死，其尸葬于树上。遗迹至今有存者，盖葬于树之上。选大树之枝叶繁茂者、伐其枝，穿穴于树干，以可以纳尸为率。今于树干之空隙中，有铁制之罐子，木制之食匙，及斧小刀手鼓之破朽者。又棺中有破脑盖及数片残骨并铁片、铜片，可证为萨满之装饰、衣服等具也。⑧

达斡尔族的萨满死后，要给他穿上便服，让他朝着南面坐葬。不能葬于家族公墓之内，而是按其生前所指定的地点，予以风葬。风葬的地点，多在偏僻

---

① [美]熊心、[美]茉莉·拉肯：《风是我的母亲：一位印第安萨满巫医的传奇与智慧》，郑初英译，橡树林文化，2014年，第223—224页。
② 万丽华、蓝旭译注：《孟子》，中华书局，2016年，第290页。
③ 孙海通译注：《庄子》，中华书局，2016年，第39页。
④ 李山译注：《管子》，中华书局，2016年，第274页。
⑤ 李山译注：《管子》，中华书局，2016年，第275页。
⑥ 贺灵：《锡伯族信仰的萨满教概况》，见吉林省民族研究所编：《萨满教文化研究》（第1辑），吉林人民出版社，1988年，第110页。
⑦ 孟慧英：《满族文化象征的当下实践：以龙年续谱、祭祖为例》，见刘正爱主编：《宗教信仰与民族文化》（第5辑），社会科学文献出版社，2013年，第338页。
⑧ 孟慧英：《满族的萨满教》，见吉林省民族研究所编：《萨满教文化研究》（第1辑），吉林人民出版社，1988年，第185页。

的山顶。人们将萨满棺材用木架架起来，风吹雨淋，经过数年，然后埋葬尸骨。风葬后的遗骨，要用石头掩盖，并于北面高地立一敖包，名曰尚德祭坛。后继者每过若干年，必祭尚德一次。当萨满去世时，人们也忌讳说"萨满死了"，而

图3-3 达斡尔族斯琴挂萨满正在祭祀敖包

图3-4 斯琴挂萨满又祭祀位于敖包附近、已故上一代萨满的坟墓，坟墓的坟包由石头堆砌而成

说他"上尚德了",也说成为"德勒肯尼贝"(达斡尔语,升天之意)。[1] 在调研达斡尔族萨满斡米南仪式时,笔者发现大萨满斯琴挂在举行斡米南仪式的前一天,要去上一代萨满的尚德(坟墓和敖包)祭祀,祈求斡米南仪式的圆满成功。一位知情人还向我们介绍,之所以已故萨满坟墓的坟头用石头堆砌,而不是用水泥完全封实,是因为要让已故萨满的灵魂能够呼吸、透气、活动。

在 18 世纪尤卡吉尔人的社会中,当萨满死后,他的身体被切割成碎片,肉和骨作为护身符中被分配给氏族成员,而头颅则放在一个木制身体上作为精神雕像,每天被"喂养"。在活着的氏族萨满"请求"时,此精神雕像便给予指导。[2] 足见萨满葬礼的特殊与隆重。

通过以上整理,我们发现在成为萨满之前,准萨满都与潜意识来一场约会,然而这场约会与众不同,充满考验。但凡准萨满拒绝、害怕、不理解潜意识的内容,潜意识力量对他们来讲便是混乱的,甚至是致命的。他们沉浸在幻觉之中,仅处于一种"进"的状态。此状态中人没有清晰的觉知,类似于为精神病人状态。而当准萨满通过领神的方式接受潜意识的邀请,克服来自潜意识的挑战,学习其中的知识,能够进去又出来时,他们便成了拥有高级意识之人。一旦他们曾经凭借自己的经验进去并成功走出来时,他们也就拥有了随意进出潜意识这块瑰宝的能力,运用它带给人间来自潜意识的影响。就像电影《秋日传奇》中一位老印第安人所言:"有些人能清楚地听见来自心灵的声音,他们依着那个声音作息,这种人不是最后疯了,就是传奇。"通过考验后,萨满在以后进入潜意识治病的时候,就不再被潜意识完全淹没,而是有意识地控制潜意识以达到相应目的。意识的转换与发展尤其体现在英雄神话中。英雄的神话描述了自我和所有意识发展的原型命运,并被大家遵循。在此神话中,英雄战胜了龙,取得了由龙守护的宝物。依附于潜意识母亲的英雄是龙,龙代表着吞噬、毁坏等不为人所欢迎的潜意识活动。而从潜意识母体中降生时便成了征服巨龙的英雄,英雄代表着令人赞赏的潜意识活动、潜意识所隐藏的珍宝:新生的自己、神圣、典范、更高的品性由此诞生。这种本质上的改变使得英雄区别于普通人。神话中的英雄就在潜意识之根与意识之火中来回穿梭,永不停息,推动二者的双重发展,英雄自己也一次次地新生,成为与潜意识结合后新意识的代表,直

---

[1] 孟盛彬:《达斡尔族萨满教研究》,社会科学文献出版社,2019 年,第 86—88、216 页。
[2] [丹]拉内·韦尔斯莱夫:《灵魂猎人:西伯利亚尤卡吉尔人的狩猎、万物有灵论与人观》,石峰译,商务印书馆,2020 年,第 139 页。

至自性的全部实现,即潜意识在意识中完全绽放。坎贝尔对英雄神话怀有极大的热忱,他对此写道:"英雄巅峰之旅的目的在于,发掘心灵的不同层次让它开放,开放,再开放,直到揭开你自性的奥秘为止。无论那是佛性,还是基督。这就是英雄之旅。"① 北美洲惠乔尔族的萨满普雷姆·达斯也感叹道:

萨满之路永无止境。我已是

垂暮老者,却又如同婴儿,

面对神秘宇宙,

满怀敬畏。②

三、 超个人心理学中的灵性危机

自从弗洛伊德开始,西方心理学就对宗教和灵性经验保持负面的观点,弗洛伊德认为宗教是"普通的强迫性神经官能症",把神秘主义者天人合一的"海洋经验"等同于"婴儿式的无助"与"退化到原始的自恋",传统心理学也一直遵循他的偏见,把灵性经验描述成"边缘性精神病""精神病发作""颞叶功能异常"等。③ 于是我们不难理解,虽然传统社会视癫狂性质的萨满病为圣召,然而传统精神医学却简单把它当作病态的精神病,治疗方法往往是服用镇静剂之类的抗精神病药物、住院治疗等,对其予以压抑和控制。这不仅会导致精神疾病慢性化、产生严重的副作用,还让当事人深陷耻辱和羞愧之中,无法合理利用超常意识经验所具有的治疗和转化潜力,使人格丰盛地成长。关注灵性取向的超个人心理学的出现正在试图扭转这一局面。

超个人心理治疗认为,萨满病、巫师的危机,有时也被称作"正向的崩溃""有创造力的疾病""神圣的疾病"等,其实是一种灵性危机,是"灵性能量的灌注或是尚未整合的新奇经验"④。在自我内在尚未准备好整合这些经验时,灵性经验与灵性能量对自我造成的混乱,是"深层潜意识和人类灵魂中超意识范

---

① [美] 戴安娜·奥斯本编:《坎贝尔生活美学:从俗世的挑战到心灵的深度觉醒》,朱侃如译,浙江人民出版社,2017年,第19页。
② [美] 简·哈利法克斯:《萨满之声:梦幻故事概览》,叶舒宪主译,陕西师范大学出版总社,2019年,第216页。
③ [美] 布兰特·寇特莱特:《超个人心理学》,易之新译,上海社会科学院出版社,2014年,第156页。
④ [美] 布兰特·寇特莱特:《超个人心理学》,易之新译,上海社会科学院出版社,2014年,第155页。

畴的动态性外化"①。坎贝尔也把萨满的精神危机看作这些社会中天才的心智被某种力量击中,或吸收了这种力量时所产生的一种特殊现象。②楚克奇人则称之为"他正在聚集萨满力量"③。事实上,灵性经验在日常生活中的浮现是危机,更是精神意识提升的转机,当当事人的内在可以吸收、整合这些灵性能量时,会产生突然的开悟、极乐的降临、合一感等,促进灵性经验对意识的转化。布兰特·寇特莱特写道:

> 超个人研究已经发现灵性危机虽然看似混乱、失控,但通过这种看似脱序的情形,却有可能产生更深层的秩序,许多灵性传统也证实了这种看法。灵性危机预示意识的崭新发展、打破旧有的结构、产生全新的成长和更以灵性为导向的生活。旧结构的"瓦解"对尚未做好准备的人可能是非常可怕、不稳定的经验,试图抓紧已知的东西或是尝试控制过程,都可能迫使人超过自己的极限。然而,在灵性危机中的人,如果可以放手进入这个过程,就能得到帮助、获得重生,结果可能在心理和灵性上得到更高层次的整合。④

于是超个人心理学家顺势衍生出一种观点为,当自我停滞不前时,强烈发展的内在力量就会以灵性危机的方式迫使个体向前发展。甚至很多萨满表示:"如果我不成为萨满,我就会死掉。"⑤而所谓的萨满病其实是一种神灵的召唤与觉醒的力量信号。灵性危机就挣扎在成长的力量与安于现状、超越与因循常规的过渡之中。荣格派分析师派瑞(John Weir Perry)通过观察认为:

> 圣灵一直努力从常轨或传统的心智结构中挣脱出来,灵性工作就是试图释放这种动态的能量,这个能量坚持要从令人窒息的旧形式中解放出来……在一个人的发展过程中,如果释放灵性的工作过于急切,却还没有主动认识目标和进行大量的努力,那么心灵就容易接管并压倒意识人格……个体化的心灵厌恶停滞,就好像本性厌恶孤立一样。⑥

---

① [美] 克里斯汀娜·格罗夫、[美] 斯坦尼斯拉夫·格罗夫:《灵性急症:超个人危机的认识和治疗》,见 [美] 沃什、[美] 方恩主编:《超越自我之道》,胡因梦、易之新译,中华工商联合出版社,2013年,第165页。
② [美] 约瑟芬·坎贝尔:《萨满教》,见吉林省民族研究所编:《萨满教文化研究》(第2辑),天津古籍出版社,1990年,第308页。
③ 孟慧英、吴凤玲:《人类学视野中的萨满医疗研究》,社会科学文献出版社,2015年,第31页。
④ [美] 布兰特·寇特莱特:《超个人心理学》,易之新译,上海社会科学院出版社,2014年,第155页。
⑤ 孟慧英、吴凤玲:《人类学视野中的萨满医疗研究》,社会科学文献出版社,2015年,第32页。
⑥ 转引自 [美] 沃什、[美] 方恩主编:《超越自我之道》,胡因梦、易之新译,中华工商联合出版社,2013年,第157页。

杨韶刚先生也指出，对于超个人心理治疗而言：

> 有些精神生活的危机不一定是病态心理的表现，而可能是个体心灵深处的某种超越性需求在呼唤。即使是某些精神病或神经症的症状，可能也隐含着常人难以理解的超个人含义。因此，超个人心理治疗不是要治愈疾病，而是要开放我们的意识和经验，使我们的心理心灵进入一个全新的超越的意识境界，最终达到精神自愈、身心健康成长的目的。①

一些超个人心理学家甚至更激进地表示：

> 与其忍受停滞，心灵宁可制造危机来强迫发展。典型的例子就是巫师猛然投入巫术专业生涯所引发的危机。长久以来，西方科学家把这些启蒙危机贬抑成歇斯底里、癫痫或精神分裂症，现在则可以辨认出这是最初的超个人危机或灵性急症。部落文化一直了解这种情形，并认为它会发生在适合当巫师的人身上。②

灵性危机只是暂时的精神失常，只要萨满巫师们能够吸收内在的灵性能量，便会成为引领时代之人。被现代医学诊断为病态的某些精神病人的幻觉体验，亦可能归于灵性危机之列。因此，与现代观点相反，精神病人可能是潜在的命中注定的未来者，他们承担更高的使命，由无法撼动的灵性能量推动着走。在一些印第安人群中，人们也认为，越是能力强大的萨满越是表现出异常的精神状态。③ 这些拥有使命的人也存在着属于他们的危险，那就是当他们因为某些原因拒绝接受、无法识别与整合这些灵性能量时，便会成为真正与永久的精神病患者。当然，有些精神疾病显然是病理性的精神疾病，与大脑功能失常或其他器官病变有关。因此切不可简单地把精神疾病统统"拥护"为圣召，再次采取与传统心理学一样对待精神危机一刀切的方式。出现精神危机时，适当的内科与精神科检查是必须的，即便病人的问题是灵性危机的表现，也需要内科配合治疗，比如适当的营养、补充矿物质和维生素、充分的休息以及预防脱水等。针对于此，超个人心理学家还对灵性危机的判断标准进行了总结：

(1) 发生不寻常的经验，包括意识、知觉、情绪、认知与身心功能的改变，过程中有值得注意的超个人重点，比如戏剧性的死亡和诞

---

① 杨绍刚：《超个人心理学》，上海教育出版社，2006年，第151页。
② [美] 沃什、[美] 方恩主编：《超越自我之道》，胡因梦、易之新译，中华工商联合出版社，2013年，第157—158页。
③ 李楠：《北美印第安人萨满文化研究》，社会科学文献出版社，2019年，第126页。

生（重生）过程、神话和原型的意象。

（2）没有明显的器质性脑疾病。

（3）没有其他器官或系统的身体疾病可能造成精神疾病。

（4）正常良好的全身和心脏血管的状况，足以让案主安全地承受经验性工作和探索方法所造成的身体和情绪压力。

（5）当事人要有能力把状况看成内在心理的过程，并以内化的方式来处理；要有形成适当治疗关系的能力。

（6）没有长期接受传统精神医学治疗和住院的病史，因为在这种情形下，很难运用新的方法。[1]

某些时候，精神病中的幻觉与癫狂体验只是内在的灵性资源迫使人们向前发展的一种策略，只要人们加以认识与整合，这场灵性危机便会对意识产生转化功能。于是，超个人心理学家对待灵性危机的新策略便是为之提供适当的环境和心理状态，支持鼓励这个转化过程的展现，并与之合作，以运用它的正向潜力，把灵性危机转变成灵性提升，使得当事人体认到自己与众不同的内在成长空间。在经过适当的了解和治疗之后，当事人整合、吸收、理解那些导致自我暂时混乱的灵性资源，即能收获成长，呈现的变化有人格的转化、意识的演化、富有创意的问题解决方式、身心的疗愈等。著名的精神科医生梅宁格（Menninger）认为："有些罹患精神疾病的病人，后来不但恢复健康，而且变得更健康！我是说他们以前从来没有那么好过……这是个离奇而难以了解的事实。"[2] 坎贝尔也表达道：

> 萨满的危机在遇到适宜的条件时，不仅会产生一种成熟的杰出智慧和教养，而且会产生出出众的体力和精神活力，这是远远超过他所在群体的其他成员的。于是，这一危机就有了进入境界的高于一般的起点：说它高出一般，首先由于它是自发的，而不是受部落强迫的；其次，由于在心理上影响强烈的象征的转变不是从家族到部落，而是从家族到宇宙万物。[3]

---

[1]［美］克里斯汀娜·格罗夫、［美］斯坦尼斯拉夫·格罗夫：《灵性急症：超个人危机的认识和治疗》，见［美］沃什、［美］方恩主编：《超越自我之道》，胡因梦、易之新译，中华工商联合出版社，2013年，第164—165页。

[2] 转引自［美］沃什、［美］方恩主编：《超越自我之道》，胡因梦、易之新译，中华工商联合出版社，2013年，第156页。

[3]［美］约瑟芬·坎贝尔：《萨满教》，见吉林省民族研究所编：《萨满教文化研究》（第2辑），天津古籍出版社，1990年，第309页。

于是我们看到，即便面临永远成为神经质的危险，一些人依旧感谢、欢迎属于超个人危机的幻觉，那里面存在着他们的灵魂追求、创造力与永恒的喜悦。患者查尔斯说："我的神经症保护着我的灵魂……这对我是最珍贵的……如果我能好转，那将是对我的一个打击。"① 陀思妥耶夫斯基在癫痫症发生的时候会有天马行空的精神状况，然而他却甘之如饴，视之为意义非凡的时刻，他表达道：

> 那些时刻，只是五六秒的光景，你却能从中感受到永恒的和谐。可怕的事情是，在这短短的时间内，它所显示的那种惊人的清晰度，以及充满全身的那种销魂的感受。如果这种状况持续超过五秒钟，灵魂将无法承受，而必须消失。在这五秒钟之内，我活过了整个人类的存在，而为了拥有这样的时刻，我愿意奉上整条命，也不会觉得代价太高。②

萨满成功渡过灵性危机之后，在灵性的加持中经过人格与意识的转变，会突然对世界产生一种不同的看法，也会突然拥有与众不同的本领。

北美洲苏族的萨满医师雷姆·迪尔表示：

> 我认为，作为一名医师，更多需要的是一种思想的境界，一种看待和理解世界的方式，一种关于世界是什么的感觉。我是一个巫医（wićaśa wakan）吗？我猜是的。……你看过我醉醺醺，一文不名，你听过我骂人，说脏话。你知道我，并不比别人好或是更聪明。但是我到过那个小山顶，获得了我的洞察力和能量；其余的便只不过是些点缀了。③

准萨满病人经过疾病的加入礼，成为拥有不同视野观的萨满，一个治病的人；而有的人在经过灵性危机之后则成长为步入下一个使命的人。虽然我们还不明白为何经历灵性危机之后，不同的人会有不同的转化，比如为何萨满能成为治病的人，而有些人则不能。但不管怎么，在潜意识以疾病方式的推助之下，他们深入内在，进入人生的下一个阶段，在如此反复与潜意识切磋、合作、若即若离中，迎接个体的成长与完整。当然前提是不要被潜意识打败，否则就真的会成为精神病患者。超个人心理学家强调，超个人心理发展的任务并不是简单体验短暂的意识转换状态，也就是所谓的高峰体验，而是在意识演进中把它

---

① [美] 罗洛·梅：《祈望神话》，王辉、罗实秋、何博闻译，中国人民大学出版社，2012 年，第 20 页。
② [美] 萨克斯：《错把妻子当帽子》，孙秀惠译，中信出版社，2016 年，第 270—271 页。
③ [美] 简·哈利法克斯：《萨满之声：梦幻故事概览》，叶舒宪主译，陕西师范大学出版总社，2019 年，第 58—59 页。

变为恒久的特质，把高峰经验扩展到高原经验，把启明的闪光转换为持续之光。但，这也不是超个人心理发展的最终任务，在超越最初的启明、持续之光的挑战之后，还有一项任务要达成，那就是把光带回来，点亮世间的灵魂，约瑟夫·坎贝尔称这个阶段为"英雄的回归"，柏拉图的说法是重新进入洞穴，在禅宗"十牛图"中是"垂手进入市集帮助人"……①人类学家简·哈利法克斯也观察到，在许多不同的巫师文化中，年轻的巫师比较着迷于超常意识状态和迷幻植物，而年长的巫师却比较重视日常意识的清晰、当下和专注。超个人心理学的研究旅程似乎也经历了同样转折，他们最初着迷于对迷幻药所引发的超个人经验的研究，至今却如同成熟的巫师一般，较着重探讨日常生活中的神圣。② 只有把超意识在意识中稳固，并应用于人世间，才算达到神圣使命的最大值。此时他们已经突破神圣与世俗的界限，对于他们，人间即神圣的天堂，他们也争取把人间变为神圣的天堂。这是一条艰难的路，然而自从上路，人们从未再有轻而易举的辉煌，乃至快乐。不仅有接二连三的人生问题需要面对，还有作为内在驱动力的潜意识以疾病方式对停滞不前的人时刻进行鞭策，除此还要识别潜意识的诱惑与陷阱，以避免因沉沦其中而发现不了日常生活的神圣，如此反复。这是成长所要付出的代价，它要求我们全力以赴，随时突破边界，接受挑战，永无止息。然而只要生而无畏，战至终章，之前的挑战便成为我们成长道路中最有力的跳板。挑战越严苛，我们的成长空间就越宽绰，回首处只不过是苏东坡"也无风雨也无晴"的那般感叹。波斯诗人法利多丁·阿塔尔说的一首小诗对此有形象的表述：

你说："苦行僧啊，这条路有什么征兆？"

"听我说，听的时候要想一想。

给你的征兆就是：你每往前走一步，就会发现你的苦难越大。"③

我们也记得美国原住民在他们的成人礼上得到的那一则小建议："在人生的道路上，你会看到一个巨大的坑洞。跳过它。它没有你想象的那么宽。"④

---

① [美] 沃什、[美] 方恩主编：《超越自我之道》，胡因梦、易之新译，中华工商联合出版社，2013年，第129—130页。

② [美] 布兰特·寇特莱特：《超个人心理学》，易之新译，上海社会科学院出版社，2014年，第199—200页。

③ [德] 托瓦尔特·德特雷福仁、[德] 吕迪格·达尔可：《疾病的希望：身心整合的疗愈力量》，易之新译，当代中国出版社，2011年，第83页。

④ [美] 戴安娜·奥森本编：《坎贝尔生活美学：从俗世的挑战到心灵的深度觉醒》，朱侃如译，浙江人民出版社，2017年，第257页。

四、 阈限礼仪与灵性危机

萨满的疾病式入会礼，其实也是过渡礼仪的一种，准萨满们正经历某种身份的转变，由病人转为治病的萨满，由世俗的人转为神圣的人，由之前较低的意识转为较高的意识。学者们对过渡礼仪的研究比较多，接下来我们就进入过渡礼仪的领域，探讨阈限阶段中的阈限人与处于萨满病中的萨满之间的联系。

萨满巫师的入会礼与其他场合下的入会礼、过渡礼仪既存在重合又有区别。阿诺尔德·范热内普认为像诞生、结婚、职业专业化等事件，都要经过相同或相似的仪式改造，又称之为过渡仪式。由于目标相同，即都是从一确定境地过渡到另一同样确定的境地，因此，所遵循的方法即使不完全相同也是大致相似。或许唯一一点区别是，巫师们的入会礼并不是与特定的人群结合，而是被整合到神圣世界。[1] 列维-布留尔表示，让巫师成为巫师的成年礼仪与部落一般的成年礼仪之间既有相似也有不同。一般的成年礼所有人都必须遵循，具有公开性质，且必须每隔相当长的时间才举行。而巫师的成年礼仪只适用于某些有使命的人物，并秘密举行，至于考验的细节及其所达到的象征性死亡与新生的效果二者并无多大差别。[2] 伊利亚德则认为，准萨满的加入式磨难与进入神秘社团的过渡仪式在形态上几乎没有差别，它们都包含对候选人能力的探寻。然而与部落加入仪式赋予其成员的能力不同，巫师加入式赋予候选人的是高水准的操纵神灵的能力。[3] 埃利希·诺伊曼直接论述道：

> 从青春期仪式至古代秘密宗教仪式，无论如何，所有入会仪式的目标都是转变。在其中，更高的精神人格诞生了，但是这个更高的人指的是他拥有了意识，或者用仪式语言说是拥有更高意识。他有了与灵性和天堂般的世界亲密相交的体验，无论这种亲密相交所采取的形式是神化、成为上帝的孩子、不可征服的太阳、变成星星的英雄、位于天堂的天使、与祖先图腾一致，其所表达的都是同一个。他总是与天堂、光与风结成联盟，这是不属于尘世的灵性符号，它是无形的，

---

[1] [法] 阿诺尔德·范热内普：《过渡礼仪》，张举文译，商务印书馆，2012年，第5页。
[2] [法] 列维-布留尔：《原始思维》，丁由译，商务印书馆，2017年，第398—402页。
[3] [美] 米尔恰·伊利亚德：《萨满教：古老的入迷术》，段满福译，社会科学文献出版社，2018年，第64页。

是身体的敌人。①

在其表述中,"与灵性和天堂般的世界亲密相交"的一系列体验都是对灵性原型的转译。

可见萨满的入会礼仪与其他的过渡礼仪步骤相同、目标相同,可能仅存的最大区别即对神灵掌握程度上的差异。在萨满的入会礼中,萨满对神灵的感受更直接与强烈,并被赋予更多把握神灵的能力。然而就像埃利希·诺伊曼所言,即便如此,所有的仪式都或多或少与化作灵性和天堂的潜意识体验有关,入会者的意识、人格都在其中得到转变与提升。那么萨满巫师的入会仪式与其他的过渡礼仪的比较,以及相互的说明就有了可能性与可实施性。

阿诺尔德·范热内普提出著名的过渡仪式一说,即从一年龄至一年龄,从一职业至一职业,皆须辅之以仪式以确保神灵意志贯穿生命的每一个阶段。具体可分为三个部分：与前世界分隔的分离仪式,又被称为阈限前礼仪（和以前身份的分离）；既不属于前亦不属于后的阈限礼仪（中间的、边缘的、过渡阶段）；融入世界后的阈限后礼仪,也被称为结合仪式（与新身份的结合）。阿诺尔德·范热内普着重探讨的是位于中间的阈限礼仪,他认为位于阈限阶段的阈限人处于社会界限之外,既是神圣的又是脆弱的。② 比如个体在没有经过仪式成为该地区的常规成员之前,处于隔离的状态,这种隔离就有两层的含义。隔离既代表他此时处于常规群体之外,很脆弱,群体成员可对之随意杀戮、虐待和抢掠。同时,隔离在外的人也正由于陌生构成单独神圣的范畴,那么还未定义的陌生人对于绝大多数而言又变得很神圣,具备巫术-宗教性质。其他成员又惧怕他、恭敬他,视他为神灵。③在此之际,生活常规的暂停构成核心要素。处于阈限阶段的新成员可以为所欲为、明目张胆地做出一些诸如偷窃、掠夺等不合法的行为,而不受法律制裁,甚至得到村民的赞许。某些民族在订婚与结婚期间的边缘期,甚至允许准新人有性行为,相关的女人被特定的男人占用。在阿利奥伊的加入式期间,性和饮食禁忌对所有成员全部解放,他们在仪式上不但对异性放荡,也有同性性交甚至兽奸等行为。④ 维克多·特纳把阿诺尔德·范热内普过渡仪式中的阈限时期视为一种结构间的情形,位于结构的交界处,其

---

① Erich Neumann, *The Origins and History of Consciousness*, London: Karnac Book Ltd, 1989, pp. 310 – 311.
② [法] 阿诺尔德·范热内普：《过渡礼仪》,张举文译,商务印书馆,2012年,第116页。
③ [法] 阿诺尔德·范热内普：《过渡礼仪》,张举文译,商务印书馆,2012年,第30—31页。
④ [法] 阿诺尔德·范热内普：《过渡礼仪》,张举文译,商务印书馆,2012年,第88、116—117页。

本质上在结构中是不可见的。它更多指的是一种过程、生成甚至是转变，而非稳固。有如正在沸点的热水或者从蛹变成蛾的蛹，几乎不带有任何过去或者即将到来的特征。此过程中的人既没有被分类至前阶段的稳定状态，也还没有归至后一阶段的稳定状态，因此处于既生又死、既男又女、既神圣又污浊的矛盾统一的状态。其中所有的差别都消失。人们既用否定性意味的符号指代他，比如死亡、分解、代谢、来月经的妇女、泥土，也会把新入会者比作胎儿、还在吃奶的孩子。在庄子所说的方生方死中来回切换，既不是这个也不是那个，却恰好同时拥有两者。鉴于阈限人的这种未被结构性、不可定义性，人们认为他们带有神灵般不受约束的力量。特纳总结说：

> 阈限也许可以看作对于一切积极的结构性主张的否定，但在某种意义上又可看作它们一切的源泉，而且，不只如此，它还可看作一个纯粹可能性的领域，从那个地方观念和关系的新颖形貌得以产生。①

玛丽·道格拉斯通过对污染与洁净的整理，认为污染是系统排序和分类的副产品，任何表里不一、偷窃、说谎、缺斤短两等违背神圣的行为都是对秩序与圣洁的亵渎，是一种位置不当的污染，应当作危险的禁忌加以防范。其中有一类污染，与阈限阶段相似，即处于不上不下过渡状态因而无法被排序与定义的无序物。未出生的孩子还没有定型，因此被看作是危险而脆弱的。在尼亚库萨，人们认为怀孕的妇女体内的胎儿是贪婪的，会攫取粮食，孕妇若接近谷物会减少谷物的数量，在没有做出一个善意的仪式手势以祛除危险之前，她们不能与收割和酿造谷物的人交谈。同时，无序相当于无限，它既象征危险也表达力量。那些梦境、眩晕、狂想等头脑的无序中，蕴藏着普通理性头脑所无法企及的智慧、真理与力量。安达曼岛居民有时会离开自己的队伍，像疯子一般在丛林游荡，当他恢复理智并回到人类社会时，当地居民认为他已经获得超自然的治愈能量。当在期望的时间没有下雨时，生活在桑塔尼亚中部地区的人们便认为是有巫术在作怪。为了驱除巫术的影响，他们就会抓一个傻子并把他送到灌木丛中任其游荡，因为傻子和地域边界这双重的无序代表着强大的力量，游荡其中的傻子会不自觉破坏恶意巫师的操作。玛格·道格拉斯总结道：

> 跨越界限带来的危险就是力量。那些脆弱的边缘地带和那些威胁要破坏良好秩序的攻击力量代表着宇宙中存在的力量。驾驭这些力量

---

① [英]维克多·特纳：《象征之林：恩登布人仪式散论》，赵玉燕、欧阳敏、徐洪峰译，商务印书馆，2017年，第128页。

使其为善的仪式实际上就是施加驾驭力量。①

通过以上的整理资料，我们发现过渡仪式中的阈限阶段是一个充满矛盾的集合体，既有为善的力量，也有危险的力量，代表着无形、无序、无差，是结束毁灭，也是开始新生，是孕育一切的源泉。由于其与秩序、理性的区别，人们认为，阈限状态中的人是脆弱与危险的，可以随意侵略与打压，并加以防范。但同时，也是由于这种特殊，以及接下来可能拥有的新生，人们又认为，阈限人是强大的、神圣的，处于生成与转变的状态之中。普通的规范无法将其约束，阈限人可以做出任意反社会的行为而不受惩罚，并拥有普通人所无法拥有的神奇力量。先不论那些从无序中走出来的人，简简单单处于阈限阶段看似"昏昏"之人就能拥有破坏强大巫术的力量。记得小时候我超级痴迷一部动画片，叫作《数码宝贝》。其中，有一个只懂呆萌却无任何特长的数码宝贝，叫作可达鸭。它在多数场合都是无用、被保护的一方。然而在一次危难中，队友们遇见法力强大的对手，全部应付不过来时，最后却是这只一直不被看好的笨鸭子"以不变应万变"的姿态将强大对手打败，虽然笨鸭子自己都不知道是怎么将其打败的。老话经常说："只有傻子和孩子才会说真话。"有时候"昏昏"之人看似无法辨识的行动会带给人命运般的力量，阈限中人尚且如此，那么从无序的阈限走出来的人，那些跨越危险、驾驭力量并用于正确目的的人，所拥有的力量可想而知。

在荣格的语境中，萨满入会的过渡仪式表达则为：与现意识分离—意识在潜意识的游荡—整合为更高的意识。以一则乌拉尔－阿尔泰的萨满入会仪式为例，进行说明。准萨满年轻时神经质且情绪易躁，被神灵多次附体，出现幻觉、病态恐惧、癫痫、恍惚等状态，固有暂时死亡之意。于是他躲居于森林、荒漠等地，经受贫困所带来的心理和神经后果（阈限前礼仪、与现意识分离）。越来越多的神灵传授他神秘知识或者准萨满升至神灵或者亡者之家，在那他学习秘技和必要知识以战胜邪恶精灵，并得到善良精灵的帮助（阈限礼仪、意识在潜意识的游荡）。随后萨满返回生命，重获新生，再游走于乡邻间，并用所学神秘知识治病（阈限后礼仪、更高的意识）②。过渡阶段的阈限礼仪，正好对应意识在潜意识中的迷失、意识吸收潜意识的能量、潜意识对意识自我的教导等表达。它脱离清醒的意识领域，代表着无法被定义因而无穷的力量。传统社会认为在

---

① [英] 道格拉斯：《洁净与危险》，黄剑波、柳博赟、卢忱译，民族出版社，2008 年，第 197 页。
② [法] 阿诺尔德·范热内普：《过渡礼仪》，张举文译，商务印书馆，2012 年，第 111 页。

中间的阈限阶段,以及整合这一无穷的能量后的阈限后阶段的人们,会拥有截然不同的能力。如果说,处于阈限阶段的人因为还未被整合为新成员而有可能被打压的话,那么整合这一力量后的阈限后阶段的人们则常常被认为具有彻底的神圣性,鲜有被人随意当作禁忌与污染加以打压的理由。对于萨满入会仪式而言,更多的是强调他在阈限后仪式阶段的整合与新生能力。但也不是说阈限仪式对于他不重要,相反,与其他入会仪式相比,这一阶段可能对于他更重要。每次萨满治病,都要再次进入这个不被定义、不受约束的阈限领域汲取治病的力量。作为阈限人的萨满,在萨满病中,要经受住潜意识的考验,从里面找到自己的创造力、生命力、灵感与喜悦,并由潜意识能量滋养意识向前发展。萨满巫术于是有了一项本领,那就是在未被定义的阈限状态与正常间来回转化,他可以随时进入潜意识阈限领域,即无差别连接天地的状态,汲取治愈的相关信息,带回人间。前提是,萨满巫师自己懂得如何从幻觉这一阈限中走出来,治愈自己,然后运用阈限中的力量,治愈他人。

同时,潜意识本身就具有阈限阶段的特征。作为意识的来源,它融合一切对立,以初始完整的状态超越生存与死亡、阳光与黑暗、男人与女人,甚至世俗与神圣之间的区别。再加上入会者通过阈限仪式的转化,都成为神圣的一员。这似乎愈加印证了埃利希·诺伊曼的观点,即所有的入会仪式都是人们在与化作神灵的潜意识亲密相交的体验中,意识的提升的变相表达。对这一观点论述得最为彻底的是安东尼·史蒂文斯。他认为,每一个阶段都通过一套新的原型规则来进行调节,这便凸显了过渡仪式的必要性。正是通过过渡仪式强大的象征作用,激活了与已经达到这个人生阶段相称的原型成分,于是,这一原型潜能就被结合到了新入会者的个人精神中。[1] 处于阈限阶段的阈限人,往往所有象征性身份全都被剥夺,熟悉的角色与习俗也都暂时停止。这时候人们会体验到一股极端的自由与孤独,处于深刻内省阶段,而这也正是潜意识原型开始发挥作用的时刻。通过阈限仪式的改造,所收获的来自原型的秘密知识将会改变新入会者心底的本质,使其拥有新的状态,迎接自己的身份过渡。在北美印第安文化中,每当在关键点的时刻,比如战争、结婚、竞选或者青春期的过渡礼仪等,他们都会通过各种方式寻找幻象,以获得幻象中的力量,应对接下来的挑战。只不过与之相比,萨满的过渡仪式与神灵的联系更为紧密。

---

[1] [英]安东尼·史蒂文斯:《简析荣格》,杨韶刚译,外语教学与研究出版社,2015年,第117页。

五、小结

传统社会中几乎人人都在追寻与表达神圣，但与神圣的交流程度并不相同。人们普遍认为，萨满巫师与神灵有着更直接的关系，能更有效地掌控着神灵的显现，比群体其他成员更加强烈地感受神圣之物。而将萨满与其他人分开来的原因很可能在于他的癫狂体验并治愈癫狂的本领。癫狂体验是萨满巫师一次潜意识之旅，在这次旅行考验中，萨满通过了潜意识的考验，吸收了潜意识的灵性知识，带来了意识的扩展与人格的转化；而一旦他们凭借自己的经验进去并成功走出来后，他们也就拥有了随意进出潜意识这块瑰宝的能力，达到了控制潜意识的阶段，运用它带给人间来自潜意识的影响。超个人心理学家认为萨满病、受伤的巫师这类的灵性危机是当自我停滞不前时，强烈发展的内在灵性力量迫使个体向前发展一种方式，而当当事人的内在可以吸收、整合这些灵性能量时，会产生突然的开悟、极乐的降临、合一感等，那么他们将会得到帮助，获得重生。萨满神经质性质的疾病式加入礼，其实也是过渡礼仪的一种。通过与处于中间过渡阶段的阈限礼仪比较，我们发现，中间过渡阶段的阈限仪式正好对应意识在潜意识中的迷失、意识在吸收潜意识的能量、潜意识对意识自我的教导等表达。阈限阶段代表着无法被定义因而无穷的力量，于是传统社会认为在中间的阈限阶段，以及整合这一无穷的能量后的阈限后阶段的人们，会拥有截然不同的能力。萨满在每次治病过程中，都要再次进入这个不被定义的、不受约束的阈限领域汲取治病力量。在上述的表达中，似乎都在印证肯·威尔伯对萨满巫师的评价：尽管一些萨满巫师生活在过去，但他们已经达到较高的意识阶段，这些灵性的先驱者领先于他们的时代，也仍然领先于我们的时代。他们因而是人类未来的声音，而非过去的声音。

第四章　原型的治疗

第一节　自性化的超越功能及治愈力

一、荣格对于潜意识的建设、前瞻观

鉴于对潜意识的不同理解，荣格与弗洛伊德对由潜意识引发的精神疾病的看法也存在着严重的分歧。弗洛伊德把神经质患者看作被压抑本能的受害者，受 19 世纪科学唯物主义的影响，他认为此本能属于生物学上的功能，来自个人潜意识领域，以盲目的快乐主义为原则。因其主要内容为性欲，与理性意识的现实原则不相符，常常受到现实与超我的压抑。虽然受到压抑，但这些本能力量并不会被消除，它们总是在寻找发泄通道。在普通人身上，被压抑的潜意识能量就会以梦、幻觉等心理活动使其得以转移与宣泄，艺术家则通过艺术创造这种做白日梦的方式使本能得到升华。二者都是通过凝缩、转移、润饰等方式将本能的内容加以改造，使人们在幻象的世界中将本能欲望象征性地释放，以获得满足。当本能一再受压抑，无法得到纾解时，转移能量的幻觉便会不受控制随时随意地出现，扰乱意识与精神的统一，进而出现精神疾病。弗洛伊德把精神病人的幻象视为原始、自然、病态的产物，是一种需要摧毁的病理性结构，所使用的方法也只是针对病态心理现象的医学技术与治疗方式。这种心理疾病的治疗方法其实是一种还原观、因果观，仅从束缚人性的幼儿期情境中寻找答案。如果我们跟随弗洛伊德的观点，最后得出的往往是一个负面结论，精神病患者乃至所有的人都只是自己性欲本能的受害者、不道德的尾随者，从而引发无助感与顺从感。且若本能欲望与现实的不相容，那么内心世界必然成为持续一生的冲突场域。心灵被视为战场，包含诸多心理冲突的力量，比如自我与社会、冲突与防御、本我与超我、迈向成熟与退化的不同力量等。因此，弗洛伊德的精神分析理论有时又被称为冲突模式，由此可见弗洛伊德理论的悲观。弗洛伊德曾说，"精神分析学只不过是证实了那些虔诚人们的一句口头禅'我们都

是可怜的罪人'"①,又说,精神分析的目标是把神经质的痛苦减轻为一般的不快乐。② 他对神经质疾病的这一悲观态度被很多他的追随者反对,其中就包括荣格。荣格认为或许弗洛伊德已经发现了生物性性欲不能解释一切,但是他为了所建理论的统一性与自己至上的权威性,牺牲了事实的真相,把学术搞成像宗教教条一样的东西,内部成员只能接纳而不能反驳。人最可悲的是自己成为自己的敌人,而晚年弗洛伊德不幸恰巧成了这样的一个人。弗洛伊德视荣格为继承者,他曾对荣格说:"亲爱的荣格,请您答应我永远不放弃性欲的理论。这是一切事情中最根本的。您知道,我们得使它成为一种教条,一座不可动摇的堡垒。"③ 荣格对当某个学派领袖并没有丝毫兴趣,他更注重思想的独立性、真理的可靠性,而不是个人威望问题。荣格认为,以性欲为主要内容的无意识不仅具有生物学上的功能,还有精神、灵性方面的指涉。因此弗洛伊德的无意识只属于个人无意识,在个人无意识之下还有先天存在的集体无意识(超个人潜意识),其所自发产生的原型幻象,常常表现为一种神话形象,本质上是一种象征。象征性的幻象不仅是被压抑与被隐藏的象征符号,还代表着那些远远先于自身且在心智上还不能把握的东西,包括创造性的种子与建设性思想,以及对偏颇的意识态度补偿性的内容等,指示着现代与未来心理发展的道路。弗洛伊德贬低潜意识的价值,只在意识态度里寻找答案,然而荣格却认为潜意识中包含可贵的内在价值等待人们认识。现代的神经病患者大多是与潜意识的分离所导致的,当潜意识以不受控制的幻象充斥在神经病患者的脑海中时,里面不只是病态和色情的东西,还隐藏着无尽的宝藏,需要我们用意识与它连接,将它打捞出来,以应对处处可见的人生困境与接下来的伟大的精神任务。荣格用建设、前瞻性的观点看待神经病中的幻象,对心理疾病诊治的观点是明天比昨天更好。即,虽然把人从往昔的束缚中解脱出来是必要的,但远比不上对新事物的建构能把患者尽快从病态与困境中拉出来。因为人们在其中看到了某种希望、未来与可能。关于荣格与其师弗洛伊德思想的不同,弗洛姆就曾表达道:

> 弗洛伊德是个理性主义者,他了解无意识是因为他要控制和征服无意识。相反,荣格属于浪漫主义的,反理性主义的传统。他怀疑理性和理智,代表着非理性的无意识对他说来是智慧的最深根源。……荣格对无意识感兴趣是取一种浪漫主义的赞赏态度;弗洛伊德的

---

① [奥] 弗洛伊德:《图腾与禁忌》,九州出版社,2014年,第71—72页。
② [美] 布兰特·寇特莱特:《超个人心理学》,易之新译,上海社会科学院出版社,2014年,第29页。
③ [瑞士] 荣格:《荣格自传:回忆·梦·思考》,刘国彬、杨德友译,译林出版社,2014年,第162页。

兴趣则是取理性主义的批判态度。[1]

芭芭拉·汉娜从性格气质方面解读弗洛伊德与荣格关于潜意识概念所存在的分歧：

> 荣格不能停留在他已经达到的目标上，他的创作灵感促使他继续向前。反之，弗洛伊德却停滞不前了，他的全部生命，还有他在性理论上的成果，再也不会引导他去探索其永恒的真理，而是站在它旁边守卫着它，直到最后，尽管他也非常希望修改他的理论的其他部分。[2]

足见弗洛伊德与荣格关于潜意识认识的差异。

那么，荣格所表述的来自潜意识的象征性原型补偿与治愈因素是什么，有何特殊内容为意识思维所欠缺，可帮助解决当下意识所不能解决的事情，进而避免其可造成的潜在危害，则是下一小节的主要内容。

二、自性原型的完整性对意识思维的补偿

荣格认为，理性意识有它的高贵之处，即把注意力集中于某一部分以解决复杂的事情，像工程师、医生这样的职业都需要高强度的专注力以维持工作的正常运行。健康的意识是一种有目的的"分裂"，它暂时压抑和排除其他方面的潜在心理内容，将少数内容提升至最高透明度，稳固意识的连续性与意向性。没有这种特质的意识的出现，科学、技术与文明不可能发展起来。然而它也存在着相当严重的潜在危害，即被它压抑的大部分内容都被浓缩在潜意识中。潜意识与意识一样，同样具有生命面向，当其一再压抑，无法被整合进意识中时，便会以极端的方式对意识进行调节与补偿，试图维持心理的某种平衡。潜意识的极端调节与补偿，即"反噬"，常常以精神分裂疾病为主要表现。此时，这种精神、心理的分裂不再是健康的、有目的、受欢迎的分裂，而是破坏性的、不受控制的分裂。统一的意识主体变为分裂主体，情结分崩离析，失魂着魔成为常态。不受控制的分裂心理不再是成就文明的伟大助力，反而成为今后的文化建设的严重拖累。而且，由于意识思维实施的严格的二元对立性，经常使它走着走着就走入死胡同，无法应对多变的生活挑战。没有潜意识能量对其滋养，意识所在之处常常是一片枯竭、荒芜。因此，来自潜意识的补偿，常常是针对

---

[1] 刘耀中、李以洪：《建造灵魂的庙宇——西方著名心理学家荣格评传》，东方出版社，1996年，第39—40页。

[2] [英] 芭芭拉·汉娜：《荣格的生活与工作：传记体回忆录》，李亦雄译，东方出版社，1998年，第107页。

二元对立思维的补偿。

当意识自我陷入绝望,放弃了以自我为中心的唯一标准时,潜意识原型便以绝处逢生的启示而来临。此时,个体的局限性被接纳,迫使自我放弃中心地位,自性原型才会涌现。人只有低至尘埃,以最宝贵的自我意识为献祭,这也就意味着一次次象征性的死亡,潜意识的转化作用才会发生。如荣格表述的:"坠入深渊似乎总是先于上升。"① 创巴仁波切在《自由的迷思》中写道:

> 开悟是死亡之极致——自我之死亡、"我"与"我所"之死亡、观看者之死亡,而且那是绝对的、终极的失望。修行之道是痛苦的,那是不断地剥除面具,一层又一层地剥开,其中也包含着一而再的侮辱。
>
> 如此一连串的失望使我们放弃了野心。我们跌得越来越低,直到跌落地面,直到我们像大地一般清醒实在,我们成为低中之最低、小中之最小,犹如一颗沙粒,极为简单,毫无期盼。在我们落地之后,梦想与享乐的冲动无处容身了,此时我们终于可以开始修行。②

巫师唐望认为,对巫师而言一生最主要的战斗就是消除自我重要感,他具体描述道:"只有当他们没有一丝一毫自我重要感时,完全的意识才会来临,只有当他们什么都不是时,他们才会成为一切。"③ 深受荣格影响的德国作家黑塞在代表作《悉达多》中曾描述过一幅悉达多象征性死而再生的情境。开悟前悉达多曾过着颓废腐败的生活,以至于有沉入湖底寻死的冲动以寻求解脱,而就在此时:

> 从他灵魂中某个遥远的角落,从他疲惫生活的久远的往昔,他听见一种音声。这音声只有一个字,一个音节,于是他含混地不假思索地念诵着:那就是所有的婆罗门祷文的古老的起始和终结之字,意味着"一切圆成者"或"圆满"的神圣的"唵"字真言,在这一瞬间,当"唵"之音声传入悉达多的耳中,他那久已沉睡的灵魂猛然觉醒,他立刻意识到自己行为的愚蠢……"唵",在他内心念诵着,他感知到梵天,感知到生命的不可毁灭;他忆起早已忘却的神圣的一切。……此时,过去的一切仿佛蒙上了一层纱幕:极其遥远而无关紧要。但他知道他的前生(在他恢复知觉的第一个瞬间,他以往的生活似乎是一

---

① [瑞士]卡尔·古斯塔夫·荣格:《原型与集体无意识》,徐德林译,国际文化出版公司,2018年,第18页。
② 秋阳·创巴仁波切:《秋阳·创巴仁波切禅修系列·自由的迷思》,靳文颖译,西藏民族出版社,2005年,第33页。
③ [美]卡洛斯·卡斯塔尼达:《内在的火焰——唐望故事》,鲁宓译,方智出版社,1997年,第76页。

个遥远的化身,一个现时自我的早期生命)已近结束;它曾是如此悲惨而令人嫌恶,以至他曾想将其毁灭。然而在河边的一棵椰子树下,他口中含诵着"唵"字而获得了觉悟。随后他沉入了睡乡,醒来他已经像刚刚出生的人一般看着这个世界。他轻声念诵着"唵"字,忆起他曾随着"唵"之音声进入了睡乡。他觉得那一场沉睡似乎是一次深长的"唵"之吟诵,"唵"之冥想;他似乎已进入了"唵"的国度并融合于"唵",进入了不可名状的神圣本体。①

前面章节也讲到,"与神对话"系列的作者在最穷困潦倒以至于想要自杀时,他的神才出现与他对话。印度教湿婆之舞也形象表达了这一观点。湿婆经常被描述为被一圈火焰包围,圆圈象征着自我循环的重生,火焰象征净化;湿婆一脚踩着代表人类自我的侏儒,一脚抬起以示救赎。整个舞蹈便是不断的毁灭与重生、救赎之舞,象征着毁灭生创造、死亡孕育重生的循环主题。②

古老的神话人物、神话图像常常表达与描绘了原型心理,有时还会围绕这一神话人物展开一系列的故事。同时这些神话故事、神话人物、神话图像会反作用于人的心理,起到与其所表达的原型心理一样的效果。③ 在这些故事中,神话人物往往集所有悖论于一身,它既大又小,既是又非,既年轻又衰老,甚至既男又女,因此具有意识思维所不具备的联合对立面的完整性。源自潜意识的象征性符号,诸如圆、曼荼罗、正方形等也具有这种完整性。这种完整性对唯二元对立马首是瞻的意识思维而言是极其重要的,因为就在这原型的完整性中包含着某种新的但尚未为人所知的内容,孕育着新的情势与新的意识态度,指向未来或未实现的目标,等待被认识。受限于对立观的意识渴望着统一对立物的完整思维来解决自身所不能解决的矛盾,以此克服没有出路的起始情势。荣格讲:

> 一份有意义但尚不为人所知的内容总是对意识思维有神秘的魅力。新的组合是一个新生的整体;它正在走向整体性,至少在整体性方面胜过了被对立物分裂的意识思维,并且在完整性方面超越了意识思维,因此,一切统一性象征都有救赎意义。④

---

① [德] 黑塞:《悉达多》,杨玉功译,上海人民出版社,2012年,第87—88页。
② [美] 戴维·H. 罗森:《转化抑郁:用创造力治愈心灵》,张敏、高彬、米卫文译,中国人民大学出版社,2015年,第76页。
③ [瑞士] 卡尔·古斯塔夫·荣格:《象征生活》,储昭华、王世鹏译,国际文化出版公司,2018年,第141页。
④ [瑞士] 卡尔·古斯塔夫·荣格:《原型与集体无意识》,徐德林译,国际文化出版公司,2018年,第134页。

荣格又对潜意识层面的整体性表达道：

"整体"或者"整体性"的意义就是要带来圣洁和治愈。向深处的下降会带来治愈。通往整体存在的道路，通往痛苦的人类永远寻求着的财宝的道路，就隐藏在危险之物守卫的地方。这便是原始潜意识之地，同时也是治愈和拯救之地，因为它包含着整体性这一瑰宝。①

此外，完整性的原型还具有心理治疗的作用。在意识领域，人们常常执着于正面向，而对原型的阴暗面置之不理，使阴暗面在潜意识幻象与严重的精神失常中爆发，造成精神分裂。而通过象征的方式将对立面统一起来的原型的出现与表达，便存在着使因执着于一方价值观而导致的分裂心理相和谐的功能，避免因之而产生的精神失常。威尔逊·M.哈德森论述道，像撒旦被描述成上帝的众子之一，路西法（被逐出天堂前的魔鬼撒旦，以蛇为象征）被逐出天堂及他引诱伊甸园的夏娃偷食禁果，上帝在治理世界时让基督做他的右手，让撒旦做他的左手这样的神话描述，对心理治疗都有着重要价值。

几乎所有的原型都是终极原型——自性的表达，于是在对象征性原型的治愈力进行阐述时，人们常常以核心的自性原型为代表。自性将自我包含在其中，有如大环套小环，自我一方面依赖、从属于自性，另一方面又以自性原型为发展的目标。但凡意识偏离潜意识太远，便会深入潜意识深处，寻找代表完整统一、方向、秩序与中心的能量来源——自性宝藏。如此，来自潜意识深处的完整自性对意识的片面性、二元对立性进行补偿与能量供给。作图为：

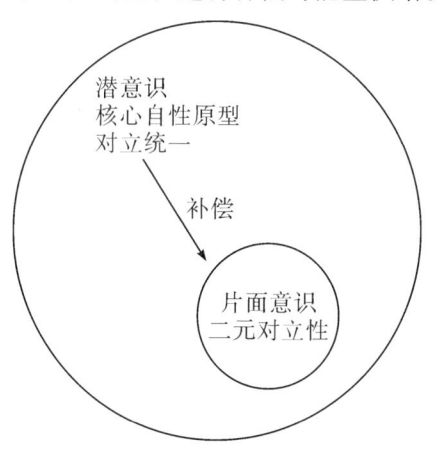

图 4-1　潜意识对意识的补偿

---

① [瑞士]卡尔·古斯塔夫·荣格：《象征生活》，储昭华、王世鹏译，国际文化出版公司，2018年，第98页。

了解自性原型所代表的完整人格与神奇治愈力，我们便能理解印第安先知黑麋鹿关于自性的表征——圆圈的这番言论：

你应该也注意到了，印第安人无论做任何事都是在圆圈内完成的，这是因为世界之神力总是在圆圈中发力，万物都在努力成为圆形。从前，我们还强壮、快乐的时候，所有的力量都来自于神圣的民族之环，只要此环不被损坏，我们的民族就一直繁荣昌盛。花开之树在民族之环的中央生长，四方之圈滋养着它。东方给它和平与光明，南方给它温暖，西方给它雨露，而气候严寒、强风肆虐的北方则给它力气与耐力。这些知识，是我们所信仰的外在世界赐予的。世界之神力所做的一切事情都是在圆圈内完成的。①

黑麋鹿关于民族之环中花开之树的表述与荣格所做的自性之梦——昏暗的水池中央有一座阳光普照的小岛，在小岛的正中央，盛开着一棵有百万朵红花的木兰树，何其相似。圆圈中央的花树即自性核心力量所在，象征着中心、光明、命运、整合与救赎。所以当白人瓦西楚将印第安人从代表自性的圆圈之家赶到平房时，他们认为力量消失了，自己也将濒临死亡。在印第安文化中，随处可见神圣圆圈。他们的汗蒸屋、帐篷、营地都是圆形的，岩画和服饰中也存在大量的圆形图案，甚至一种舞蹈的名字就叫作圆舞。只要印第安人围成圆形，便会拥有神圣与合一的感受。在仪式中，他们还经常用圆形的石圈治病。②

关于自性，茹思·安曼表达道：

如果我们在分析情境中能够成功地激活自性的充满生机的力量，那么就会出现治愈的良好机会，也会出现完整的人格。自性是一个来自实践经验（empirical）的概念，它包含了全部的意识和无意识人格的统一和完整。由自性中涌现了确定中心（centering）和安排秩序的结构，这些结构影响一个人的整合。③

戴维·H.罗森认为："自性是人类心灵中的核心原型——一种与生俱来的

---

① [美] 尼古拉斯·黑麋鹿口述，[美] 约翰·G.内哈特记录：《黑麋鹿如是说》，龙彦译，九州出版社，2016年，第155页。

② [美] 熊心、[美] 茉莉·拉肯：《风是我的母亲：一位印第安萨满巫医的传奇与智慧》，郑初英译，橡树林文化，2014年，第223—224页；[英] 马克·丹尼尔斯：《极简世界神话》，薛露然译，中信出版社，第66页。

③ [瑞士] 茹思·安曼：《沙盘游戏中的治愈与转化：创造过程的呈现》，潘燕华、蔡宝鸿、范红霞译，广东高等教育出版社，2006年，第31页。

治愈力量,存在于每个个体的内心当中,是自性化这一自我实现过程的关键。"[1]在他们的表述中,似乎自性原型的治愈性不仅在于其所拥有的完整性,而是变得因其存在则无所不治愈。非理性的自性原型,可迸发出创造性、建设性的内容。人们走入内在,倾听灵魂之音,在源头处获得神圣的精神启示,解答困惑,收获生活的意义,把握未来,改善心理状态,促成内心的再平衡,以恢复健康。这对于如今变得过于理性并偏爱智力思考活动的现代社会来讲显得尤为重要。在这种治疗方式中,患者没有必要走出自己,也无须求助于由另一个人打造的信仰体系,而是只需住在自己里面,成为独一无二的自己。那些从心灵深处涌现的东西会带领患者走向新生与新的平衡。[2] 这一点也被很多超个人心理学家、新萨满教等关注灵性文化运动的人所关注。超个人心理学家认为人类乃至所有的生物都包括身、心、灵三个维度,自我或有机体的智慧来源是更深层的灵性实相,自我心理也有赖于终极的灵性意识来源,而所有的疾病都源于与灵性来源的某种错位。当下的过度消费、各种成瘾等病态心理只不过是因为无法满足灵性追求,个体所寻找的替代性满足。当患者体验到自己神圣的内在本质,便会走出狭隘的、受伤的自我,逐渐认同永不泯灭,也永远不会受到伤害的灵性自我。在和灵性的接触过程中,患者的意识往往会转化、成长、整合,向前发展。此时,接触到的终极灵性存有会释放与生俱来的活力,它们会尽可能地解放自我停滞及僵化的部分,进行超个人的治愈。[3] 研究发现,当酒瘾患者有了较深入的灵性体验时,就会放弃之前病态的成瘾状态。因此,超个人心理治疗常以寻找深层智慧来源为主要治疗方法,而非仅仅停留在表层自我。超个人心理学家们视荣格思想为理论先驱,他们经常念叨的灵性、神秘因素、终极存有、超个人经验等,也就是荣格所说的原型,更准确地说是核心自性原型。荣格曾表示"所谓的神秘主义者,就是那些曾亲身经历集体潜意识活动的人。神秘经验即是原型经验"[4],而"处理神秘经验其实是真正的治疗,你一旦获得神秘经

---

[1] [美] 戴维·H. 罗森:《转化抑郁:用创造力治愈心灵》,张敏、高彬、米卫文译,中国人民大学出版社,2015年,第73页。
[2] [美] Sharon Sassaman:《促进家庭的心灵健康:基于荣格的研究工作》,见金泽、梁恒豪主编:《宗教心理学》(第2辑),社会科学文献出版社,2015年,第238—241页。
[3] [美] 布兰特·寇特莱特:《超个人心理学》,易之新译,上海社会科学院出版社,2014年,第50页。
[4] 转引自[美] 肯·威尔伯:《长青心理学:意识光谱》,见[美] 沃什、[美] 方恩主编:《超越自我之道》,胡因梦、易之新译,中华工商联合出版社,2013年,第25页。

验，就会从病态的诅咒中释放出来"①。超个人心理学家布兰特·寇特莱特也清晰地表述道：

> 光是与更深层的灵性终极存有接触，就可以产生深远的转化；所有传统心理学最多都只是减轻症状的局部解决方法。只有接触终极存有更深入、更真实的层次，心理工作才能为人类困境带来真正的解答。

> 超个人取向的心理治疗意味着深入体验终极存有，如此才具有最大的疗愈潜力。灵性的存在不论是冠上"灵性我"、本体、无我、超越个人的自我、灵魂、存有的基础或任何其他名称，都没有关系，因为超个人心理治疗从一开始就抱持下述的革新立场：只要我们接近终极存有，创伤和痛苦就能得到完满的解决（这是心理治疗从一开始就有的承诺）。②

灵性的自性原型力量如此强大，不仅统合分裂人格，甚至对治愈身体疾病亦有帮助。

三、自性化的超越功能

要实现潜意识原型的补偿与治疗作用，并不意味着自我意识的消失与不重要，在打捞潜意识完整性宝藏的这趟旅行中，也有来自潜意识的挑战和危险。如果自我过于软弱，深陷潜意识泥潭，由之前的意识对自我的完全控制转变为完全相反的一面，即潜意识内容对自我的控制，意识自我在此过程中被吞噬，那么来自潜意识的新内容则会变得原始、含混与不合时宜。它们非但无法对意识进行有效的补偿，还会扰乱意识的统一，使得人们永远停留在原始神秘阶段，成为神经质患者。虽然对意识的诞生有不同的解释，但确实是意识的出现使得人成为人，而区别于其他动物。在深入潜意识寻找宝藏期间，一定要站稳意识的脚跟，切不可得不偿失地永远牺牲了意识，这不是意识的本意，更不是潜意识的初衷。往往一些走火入魔的人义无反顾地选择了潜意识的那条路，然若没有意识的支撑，他们不是超脱而是永远地停留在了那个世界，再也不能回来。布兰特·寇特莱特写道：

---

① 转引自［美］法兰西斯·方恩：《疗愈与完整：超个人心理治疗》，见［美］沃什、［美］方恩主编：《超越自我之道》，胡因梦、易之新译，中华工商联合出版社，2013年，第193页。
② ［美］布兰特·寇特莱特：《超个人心理学》，易之新译，上海社会科学院出版社，2014年，第35、55页。

与灵性意识基础联结的程度越大，就能得到越大的灵性实现。可是，必须注意的是，完全与灵性联结并不保证完美的心理健康。灵性传统的典籍包括许多实例，说明神经质、心理非常不稳定的人也可能拥有高度的灵性成就。我们的理想是让意识受制约的部分（自我）能自由而不受阻碍地联结到表层自我之下、不受制约的灵性存有，让两者达到极好的整合。①

超个人心理学家法兰西斯·方恩也说：

虽然超个人经验有疗愈的潜力，可是如果没有努力使所得的洞识稳固下来，常常只有短暂的效果。所以，心理治疗的任务不只是引发这种经验，还要把这些经验有效地整合到日常生活中。②

为防止神秘原型体验淹没意识，不能将治愈宝藏落实到日常生活中，上文之前提到的积极想象的方法便应运而出，荣格又把它称作"非个人意向的客观化"，即通过可感可控的各种艺术表现形式，将所投射的潜意识幻象客观化、具体化、符号化，加速理解潜意识原型的真正含义，领悟原型的价值，使得意识从幻象客体中摆脱出来。随着精神病人对其的理解，潜意识原型的补偿与治愈价值才会反作用于他，收获幻象中的力量，与自性更为接近，形成一种非自我中心的态度的转变。荣格认为，同意识一样，潜意识也可能出现偏颇，但是意识与潜意识的对话、融合则有可能产生第三方真理。潜意识内容若想获得价值，必须在意识领域内实现，意识通过清晰认识到潜意识内容并成功将其整合，则会充实人格，创造出有一个无论在广度还是深度上都强于自我的形象。此时的自我是新生的自我，拥有崭新的意识态度，整合的超越功能由此而出。

这也便是荣格所说的自性化（又叫作个体化、个性化）过程，即清晰观察与意识到自性原型，将之扩充进自我结构中，实现意识与潜意识的整合，升级为更高的意识状态。自性化这个词 in-dividual，就是独立的、不可分割的统一体或者整体的意思。③ 英语中 heal（治愈）、holy（神圣）与 health（健康）都来自古英语 haelan 一词，其意为"使成为整体"。只有成为整体，将潜意识与意识相整合，才会出现健康、治愈与神圣。经过整合后的新意识是自性的新代表，并

---

① ［美］布兰特·寇特莱特：《超个人心理学》，易之新译，上海社会科学院出版社，2014 年，第 42 页。
② ［美］法兰西斯·方恩：《疗愈与完整：超个人心理治疗》，见［美］沃什、［美］方恩主编：《超越自我之道》，胡因梦、易之新译，中华工商联合出版社，2013 年，第 193 页。
③ ［瑞士］卡尔·古斯塔夫·荣格：《原型与集体无意识》，徐德林译，国际文化出版公司，2018 年，第 219 页。

离实现终极的自性更接近。荣格说:"越多、越重要的无意识内容被同化进自我,则自我与自性越接近。当然,这种接近是一个永无止境的过程。"①"我们所能意识到的潜意识越多,神话越多,我们就能使更多的生活变得完整。"② 莫瑞·斯坦也总结到,本我(自性)是从纯粹的潜能发展到全然实现的运动,把原本无意识的全体转变成能被意识察觉到的状态,它既是一个转化与重生的过程,也是朝向意识发展的过程。③ 这也是上文所提到的杰佛瑞·芮夫的观点。他认为,意识与潜意识未被统合之前,是潜在的自性,而一旦开始统合,则变为明显自性,超越功能也开始启动。潜意识里面没有奇妙的答案,唯有在由意识与潜意识整合后的超越功能里面才能发现。

然而,代表自性化完整性的治愈(heal)并不等于治好(cure),这在荣格的分析心理学派中表现得尤为明显。此学派的心理治疗很少承诺完全治好心理问题的潜在病症,因为在实现自性的道路中,困难亦是无止境的。而持续进行的自性化的过程就是治愈,自性化的施救之法在于授人以鱼不如授人以渔,即无论接下来遇到什么困境,只要人们的心态与智识随自性化的步伐不断更新,就能找到克服困境的方法。可见,治愈是一种态度、一种过程、一种信仰而不是一劳永逸的彻底疗方。据说,能使抑郁与陷入困境的人尽快走出来的一个有效的方法就是给他们一个希望,在戴维·H. 罗森博士看开,这个希望就是从自我象征性死亡和自性的创造性转化中获得。④ 生活可以无数次把我们打倒,但只要不怕失败、重新开始,跟随自性之旅一次次自在转变,成为新生的自己,自性最终会把我们带到它所成就我们的地方,也是我们成全它的地方,这就是人类可以被打倒却永远不会被打败的原因。在古希腊神话中,潘多拉释放出了宝盒中的象征饥饿、瘟疫、嫉妒、罪恶等各种灾难的黑烟,于是整个世界充满了不幸和痛苦,但宝盒中还存有最后一样美好的东西——希望。正是因为希望这颗不可摧毁的火种带来的巨大信念,即便遭受苦难人们也坚持到了现在。希望甚至让死亡都黯然失色。古希腊悲剧《被缚的普罗米修斯》中有这样一节对话:

歌队长:此外,你没有犯别的过错吧?

---

① [瑞士] 荣格:《自我与自性》,赵翔译,世界图书出版公司北京公司,2017 年,第 19 页。
② [瑞士] 荣格:《荣格自传:回忆·梦·思考》,刘国彬、杨德友译,译林出版社,2014 年,第 330 页。
③ [美] 莫瑞·史坦:《荣格心灵地图》,朱侃如译,蔡昌雄校,立绪文化事业有限公司,2017 年,第 252 页。
④ [美] 戴维·H. 罗森:《转化抑郁:用创造力治愈心灵》,张敏、高彬、米卫文译,中国人民大学出版社,2015 年,第 33 页。

> 普罗米修斯：我使人类不再预料着死亡。
> 歌队长：你找到了什么药来治这个病呢？
> 普罗米修斯：我把盲目的希望放在他们心里。
> 歌队长：你给了人类多么大的恩惠啊！①

潜意识与意识的辩证发展与转化过程也通过神话主题来表现，也就是我们所熟知的英雄屠龙主题。英雄是斩杀潜意识之龙又获得潜意识宝藏的新生意识的代表。如果说神话是潜意识的投射与表达，那么这则神话就表达了潜意识自身想要把意识从回归的危险中解救出来的一种努力。荣格认为，英雄神话表达了为了意识成长而先行形成的原型性心理状态，是对紧紧依附潜意识的原始意识的补偿。② 足见潜意识这一精神生命的目的性及全局性调节。

总而言之，任何阶段的意识状态都是自性的表达，有如种子、开花与果实都同属于同一种事物一样。但无疑，在意识中开花结果的自性比只是潜在种子的自性更接近自性的终极目标，即实现自己。也因此，引导个体化、产生明显自性的亦是自性，从屠龙的英雄神话中我们就已经明确感知到了这一点。戴维·H.罗森就明确表达道：

> 自性是占主导的自我意象牺牲（象征性死亡）背后的力量，推动着自性化的进程。自性，所有原型的原型，代表着一种奋勇向前的机能，通过负载情感的原型意象迸发进入意识领域，促进转化之进程，使真实的自我得以显现。由此，我们会相信自己为一个特殊的目的而来：实现我们个人的神话。③

这也很好理解，之前提到过的一类观点就认为，意识是为了认识至高体（在荣格这也就是自性）而建立的。至高体借由人类的意识一点点察觉与更新自己。因此它会推动着个体走向意识的深化，直至人的意识与至高体宇宙的意识完全合一，那也就是至高体的终极实现。

而在此过程中形成的意识的深化与超越，对解决人生困境至关重要，莫若说正是面对着人生的挑战，才有可能实现意识的更新，毕竟逆境是最好的学习时机。当人们借由意识与潜意识的健康整合达到更高的意识层次后，原来意识

---

① ［古希腊］埃斯库罗斯等：《古希腊戏剧选》，罗念生等译，人民文学出版社，2007年，第16—17页。
② ［瑞士］卡尔·古斯塔夫·荣格：《弗洛伊德与精神分析》，谢晓健、王永生、张晓华译，国际文化出版公司，2018年，第258页。
③ ［美］戴维·H.罗森：《转化抑郁：用创造力治愈心灵》，张敏、高彬、米卫平译，中国人民大学出版社，2015年，第74页。

层次中看似不可能解决的事情则变得可以克服，或者更准确地说是超越，因为从根本上来讲，最重要的问题是解决不了的，它往往表达了难以调和的两极性，只能去超越。爱因斯坦也说："解决问题不可能与创造问题处在同一意识水平，否则问题不可能解决。"① 而随着视域的开阔，认清自己的真实面目后，之前尚未解决的问题变得不再紧迫。荣格把前面的困境与冲突比作山谷中的雷雨，而新的意识态度则像是从山顶上俯瞰雷雨。这并不等于雷雨不存在，而是我们已不深陷其中，自己把自己给拔了出来。此时个体既是山谷中的雷雨又是山峰，更高的人格（山峰上的自我）阻止个体一直等同于那个受难的自己（雷雨中的自我），而是客观对待。于是人们形成这样的感知："我知道我在受苦。"比如你委屈、悲伤地大哭，可是就在大哭的背后，你又清楚地知道自己只是在表演，可以随时停止这一切。只是这个时候该哭你才哭，其实也许你早就想好了另一条出路，永远有一个像上帝视角的更高点让你跳出来，看着这一切。也就是说，受难的自我不是全部，在更高的层面它们全部可以超越。问题也许不会消失，但还好在自性化的帮助下我们也在一直前进和成长，人生似乎就在困难与成长两方面持续进行着比赛，只看谁将谁打败或者相互成就。

在前面的章节我们提到过整合心理学家、超个人心理学家肯·威尔伯的理论观点，他认为意识认知层次是不断进化、发展着的。其中自性的灵性层次为意识发展的最高阶段，也内涵于任一意识层次之中，每个意识层次都包含并超越了前面的意识状态。在意识发展中经常会出现这样的情况，即人们在当前阶段的自我认同在下一个阶段就会被超越，去认同化。于是，前一阶段的主体成为后一阶段的客体。因此，人们能怀着超然的态度，像大人对待小孩一样看待之前的意识认同。但凡意识发生病变、发展受阻，从而让自我变得畸形、狭隘，不能踏上越来越广阔的意识之旅，都可以通过重新面对并加以超越来治愈。肯·威尔伯说：

> 意识之所以是可以治疗的，乃是出于下面这个根本的原因：通过充分地感受这些体验，意识能真正地接纳它们，从而不再执着于它们，而是将它们视为客体，从而与它们区分开来，实现反嵌（超越），然后以更包容、更慈悲的态度将它们整合起来……让它们能够在越来越广

---

① [美] 詹姆斯·哈特：《超脑智慧：全球顶级脑科学家教你如何开启大脑潜能》，美国生物智能反馈技术研究所译，中国青年出版社，2015年，第181页。

阔的意识之波中被区分（超越）并整合起来（包含）。①

在这里可以看到与荣格观点相似的关于意识心理的治疗法，那就是，将之前的意识困境纳入更广阔的意识状态，视之为客体，以超越的态度对其进行克服。而意识发展的终点即最高意识层级——灵性与自性。此时再也没有主客之别，既是主体和主体，又是客体和客体，也可以说是主体和客体。个人成为"纯粹的关照""纯粹的自我"，其本身是无法被观察到的，因为"纯粹的自我"已经没有的分离之说，却悖论般地存在于我们所看到万事万物中。人的意识与宇宙合为一体，自我与非我的界限也消融，达到了真正的天人合一，吾心即宇宙。② 那也就是电影《超体》中露西无意间吃大量致幻剂所达到的状态，结尾当问到她在哪里时，露西回答："I'm everywhere."（我无处不在。）瑜伽行者通过三昧修行技术所达到的较高意识状态也与此情形类似，伊利亚德对此有过详细研究。他发现此时瑜伽行者已经超过了对立面，回到了前创造的无差别完全体，与大全同一。然而切不可把这至上的重新整合看作纯粹的退回到原初的无差别状态。与原初意识状态相比，它引入了一种新元素，即对自由的意识。当瑜伽行者进入"深眠""第四种状态"这些较高意识层次时，是极度清醒的。③

意识与潜意识在个人不同的成长阶段与时代演变中有不同的表现，理想的状态下它们都是向前发展的，向前发展不意味着意识的单腿行动，也不代表潜意识的地下活动，而是意识与潜意识的结合，治愈与超越功能也随之而来。莫瑞·斯坦通过对荣格思想的整合，把人一生的意识发展分为五个阶段，我们从中可以探知随个体及时代的变化，意识发展的一般规律。

第一阶段为幽冥参与（participation mystique），此时个人意识与周围环境之间的关系呈现为无意识、无察觉的认同与合一。大多数人在生命初期，都是以幽冥参与的方式与家庭生活联系在一起，比如婴儿与母亲紧密不分的联系。巧的是最初的阶段也预示着最后阶段，只不过最初是无意识地成为全体，最后阶段则是有意识的。第二阶段，主体开始注意到自我与他人、内与外的一些区别，于是不再盲目地投射。投射变得有区域性，集中在少数几个重要的对象上，比如喜欢的玩具、明亮且移动的事物、宠物、父母、老师、学校等。对那时的主

---

① ［美］肯·威尔伯：《整合心理学：人类意识进化全景图》，聂传炎译，安徽文艺出版社，2015年，第117页。
② ［美］肯·威尔伯：《灵性的觉醒：肯·威尔伯整合式灵修之道》，金凡译，中国文联出版社，2015年，第142—143页。
③ ［法］以利亚德：《不死与自由：瑜伽实践的西方阐释》，武锡申译，中国致公出版社，2002年，第108—109页。

体而言，父母、老师、学校就是神圣的代表，是至高无上的真理。第三阶段，主体会发现原本所承载投射的重要对象与他们所承载的投射并不相同。如老师、父母、学校也有缺陷，对知识也不一定完全掌握，他们并不能代表一切，那么他们的理想色彩便会消失。此时，被投射的心灵内容变得抽象化，主要以象征和意识形态的形式呈现，全知全能的原型意象便会投射给神、教义、命运、法律、真理等抽象的实体。日常的世界变得比较不受投射的影响，可以被当作比较中立的对象来互动。第四阶段时，心灵投射已经完全根除，甚至连神学与意识形态的抽象形式也不例外。世界成了空虚的中心，内在神圣性被功利实用性取代，集体浸泡在一个上帝已死的文化中，人们也成了荣格所说的丢失灵魂的现代人。这也恰巧是现代性社会的特质。在现代性的文化中投射看似完全消失，然而，它其实又完全注射到主体"我"的头上，万物都以自我为尺度，自我成为对错、美丑、真假的唯一评判者，再也没有超出自我之外的权威。自我顺利接替了上帝的位置，自我即上帝。然而这也是极度危险的，因为没有内在约束力，现代人会变得极端膨胀、疯狂，很容易发动无意义的战争。意识发展的前四阶段主要与生命的前半阶段有关，与时代精神也存在挂钩。如果意识继续往前走就会来到第五阶段。第五阶段是人生后半生的阶段，又被称作后现代阶段，其超越第四阶段的现代性的内容是，此时主体并非不再相信这些心灵的投射，而是以各种方式有意识地察觉这些投射，并对其采取某种的立场，尽量使两者相互合作，这也正是荣格个体化概念的核心部分。[①]

如果伴随个人成长与时代的演变，意识的发展呈现不同的态势，那么针对生活中的困境所导致的精神危机，最好的办法就是继续向前走。看清楚疾病幻象中的内在价值，整合进意识中，发展至新的意识态度，将困境加以超越。人们就会发现所谓困难与精神疾病都是一览众山小之下的尘埃。精神危机也正是促使我们不断向前发展的工具，因为只有向前发展才能将它们击败，这也是不辜负它们适时出现的最好方式。陀思妥耶夫斯基说："我只害怕一样——那就是配不上我所受的痛苦。"[②] 尼采也说过："那没能杀死我的，会让我更强壮。"[③]只要人们跟随自性化之旅无畏前进，不怕改变与重头来过，伴随苦难与精神危机的出现变得愈加坚强与美好，那么所有的苦难都将化作值得，我们下个路口见。

[①]［美］莫瑞·史坦：《荣格心灵地图》，朱侃如译，蔡昌雄校，立绪文化事业有限公司，2017年，第231—240页。

[②]［美］维克多·E. 弗兰克尔：《活出生命的意义》，吕娜译，华夏出版社，2018年，第80页。

[③]［美］维克多·E. 弗兰克尔：《活出生命的意义》，吕娜译，华夏出版社，2018年，第97页。

四、小结

潜意识对荣格而言是一个饱含深意的心象符号，代表着那些远远先于自身且在心智上还不能把握的东西，包括创造性的种子、建设性思想，以及对偏颇的意识态度的补偿性内容等，指示着现代与未来心理发展的道路。其中潜意识对意识的补偿与治疗功能主要体现在完整性上。完整性的原型孕育新知，等待被意识吸收。且在意识领域，人们常常在二元对立价值观中执着于正面向，而对原型的阴暗面置之不理，使阴暗面在潜意识幻象与严重的精神失常中爆发，造成精神分裂。当自性原型以象征的方式将对立面统一，这一整体性意象便存在着使因执着于一方价值观而导致的分裂心理相和谐的功能，避免因之而产生的精神失常，帮助分裂的人格得到统合。在超个人心理学家的一些表达中，因自性原型的终极神圣性，治愈性就不仅在于其所拥有的完整性，而是变得因为其存在则无所不治愈。然而要实现自性原型的补偿作用，还需要意识的配合。自性原型需要被意识清晰地意识、整合到日常意识领域，实现意识与潜意识的结合以及由之而来的超越功能，即自性化过程，才能避免因过度沉浸潜意识而导致的神经质态，并用整合得来更高阶的意识，重拾希望，超越原来的人生困境。

第二节 作为原型表达的神话的治愈力

关于神话的治病功能一直处于学术研究的灰色地带，一方面神话对某些疾病确实有着治愈的作用，但是对于它的治病原理我们置而不察，只是视作神秘，而荣格的潜意识理论为这一学术难题的研究提供了切入点。荣格学派认为，神话是一种原型性符号，是对潜意识心理这一内在心灵力的表达。在参与者与神话的互动中，其所引发与唤醒的潜意识原型能量，不仅对心理，甚至对身体都有治愈作用。以荣格理论为基础，同样关注多重意识实相及身、心、灵健康的心理学第四大势力——超个人心理学亦对神话、灵性的治愈原理从最新的心理学视角进行相关说明。这些研究与理论为我们了解、探究神话治愈原理打开了一扇窗口。

一、病人依靠神话原型自我医治

潜意识是集体、客观的内在生命，通过梦、性感、冲动、幻觉等原型方式显现。作为超越时空的永恒神圣，从心灵最深处影响着我们。荣格的描述中有着多种多样的名称，既被称为精神、心灵、灵魂、神祇，也被表达为力量、本能、能量，"一种以特有的能量充实着的一种真正的力"①。借助这股能量，潜意识能从内部给予我们巨大的影响，其影响不仅涉及人类的心理，甚至涉及物质、身体。荣格讲道：

> 现在我们发现，认为是我们的祖先假设了人具有灵魂的说法没有确实的根据，因为我们发现灵魂具有实在，它是属神的，因为是不朽的；在它之中存在一种内在的力量，这种力量构建身体，维持它的存在，治疗它的疾病，并且使灵魂独立于身体而生存；存在着灵魂与之相关联的非物质的精神；在我们经验存在之外有一个精神的世界，我们的灵魂从之得到关于精神之物的知识，而这种精神知识的来源不能在可见的世界发现。……②

此处的精神、灵魂指代内在的潜意识原型，祖先们从心灵深处感受到了生命的涌现，对祖先来说灵魂这股内在的力量是健康与否的关键，无论是心理健康抑或是身体健康。内在心灵就是生命，而自己只是内在心灵的符号和表达。祖先们从来不认为是自己在引导精神、灵魂，反而觉得自己在各方面都依赖于它。尤其是对于超出一般意识水平的萨满巫师一类人来说，他们通过神圣疾病的考验，成功规避潜意识的危险及吞噬力量，突破潜意识的还原状态，吸收潜意识内在能量，将其发展为高级意识，并能够自如应用潜意识这块瑰宝治愈自己及他人。新兴的超个人心理学也指出在人的心灵深处存在着一种"治愈的能量"，它们以多种不同的意识形式存在于人的心灵之中，这些超常意识状态（潜意识）对心理和身体治愈都具有非常重要的作用。因此，超个人取向的心理治疗便意味着深入体验超常意识状态下的终极存有，如此才具有最大的疗愈潜力。尤其是，包括荣格在内的很多灵性传统的描述中，都认为身与心看似相异，实为一体，于超意识状态中所接触的内心力量，即为拯救与转化一切的来源。

（一）神话故事唤起的原型治愈能量

在荣格的表述中，神话、宗教作为原型，是潜藏着无形且巨大力量的潜意识心理的象征性表达。宗教与神话的主角通常是英雄、神，他们征服了怪物、巨龙等形形色色的敌人，将他的子民从毁灭与死亡的边缘中拯救出来。作为准人格形象，这种原型叙事支配和塑造着参与者的心灵，使得参与者提升到与英

---

① [瑞士] 荣格：《荣格自传：回忆·梦·思考》，刘国彬、杨德友译，译林出版社，2014年，第379页。

② [瑞士] 卡尔·古斯塔夫·荣格：《心理结构与心理动力学》，关群德译，国际文化出版公司，2018年，第234页。

雄、神自居的精神高度，有效地将参与者从软弱与痛苦之中拯救出来，升华到一种近乎超人的境界。当我们诉诸宗教与神话时，通过与神话原型的认同，就等于重新转向全人类的母亲，回到意识之前的心理状态，回到生命最深处本源的道路，从而触到源头，从神秘且不可抗拒的原型力量汲取一掬。因此，宗教与神话不仅为诸如饥饿、战争、衰老以及死亡之类的苦难提供精神治疗，在参与者与神话的互动中，其所引发与唤醒的潜意识原型能量，也有治疗参与者身体疾病的功能。

要注意的一点是，先民和部落之人感知神话的方式与现代人是截然不同的。现代人对神话的感知主要借助于理性思维，再加上有翻译的隔阂与时代的变迁等阻隔因素，神话对于我们而言只是冷冰冰的文字。然而，这种情况在先民和部落之人那里却全然相反。在他们看来，神话中的词与神绝不是死尸，而是神秘且活生生的实在，即"祭神如神在"。每一个实在又决定一个力场，伴随神话的则与它所表现的那个神秘实在极其强烈地互渗与交融。因此，先民和部落之人在神话中听到的东西会在他们身上唤起一种类似和声的全音域。① 哲学家查尔斯·泰勒的语言学理论也为此提供说明。泰勒认为，语言不仅描述现实，还召唤、建构现实，语言的祈使功能比它的描述功能更为基本，并以宗教与神话的语言作为例子，论述"语词之所以真实/正确是因为它们具有力量，它们召唤神灵，它们确实与他的实质发生关联"。② 尤伊克（Joik）就是这样的表达方式。拉普兰地区的萨米人是欧洲最后的原住民，他们有一种独特的喉音吟唱方式被称为尤伊克。传说拉普兰地区的吟唱是由太阳之女带到人间，只要萨米人开始吟唱，内心便会升起快乐、幸福、太阳般的温暖之感。萨米人歌唱动物、人与地方，或者一段往事，只要带有感情，都可以用尤伊克把它吟唱出来。尤伊克是一种几近自然的唱法，向着万物有灵的自然去吟唱，歌词很少，通常只是为了解释歌唱的对象，多为其名字。对萨米人来说，吟唱并不是用歌谣去描述人或事物，"我们是用吟唱呼唤他们"。他们相信在尤伊克某物或某人时，它/他们就会出现。在基督教传入拉普兰以前，吟唱者和萨满巫师有着密切的关系，当萨米萨满敲起鹿皮鼓，吟唱起尤伊克时，灵魂便可和神灵交流。③

亚米尼华萨满教的核心意象就是 yoshi——神灵或生命的本质。在亚米尼华

---

① [法] 列维-布留尔：《原始思维》，丁由译，商务印书馆，2017 年，第 502—504 页。
② [美] 拜伦·古德：《医学、理性与经验：一个人类学的视角》，吕文江、余晓燕、余成普译，北京大学出版社，2009 年，第 198 页。
③ 吴一凡：《极光下的秘密》，"他者 others" 微信公众号，2016 年 4 月 9 日。

的文化中，世界中所有的事物都是有生命的，而事物的生命都是由 yoshi 赋予的。而关于这个领域唯一被建构起来的话语就是神话。起源神话是对 yoshi 的真实描述，被认为是提供了通往神灵世界的途径。这就是萨满为什么有时会唱颂那些转变为晦涩难懂的萨满歌的起源神话，因为这些是"带你去见'yoshi'的方法"①。

可见，神话的表达如同圣经与圣旨一样，就是神与神圣的存在，先民和部落之人则通过与神话中活生生的神再次认同而互渗为一，不自觉地投入幻想空间，参与潜意识表达的遣词造句。在仪式过程中，常常有参与者因受神圣的感染，身心震撼、泪流满面的场面。进而，在整体的神圣氛围下，身心系统极有可能被带到潜意识的时空中，释放内在的治愈力，开展神圣有力的治疗。荣格表示，即便是采取口头表达形式的原型，即表述性神话，同样具有震撼心灵的力量，使得在其氛围者超越了短暂与偶然进入永恒的王国，并唤起了其心中慈善的力量摆脱危难，渡过漫漫长夜。他写道：

> 这个神话情境重新出现的时候，总是带有一种独特的情感强度特征；仿佛我们心中从未奏响过的心弦被拨动了，又好像有一股我们从未怀疑其存在的力量突然释放了出来。为顺应变化而作的斗争如此艰难是因为我们始终面对的是个人的、非典型的情境。所以，当一种原型的情境出现时，我们突然感到了格外的轻松，仿佛被一种无法抗拒的力量所放逐或吸引，这一点儿也不令人吃惊。在这样的时刻，我们再也不是个人，而是整个民族；全人类的声音在我们心中回响。单独的个人不可能充分发挥自己的力量，除非借助于某种我们称为理想的集体表象（潜意识原型——笔者注）的力量，这些理想把个人的自觉意志难以达到的、被隐藏的本能力量释放出来。②

玛丽-路易斯·冯·法兰兹亦表达了同样的观点。她认为所有童话的基本骨架都是未知的心灵实相——核心自性原型的表达，通过诠释童话，人们由"扩大之后的故事转换为心理语言"，与底层的潜意识和平共处，进而借由了解原型意象带来新生与疗愈。③

---

① [英]格雷汉姆·汤斯利：《"扭曲的语言"作为学习的技术》，见[加]杰里米·纳尔贝、[英]弗朗西斯·赫胥黎主编：《穿越时光的萨满：通往知识的五百年之旅》，苑杰译，社会科学文献出版社，2017年，第220页。
② [瑞士]卡尔·古斯塔夫·荣格：《人、艺术与文学中的精神》，姜国权译，国际文化出版公司，2018年，第102—103页。
③ [瑞士]玛丽-路易斯·冯·法兰兹：《解读童话：遇见心灵深处的智慧与秘密》，徐碧贞译，北京联合出版公司，2019年，第2、4、61页。

图4-2　达斡尔族斡米南降神环节，受其感染独坐一旁哭泣的少女

随着我们认同原型情境，心灵所唤醒的本能力量甚至可以撼动神经系统，使得人们再次获得健康，这也便是古代医学中普遍适用的医学智慧。荣格认为，古代医学在治疗疾病时，往往把个人疾病提升到一个更高的非个人原型层面，应用的理论基础是：如果把潜藏在疾病之中的原型式情境正确表达出来，把具体情境同一般的人类意义联系起来，病人心理受原型叙述影响，疾病则有可能治愈；而如果疾病无法做到适当的表达，个人就只能依靠自己，陷入孤立无援、与世界丧失联系的境地，相较之下则难治愈。比如，在古埃及，当一个人被蛇咬了，祭祀医生为其医治。这时，他会从神殿的藏书库中把关于天神拉（Ra）和他的母亲伊希斯（Isis）的神话的手稿带来读诵。神话表述为伊希斯曾经创造一条毒虫，并把它藏在沙子里，拉神踩到这个毒物并被它咬伤，这给他带来可怕的痛苦和死亡的威胁，此时，众神让伊希斯施咒将毒从拉神体内排出。有时，被蛇咬了的病人通过自觉认同有着同样境况的拉神，会受到这种非个人原型的表达的影响，以至于他真的能够被治愈。在形形色色神话的带动下，各种各样的病人会想象自己正在像神一样受苦，也会像神一样获得拯救，即便结局是死亡，也会像神一样不朽。这样，通过与象征性神话的认同所释放的巨大能量便使得病人从痛苦中解脱出来。在加州西北部，特别是在切罗基人中，治疗疾病也是通过准确复述一种传统的程序，即复述神话时代类似疾病的出现，以及某种超自然存在对第一位患此类疾病的人进行治疗的具体情况。在复述神话的过

第四章　原型的治疗 | 255

程中，往往还伴随着对此类超自然存在进行简单的献祭，以及以纯粹仪式的方式使用特定的药草，从而减缓病痛。治疗的效果则在于仪式自身以及仪式中被唤起的超自然力。①仪式所唤醒的超自然力与能量，即为在荣格神话语境中的潜意识内心之力。荣格写道：

> 在心灵的特定状态下，人们能够忍受很多东西。在某些条件下，原始人能够在炙热的木炭上行走，能够承受加之其身的最可怕的伤害，而不会感到任何的疼痛。因此，一种极具感染力的、适当的象征能够将潜意识的力量动员到这样一种程度：甚至神经系统也受到影响，身体开始再次以一种正常的方式做出反应。②

于是，每当我们一次次认同集体神话象征，进入原型情境，便是调动潜意识内心力量、修复身心的一种尝试。

（二）神话人物、神话图像唤起的原型治愈力

对于藏传佛教来说，属于原型的内心治愈性力量，不必通过认同神话情景、神话情节而获得，认同与观想原型转现的神灵表达亦有此等功效。拉德米拉·莫阿卡宁认为藏传佛教中观想的神祇即为荣格所说的原型③，神祇为内心精神的投射，经由投射，内在经验转译为可见的形式，并具体化为宗教中某些精神形象。它们与内在心理一致，是力量之源，并根据不同的文化传统拥有不同的形象表达。对于佛教徒而言，力量之源是佛、菩萨；而对于基督徒而言，力量之源则是基督。在观想不同精神形象的过程中，个体也会相应地获得精神形象中所蕴含的正面、积极、强大的力量。最终通过与神祇的联结与合一，将神祇的原型本质完全转移到自己身上。此时，他们会获得超自然的能量，得以更新，甚至可以自我治疗，并进入更高的意识状态。西藏医心术就是应用这一观点，推行自我医治、以心治心的治疗方法。西藏医心术以佛教教义和修行方法为基础并融合了现代心理学的治疗思想，是藏传佛教中一种独特的修心法门与综合性的心理治疗法。它将人分为身、心、灵三个部分，身体代表肉体，心代表思想和精神，灵代表存在于心灵中同时能够影响身心的一种特殊的能量。人体的精神与身体健康有赖于这股能量的平稳运行，人体的各种疾病也都是由于能量不调而导致，治疗的方法便是通过禅修、观想等方法，唤醒和激活存在于精神中的能量、内心力量，

---

① 李楠：《北美印第安人萨满文化研究》，社会科学文献出版社，2019年，第160页。
② ［瑞士］卡尔·古斯塔夫·荣格：《象征生活》，储昭华、王世鹏译，国际文化出版公司，2018年，第84页。
③ ［美］拉德米拉·莫阿卡宁：《荣格心理学与藏传佛教：东西方的心灵之路》，蓝莲花译，世界图书出版公司，2015年，第75页。

并引导这股能量来治疗心理和身体上的疾病。因此，医心术是一种完全化的自我治疗，不依赖医生与他人，病人的菩提心、觉醒心、清净心为其治疗的根本。病人依靠自己本清净无染的佛心来治疗自己受伤害的心，即以心治心，真正做到了治疗者即被治疗者。在医心术的治疗方法中，以观想治疗法最为重要。观想的神祇为精神的象征，对应着个人重要的内在力量、精神能量，也就是我们说的原型，借由和这些神祇的联结，观想者就和自身的力量建立了联结，从中获得治疗能量，应用这些精神能量消除或转变自己负面的能量或精神。①

原型亦可以通过神话图像进行表达，并借此治愈病人。比如在新墨西哥的印第安村落，当人们生病时，那里的人就会用沙子做成一个有四扇门的曼荼罗，中间的部分是所谓的汗房或者医疗间，病人必须在这里接受汗水的治疗。医疗间的房间画着神奇的圆圈，最中间的部分是盛着治疗水的钵。在这个仪式治疗中，病人一次次地接近由曼陀罗和圆圈所代表的潜意识自性原型，曼荼罗不仅是心灵事件的投射，拥有巨大的力量，也反过来作用于心灵，就像施魔力于自身的人格。通过认同、观想这些象征性符号，诱导出与置身于图像一样的效果，这些神奇的圆圈将使人的注意力回到内在的神圣领域，病人与之进行互动，接受这些来自内心深处的原型能量治疗。②

更多的时候，神话故事、图像、人物在神话治疗仪式中被共同使用。

在澳大利亚原住民看来，诸如歌曲、舞蹈、绘画、仪式与圣物等艺术是梦幻时期的产物，它们是对先祖及其事迹的描述，有些本身就是先祖自己通过艺术创作的方式表现自己的行迹。因此，艺术是通往梦幻时代的产物，是与精神指向连接的方式。通过神话艺术，澳大利亚原住民与先祖的力量建立起了直接联系，直接参与进那个世界，进而体验到梦幻时期的力量，使得患者受伤后重新获得他们的灵力。在澳大利亚原住民每个阶段的仪式上，人们都会往入会者身上画图案，用圣物擦他们的身体，周围的人还要为他们唱颂歌，并让他们观赏仪式上的雕塑……所有的这些行为都旨在将他们与先祖的力量连接在一起，并为他们积累灵力。③ 北美南部的纳瓦霍人和阿帕奇人的文化善于使用一系列数量众多、引人注目且程序复杂的仪式。仪式内容包括数以百计的歌曲、舞蹈和精密的沙画，整个仪式要持续很多天，用于治疗等目的。这些仪式以及歌曲、

---

① 诺布旺典、宇妥·元丹贡布：《图解西藏医心术》，陕西师范大学出版社，2009 年，第 26—38 页。
② ［瑞士］卡尔·古斯塔夫·荣格：《象征生活》，储昭华、王世鹏译，国际文化出版公司，2018 年，第 98、141 页；［瑞士］荣格、［德］卫礼贤：《金花的秘密：中国的生命之书》，张卜天译，商务印书馆，2016 年，第 34 页；［瑞士］茹思·安曼：《沙盘游戏中的治愈与转化：创造过程的呈现》，张敏、蔡宝鸿、潘燕华译，中国人民大学出版社，2012 年，第 31—38 页。
③ ［澳］霍华德·墨菲：《澳大利亚土著艺术》，苗纡译，湖南美术出版社，2019 年，第三章。

装扮、沙画涉及的是与大神或伟大奥秘较为相似的一种超自然能力。这种超自然力代表的是一种创世之初的灵性力量，并被纳瓦霍人以神圣故事的方式制定下来，世代传承。而通过仪式内容所引发的回忆则是唤起这种超自然力的重要方式。因此，这些仪式包括其中的行为、歌曲、沙画等最忌讳被萨满改动，甚至连举行仪式的棚屋都要按照传统的方式建造。① 这种原始的超自然力被纳瓦霍人称为hózhǒ，这一术语很难用其他语言解释清楚，英语中通常翻译为 beauty（美）。然而，这个词也有其他含义，特别是指"和谐""适当秩序""健康""善"。对于纳瓦霍人来说，hózhǒ还是一种内在的精神状态，一种存在的状态，一种精神道路，一种生活方式，一种与万物相匹配的内在品质。② 在纳瓦霍的描述中，"hózhǒ"似乎是一种与宇宙万物和谐共处的内在精神状态。匈牙利萨满萨瓦尔·约斯卡·苏斯也表达相似的观点，他常说："我不是在治疗，我只是在唤回和谐。"③

以上无论是神话故事，还是神话人物、神话图像，它们或是潜意识心灵的象征性表达，或是对神圣感知的描述，来自心灵，也对心灵述说，神圣且拥有力量。当人们连接、认同、参与、投入、解读这些象征，或者对之进行冥想，那么他们便会打开之前关闭着的现实中的某一维度以及与之对应的心灵中的某一维度，与潜意识相连，与内在最深处连接，进而体验内在。此时会唤起参与者内在的回应，启动更深层次的灵性力量，配合某种和谐的宇宙秩序，进行身心修复与医治。坎贝尔直接表达道："神话的形象乃是我们每个人灵性潜能的反映。通过对这些形象的冥想，我们可以把它们的力量激发出来。"④ 坎贝尔又表示，通过冥想、持咒、念诵神的名字，"可以体验到宇宙神秘力量不可测知的深度"⑤。同时，这些形形色色的象征性表达作用心灵，似乎本身就对一种心理状态向另一种状态的转换有促进作用⑥，拥有治愈与转换的力量。这正好与我们在第二章提到的萨满教考古学家惠特利的观点相契合。他认为记录萨满出神体验

---

① 李楠：《北美印第安人萨满文化研究》，社会科学文献出版社，2019 年，第 160 页。
② Mariko Namba Walter, Eva Jane Neumann Fridman eds., *Shamanism: An Encyclopedia of World Beliefs, Practices and Culture*, California: ABC‑CLIO, Inc, 2004, pp. 319–320. 李楠：《北美印第安人萨满文化研究》，社会科学文献出版社，2019 年，第 160 页。
③ [比利时] Dirk Gllabel：《匈牙利萨满——萨瓦尔·约斯卡·苏斯简介》，见薛刚主编：《萨满文化研究》（第 5 辑），民族出版社，2018 年，第 209 页。
④ [美] 约瑟夫·坎贝尔、[美] 比尔·莫耶斯：《神话的力量：在诸神与英雄世界中发现自我》，朱侃如译，浙江人民出版社，2013 年，第 276 页。
⑤ [美] 约瑟夫·坎贝尔、[美] 比尔·莫耶斯：《神话的力量：在诸神与英雄世界中发现自我》，朱侃如译，浙江人民出版社，2013 年，第 265—266 页。
⑥ [英] 安东尼·史蒂文斯：《简析荣格》，杨韶刚译，外语教学与研究出版社，2015 年，第 216 页。

的岩画,发挥着备忘录的功能,可激发萨满进入意识转变状态,进而抵达超自然界。① 因此,这些来自超自然的岩画具有力量。

然而,神话仪式的治愈作用,只有在观众参与进来的时候才能见效。德国民族志学家霍格尔·卡尔维特曾介绍,一次他带很多欧洲人参加印度藏民的降神仪式。但是欧洲人却把眼前发生的事情看作对他们理智的侮辱,这不仅使得那次降神会很快就结束了,还激起神灵对他们不好的评价。霍格尔·卡尔维特认为,当人们不信任神灵的时候,神灵对人们就没有治疗功效。因此没有信任的外人只是旁观者而不是参与者,无法在昏迷状态体验无我的快乐,一种"消解和清空",一种"纯粹的存在"。② 那也就是人们所追求的治愈力量。

鉴于原型心理有如此巨大的影响力量,有些人认为其本身的构成已经不仅局限于心理,还延伸到了生理领域,它们要么由物质成分构成,要么交织在身体和大脑中的各个部分与物质紧密连接,才会对心理、身体都造成影响。荣格写道:"原型远远超出了心理领域,而更类似于生理本能,而生理本能直接根植于机体之中,并且因其类心理的本质,构成了通向广义物质的桥梁。"③ 坎贝尔把原型比作生物概念,并认为它代表着身体的各个器官,建构在身体之中。因此,神话原型与身体有着重要联系。作为激发和引导人的精神能量符号,神话意象可引发身体能量,对身体造成有力冲击。④ 杰佛瑞·芮夫认为作为自性原型显化的想象是实体与心灵两方面的浓缩精华和统合,拥有妙体、类心灵的属性,能够同时影响心灵与实体,改变身体及产生化学反应,甚至可以决定自己的命运。他写道:

> "想象既是心灵的,又是实体的",这一炼金概念之所以重要,在于若非如此,想象便没有足以影响身体的治病力……想象是一种知觉(perception),内在世界在这一知觉下活了起来;想象亦是互动的方法,内在世界借此方法可以转化。同理,想象亦是从灵性层面来理解身体及疾病,从而转化之的手段。我们还可以透过想象,知觉心灵以上的灵界(spiritual realms)。在苏菲、萨满等古老的想象传统中,他们致力找出此种灵界,并且深入探索,而我们的文化对这一世界至今却仍然

---

① 李楠:《北美印第安人萨满文化研究》,社会科学文献出版社,2019年,第19页。
② [德]霍尔格·卡尔维特:《体验萨满交响曲并对其进行理解》,见[加]杰里米·纳尔贝、[英]弗朗西斯·赫胥黎主编:《穿越时光的萨满:通往知识的五百年之旅》,苑杰译,社会科学文献出版社,2017年,第148—149页。
③ [瑞士]卡尔·古斯塔夫·荣格:《心理结构与心理动力学》,关群德译,国际文化出版公司,2018年,第150页。
④ 张洪友:《好莱坞神话学教父约瑟夫·坎贝尔研究》,陕西师范大学出版总社,2018年,第190页。

极度无知。①

得克萨斯大学健康科学中心的研究和康复科学主任珍妮·阿赫特贝格从严谨的自然科学的角度论述到心理意象与身体之间的关系。她认为，来自右脑潜意识的心理意象（imagery，images），实际上也就是所有的思想，是一种电化活动（electrochemical events），它们错综复杂地交织在大脑和身体结构中。当这一心理意象改变时，就会引起深刻的生理变化。比如想象一场性爱就会有真实的荷尔蒙反应，想象吃柠檬就会有直接的唾液分泌，对特殊疾病现象的想象，诸如发烧、瘫痪、过度紧张等，就会真的引起它们的相关症状。安慰剂效应更是一个有力的说明，即便它本身毫无功效，但仅仅相信它有，便会产生与真实药物一样减轻疾病的效果，甚至在身体中还会产生假想药物所引起的副作用效果。珍妮·阿赫特贝格对此这样总结，心理意象直接或者间接地影响身体反应，不仅对肌肉骨骼有影响，而且也对自主与非自主神经有影响，同时又受到这些身体反应的影响。珍妮·阿赫特贝格就此总结了五条心理意象与生理过程的关系。

（1）心理意象与生理状况存在着关系。

（2）心理意象可能出现在生理变化之前，也可能出现在生理变化之后，这标志着心理意象既承担原因一角，又承担反应一角。

（3）心理意象通过意识、有意识的行为引发，也可以通过潜意识活动引发（脑电刺激、幻象、做梦等）。

（4）心理意象被认为是意识信息加工与生理变化之间的潜在联结。

（5）心理意象既可以影响自主（外围）神经系统，也可以影响非自主（植物）神经系统。②

阿贝托·维洛多与蒲大卫在《当萨满巫士遇上脑神经医学》这本书中，试图以西方医学功能医学的语汇来描述、解释萨满仪式的运作原理。在他们所接触的美洲萨满文化中，萨满称大灵为"大地之母""神圣母亲"，而人类只是母性生命能量的肉体化现，彼此相连。阿贝托·维洛多与蒲大卫对此进行阐释，他们认为神圣母亲更像是"在所有造物之间流转的生命力所形成的一种能量与意识之海，我们皆泅泳其间并成为它的一部分"③。换成西方生物学用语的话，神圣母亲，这股母性生命力便是粒腺体，它可以在粒腺体中被发现。粒腺体以碳

---

① [美] 杰佛瑞·芮夫：《荣格与炼金术》，廖世德译，湖南人民出版社，2012年，第79—80页。

② Jeanne Achterberg, *Imagery in Healing: Shamanism and Modern Medicine*, Boston: Shambhala Publications, Inc, 1985, pp. 113-116.

③ [美] 阿贝托·维洛多、[美] 蒲大卫：《当萨满巫士遇上脑神经医学》，李育青译，生命潜能出版社，2012年，第30页。

水化合物为燃料,转变成支持生命的能量,是细胞内的能量工厂。它们能影响人的心情、活力与老化过程,甚至是死亡方式。它们也负责细胞的淘汰换新工作,并供给建构新的神经网络所需的燃料。所有粒腺体的DNA只源于母系系统。在阿贝托·维洛多与蒲大卫看来,这些正好验证了萨满们经常提到的神圣母亲即存在每一种生物的每个细胞之中的母性生命能量源头。[①]

综上,我们看到潜意识本身与身体、物质、生理存在着紧密联系,使得它不仅作用于心理,也作用于身体,而之所以运用神话原型可以成功治疗一些身体疾病可能也与此有一定的关系。

潜意识所拥有的这种内在的能量如此巨大,它绝不是弗洛伊德所说的性。荣格认为这种巨大的能量更像是性爱、爱、爱神厄洛斯(Eros)。爱生万物,自然也能治愈万物。荣格在自传中最后总结道:

> 厄洛斯是一个宇宙进化论者,是所有高级意识的创造者与父母……爱"化生万物"并"忍受万物"(《哥林多前书》)。这句话说出了可以说的一切,再添一个字都是多余的。从最深刻的意义上说,我们都是起源自宇宙之"爱"的牺牲品和工具。我把爱这个字放在引号内目的在于表示,我并不是按欲望、喜欢、宠爱、希望及相类似种种情感的含义来使用它的,而是把它作为某种高于个人的东西,即一种统一的且不可分割的整体来使用的。[②]

据说,爱因斯坦曾给女儿莉塞尔写过一封信,也表达过一切能量的源泉是爱的观点:

> 有一种无穷无尽的能量源,迄今为止科学都没有对它找到一个合理的解释。这是一种生命力,包含并统领所有其他的一切。而且在任何宇宙的运行现象之后,甚至还没有被我们定义。这种生命力叫"爱"。
>
> 当科学家们苦苦寻找一个未定义的宇宙统一理论的时候,他们已经忘了大部分充满力量的无形之力。
>
> 爱是光,爱能够启示那些给予并得到它的人以指引。爱是地心引力,因为爱能让人们互相吸引。爱是能量,因为爱能产生让我们觉得最美好的东西。而且爱允许人类不用去消除看不见的自私。爱能遮盖,

---

[①] [美]阿贝托·维洛多、[美]蒲大卫:《当萨满巫士遇上脑神经医学》,李育青译,生命潜能出版社,2012年,第30—33、89—90页。

[②] [瑞士]荣格:《荣格自传:回忆·梦·思考》,刘国彬、杨德友译,译林出版社,2014年,第380页。

爱能揭露。因为爱，我们才活着；因为爱，我们才死去。爱是上帝，上帝就是爱

....

我深感遗憾，没有能够表达我内心深处的东西，这让我一生都在为你而受鞭挞着。或许，现在抱歉太晚了，而时间是相对的，我需要告诉你的是，我爱你，谢谢你，因为我终于找到了最终的答案！①

在他们看来，爱就是源泉、生命、信仰与唯一的答案，如果答案真的不知所终的话。

二、萨满巫师运用神话原型为病人治病

在文化传统的支持下，人们通过调动内在的原型心理资源进行自我医治。而民族志中还记录了一大批拥有与超自然界沟通能力的萨满巫师，在出神状态中利用所获得的超自然能量、神灵的力量主动为病人进行医治。这又可分两种情况：一是萨满巫师在出神状态中接受神灵幻象的指引，判断得病原因，学习治病的方法；二是利用从神灵幻象中得到的超自然力量为病人医治。但这两者都与内心幻象有关，且有时巫医萨满是同时结合这两者进行治病，我们在这里主要分析更为神秘的第二种巫医萨满治病方式。

非洲昆族的老巫医克考斯奥接受哈佛大学人类学梅根·比塞尔博士采访时曾叙述，他的治病能力来自超能量，此超能量是在出神状态下，考哈神即上帝传递给了他。治病时，克考斯奥再次进入出神状态，将超能量注入人们体内进行治病，有时他会进入病人体内，与病人合一。比塞尔对超能量这一神药解释道：

这并不是普通药物，而是一种能量，具有超自然的药效，一旦发挥作用就能使人痊愈。除此之外，此药还有其他特殊神力，例如：使人具有"千里眼"、X光透视和预言的能力，还能使灵魂离开躯体去旅行。将"超能量"放于腹部，借助于强有力的出神冥想舞蹈和熊熊烈火释放出的热量，"超能量"就会被激活，药效慢慢地上升到脊柱，最后到达头部，这时就能将病魔赶走。②

根据北美洲帕维奥佐族的传统，在他们生活的周围还有一个看不见的世界，

---

① 转引自叶子青：《平行宇宙》，敦煌文艺出版社，2018年，第199页。
② [美]简·哈利法克斯：《萨满之声：梦幻故事概览》，叶舒宪主译，陕西师范大学出版总社，2019年，第45页。

充满着像水蛇灵、死去的人的灵魂等各种灵物。萨满与这个看不见的世界接触，从中获得法力，来治疗疾病或找到那些迷失的、不附体的灵魂。① 艾萨克·特斯是北美洲基特卡汕族的巫医，据他介绍，他是在梦中的一系列幻象中获得了法力。为病人治病时，他首先将法力置于自己身上，然后再转到患者身上以祛除疾病。② 澳大利亚默宁族一位名叫威利德姜果的巫医使用精灵治病，他说道：

  当我给人治病时，这两个精灵就进入病人体内。病人体内卡着一根骨头，我不停地在病人身体表面揉搓，而这两个精灵就在病人体内抓住那根骨头，当我吮吸病人时，他们也就拿着那根骨头跳了出来。有时，我可以看穿一个人的身体，发现他体内已腐烂，这两个精灵可以进入他体内，但却无能为力。③

西伯利亚戈尔德族的一位萨满同样使用精灵治病，精灵包括西伯利亚本土信仰的女性精灵阿雅米和其他三位精灵助手，其中阿雅米还成了他的妻子，他俩在身体和精神上已经结合。这位萨满描述道：

  当我作法的时候，阿雅米和精灵助手们就附体在我身上：不管是大是小，他们都能穿透我，就像烟和水蒸气一样。阿雅米在我体内的时候，就通过我的嘴说话，还通过我做其他任何事情。当我吃祭品和喝猪血（猪血是只供萨满饮用的，其他人禁止接触）的时候，那不是真正的我本人在吃喝，而是阿雅米独自在享用。④

近几十年来，在北美印第安萨满中，实施吸出法最著名的是已故的艾西·派瑞许。不只印第安人，许多非印第安人都千里迢迢地找派瑞许医治。派瑞许表示，一股被称作"我们的父"（Our Father）的力量来帮助她实施治疗。这股

---

① ［美］简·哈利法克斯：《萨满之声：梦幻故事概览》，叶舒宪主译，陕西师范大学出版总社，2019年，第84页。
② ［美］简·哈利法克斯：《萨满之声：梦幻故事概览》，叶舒宪主译，陕西师范大学出版总社，2019年，第154页。
③ ［美］简·哈利法克斯：《萨满之声：梦幻故事概览》，叶舒宪主译，陕西师范大学出版总社，2019年，第134页。
④ ［美］简·哈利法克斯：《萨满之声：梦幻故事概览》，叶舒宪主译，陕西师范大学出版总社，2019年，第100页。

力量就在她的体内。此时,她往往处于出神状态。① 根据鄂伦春族白银纳妇女关

---

① [美]麦可·哈纳:《萨满之路:进入意识的时空旅行,迎接全新的身心转化》,达娃译,新星球出版社,2014年,第228—233页。以下是艾西·派瑞许关于治疗的珍贵的口述史:

我要谈谈治疗人们的方法,因为你们想要知道我的这个部分。我一直是个医生,我在这地球上的有生之年都会是个医生——这是我被创造出来的原因。我被送到地球来治疗人们。我小时候不大明白——那就是每当我做梦(得到灵视)时——因为我只会做这种梦。我以为大家都是这样,所有小孩都是这样。我以前说的都是我的梦,是我所知道和所看到的东西。

我在十二来岁时,治愈了第一个人。那时候白人医生很难找;我们离(白人)医生很远。

有一次,我妹妹生病了。她的口疮严重到他们认为她会死掉。抚养她长大的叔公,一定在我不知情时把事情安排好了——我当时正在外面玩。他们突然从屋里唤我进去。我还记得这事,那时候是傍晚快四点了。

他们把我叫进屋里后,叔公说:"你能不能为妹妹做点什么?我说你拥有先知的身体,你用你那先知的身体或许能够治好她。你不能做点什么吗?"

我心想着:"不知道我该怎么做呢?"因为我还很小,并不懂。但我回答了:"好的。"这是我被告知的。我的力量告诉过我:"任何人向你请求任何事,你都不能说'不';那不是你的人生目的。你是修复人们的人。你是治疗人们的人。"这就是为何我回答"好的"。

我同意后,就向上天祈祷。我的右手摆在她的额头上。我这么做时,一首我原先没听过的歌来到我之内。很神奇的是那首歌从我的内在浮现。但我没有大声唱出来,那首歌在我体内唱着。我心想:"不知道我要怎么治好她。"令我惊讶的是她几天后就复原了。这就是我治好的第一个人……

出乎意料的又有一个人生病了。他们说他将死于白人所说的"双侧肺炎"。他躺在那里奄奄一息。要走很远的路,才能找到(白人)医生。他的姐姐来找我。她说:"我来请你帮个大忙。我要你去看他。看看他!虽然我看得出来他就要死了,我希望你去看看他。"

我去了之后,把我的手在他身上摆来摆去。我吸了他。令人惊讶的是这治好了他。行医时,我也变得越来越有技术。就像白人会学习一样,我也在学习。每次我治疗了人们,我就往上一点(技术上)。

经过很长一段时间,好几年——可有十二或十三年——我又更往上升。然后我注意到我的喉咙里有个东西可以把疼痛吸出来。还有我的手掌力量,我发现我的手掌力量。那股力量一直在我身边。但其他人看不见,只有我看得见。

当我坐在某人身边时,我会召唤我们的父(Our Father)。那就是我的力量——我称为我们的父。接着它降临了,它的力量就进入了我。当生病的人躺在那里时,我通常看得见它(那股力量)。这些事情好像难以置信,但是我自己知道,因为我们的父在我们之内。我知道我看见了什么。我的力量就是像这样。你如果不肯相信,可以抱持怀疑。你不必相信,但这就是我的工作。

躺着的病人的深处有某种东西。我好像可以透视东西一样——在某种东西上放一张薄纱,你可以透过它看见东西。我就是这样看见内部的。我看见里面发生什么事,能用手掌感觉到它——我的中指是具有力量的指头……我再多说一点关于我的手掌力量。手的掌心有力量,中间这根指头有力量。力量并非随时都在运作,只有我召唤(力量)时才有。

…………

我第一次用喉咙行医时,病人是位年轻女性。我治疗她,把疾病吸出来时,某种像泡泡的东西从我的喉咙冒了出来;很像你吹了一个大气球那样。它从我的嘴巴飘出来是膨胀得好大。大家都看见了。像是肥皂泡泡那样,一开始它的模样就像那样。

自从那次之后,我一直用吸的方式吸出疾病。我吸出的疾病在里面的运作方式也和磁铁一样(和使用手掌力量时一样)。在我说过的那个力量一旦进入喉咙的位置,疾病的运作和电流一样快,它快如闪电,如磁铁一般。它会中止呼吸。当它像个磁铁那样止住呼吸时,却改以极慢的速度出现。

不过,你不会注意到自己屏息了多久。这很像处在白人所说的"出神状态"。当疾病要来到我身上时,我是处在出神状态。它总是会对我说话:"这就是为何它是这样。这是某种疾病。这就是原因。"

寇杰的观点，此地的萨满是利用神灵来治病的，不同的神灵治疗不同的疾病，萨满厉害与否主要在于其所拥有神灵的厉害与否，谁的神大，谁就是最厉害的萨满。① 达斡尔族大萨满斯琴挂这样介绍自己的治病经验：

> 萨满是用神灵治病消灾、驱邪除魔，不同的神灵治的病不同，我根据病人的不同病症，请不同的神灵来治病。通常我用念珠来诊断，给病人看过后，要告诉病因，告诉病人应该如何做，得到病人的配合，会很快治愈。对人们常说的邪病、怪病、精神错乱等病症效果比较明显，有的立竿见影。来时非常严重，走时就好了。……
>
> 萨满因为有神灵才能为人们治病、消灾、避祸、祈福、预测、占卜，因此说神灵是萨满履行职责的根基。②

台湾布农人至今保留着相对完整的巫医制度，巫医茨那·阿巫斯曾用咒语诗歌为患痛风病的病人塔玛·里曼治病。依巫医茨那·阿巫斯诊断，塔玛·里曼的病是由于有人施行黑巫术所造成的，适合用拉帕斯帕斯（Lapaspas）来治疗。这位巫医依据梦中导师的启示，实施仪式为病人治病，在执行仪式时还不断吟咏所有她曾经师从的巫师和梦中指导师的名字，召唤他们来帮助她，给她强大的法力让她能够把致病物从病人身体内取出。其后巫医念咒语祷词把希望达成的治疗效果注入和转移到病人身上：

> 让你像月亮一样纯洁，永远不要再痛了。
>
> 像清晨的小鸟一样活泼。
>
> 让你的脚跳得像山羊一样高，跑得像山猪一样有力、像鹿一样轻快。
>
> 不管你的脚有多么痛，不管你的脚长满了脓，你都会被我的手治好。
>
> 你会像草一样绿，像树一样欣欣向荣。
>
> 治好吧！像清晨的微风一样舒畅。

巫医一直重复吟唱着类似的祷词，三四分钟后，她弯下身体从患者后腰上用嘴吸出致病物并拿给患者看，最后将其丢到公共垃圾箱中。叶舒宪先生对此这样总结，巫医的祈祷活动在仪式上发挥着重要的精神交流作用。与祖先－神

---

① 孟慧英：《寻找神秘的萨满世界》，群言出版社，2014年，第14—15页。
② 丁石庆、赛音塔娜编著：《达斡尔族萨满文化遗存调查》，民族出版社，2011年，第219—220页。

灵的沟通所获得的神力，当为治疗的根本性治疗力量。① 萨满巫师的幻象之旅常常以内心体验的形式进行，幻象中收获的神秘又神圣的神力实为内在与内心之力。这股治疗性的力量对于我们而言是如此陌生与神秘，属于意识心灵的另一侧，作为内在结构因素，独立且先于个人生活与个人心理因素，有时萨满巫师一类的治疗师又把它称为他者、外在的力量。外在的力量以治疗师为媒介，将治愈信息透过萨满巫师一类的治疗师，传达给被治愈者。印第安巫医黑麋鹿关于用幻象神力治疗曾经讲述过这样一段著名的话：

> 想必我先前已经告诉过你了，倘若没有，想必你也明白了，拥有幻象的人若想使用其中的力量，就要先将幻象展示给人们看……但直到我在嘿呦咖仪式中展示了狗之幻象之后，才拥有了巫医的力量，才开始为病人治疗，我用这股遍及全身的力量治好了许多人。当然，治好他们的并不是我，而是外在世界的力量，而那些幻象和仪式只是以我为一个洞，并通过这个洞将力量传给其他人而已。假如我以为这些事情都是我自己做的，那么这个洞就会关闭，力量就不会流经。如此一来，我所做的一切便都成了愚蠢的行为。②

印第安另一位著名的巫医熊心同样表达道，在治病过程中，自己只是作为协助者，而绝不是治疗者。治疗者只有一个，那就是造物主，又叫作"拥有全能的真神""高灵"等。巫医作为协助者，只是工具与途径，拥有治愈力的至高者透过他们来运作。③

鉴于神秘家和心理治疗师能够进入改变意识的状态去帮助他人、使用精神向导等，有人认为他们也是萨满。为了完成治疗任务，治疗师们常常与被治疗者合一，占有对方的心理史与情绪史，成为对方。治疗师的自我意识和记忆会消退，进入某种联结意识的空间，非人格的自我取而代之执行实际的治疗工作。此时，治疗师认为自己只是一种更大力量的载体，他们懂得站在一边，让更大的力量接手。下面是一位治疗师在治疗时的感受，与黑麋鹿表述无异：

> 我意识到一个不为我所控制的过程……我的意识控制权完全是旁落的，甚至我就像是站在一旁的旁观者。然后某种其他东西接手我的

---

① 叶舒宪：《文学人类学教程》，中国社会科学出版社，2010年，第229—230页。
② [美] 尼古拉斯·黑麋鹿口述，[美] 约翰·G. 内哈特记录：《黑麋鹿如是说》，龙彦译，九州出版社，2016年，第162页。
③ [美] 熊心、[美] 茉莉·拉肯：《风是我的母亲：一位印第安萨满巫医的传奇与智慧》，郑初英译，橡树林文化，2014年，第95—113页。

治疗工作……我不认为我除了坐着以外，还有什么可以做的。①

另外一位治疗师哈利·爱德华兹描述道：

> 也许可以将这个改变（不适当地）描述为治疗师感到有什么落了下来，就像一片窗帘突然遮蔽了他平常警觉的心灵。在他的身体里，他感受到一种崭新的人格，而这个新人格让他被自信与力量所充满。
>
> ……
>
> （进行治疗时）治疗师也许只会迷迷糊糊意识到四周的动静。如果你问他一个有关病人病况的问题，他不费吹灰之力就可以回答，换言之，那个答案是他那个知多识广的新人格提供给他的。治疗师只是"收听者"，他已经让自己的"肉体自我"臣服于"灵魂自我"，而活着在当时成了指导者控制下的更高自我。②

这就有点像马云在《开讲啦》节目中对财富的描述。当被提问到是否愿意把他现在所拥有的财富与一个小伙子的青春进行交换时，他这样回答："财富有什么用，财富没有可以再挣，青春过去就不会再回来。其实钱有什么用，又不是你的。像我们这种财富，是社会委托我们把这个财富经营得更好而已，如果你认为这钱是你的时候，倒霉就开始了，所以我当然愿意换，只是他会后悔。"

虽然马云此番言论一出，立刻受到很多人的酸味品评，却也打开一个窗口让我们从侧面形象了解他者的形象，即这股治愈之力就像财富，来自更大的他者，暂借于己，只应用于救人行善。如果认为此治愈之力为我所独有，滥用且心生贪婪，那么这股力量就会如同钱财一样，终不长久，甚者会给暂借者带来不幸。如果说萨满巫师是能够随意转换意识状态，掌握、运用内在资源的人，那么有个悖论的前提便是，他们先要学会谦虚、空明、无我，向内在力量表示臣服，作为空的容器承载力量。于此，内在力量才会透过巫师来显示奇迹。

行笔至此，我们看到，此语境中的治愈信息是萨满巫师运用来自他们潜意识状态中的幻象之力为患者治疗，问题是，这股来自治疗者的幻象之力是如何传达给患者的呢？西藏医心术对此有一个略短的说明。其观点认为，通过他人进行治疗之所以成为可能是因为人体内的治愈能量并不是与外界隔绝的，而是能够与他人相互交流、相互影响的，其间有加持力和治疗能量的转移过程，并

---

① 转引自［美］琳内·麦克塔格特：《念力的秘密：释放你的内在力量》，梁永安译，中国青年出版社，2016年，第80页。

② 转引自［美］琳内·麦克塔格特：《念力的秘密：释放你的内在力量》，梁永安译，中国青年出版社，2016年，第83页。

通常选择观想光作为传递媒介。① 芬兰北部的萨满治疗师阿尔米（Armi）也明确表示，打鼓出神是意识高度集中状态，类似于冥想，也是能量聚集的状态。治疗时，便将自己的能量传给病人。

此外，癌症专家暨心理学家劳伦斯·李山医生通过研究心理治疗师的工作后发现，治疗师在与被治愈者相互连接的过程中，不仅治疗师被连接到了所谓的绝对存在，被治愈者也被连接到了绝对存在，在某一特殊的瞬间他们知道自己属于宇宙之源的一部分。这把被治愈者放置在一个不同的位置：他回到了宇宙之家，不再与之分离。此时，被治愈者的"存在感""独特性"，以及随之得到提升的个体感被完全包裹在宇宙之中。李山医生指出，在这种情况下，有时候会发生积极的生物学上的变化。② 这也就意味着，关于治疗师将患者治愈成功的原因，不仅有体内治疗能量交流、影响一说，亦可能存在，在治疗师的某种带动下，患者也开启自身内心治愈性力量的假设。

对这一观点阐述得更具体的是鲁宓先生，他认同心理学家阿贝托·维洛多对萨满巫师治愈原理的阐述。阿贝托·维洛多认为，萨满巫师的治愈能力在于创造出内在的神圣空间，让被治愈者在其中体验到无限，利用空间内的能量、灵等治愈自己。鲁宓先生对此接着展开论述，他认为萨满巫师是具有足够能量的人，能够在不同的意识与知觉状态中创造出一个与正常时空不同的时空，即我们说的内在神圣空间。这个时空有如泡泡般存在于我们的日常现实中，但有不同的法则，以至于我们看上去它们就像奇迹。比如，行走于水上或者为人治病等。而凡是能够感应到这些奇迹的对象，自身的时空意识也必须受到改变。鲁宓先生写道：

> 施展特异功能的人与感受特异功能的人，都必须是"参与者"才行，也就是说，都必须发生意识与知觉状态的转化，才能进入神圣空间。因此，神圣空间只有参与者，没有旁观者。③

从上述表述可知，在能量充沛之人所创造的神圣空间内，萨满巫师与患者一起进入转换意识当中来，接受来自内在神圣空间的治愈。可是这里仍有一个漏洞，那就是，治疗师们的神圣意识状态是如何转化患者的意识，进而进入内

---

① 诺布旺典、宇妥·元丹贡布：《图解西藏医心术》，陕西师范大学出版社，2009年，第217页。
② Jeanne Achterberg, *Imagery in Healing: Shamanism and Modern Medicine*, Boston: Shambhala Publications, Inc, 1985, p.26.
③ 鲁宓：《体验巫术智慧》，见〔美〕阿贝托·维洛多：《印加能量疗法——一位心理学家的萨满学习之旅》，许桂绵译，生命潜能文化事业有限公司，2008年，第V页。

在的治愈空间呢？不排除患者在萨满巫师作法仪式氛围中，受其感染，主动认同其中的神话元素，以至转换意识状态使自己也成为一个"小萨满"，由旁观者换位成参与者，与萨满巫师一同进入神圣空间接受治疗的可能性。[1] 且萨满仪式场合，本身就是一种集体参与性活动。仪式期间，萨满通常需要助手的帮助，同时希望观众能以吟咏或者跟唱副歌的方式加入进来。因此，萨满的仪式技巧往往是由萨满领导的群体共同完成的。[2] 这极有可能导致参与者也转换至与萨满一样的出神状态。或者，治疗师转移的治疗能量，亦有助于患者转换自身的意识状态。[3] 那么，患者便接受来自转移的治疗能量与患者转换意识状态后自己所接触到的内在治疗能量的双重治疗。

此外，超个人心理学家布兰特·寇特莱特还表达了另一种观点。布兰特·寇特莱特认为意识是会感染的，它被视为影响力和相互激荡的场域。灵性治疗师意识的作用就好像一种细微的能量场，有助于来访者进入深层的存在经验，为来访者内在的展现提供了催化剂。[4] 相关的例子散见于宗教传统的描述，即每当有灵性导师在场时，他们的存在都会有助于他者接触灵性的范畴，更易感知神圣。在一些苏菲兄弟会仪式中，仪式的参与者先挨个触膝坐下，精神导师（ishan，依禅）坐在中心。当依禅跪向每个参与者，直视他们的眼睛时，每个内行人都进入不可思议的抽搐状态，内行人通过剧烈的身体运动和大声喊叫表达他们的灵性，已超越理性的边界。当这种出神状态达到高潮时，所有参与者得站起身，形成一个粗重呼吸的群体，原地跺脚并向同一个方向移动。[5] 2020年8月初，在达斡尔族斡米南仪式萨满降神环节，笔者观察到，萨满助手巴格奇，突然也被附体出神。且近距离接触萨满降神现场、属于敏感型的参观者，也表示心理与脑袋强烈的不适，常见的症状为胸口闷堵、脑袋一点点发麻等。直到远离降神场域，他们的不适感才渐渐消失。一位知情人介绍，萨满降神仪式中，

---

[1] [德] 霍尔格·卡尔维特：《体验萨满交响曲并对其进行理解》，见 [加] 杰里米·纳尔贝、[英] 弗朗西斯·赫胥黎主编：《穿越时光的萨满：通往知识的五百年之旅》，苑杰译，社会科学文献出版社，2017年，第148页。

[2] 参见 [英] 罗纳德·赫顿：《巫师：一部恐惧史》，赵凯、汪纯译，广西师范大学出版社，2020年，第130—131页。

[3] 卡斯塔尼达就曾描述，有一次他之所以能够进入强化意识状态，是因为巫师唐望将能量借给了他。参见 [美] 卡洛斯·卡斯塔尼达：《寂静的知识》，鲁宓译，内蒙古人民出版社，1998年，第81页。

[4] [美] 布兰特·寇特莱特：《超个人心理学》，易之新译，上海社会科学院出版社，2014年，第51、235页。

[5] [波] 安杰伊·罗兹瓦多夫斯基：《穿越时光的符号：中亚岩画解读》，肖小勇译，商务印书馆，2019年，第110—111页。

除了萨满助手，普通个体也会出现突然被附体的状况。被附体时，普通个体会突然大喊一声晕倒下去，以示进入超意识状态。有些个体不想被附体，就会经常做出甩出去的动作。仪式参与者被附体到什么程度才能有被治愈的效果，还很难判断。但是这也足以说明，萨满的意识状态，所形成的能量场，感染了参与者，使其也不自觉发生意识的转换。而这即意味着，参与者有进入内在空间进行神圣治愈的可能性。芭芭拉·汉娜也这样描述，凡近距离接触荣格者，无一不为荣格散发出来的完整性所治愈。① 还有令人吃惊的超觉静坐所发挥的远距作用，即当静坐团体达到足够人数时，就好像共鸣效应一样，其能量得到进一步交流，从而能够影响没有静坐的人和整体社会，对社会问题产生有益的影响，包括降低犯罪率、暴力致死、交通意外、恐怖主义等；当某个团体在中东静坐时，甚至可降低黎巴嫩冲突的强度。② 当然，这些都需要进一步讨论和澄清。

因此，对于利用内在灵力进行治愈的超个人治疗来说，灵性治疗师自身的意识状态是治愈的核心因素，它亦决定着患者进入内在神圣空间的程度进而影响治愈，这也是我们评价真假治疗师的一个标准。如果我们再进一步推测，这股潜意识内心之力，其实不分你我，如苏轼所言的清风与明月，耳得之而为风，目遇之则成色，取之不尽用之不竭，是造物者之无尽藏矣，而吾与子之所共适，凡进入者都可平等享用，那么，对于我们理解以上种种观点皆有助益。

世界各地不同的文化中，都发展出相似的萨满治疗方法，即在意识转换过程中，运用内在的心灵之力进行治愈。在哈纳看来，这恰是因为，在缺乏现代医疗科技的情况下，所谓的原始部落，以萨满为代表，被迫发展心智，以达到人类心智可达到的最高能力，来协助治疗，维护健康。萨满的运作方式在本质上展现的一致性恰巧说明了，各地的人们在经历了多种尝试之后，都得到了相同的结论，即心智与心灵治愈的某种有效性。已有医学证据表明，在意识转换的状态下，心智能够透过下视丘促进身体免疫系统的运作，进而增进健康。③

需要注意的是，即便灵性治疗有如此看似不可思议的表现，这些萨满治疗师也认为，运用灵性治疗未必立刻就药到病除。他们同样相信西方医生所做的

---

① [英] 芭芭拉·汉娜：《荣格的生活与工作：传记体回忆录》，李亦雄译，东方出版社，1998年，第254页。
② [美] 罗杰·沃什：《静坐研究：艺术的状态》，见 [美] 沃什、[美] 方恩主编：《超越自我之道》，胡因梦、易之译，中华工商联合出版社，2013年，导论第72页。
③ [美] 麦可·哈纳：《萨满之路：进入意识的时空旅行，迎接全新的身心转化》，达娃译，新星球出版社，2014年，第28、100、242页。

辅助治疗，并承认就像有西医治不好的病一样，也有依据灵性治不好的病。在原住民的社会中，几乎所有的成人都知道当地基本的植物处方。萨满并不试图取代诸如西医一类的治疗系统，他们多数看的是西医看不好的阴病一类，并在灵性层面上予以辅助。[1]

三、小结

应当看到，借用荣格理论及新兴的超个人心理学对神话治疗原理进行探讨仅仅是为神话治疗原理的多重说法再提供一个注解，而不是将其奥秘全部解答。鉴于神话治疗原理及相关心理学的神秘性，在两者相互配合进行解答时，里面的疑惑甚至与答案一样多，比如，神话故事与神话人物、神话图像作为原型的现象，是如何做到同意而语，在不同的语境下激活内心的治愈力的；在巫医萨满主动为病人治愈时，依靠的是巫师心理能量的转移，还是在萨满巫师的意识带动下，推助病人同他们自己一起进入潜意识的神圣领域进行治愈，抑或是二者皆有……单单利用这一理论进行解答，里面就存在着数种不同的声音，可见回答这一问题之艰辛。但是这仍是值得我们抱着试错的态度进行探索的最有价值的问题之一。越是从更多不同的角度对神话治愈提供注解，我们对它的了解才能更全面，而不是仅仅视之为迷信和神秘而置之不理。尽管在为它提供注脚时还存在着大大小小的问题，但无疑那些问题也闪耀着迷人的光彩。

第三节 作为文化资源的虚构型神话的治愈力

做学术有一个很好玩的地方便是在最根本的程度上，它允许出现质疑的声音，经常做的假设是"如果不是这样又是什么样的"。这个"不是这样"与之前的观点或是并列、补充，或是排斥。不同的学术观点就此展开论战、交锋，一番斡旋后，有时有拨开云雾见太阳的收获，也有只见树木不见森林的纠缠。如果我们承认不同的视角有不同的真相，所谓的学术观点往往就某一视角或者以几个视角为主建立自己的理论体系，那么再添一味观点总归是好事。只要有理有据，它就打开了让我们了解真相的另一扇窗户，只有允许更多视角的出现（前提是对相关视角的深刻精通），在百花齐放百家争鸣的状态中才能还原一个更加客观的真相。但学术界的现实常常是，那些持不同学术观点的人如同武侠

---

[1]［美］麦可·哈纳：《萨满与另一个世界的相遇：从洞穴进入宇宙的意识旅程》，达娃译，新星球出版社，2016年，第234页。

小说中壁垒森严的门派，以为自己的武功门派为天下第一，以相互攻击、互看不上为主，鲜能做到包容、合作与惺惺相惜。骄傲、权力与话语霸权也渐渐渗透到了最为自由平等的学术领域。然而真正做出学术成绩之人，岂怕学术界权威的打压，他们以探索的真相为依据，不断突破前人，甚至突破自己，荣格便是活生生的例子。弗洛伊德的著作刚刚问世之际，遭到当时权威学术界的一致排斥。因为对"情结"的看法相一致，荣格冒着可能会牺牲良好学术生涯的危险，对视之为异端的弗洛伊德的观点一路相护相随，他写道："要是弗洛伊德所说的是真理，我就会站到他一边。要是学术必须基于限制探索及取消真理这个前提，对于这种学术我将弃如敝屣。"① 而当弗洛伊德的学术成绩已然被奉为圭臬，成为主流，为所有人追随时，荣格因不满于弗洛伊德的个人无意识与性欲说，主动放弃弗洛伊德继承人的位置，提出更为广阔的潜意识概念。他表述道：

    在我脑海里，实际上我对于当某个党派的领袖毫无兴趣，也不想使思想背上这个包袱。第一，这种事情不合我的天性；第二，我不想牺牲我思想的独立性；第三，这样的荣耀是很不为我所欢迎的，因为这只会使我偏离开我的真正目的。我关心的是探索真理，而不是个人威望的问题。②

于是，荣格失去了与弗洛伊德的友谊，让自己再次成为学术异端，走了一条必须属于自己的路。而在自己的学术体系内，荣格又几番质疑，把玩自己所提出的学术观点。比如到底是我们投射了潜意识幻象还是潜意识幻象投射了我们。在以上的种种争论中，塑造神话的力量都是相对真实的，只不过对于心理真实的源头性与投射流程还存在着些许的揣测。

体验型神话存在来自原型的治愈功能，在一些学者看来虚构型神话观亦存在治愈力。之所以出现不同版本的神话治愈说，很大程度上与各自的讲述者有关。有关体验型神话真实治愈力的讲述者与支持者，大部分来自原住民，而虚构型神话治愈力的叙说者与阐释者，则大部分来自研究原住民文化的学院派。学院派将超自然力是否真实这一问题悬置起来，并常主观判断其为假，转而从功能与意义的角度阐释神话与超自然力的治愈原因。人们常拿虚构型神话的治愈力与盐做比较。盐虽然是我们味蕾中的一种幻觉，但它依然有利于我们的健康。神话的治愈力就在这两种截然不同的神话观中呈现出不同的面貌，彼此作

---

① [瑞士] 荣格：《荣格自传：回忆·梦·思考》，刘国彬、杨德友译，译林出版社，2014年，第160页。
② [瑞士] 荣格：《荣格自传：回忆·梦·思考》，刘国彬、杨德友译，译林出版社，2014年，第170页。

为另一方观点的补充。其实关于治愈性，虚构型神话与体验型神话的论据经常重合，它们多数只是从不同的角度对相同的证据加以阐发。比如关于想象的力量、安慰剂效应等，体验型神话认为这来自心灵中原型的力量，而虚构型神话认为这只是在信的作用下，心灵对虚构性故事产生的化学反应。关于心灵的定义在不同的视域有着五花八门的差异，这就意味着想要彻底厘清神话的治愈力来源绝非易事。总体而言，有一个主要指标可作为区分二者的标准，即所谓的来自心灵的治愈力到底是来自上帝，还是信仰上帝所带来的整体性变化，它们各自所属的心灵区域是完成重合、略有交叉还是各自为政。显然，看待神话的不同方式对此有着截然不同的看法，体验型神话认为是上帝，虚构型神话则偏向于信。如果考虑到体验型神话不管有没有来自内心原型的治愈性力量，对信仰它的信众而言却是真实的，那么原型性神话的治愈力则包含着信仰与原型共同的贡献，到底是信仰还是原型在发挥治疗作用更不好妄言。总之，无论是虚构性神话还是原型性的神话，信仰所引发的心灵乃至身体状态的改变，其作为治愈力在不同类型的神话治疗中都占据着不同的比重，发挥作用。接下来让我们过渡到虚构性神话的治愈力研究。

虚构性神话与宗教，作为现实化的表意系统，是文化体系重要且独特的组成部分。我们之前简单介绍过虚构性神话的由来，即它是为人所创造，并为人所用，以缓解社会环境压力。在此之中，基因与文化相互融合、促进，既塑造了现代人类，又改变了其所处的社会环境，现代人类成为唯一由文化符号所滋养的物种，凭此称霸于世。

既然作为文化系统的一部分，神话与宗教就不太会是属于个人的独属物，而是整个部落、国家共同承认的信念与世界观，由整个共同体所需要，表达了每个人的普遍愿望。而虚构性神话的治愈力即在于作为共同信仰的文化传统，由其乐观的文化叙事所塑造的文化期望与相应社会心理，对疾病的恢复产生积极的影响，使得患者产生积极的生理变化。在这一方面，医学人类学有广泛的论述。

一、医学人类学的疾病治愈观

医学人类学认为，疾病是被文化建构的，充满着意义。面对着疾病及其相关治疗时，人们并不是按其所是地去对待，而是由文化建构的世界观先入为主地去认知并采取相应的行动。疾病与治疗便成为人们依据文化法则创造的符号形式，是人们的理解之物。医学人类学家阿瑟·克莱曼就用"疾痛"（illness）

一词来专指受文化影响的病症。① 文化建构的意义一般围绕人类自己展开，解答的是高更所提出的永恒的问题，即"我们从哪里来，我们是谁，我们到哪里去"。换成疾病的主题，在人的能动性下则变为"疾病的原因是什么，疾病的目的是什么，如何解决这个疾病"等，通过文化语境所提供的一套可理解叙事符号（其中包含着意义），疾病受到文化象征性的控制。人类学者常常关注的便是"在不同文化群体中，人们如何创作自己的疾病故事，如何通过自己相信或能够想象的疾病理论来说明疾病，摆脱困扰，减少它所带来的威胁和损害"。② 因此，疾病很少是单纯的生物性疾病，治疗也很少是生物性的治疗，而是经由文化与意识形态的内化，成为连接身体、自我与社会文化的具体展现。③ 既然身体疾病与治疗由文化编码，那么它们便是受文化影响的有意义的事件，文化所建构的关于疾病的意义可能会减轻身体疾病，也可能加重。有证据显示，疾病会受到文化意义所塑造的文化期望与相应社会心理的影响。一般来说，积极的文化期望与信念，乐观的心理因素与良好的社会关系会减轻疾病，反之则会加重。④ 在一些学者看来，文化所铸的期望已经深深熔铸于我们的血脉，以至于就像病原体一样，成为生理功能的一部分，拥有生理效果，可以实现或阻碍治疗。流行病学家罗伯特·汉讲道："期望并不仅仅是一些关于未来事件的逻辑命题；它们是物理性地存在于人脑中的，因此，是与能够影响到生理功能的神经传感器和/或荷尔蒙联系在一起的。期望是把我们的文化与我们的身体连接起来的桥梁。"⑤ "人类社会、人际关系以及文化信仰并不单纯只是在我们之外，作为我们周边的环境而存在，而是蕴涵于我们的骨骼和生理中的（Hahn and Kleinman, 1983b）。存在着一种信仰与人际关系的生理学。类似地，社会文化现象表明身体实际上是浸润着意识的，它的移动与功能都不仅仅因为生理原因，同样也因于文化和

---

① [美] 阿瑟·克莱曼：《疾痛的故事：苦难、治愈与人的境况》，方筱丽译，上海译文出版社，2010年，第2页。
② [美] 帕特林夏·盖斯特·马丁、[美] 艾琳·柏林·雷、[美] 芭芭拉·F. 沙夫：《健康传播：个人、文化与政治的综合视角》，龚文庠、李利群译，北京大学出版社，2006年，第81页；孟慧英、吴凤玲：《人类学视野中的萨满医疗研究》，社会科学文献出版社，2015年，第12页。
③ [美] 阿瑟·克莱曼：《疾痛的故事：苦难、治愈与人的境况》，方筱丽译，上海译文出版社，2010年，第3页。
④ [美] 阿瑟·克莱曼：《疾痛的故事：苦难、治愈与人的境况》，方筱丽译，上海译文出版社，2010年，第2页；[美] 罗伯特·汉：《疾病与治疗：人类学怎么看》，禾木译，东方出版中心，2010年，第112—113页。
⑤ [美] 罗伯特·汉：《疾病与治疗：人类学怎么看》，禾木译，东方出版中心，2010年，第108—109页。

社会动力。"[1]本森与斯塔克医生也指出:"人的身体并不笨,它确实具备将心灵信念转为生理指引的天性。"[2]

　　文化建构了其社会成员思考和感受疾病的方式,疾病往往因人、因时、因文化而出现差异。比如现代人视精神病为生物性的神经错乱,将病人送到精神病院,传统部落的人则视之为成为巫医的神圣显召。在中国人看来,手淫或者太过频繁的性生活会导致精液的大量流失,而精液里包含了精,即气的精华,精液流失就是元气的流失,为健康大忌。但在西方社会,夜遗或者其他形式的精液的流失被认为对身体并无大碍。更年期疾病是向年老与性无能转折的可怕标志,在崇尚青春、性吸引力的社会里,它成为中产阶级白人女性需要治疗的心结,但是绝大多数其他文化的妇女通常都能顺利地渡过绝经期,鲜有严重的症状。在某些非洲传统社会,狩猎不成功,人们就觉得他有病,需要治疗,而在其他社会这显然构不成疾病。

　　人们对于像疼痛这种普通疾病的感知亦受到社会文化的影响,各个族裔的文化传统不同,族裔特质会影响认知,因而也就影响疼痛的强弱程度。比如,老美国人(定义为英国裔的清教徒)有种轻描淡写、就事论事、方便医生做事的倾向;犹太人对疼痛可能代表的意义表示忧心,不相信有药物能让它缓解;意大利对疼痛的解除分外渴望;爱尔兰人会压抑自己不露出痛苦的表情以及对疼痛背后原因的疑虑。有学者设计实验,找来60位分别代表四类族裔的女性,对她们的额头施以电击,以测试她们的知觉和忍受疼痛的能力。结果显示,四类族裔对疼痛的感知与他们各自的文化倾向相一致:意大利人最不能忍受疼痛;犹太裔的受试者对疼痛几乎同样敏感,但比较在意疼痛将会有什么副作用、电击会对自己有什么影响;爱尔兰人对此表示出担心最坏结果的同时咬紧牙关;老美国人就比较从容,有种顺其自然的态度。这些研究揭示出社会传统与疼痛认知及真实疼痛的关系,即社会传统不同,进而导致关于疼痛的不同认知,而不同的认知又会进一步转化为各自文化传统下人们对疼痛的真实感受。本森与斯塔克医生对此总结说:"你的认知,也就是你'脑海中'所有印象的总体,即是真实。认知能导致真实的结果,因此你的疼痛不能单单归因于关节发炎或下背部扭伤。林林总总的影响力,包括你所属族群的传统和文化,都必须纳入考

---

[1] [美]罗伯特·汉:《疾病与治疗:人类学怎么看》,禾木译,东方出版中心,2010年,第118页。
[2] [美]本森、[美]斯塔克:《心灵的疗愈力量》,平郁译,机械工业出版社,2015年,第7页。

虑。"① 疾病的判断标准与感知能力尚且如此，那么围绕着疾病的关键性的治疗，更是由文化所限定。

阿瑟·克莱曼经过相关研究这样论述，每个人的人体本身与我们拥有（感知或感受）的身体是分离的，根据这种二元的认识论，病人既可以被说成是患病的身体，也可以说是他有这个病体，进而可以像旁观者一样看待这个患病的身体，超然于疾痛之外，甚至可以疏远它。以此为基础，他进一步阐发，认为作为经验本身的实际感受与和这种经验产生关系的作为旁观的自我，也即，作为病态直接体现的生理病变与作为人类的间接经验，便是文化注入意义的地方。身体和自我之间有宗教、道德或者精神等文化标志作为中介，两者之间充满着互惠的关系。在传统社会里，人们通过共同的道德和宗教观念对待疾病和人生危机，为疾痛的故事提供理论框架，将个人的痛苦转变为当地群体认可的象征形式，可以使得焦虑的情绪控制在现存制度的控制下，并以终极的意义之网将威胁捆住。② 而神话与宗教往往用文化建构的、人人可理解的、相对简单的已知故事来解释、减少诸如疾病之类的未知与复杂情形，并以胜利与乐观的基调，想象与象征性地将其克服，以满足人们的认知，抵御困扰人类的那种强烈的、潜在的焦虑。据说，这具有促进生理治疗的作用，与安慰剂治疗原理一致。这一文化意义为生活在其氛围中的患者提供积极的期望、信念、心理等。其积极的心灵调整甚至在一定程度上可使患者产生正面的生理变化。

现代医学为生物医学（Biomedicine），遵循病理学与治疗学的原则，以医生为主导，把疾病定义为"仅仅是一种生物结构或者生理功能的变异"③，或者"正常生理功能在细胞、生物化学、物理层面上的失常"④。其试图用"硬科学"的科技手段完全控制病症，在病理研究上以观察到越来越小的人体单位来计量自己取得的进步，重视以视觉来认识与判别疾病，认为可以通过仪器的检测、手术等方式看见疾病的真相，再把病灶去除。生物医学固然有它的优势，但存在的一个显著弱点，即无法解释为何同样暴露于致病因素和相同环境的不同个体，有的会生病，有的会安然无恙。在一些身心医学看来，这是因为生物医学

---

① [美] 本森、[美] 斯塔克：《心灵的疗愈力量》，平郁译，机械工业出版社，2015年，第37页。
② [美] 阿瑟·克莱曼：《疾痛的故事：苦难、治愈与人的境况》，方筱丽译，上海译文出版社，2010年，第28—30页。
③ [美] 阿瑟·克莱曼：《疾痛的故事：苦难、治愈与人的境况》，方筱丽译，上海译文出版社，2010年，第4页。
④ [美] 罗伯特·汉：《疾病与治疗：人类学怎么看》，禾木译，东方出版中心，2010年，第341页。

忽视了意义对疾病的建构,低估了可称为"软科学"的社会心理因素对疾病的作用,这样就使得疾病得不到全方位的诊断与治疗。大多数精神病学家、心理学家、生物学家现在已经开始设想几乎所有的疾病,甚至无一例外,都能成为身心疾病。也就是说,探索任何疾病的起因如果达到足够的深度和远度,将不可避免地发现有关心理内部的、个人内部的和社会变量会成为其决定因素。比如,在研究肺结核的过程中,人们发现贫困也是一个因素。甚至于骨折也有心理因素的影响。①

阿瑟·克莱曼主张在基础医疗体系中,内涵更广阔的生物—心理—社会医学模式必须得到发展与推广,以对应疾病的多维度,即身体—自我—社会。② 本森与斯塔克医生也认为理想的医药模式有三大板块,分别为药物施用、手术治疗及与促进疗愈的内在信念相关的自我照顾。现如今医学界几乎全部仰仗前两大板块,而对人人皆可唾手可得的信念治愈却被拒之门外,导致治疗失衡。③ 而这与西方哲学传统不无相关,早在柏拉图时代的西方哲学传统就有物质与心灵截然而分的倾向,这种倾向经笛卡尔的理性主义哲学思想的渲染,被推向高潮。身体治疗与心理治疗全然分开,在尚物的整体文化氛围中,甚至连心理诊疗也要依照身体治疗的标准进行诊断。然而信念所引发的心理变化确实能影响到身体,无论正向期待与信念是出自患者、医生抑或是医患双方,它们都会具有难以抵挡的治愈力量。④ 研究显示,不管手术做得有多精确,只要患者的医生乐观积极、深具信心、平易近人,患者就会恢复得比较快。⑤ 因此积极正面、支持鼓励的态度显然是医生精湛医术的一个表现。我国的王辰院士在《开讲啦》这个节目中也表示,医生看病自古以来有三个法宝,分别是语言、药物、刀械。这也说明,医生的语言态度影响到病患对治愈信念的看法,此治愈信念进而又影响到疾病的恢复。因此,医生的语言、药物与刀械共同构成医生治病的三大法宝。在谈到社会语言学和医学的关系时,社会语言学家也指出:"病人一旦对医

---

① [美] 亚伯拉罕·马斯洛:《人性能达到的境界》,曹晓慧、张向军译,世界图书出版有限公司北京分公司,2018 年,第 24 页。
② [美] 阿瑟·克莱曼:《疾痛的故事:苦难、治愈与人的境况》,方筱丽译,上海译文出版社,2010 年,第 4 页。
③ [美] 本森、[美] 斯塔克:《心灵的疗愈力量》,平郁译,机械工业出版社,2015 年,第 9—10 页。
④ [美] 本森、[美] 斯塔克:《心灵的疗愈力量》,平郁译,机械工业出版社,2015 年,第 16 页。
⑤ [美] 本森、[美] 斯塔克:《心灵的疗愈力量》,平郁译,机械工业出版社,2015 年,第 21 页。

生建立了信任感和信心，其力量可以超过医术。"① 于是，当今的西方文化中掀起重新审视西方二分法的声音，批判笛卡尔的主客二分哲学观，安东尼奥·达马西奥是大脑研究的先驱者，在其著作《笛卡尔的错》中就曾写道：

> 这是笛卡尔的错：把身体和心灵一刀两断；把大小相当、按规格切割、机械式操作、可无限分割的生理物质和那些无法测量大小、无法按规格切割、不能拉也不能推、无法分割的心灵事物区分开来；言下之意是说，推理能力、道德判断、来自生理疼痛的折磨煎熬或感情起伏是可以独立身体之外而存在的。说得明确些，就是把最精微的心理运作和生理机制的构造和运作分隔开来。②

在针对精神疾病治疗的情形中，侧重于心理建设的传统非西方医学方法甚至比生物医学更有效。人们在尼日利亚所做的工作就显示，当对两组心理疾病患者进行不同方法的治疗时，接受巫医治疗的患者的恢复情况比用西医治疗的患者要好得多。③ 当然，将包含积极信念等因素的社会文化扩展为治愈单元的一部分，绝非有贬低生物医学在治病救人中发挥的作用、取代生物医学在治病救人中的地位之意。关乎治愈，社会文化的影响力与生物医学并不是相互排斥，而是相互补充。这也正是当下新兴行为医学、整合医学、身心医学、参与性医学的诉求与宗旨，它们以整体性与相互联通性为原则，不再把健康视为彼此独立的身体状况或心理状态，而是认为工作模式、生活方式、思考和感受到的模式、环境因素等，所有的这些相互作用，共同影响健康。于是开始关注身体、思想和行为之间的相互作用，从而理解疾病并付诸努力去治疗疾病。④

接下来我们就具体到神话信仰的语境及相关阐述中，看看它们作为文化符号如何影响疾病。

二、 神话仪式治愈功能的医学人类学解释

神话是一切文化必要的成分之一，它将传统追溯到荒古更高、更美、更超自然的实体上去使它更有力量。神话是道德的榜样，是社会特许状，没有神话，

---

① 转引自徐大明、陶红、谢天蔚：《当代社会语言学》，中国社会科学出版社，1997年，第240页。
② 转引自［美］本森、［美］斯塔克：《心灵的疗愈力量》，平郁译，机械工业出版社，2015年，第47页。
③ ［英］安东尼·史蒂文斯：《两百万岁的自性》，杨韶刚译，北京师范大学出版社，2014年，第122页。
④ ［美］乔恩·卡巴金：《多舛的生命：正念疗愈帮你抚平压力、疼痛和创伤》，童慧琦、高旭滨译，机械工业出版社，2018年，第152—153页。

原始人不会像他已经做得那样战胜实际困难。马林诺夫斯基认为在部落社会里面最规范、最发达的神话乃是巫术神话：

> 巫术就这样供给原始人一些现成的仪式行为与信仰，一件具体而实用的心里工具，使人渡过一切重要业务或迫急关头所有的危险缺口。巫术使人能够进行重要的事功而有自信力，使人保持平衡的态度与精神的统一——不管是在盛怒之下，是在怨恨难当，是在情迷颠倒，是在念灰思焦等待状态下。巫术底功能在使人底乐观仪式化，提高希望胜过恐惧的信仰。巫术表现给人的更大价值，是自信力胜过犹豫的价值，有恒胜过动摇的价值，乐观胜过悲观的价值……我想，我们必在巫术里面看见具体化了的痴情希望——愚不可及的崇高希望，现在依然还算最好的修养品格的训练所的愚不可及的崇高希望。①

其实，巫术也好，神话也好，宗教也好，它们虽然千差万别，但有一个不断重复的基调，那便是对生命的渴望，万物求生存的动力就隐藏在宗教的密码中，它们共同表达了对永恒生命的设想。如果现实情况险峻，生存艰难，宗教便求助于超经验之物，恢复平衡。虽然宗教有时可看作妄想症，它却也在精神现象的助力中，为人们提供了在极端处境和无助之时生存下来的可能性，相比之下，无宗教支撑的人在同样的情况下更容易崩溃并放弃。② 查尔斯·莱恩·韦恩韦弗阐释道，大多数传统的宗教世界观是公然的"自私自利"（selfserving）或者是"以自我为中心"（selfcentered）。其后常表达的内容为：我们部落是优秀的，在神的保护之下，归属于我们信仰的人会上天堂，其他部落则受到神的遗弃。这些信念是"有用的谎言"，因为"那些认为自己是地球上最优秀的人、受到神青睐的群体，一定具有适应能力上的优势"。传统信仰中的人们并不在乎这些信仰是不是真实的，而是确信选择相信它比那些不相信它的人们更容易生存。像所有的器官一样，大脑进化是为了帮助我们生存，它们已经进化到以一种有用的方式看待这个世界。如果真实的想法有用，那么拥有这些真实想法的大脑将被选择。如果虚构的想法有用，那么拥有这些虚构想法的大脑将被选择，

---

① [英]马林诺夫斯基：《巫术科学宗教与神话》，李安宅译，上海社会科学院出版社，2016年，第111—112页。
② [德]瓦尔特·伯克特：《神圣的创造：神话的生物学踪迹》，赵周宽、田园译，陕西师范大学出版总社，2019年，第35—36页。

尽管它可能是错误的。这就是虚构型的宗教信仰至今在全世界盛行的原因。① 这些宗教基本上是乐观的,以帮助人们能够承受现实的失落。查尔斯·莱恩·韦恩韦弗具体描述道:

> 神话——就像罗素的"使人宽慰的信念"(cloud of comforting convictions)——支撑着我们。有时我们需要支撑。我们的肚子空空如也,我们婴儿与孩子的忍饥挨饿,我们的亲人死于瘟疫——就是在这样的条件下,我们狩猎与采集的祖先有了基于促进生存信念的世界观。如果我们太软弱或太气馁,如果我们的世界观在面对逆境时没有保持我们的勇气,我们的敌人就会感觉到我们脆弱并攻击我们。在一个神秘的、令人生畏和危险的世界里,欣慰是不能轻易忽视或忽略的。我在哪里可以吃到下一顿饭?我怎样才能收集到足够的资源来吸引配偶和繁殖后代呢?我们怎样才能让我们的孩子活下去?我们的大多数神话和道德都是为了帮助我们成功地回答这些问题而进化而来的——这些问题与大局、日心说或我们与猴子的进化关系等真理几乎毫无关系。②

从上我们了解到,神话是帮助我们以积极的信念应对生存困境的有力文化武器,借此人们才可能在艰难的生存条件下活下来。而困境中有一个很重要的组成部分便是疾病。

文化人类学者格尔茨认为,文化是超越肉体的信息资源,是控制行为的一套符号装置。在人的天生变化能力和人的实际逐步变化、在我们的身体所告诉我们的东西和我们必须知道以便去应用的东西之间,文化提供了连接。文化完善并纠正了现实,人们在文化模式指导下变成个体的人。③ 作为文化体系的宗教在纠正与完善现实方面,格尔茨以纳瓦霍人的演唱治疗仪式为例子进行说明。纳瓦霍人的唱可看作宗教心理剧,用来消除某种肉体或精神疾病,其中有三类主要角色:歌手或治疗者、病人、担任对唱的病人的家属或朋友。仪式主要分为三幕:一是病人与听众的净化;二是用反复吟唱和仪式表达让病人恢复正常的希望,唱词主要由祈祷短句组成,比如"病人可能要好转""我感觉完全好了"等;三是病人与神灵合一,并最终被治愈。

---

① Charles H. Lineweaver, "Cosmic Perspectives and Myths We Need to Survive", *Big History*, 2019, 3(3):85 – 91.
② Charles H. Lineweaver, "Cosmic Perspectives and Myths We Need to Survive", *Big History*, 2019, 3(3):83 – 84.
③ [美] 克利福德·格尔茨:《文化的解释》,韩莉译,译林出版社,2014 年,第 63—65 页。

格尔茨认为演唱仪式的支撑效果在于将人类苦难置于一个有意义的语境来处理。在其中，受难这个问题能够被表达，在表达之后得到理解，在理解之后变得可以忍耐，并将其与广泛的世界联系起来，使病人有足够的力量去抗击苦难。[1]从语境上看，这个"广泛的世界"指的是文化传统中所信仰的神灵世界，在那里希望不会落空，任何苦难都将被神灵治愈。文化完善并纠正现实还体现在丁卡人的献祭仪式中。每当乱伦行为发生，并成为社会污染时，丁卡人便举行献祭仪式，祭物从生殖器处被活活地纵剖成两半。这样一来，乱伦双方共有的血统就被象征性地取消，他们的罪行也得以消除。除此以外，丁卡人还有为健康、为和平举行的献祭仪式，企图用仪式控制事态并修正经历。玛丽·道格拉斯总结道："仪式的目的不在于欺骗神明，而是要重新阐明过去的经验。通过仪式和演说，过去的事情被重新陈述，以使本应该实现的现实战胜了那已经成为的现实，使永久的良好意愿战胜一时的反常。"[2]也就是说我们依靠漂亮的神话仪式模型，连接神圣，定格在不容辩解的始源性的过去，以修整、调节、指引随时失控的现实，使之从反常、无望、悲惨、污染的境地解脱，从意义中升华，带给人们必胜的信念，使人们相信已经得到原谅与拯救。

巴拿马共和国的库纳印第安人有专门治疗妇女难产的一套仪式唱词，由萨满对产妇吟唱。当地人们认为主管胎儿成形的神——魔巫（Muu）控制了产妇的灵魂蒲尔巴（purba）进而导致了妇女的难产，因此唱词为：人们拜访萨满，请求萨满的帮助，萨满来到妇女茅屋，做一些准备工作，比如用烧煳的可可豆熏烟、祈祷、制作叫作奴楚（nuchu）的圣像。这些能够产生效力的木雕圣像代表着护佑神灵，萨满拿它们当作助手，到超自然世界走了一趟，摧毁障碍，战胜猛兽，发起必胜的战争。最终，萨满及其保护神灵打败了魔巫及其女儿们，寻找到了丢失的灵魂。于是，战败的魔巫允许病人的灵魂露面，并将病人释放，分娩顺利完成。原住民产妇则伴随着认同唱词中的萨满，从而像萨满般战胜一次器质性失调疾病。列维-斯特劳斯对此分析道：

> 治疗术的本质在于使某一既定局面首先从情感方面变得能够被想象，使肉体难以忍受的痛苦变得可以被思想所接受。至于萨满的那一套幻象与客观现实是否一致反倒没什么要紧。因为病妇相信它，而且病妇属于信奉这套幻想的那个社会的成员。那些保佑人类的精灵和邪

---

[1]［美］克利福德·格尔茨：《文化的解释》，韩莉译，译林出版社，2014年，第128—129页。
[2]［英］道格拉斯：《洁净与危险》，黄剑波、柳博赟、卢忱译，民族出版社，2008年，第86页。

第四章 原型的治疗 | 281

恶的精灵、超自然的妖怪和魔兽都属于一个协调一致的体系,土著人在此基础上建立了他们对世界的看法。病妇接受了它们,或者更准确的说,她从来没有对它们产生过疑问。她所接受不了的是怪异的和强加给她的疼痛;这是她的体系当中的异己因素,同时也是萨满在幻想的帮助下重新置于一个协调一致的整体当中的因素。[1]

此套由神话词汇构成的世界观将难产所带来的无序与混乱在有利的方向上重新组织,使得产妇从内而外引起一种特别的经验,与宣泄效果无异。有意思的是,产妇一旦理解这套神话语汇,居然能够痊愈。然而,如果用分泌活动、细菌等生物学概念向其解释病因时,这种自愈的情形却从来没有在她们身上发生过。

美索不达米亚人非常重视魔鬼。他们认为魔鬼作为宇宙中固有的灵体本质上为邪恶,对人类怀有敌意并且造成永恒威胁。因此,他们认为魔鬼会不断攻击人,特别是当它们在家里时,所有物质屏障都挡不住它们。人类几乎所有的不幸,特别是疾病,都是魔鬼造成的,需要常规的和临时专设的仪式击退和驱赶它们。对付魔鬼的工作要交由一种被称为"阿西普"(ashipu)的祭司来完成,阿西普主要为私人客户工作,针对神祇、自然力量和魔鬼诵念祷词和举行仪式。仪式中会使用一种木质和黏土的塑像,它们或被埋藏在建筑物下面,保护建筑物和里面的居住者;或者象征着痛苦之源从而被毁坏,代表消除痛苦;或者被用来封存从病人身体里驱除出来的邪灵。[2]

人们经常以维克多·特纳所分析的恩登布人的伊哈姆巴(ihamba)治疗仪式作为经典的仪式治疗案例或引用或说明。"伊哈姆巴"这个词在恩登布语中指的是一位去世猎人的上门牙,为阴魂的显圣形式。伊哈姆巴有两种仪式用途:一方面,一颗伊哈姆巴可能被一名猎手继承,被用作符咒或护身符在狩猎中为他带来好运;另一方面,有些伊哈姆巴会潜入活人的身体,噬咬、困恼他们,引起剧烈的疼痛,并造成同时期村内所有的不幸。此时需要与阴魂打交道的年长的巫师通过拔罐、放血以及从病人身上拔出一颗牙来治疗疾病。一般来说,伊哈姆巴的噬咬,只会发生在与道德或习俗规范相忤逆的地方。因此,治疗当中的一个重要环节便是巫医把病人亲属召到临时搭建的猎人的祭坛前,诱使他

---

[1] [法]克洛德·列维-斯特劳斯:《结构人类学》(1),张祖建译,中国人民大学出版社,2006年,第209—210页。

[2] [英]罗纳德·赫顿:《巫师:一部恐惧史》,赵凯、汪纯译,广西师范大学出版社,2020年,第76页。

们说出心中对病人的怀恨和不满。病人也一样,如果他想要摆脱伊哈姆巴的噬咬,必须坦白他对全村人的不满。巫师会反复强调,除非全村人中所有心怀恶意者使自己的肝脏变白,才会让阴魂高兴,否则这颗牙齿不会让自己被逮住。恩登布人认为病人生病主要是一个信号,表明社群关系已有病变,巫医于是应用伊哈姆巴这种文化机制,通过自白、净化、向亡者祷告、放血、拔出牙齿和建立期望等手段将不满化为好意。①

除去其超自然表象,恩登布疗法能为西方的医疗实践提供很好的借鉴:如果那些处于他们的社会网络当中的人能够聚到一块来,公开坦言他们对病人的恶意,随后再听听病人诉说对他们的不满的话,深受精神病困扰的人们也许能够得到解脱。不过,可能也只有对这种行为的仪式惩罚和对巫医所具有的神秘力量的信仰才能够使人们如此谦卑,并促使他们向那受苦的"邻人"表示善意吧!②

从这则民族志事例中可以看到,以牙为具体显圣物的阴魂,不仅是疾病的原因,也是解决的办法。只有使得阴魂高兴,可与阴魂打交道的巫师才能逮住治病的阴魂的显圣物——牙齿。这一套仪式话语被编制在恩登布人的文化环境中,被恩登布人理解并一再实践,用以解决恩登布社会中的一些疾病与不幸。此外,也正是依靠对超自然力的信仰,才可以使村民谦卑地承认与坦露自己的埋怨,进而化解。也就是说,超自然信仰,不仅提供一个意义的语境,使人们象征性克服疾病,且在其中消融诽谤和嫉妒,改变人们的态度,疏解人们心中的精神困扰。鉴于许多疾病都是与自然、自我、社群等不和谐所导致的,当整个社群成为一个支持系统与治疗网络,由不和谐所导致的疾病很可能就能够得到治愈。

于是我们看到,即便执行巫术仪式的巫师们只是咿咿呀呀地闭眼睛歌唱跳舞装神弄鬼,先民们也一样信任不已。但凡巫术失败,他们会认为这是由于敌对巫术作用的强大,或者是仪式当中的失误。比如,参加仪式的人没有遵守严格的禁忌、仪器摆放不当等。巫术仪式的失败不会削弱人们对巫师们的信任,但如果巫师在实施仪式时一再地失效,人们会认为他的力量已经离开了他,因此便会寻找下一个法力更强的巫师。神话信仰下的人们总能将相反的情况转变

---

① [英]维克多·特纳:《象征之林:恩登布人仪式散论》,赵玉燕、欧阳敏、徐洪峰译,商务印书馆,2017年,第十章。
② [英]维克多·特纳:《象征之林:恩登布人仪式散论》,赵玉燕、欧阳敏、徐洪峰译,商务印书馆,2017年,第532页。

为信仰下的特例，对之只有信服，甚至是更加信服而没有怀疑。巫师从嘴里取出一块石英石，对病人说他的病很快就会好了，因为已经从他体内取出了投入其中的巫术物质。对于石英石来自哪里，巫师们都心知肚明，即便病人们迫于想要恢复健康的希望相信巫师的话，巫师自己会相信自己吗，他会承认自己的行为是一种伪装吗？马塞尔·莫斯提供了一个精彩的观点：

> 它（巫师作假——笔者注）既是主动的，又是被迫的。即便一开始是一种自觉自愿的伪装，它也会逐渐隐匿成为一种背景，到最后我们看到的就是一幅彻底的幻觉图景。到这个时候，巫师的骗局骗的是他自己，就像演员忘了他是在扮演角色一样。……巫师之所以伪装，是因为人们要求他伪装，是因为人们请他出来并央求他采取行动。他并非一个自由的行动者。他被迫扮演成一个符合传统的要求或者满足其主顾之期望的角色。乍看上去，巫师似乎是在夸耀他本人的自由意志的威力，但是在大多数情况下，他无可避免地受到公共信仰的左右。①

巫术是由当时习俗所强加，其本质上无关乎真不真实，而是人们需不需要。它是社会舆论的一个主题，很大程度上伴随着疏解与转化当时的社会压力而诞生的。在巫术仪式治疗上，巫师运用的各种手段，都是利用传统的集体暗示力量，为病人提供慰藉，满足人们的愿望与期待，表达每个人的需求，为所有的人相信与支持。② 也许正因为此，巫术判断被赋予了客观的、必然的和绝对的特征，巫术判断先于巫术事实，人们共同相信这个有用的谎言，毕竟有的病人在

---

① ［法］马塞尔·莫斯、［法］昂利·于贝尔：《巫术的一般理论：献祭的性质与功能》，杨渝东、梁永佳、赵丙祥译，广西师范大学出版社，2007年，第114页。
② ［法］马塞尔·莫斯、［法］昂利·于贝尔：《巫术的一般理论：献祭的性质与功能》，杨渝东、梁永佳、赵丙祥译，广西师范大学出版社，2007年，第四章。

被巫医抛弃后迅速死去，而有的病人在期望的氛围下能够被治愈。①

在仪式治疗中，当求助超自然力进行治疗时，治疗者与患者的意识状态似乎进入了超常意识状态。对于超意识状态，一些人视为绝对真实，有些人却认为它并非如此。瓦尔特·伯克特对诸如狂喜之类的超意识状态特别论述道：

> 然而最值得注意的并非确实存在着的狂喜状态，或是其他随之发生变化的意识状态；重要的是大多数正常人已经接受了它们并试图对其做出解释。狂喜现象构成宗教完整性的一部分并使现存信仰得到强化，这些表现形式本身就是经由文化培养与实践的塑造而形成的，它们最终成为可交流的东西而被他人接受。②

对于成巫一类的幻觉体验，崔吉成也表示："重要的是患巫病后成巫这一事实本身所具有的社会、文化意义。这不是某一个人的宗教体验，而是众所承认的社会现象。"③ 在他们的表述中，诸如萨满出神时的超意识状态，并非只是萨满个体的行为，也不是单纯追求某种至福状态下的神秘体验，而是一种由文化

---

① 列维-斯特劳斯提到的一个民族志无意间为此提供了形象例证。以下是这则民族志的具体事例：古时，墨西哥州的祖尼人信仰巫术，但凡向人实施巫术都要被判死刑。一位12岁的女孩子被男少年拉过手后，陷入精神恐慌，这个青年于是被指控实施巫术，并被拖到祭司法庭审讯。青年用了整整一个小时说明自己并没有什么巫术能力，但当时对祖尼人而言，他的这套说辞是白费口舌。为了活命，青年不得不编造一套配合祖尼人信仰的说辞，于是他讲述自己是在何种情况下获得巫术奥秘，师父授予他两种药品，一种使女孩子陷入精神错乱，另一种是为了救她。这个说法让男孩子峰回路转，其一是这是大家都认可的巫术信仰体系，还有他虽致女孩于神经错乱，但还留有一手也能救她。在仪式表演中，青年吞下一种药品装出与神灵交通，其后又吞下另一种药品，恢复常态。他把解药灌入精神病女孩，并宣布其得救，他也因此得救。女孩的家人不满意这套说辞，强行把男孩带入家中审讯。男孩这次又编了一套符合祖尼人信仰的更丰富的说辞，他说他们全家都是巫师，神奇能力是继承自他的祖先，他能变成一只猫，喷出仙人掌刺便可杀人，而全套法术都来自几根羽毛的魔力。最后这一句说辞为他带来了一定的麻烦，因为女孩的家人要求男孩找出那几根魔法羽毛，在几乎把男孩的家彻底掀翻的时候，终于在泥灰中发现了几根羽毛。最后男孩被拖到公共广场上，逼着他重复讲述此故事，男孩又一次渲染魔法故事，并为自己构想了一个结局，即自己已经失去了超自然的能力，这使得听众大感释怀，同意将他释放。可见，男孩子之所以被释放，不是因为清洗罪名，而是主动承担罪名。这个罪名与祖尼人的信仰系统相符，男孩一次次承认罪名，只是一次次加强祖尼人信仰与精神的一致性，他们通过这种精神一致性认识生命的一切，尤其是解释不了的灾难，所以尽管男孩最初认为自己并没有实施巫术，但他必须提供一套为祖尼人所承认的说辞，并在这套说辞内为自己开罪，比如解救的药丸或者超自然能力的消失等。那么那位男孩子最后的忏悔状态是什么呢，"小伙子越说越投入，完全沉溺在自己的话题里，不时由于能够左右听众而满足地容光焕发"。小伙子早已忘记自己最初的想法，被周围信仰及自己编造的气氛带动、改变，最后很可能反倒疑惑的是为什么自己不是巫师。参见［法］克洛德·列维-斯特劳斯：《结构人类学》（1），张祖建译，中国人民大学出版社，2006年，第182—185页。

②［德］瓦尔特·伯克特：《神圣的创造：神话的生物学踪迹》，赵周宽、田园译，陕西师范大学出版总社，2019年，第7页。

③［韩］崔吉城：《朝鲜萨满教的"根"》，见吉林省民族研究所编：《萨满教文化研究》（第2辑），天津古籍出版社，1990年，第280页。

第四章　原型的治疗 | 285

所支撑的、带有鲜明功利性的宗教。出神中的萨满沟通潜意识之中的神灵，为氏族祈福禳灾、治病、占卜等，并取信、凝聚、感召氏族成员。因此萨满的出神，是氏族成员共同的期盼。就在这种氛围下，萨满的超意识状态被烘托与建构出来。对中亚宗教做深入研究的俄罗斯学者 B. N. 巴西罗夫对此表述得更为直接：

> 比较这些资料可以使人肯定，萨满教产生于社会的需要，而不是产生于某一类个人的精神特点……（萨满）发狂和昏迷是宗教仪式的传统所规定的动作；这些动作在逻辑上符合所追求的目标，只要假定这些动作是由鬼神规定的。[1]

以治病为例，在由文化所塑造、共同承认的超意识状态中，病人相信自己正经历于此，被所体验到的这股绝对神秘力量治愈，或者被萨满巫师所体验到的超自然力治愈。于是，冉冉升起希望，一改之前无能为力、沮丧的态度，变得更乐观、更强壮、精力更充沛。据说这些因素与加速治疗有关，或者至少改善疾病。没人捅破这一谎言，因为每个人都需要，它对于病人也确实有利，于是这一套关于超意识的叙事由整体文化所支持。至于超意识状态真不真实与存不存在还在其次。

很多学者对神话仪式的治病原理进行了归纳总结。简·多夫（Janes Dow）认为萨满治疗的框架包含四个步骤：一是通过一个文化中的象征符号和神话来探讨疾病的原因和疾病变化的观念，在患者、萨满和社区分享的世界观中寻找疾病的可能性来源；二是倾听患者如何把文化对于疾病的理解应用到自己的案例，猜测患病的原因；三是萨满向患者和社区承诺有能力调整病人状况，让患者相信会利用降神会或其他诊断方法为其解决病患；四是萨满通过表演神秘的治疗程序转变患者的情绪，利用象征交流中的符号引导对神秘力量、萨满行动的信任，帮助患者处理自己的困扰和焦虑，将此情绪化为希望、安全、幸福。[2] 杰罗姆·弗兰克（Jerome Frank）对原始治疗有过经典的评价，他写道：

> 原始治疗法涉及患者/治疗师、群体与超自然世界之间的相互作用，这有助于提高患者的治愈期待，帮助他协调内心的冲突，使他重新融入团体与精神世界，并提供一个概念性框架帮助理解人与超自然

---

[1] 转引自郭淑云：《萨满"昏迷术"社会成因探析》，见白庚胜、郎樱主编：《萨满文化解读》，吉林人民出版社，2003年，第100页。

[2] Momas A. DuBois, *An Introduction to Shamanism*, Cambridge: Cambridge University Press, 2009, p.144. 孟慧英、吴凤玲：《人类学视野中的萨满医疗研究》，社会科学文献出版社，2015年，第12页。

的相互作用，从情感上激励他。①

孟慧英与吴凤玲教授认为，萨满治疗将文化习俗当作现成的东西不断与之合作，为病人提供坚硬的文化外壳，病人常常依靠文化价值的指导，利用仪式促使自己转变。萨满治疗改变了病人关于身体感觉的体会，它利用各种方法去影响病人心态向正面变化，使病人转向康复。

> 萨满－医者利用文化的解释、仪式和人类对造成身体伤害的神秘力量信仰在精神世界和人类世界之间操作，萨满－医者深入到超自然的精神世界，利用精神力量的渠道来减轻或增加人们的精神负担。萨满－医者帮助他们的患者建构对他们疾病的理解，通过叙事和象征行为帮助患者理解在他的身体内或生活中发生了什么，然后使用各种方法减轻甚至解决患者的问题。萨满－医者治疗所努力的重点是解释病人疾病的意义，萨满可能在迷幻中发现疾病的原因或治疗病人。萨满医者治疗的共同点是说疾病的原因在于超自然方面，不得不以超自然的方式移动或赶走病原。②

珍妮·阿赫特贝格认为民间治疗的精髓在于仪式，在她看来，仪式拥有以下十条价值：第一，通常要在治愈仪式之前进行冗长的准备工作，这位亲属提供了一些可以表达关心的事情；第二，宗教仪式的准备和参与是一种方式，让病人和社区双方都能感受到对看似无望的局面的掌控；第三，社区关系改善，群体团结增强；第四，仪式的戏剧性和美学能够抚慰人心和分散注意力；第五，仪式的特点巩固了患者与他或她可能感到疏远的群体之间的联系；第六，患者通过相信自己与精神世界已建立和谐，可以感受到解脱；第七，在文化语境中，这些仪式和符号有助于解释疾病的含义以及病人的角色；第八，仪式的强度会在情感上激起病人的感情，这进一步增加了对重要事情会发生的希望或期待的信任；第九，在大多数文化中（不必说也包括西医）治愈仪式的费用是相当可观的，并可能需要准备更珍贵和营养丰富的食物，再次增强病人的自尊、希望和自豪；第十，当使用精神活性制剂时，或作为仪式的结果进入改变或分离的意识状态，治愈者的力量被这些不寻常的经历验证，而这些经历强化了精神信

---

① Jeanne Achterberg, *Imagery in Healing: Shamanism and Modern Medicine*, Boston: Shambhala Publications, Inc, 1985, p.156.
② 孟慧英、吴凤玲：《人类学视野中的萨满医疗研究》，社会科学文献出版社，2015年，第106—107页。

仰系统。①

综上可知，虚构性神话仪式的治愈力就在于它们在文化环境支持下，通过将疾病编织进一个人人都可理解的、有意义的符号话语中以掌控疾病，人们渴望自己良好的愿望就这样通过仪式获得支持。仪式治疗常常围绕人们所信仰的超自然力展开，疾病的原因在超自然方面，至今人们称疾病时，依旧将其表述为"病魔"。治疗方法也同样针对超自然力，或者借助超自然力以针对超自然力。此文化叙事以正面、乐观、必胜的画风改写疾病的结局，使得病人的心态发生积极的改变，心态又影响身体，进而改善疾病。在仪式治疗过程中，还会有社区矛盾与敌意的化解环节，使社区重现融合关系，更可改善那些因自我与社会关系不和而导致的疾病。

2019—2020 年抗击新型冠状病毒肺炎疫情期间，也可以看到利用传统文化助力抗疫的影子。比如武汉火神山医院、雷神山医院的取名就寄寓着命名者的美好愿望。武汉当地并没有火神山与雷神山，这样的命名则体现了中国传统文化的智慧。从五行的角度讲，肺为金，肺病为邪病，金怕火克，取名火神，寓意为用火来克制邪金。雷神也是如此，雷为电，也为火，雷又为震卦，震卦五行为木可生火，雷神助力火神，双管齐下，克制瘟神。不仅如此，雷神山、火神山，包括北京抗非典时建立的小汤山，后面都有一个山字，山为艮卦，艮为止，为停，即为止住传染病的意思。此外，祝融是湖北一带楚文化的火神，楚国人被认为是火神祝融的后代。中华民族的始祖之一炎帝也是一位火神。炎帝又称神农氏，还是一位神医。湖北也有神农架，神农尝百草的神话传说流传千年。湖北随州还有烈山氏，是炎帝神话圣地。② 湖北人民选择祖先的名字命名这所医院，可见其秉承祖先精神，战胜疫情的决心。在全国上下齐心抗疫的情况下，诸如火神山一类的命名对湖北与全国人们都有精神提振的作用。田兆元对此总结说：

把火神、雷神理解成迷信就太肤浅了，它说明我们在抵抗疾病的过程中，一方面讲求科学，一方面也有深厚的文化底蕴。"雷神""火神"借助楚国的神话传统、民俗传统，中国的医学传统、创世神话传统，用很强大的精神力量，让大家精神一振，我觉得这是一种精神力

---

① Jeanne Achterberg, *Imagery in Healing: Shamanism and Modern Medicine*, Boston: Shambhala Publications, Inc, 1985, pp. 157 – 158.

② 高有鹏：《中国民间文学发展史》（第 1 卷），线装书局，2015 年，第 223 页。

量，把古老的文化传统激活，以面对我们现在面临的困难。①

在这场战役中，火神、雷神、炎帝神农、祝融都与我们在一起。这种信心无疑对战胜疫情、缓解焦虑、恢复健康有着不可言喻的重要性。

三、 神话故事治愈功能的医学人类学解释

以上的治疗主要集中在仪式治疗方面，而仪式治疗的一个重要方面就是语言故事。神话，尤其是在文字还没有发明时，主要靠故事来表达，口耳相传。故事作为仪式的一部分经常在仪式中被展演，鉴于语言故事的重要性，我们特地摘选出语言故事，也就是叙事，单独论述它的治疗性。

萧兵认为出于与生俱来的诠释欲、解释欲、求知欲、探索欲，人通过故事形成对种种不可解释现象的解释，这便形成了神话。诠释性的神话依靠自身"创美－审美"的内在机制，具有经验组织化、体验形象化的功能，使之变成一种欢乐、一种沉思、一种宣泄、一种积极的异化。② 怀特同样认为，人类具有诠释的本能，于是，人们常常通过故事形成认知能力架构，来诠释生命中的经验，来组织生活。③ 这些叙事性故事形成的感召性的信念与认知，是人们用以理解生命、世界与自己的方式，它决定了人们哪些行为被表达，哪些行为被接受。在其影响与渗透下，人们不自觉地采取由它所规定的行动。这也就意味着在人们告诉自己的故事和人们的生活之间存在着大量的互动，透过故事人们阅读自己的生命，并活出自己的生命，以至于生命与故事一致，使自己的生命也成了一个故事。于是我们的人生像故事一样，以协调、有意义、有秩序的方式展开。格雷厄姆·斯威夫特（Graham Swift）在他的《水之乡》（*Water Land*）中写道：

> 我要给人类下个定义：人类就是会说故事的动物。不管他走向何处，他希望身后留下的不是一团混乱的痕迹，不是一团虚空，而是一个抚慰人心的标志指引与故事线索。他必须不断编故事，凡事只要有故事就没问题。即是在人生的最后一刻，有人说，在即将死去的一瞬间，或者快要淹死灭顶之际，他所看见的，在眼前快速掠过的，将是

---

① 杨宝宝：《雷神山火神山医院，命名到底有什么讲究》，"澎湃新闻"微信公众号，2020 年 1 月 28 日。
② 萧兵：《神话学引论》，陕西师范大学出版总社，2019 年，第 63 页。
③ [美] 艾莉丝·摩根：《从故事到疗愈：叙事治疗入门》，陈阿月译，心灵工坊，2008 年，第 29—30 页。

他这一生的故事。①

有研究者发现，比起非小说，小说或者说是故事，更容易改变人的信念。非小说常常是用论点与论据来说服他人，当阅读非小说时，人们会带着一颗防备与批判的心，而阅读故事与小说时，人们会卸下理性的盔甲，转向感性，从而沉浸在里面。故事会轻而易举地打开人们的心扉，使得读者的态度越来越接近小说，读者陷得越深，读者的信念与故事便愈发一致。② 在一个名叫溪族的印第安部落中，一般由老者向孩子们讲授部落故事，以故事的方式来传授特定价值观，且讲述有方：长者会特意选择非正式的方式。比如，他们会入住有孩子的人家，睡觉时间一到，孩子的父母会为孩子多准备一块睡觉用的木板，让孩子与长者同睡一室。这么做是有原因的：此时，长者会讲述他已经熟知的部落传奇的故事，天性好奇的孩子会特意在本该睡觉的时间隔着木板偷听大人们讲话。大人正是利用这一点，来潜移默化向孩子们灌输部落知识。而如果换成长者以正式、严肃的方式讲故事，孩子可能对故事提不起那么大的兴趣，就像不想听课的孩子一样。以至于，溪族的孩子们常常是在睡得香甜的时候，学习到很多事情的。③

那么，故事中常常传达的信念是什么呢？

乔纳森·歌德夏教授认为，正如语言学家诺姆·乔姆斯基称人类的语言都具有基本结构的相似性和普遍公式一样，世界各地的小说、故事同样如此。内容大都讲的是英雄如何面对困难并努力将之克服的故事，其模式可归纳为：故事＝主角＋困境＋试图解脱。④ 医学人类学家拜伦·古德指出富有意义的故事具有一种目的论与指向性，有一种向某处走去的感觉，即它不仅在描述与想象苦痛的根源，还揣测解决困境的方法，将未来发放给一种积极的结局。因此，故事发挥着积极的创造性作用，调节并形塑着由像疾病这样的苦痛造成的崩塌与摧毁，让其朝着特定活动想要实现的设想目标或经验形式迈进。⑤ 鉴于故事中的

---

① 转引自［美］乔纳森·歌德夏：《讲故事的动物：故事造就人类社会》，许雅淑、李宗义译，中信出版社，2017年，第117页。
②［美］乔纳森·歌德夏：《讲故事的动物：故事造就人类社会》，许雅淑、李宗义译，中信出版社，2017年，第203—204页。
③［美］熊心、［美］茉莉·拉肯：《风是我的母亲：一位印第安萨满巫医的传奇与智慧》，郑初英译，橡树林文化，2014年，第35页。
④［美］乔纳森·歌德夏：《讲故事的动物：故事造就人类社会》，许雅淑、李宗义译，中信出版社，2017年，第72—77页。
⑤［美］拜伦·古德：《医学、理性与经验：一个人类学的视角》，吕文江、余晓燕、余成普译，北京大学出版社，2009年，第五章。

信念塑造了人们的生活，于是人们自然相信人生会像故事一样有一个美好的结局，即便死亡也有意义，它是精神的变形与重生。在这种积极信念中，很多疾病都能不药而愈，透过故事理解诸如疾病等诸多无常之事后，人们的心灵也会获得安宁，从只能忍受的混乱境况中解脱。这样的结果便为，故事有时比真实更像真实。如果人们相信故事就是终极的真实，那么人们就会朝向它去努力，即便它所传达的诸如真、善、美、公平、正义等那些美好的期许只是一个永远也不可能实现的谎言，但是在坚定不移的信念中我们可以为接近它、实现它而努力与奋斗，温暖现实中的慢慢长夜与无尽黑暗。对于一些人，只有相信才能活下去。据巴里·洛佩兹的观察，因纽特人不太关注言辞中的虚构与非虚构。

> 对于一个故事，他们关心的，是它是否有益。这个故事能给人以希望吗？这个故事有启迪作用吗？这个故事有可能使面对生活中最遭局面的人们——无论是他们自身还是作为一个集体——去改变局面，继续前进吗？①

心理学家认为，健康的心灵都会讲一些自我良好的"谎言"，甚至如果不对自己说谎就不算健康，唯有正面积极的想象才能让我们免于绝望。那些忧郁症患者则不同，他们已经丧失了正面想象的能力，沉浸在悲伤绝望的状态，无法走出，看不出一丝的希望。

通常，心理医生便会帮助那些不快乐的人重新建立自己的生命故事，让他们再次当上主角，这个主角虽然经历种种坎坷，但绝非没有意义，并终究会迎向光明。哲学家威廉·贺斯坦（William Hirstein）写道：

> 真相令人沮丧。我们都将离开世间，大部分是因为生病；我们的朋友也都会死去；我们是在一颗微小的星球上一个不起眼的小点。也许随着见识更广与远见所需，我们必须……自欺欺人来远离沮丧以及沮丧所带来的萎靡不振的结果。因此，我们需要彻底否定自己在宇宙中的限制及微不足道。我们需要某种程度的厚颜无耻，才能在每个清晨从床上苏醒过来。②

故事中的信念是有用的谎言，人们必须用信念所洗脑的乐观的基调象征性克服黑暗与无常的现实真相，使得现实中的个体与社会由此发生积极的变化，

---

① [美] 巴里·洛佩兹：《北极梦：对遥远北方的想象与渴望》，张建国译，广西师范大学出版社，2017 年，美国国家图书奖获奖致辞。
② [美] 乔纳森·歌德夏：《讲故事的动物：故事造就人类社会》，许雅淑、李宗义译，中信出版社，2017 年，第 236—237 页。

朝人们设想的结局发展。针对于故事中的信仰所带来的心灵的变化，以至于个体身体与社会结构都会发生真实的调整。当然，这些故事大多都是经由文化价值观编码为叙事符号，多为高度文化性的故事，是文化机制的一部分。而如今在个性化多元化的世界中，疾病的原因越来越捉摸不定，难以控制，再加上文化性叙事在其后的发展中添加越来越多的权利话语，以至于有时它成为致病因素而非治病。因此，除文化叙事所传达而来的主流意义帮助缓解苦难经验外，还需要个人叙事创造出来的独特意义对此作为补充（就像电影《哪吒》中哪吒所说的经典台词："去你的鸟命！我命由我不由天！是魔是仙，我自己说了才算！"），共同应对苦难、治疗疾病。这一点已经为很多学者所注意。[1]

命名（naming），亦是用神奇的语言来表述事物，与叙事性神话联系密切，因此在神话叙事的文化程式中，我们还要摘选"命名"这一环节，特此说明它的治疗作用。

在一些学者看来，世界是在被言说的时候才真正成为人的对象，透过语言我们理解世界，世界对于人而言才具有此在性或实在性。因此洪堡德说："语言就是世界观。"[2] 罗兰·巴特说："语言即人类的视野。"[3] 萧兵先生认为，人类语言的最大功能便是命名，也就是用符号来标识并区分实体，让实体与符号能够相互结合也能分离。这种超出感觉、高出感官的能力便是理性思维能力，是创作神话和一切高级符号系统的语言背景，它阻隔了客体与人类感性那种原始的幼稚的"粘连"，从而使人类有可能独立地、理性地审视、解析、认知、想象那纷纭万状的世界。[4] 在神话语境中，命名有巨大的威力，经常遇到的例子是当正确的词被说出来时，魔法便出现了；知道一个人的名字便掌握了那个人的命脉。在关于疾病的神话语境中，命名就已经接近了治疗，因为命名就意味着被理解，病人此刻会感到轻松，并能够在平静的状态下面对结果，疾病便有可能被治愈。[5] 维克多·特纳就认为：

　　揭露出或描绘出某种状况就是使之现形，而对疾病或"怨恨"的

---

[1] [美]阿瑟·克莱曼：《疾痛的故事：苦难、治愈与人的境况》，方筱丽译，上海译文出版社，2010年，第30页；[美]艾莉丝·摩根：《从故事到疗愈：叙事治疗入门》，陈阿月译，心灵工坊，2008年，第二章。
[2] 转引自萧兵：《神话学引论》，陕西师范大学出版总社，2019年，第37页。
[3] 转引自萧兵：《神话学引论》，陕西师范大学出版总社，2019年，第37页。
[4] 萧兵：《神话学引论》，陕西师范大学出版总社，2019年，第37—39页。
[5] Jeanne Achterberg, *Imagery in Healing: Shamanism and Modern Medicine*, Boston: Shambhala Publications, Inc, 1985, p.154.

"真实"特质的揭穿就意味着这场治疗战役已经成功了一半,因为已知的东西不像隐藏和未知的那么危险。对于能根据传统思想和信仰加以认识并分类的事物总是可以采取行动的,而积极行动,就像常说的那样,能减少焦虑并提高自信心。①

被维克多·特纳笼统概括的"揭露出"或"描绘出"自然也包括我们说的命名。在神话治疗中,有一个和命名一样的功能程序,那便是确定疾病。确定病因,人们才能认知、理解未知的疾病,并依据病因制定随后的治疗方案。因此在萨满文化中,一向是确定病因比治疗更重要。② 里恩哈特(Godfrey Lienhardt)就提供了一个著名的关于命名符号化的治疗案例。在对丁卡人的经典叙述中,里恩哈特描述了一个名叫阿亚克(Ajak)的青年男子突然着魔后的反应。以下是具体民族志材料。

> 接着一个渔叉族的小头目走了过来,对着剧烈扭动的阿亚克的身形发话,说不管折磨着阿亚克的它是什么,请报上它的名字,说出它的意图。这人在他的发话中试图从几种可能的着魔根源中引出答案,说着"你,力量"(yin jok),"你,神灵"(yin yath),和"你,鬼魂"(yin atiep)。然而,阿亚克没有任何回应。他仍在呻吟和翻滚。渔叉族的头目于是开始训斥折磨着阿亚克的力量说:"你,力量(jok),为什么抓住一个远离家门的人?你为什么不在他们牛族的家里抓住他?他在这里该怎么办?……
>
> 阿亚克难以理解地嘀咕着;旁观者显然期望从他嘴里能说出点什么,比如告诉我们它的名字和贵干。他们解释说到时它就会离开他(pal)。当我问"它"是什么的时候,我得到各种各样的答案,它可能是他(氏族)的神灵(yath),可能是他父亲的鬼魂,可能是自由之神邓戈(Deng),或者"就是一种力量"(jok epath)。既然它不言自明,那谁又能知道呢?③

里恩哈特认为,通过将痛苦的基础象形化作某种力量,为其命名,丁卡人便能以某种令他们满意的方式抓住它的本质,并因此而在某种程度上以这一知

---

① [英]维克多·特纳:《象征之林:恩登布人仪式散论》,赵玉燕、欧阳敏、徐洪峰译,商务印书馆,2017年,第483页。
② 孟慧英、吴凤玲:《人类学视野中的萨满医疗研究》,社会科学文献出版社,2015年,第56页。
③ 转引自[美]拜伦·古德:《医学、理性与经验:一个人类学的视角》,吕文江、余晓燕、余成普译,北京大学出版社,2009年,第192页。

识行为超越和支配了痛苦。对丁卡人而言便会产生如下可能，即创造某种他们期望的体验形式可能性，将他们自己从他们否则只能被动忍受的东西中象征性地解放出来的可能性。①

可以看到，命名有时只是神话治疗中的一个先行步骤，它代表着理解和控制，使得人们与疾病保持一定的距离，从而能客观地看待它，并开始拟定应对计划。于是人们会依据文化传统，在随后的仪式过程中处理这么一种已知的并且已经命名疾病情况，在共同承认的想象情境中，使疾病朝向积极的方面发展。而对于生活在神话氛围中的人来讲，对不可知事物的命名就足以构成治疗。

心态影响生理疾病，一些情绪与思维会转化为身体状况，在古籍中经常被描述。《素问·举痛论》写道：

> 余知百病生于气也，怒则气上，喜则气缓，悲则气消，恐则气下，寒则气收，炅则气泄，惊则气乱，劳则气耗，思则气结。②

《庄子》记载：

> 人大喜邪，毗于阳；大怒邪，毗于阴。阴阳并毗，四时不至，寒暑之和不成，其反伤人之形乎！使人喜怒失位，居处无常，思虑不自得，中道不成章。于是乎天下始乔诘卓鸷，而后有盗跖、曾、史之行。③

密宗认为，宇宙和人类都是由地大、水大、火大、风大、空大、识大六大元素组成，意识感知——识大也被认为是宇宙与人的真实组成部分，自然也是致病与治病的一部分因素。藏医认为，隆、赤巴、培根这三种要素构成了人体，它们是机体进行生命活动的物质与能量基础。在正常情况下，三要素在人体内保持着平衡，一旦因贪嗔痴三毒导致平衡关系的打破，就会出现疾病。在一些能量医学的极端描述中，首先是错误的思想出现在灵性的能量场中使其病变，然后这一病变才发展至物理性身体，导致人生病。④

情绪之于身体状况的影响如今也已经为认知神经科学、心智科学、冥想神经科学、情绪神经科学等新兴交叉学科所证实。研究发现，诸如幸福、和平等

---

① [美] 拜伦·古德：《医学、理性与经验：一个人类学的视角》，吕文江、余晓燕、余成普译，北京大学出版社，2009年，第193页。
② 姚春鹏译注：《黄帝内经》（上册），中华书局，2016年，第336页。
③ 孙海通译注：《庄子》，中华书局，2016年，第181页。
④ [美] 芭芭拉·安·布兰能：《光之手：人体能量场疗愈全书》，吕忻洁、黄诗欣译，橡树林文化，2015年，第57页。

积极心态有益于健康，表现为降低心脏病风险、改善免疫系统功能、促进病后适应等；而像焦虑、压力、愤怒等消极心态则会对健康不利，表现为增加心血管疾病的风险、干扰免疫系统的正常运行等。我们知道，免疫系统作为防御感染机制，是自然杀手细胞，为身体的第一道防线。正面积极的情绪会刺激这些细胞使之不断繁衍，在这种情况下免疫系统对传染病和癌细胞则更具有攻击性，可以在其造成损害前摧毁它们；相反，当免疫系统受到消极情绪的影响不能正常运行时，它将不能有效地识别并消灭癌细胞，这会使癌细胞不受抑制地大范围增殖，形成肿瘤。受干扰的免疫系统也不能消灭传染病，最终让病毒在人体内狂肆。① 2019—2020年新型冠状病毒开始蔓延期间，据医生介绍，对于这种暂且没有特效药能够根治的病情，患者自身的免疫力才是最有效的药品。这也正是我们在方舱医院见到患者与医生载歌载舞画面的原因之一：乐观积极的情绪有利于免疫系统功能的发挥，利用体内天然良药杀死病毒，进而恢复健康。

情绪也会影响人们衰老的速度，这种影响会一直达到细胞和端粒的水平。端粒是位于染色体两端的结构，为细胞分裂所需。在细胞水平上端粒长度与细胞的衰老直接相关，端粒越长人的寿命就越长，端粒越短人的寿命也就越短。研究发现，正念和其他冥想练习有保护端粒不缩短的作用，也即保持、延长人的寿命；而压力可以让端粒缩短，那么人的寿命也会随应减少。② 思维活动还会引发脑区神经的改变，这一发现是鉴于对正念活动的观察。当人们全然觉知地安住于当下的正念活动，会有减疼痛及相关焦虑的变化。有人用功能性核磁共振成像技术（fMRI）研究大脑后发现，这些变化与加工疼痛信息和调节情绪的脑区的神经重塑有关。③ 也就是说，在正念减压活动中所强调的思维模式造成了相关脑区神经的重塑，进而改变疼痛感知。对此，乔恩·卡巴金医师不止一次地表示，思维和情绪可能影响特定疾病疗愈的程度，不仅仅只是间接通过改变生活方式，而是直接通过影响免疫系统、大脑和神经系统本身的功能，进而调

---

① ［法］大卫·塞尔旺-施莱伯：《自愈的本能——抑郁、焦虑和情绪压力的七大自然疗法》，曾琦译，人民邮电出版社，2017年，第141—142页；［美］乔恩·卡巴金：《多舛的生命：正念疗愈帮你抚平压力、疼痛和创伤》，童慧琦、高旭滨译，机械工业出版社，2018年，第221页。
② ［美］乔恩·卡巴金：《多舛的生命：正念疗愈帮你抚平压力、疼痛和创伤》，童慧琦、高旭滨译，机械工业出版社，2018年，第193页。
③ ［美］玛格丽特·考迪尔：《与痛共舞：慢性疼痛的身心疗法》，丹丁译，人民邮电出版社，2017年，第57页。

节和改变身体状况。① 鉴于信念治疗有如此疗效,它已经作为治疗技术应用在临床实践中,治疗始于行为与认知方面的问题,比如恐惧、焦虑、抑郁症、吸烟、酗酒、吸毒、失眠等。②

四、 小结

虚构型神话通过将疾病编织进一个可理解的意义符号中,无论这种意义符号是神话仪式叙事还是神话故事叙事,它们都对疾病原因进行描述并揣测解决困境的方法,使得疾病受到文化象征性的控制。在此文化叙事中,治疗者往往借助于超自然概念理解疾病、辅助治疗。此时病人被治愈的信念会得到进一步肯定。这套叙事给患者提供一种掌控感,创造出某种人们期望的体验形式,使疾病朝人们设想的结局发展,将人们从只能被动忍受的境况中象征性地解放出来。可见,神话所描述的治疗即便是虚构的,它也是一套有用的谎言。这套有用的谎言奠定了一种乐观的文化基调,乐观的文化基调又塑造了积极的文化期望与相应社会心理,其所散发出来的积极的心灵状态又真实地影响身体状况,使得患者产生积极的生理变化。虚构型神话的治愈力即在于真实的社会心理的疗效,社会心理治疗补充着生物医学仅以身体治疗为导向的治疗标准,借助于医学人类学理论,我们将这一治疗方法看得更为清楚。其中必然有不科学的成分,那些危害身体的不科学的成分当然需要祛除。但我们也需要看到有些不科学的成分有的是为了建构超自然这个终极治愈因素以增加患者信心所需,再加上,关于超自然的原型的治愈力量究竟存在与否,其对于治愈的贡献又有多少,这些我们未可知。所以,聊胜于无。在一些情况下,对于病人来说信,总比不信好的。虚构型的神话治疗亦存在着有效以及可取的治疗方法,需要借鉴与继续研究。

---

① [美] 乔恩·卡巴金:《多舛的生命:正念疗愈帮你抚平压力、疼痛和创伤》,童慧琦、高旭滨译,机械工业出版社,2018 年,第 180、201、202 页。

② Jeanne Achterberg, *Imagery in Healing: Shamanism and Modern Medicine*, Boston: Shambhala Publications, Inc, 1985, pp. 150 – 151.

第五章　结语

荣格神话理论中，意识与潜意识都是心理。意识是与"我"有关的主观性心理。潜意识是独立于"我"的客观心理，先于人类心理与人类生命，通过梦、冲动、情感、幻觉等原型方式显现，以完整性为表现原则，补偿与调节着意识思维，又被称为精神、能量、生命，是"并非我自己的一种力"[①]。它是存在于大脑中的某些内在意象，一些萨满甚至认为这些画面可独立存在于创造者之外一段时间，作为超越时空的永恒神圣，从心灵最深处影响着我们。因此，潜意识并不是意识的消失，而是意识状态的改变，是意识深处更深层次的内心世界画面。有过潜意识宗教体验的人普遍认为，相比于意识，潜意识是一种更深潜的心灵状态。那是为普通感官无法感知的、不同于物质世界频率的、甚至更高层次的时空维度。可以说，意识与潜意识如同不同的镜头，通过不同的镜头，人们观看不同的场景。在理性意识中，人们接收的是物质世界的频率、波长信号，形成现实画面。而在潜意识状态中，大脑这个接收器发生了生物化学上的转换，接收不同频率与波长的现实，用不同的镜头，进而展现不同的现实。世界潜藏着不同的平行时空，但也需要主体"我"，在不同意识状态中，才能接收与融入那个世界。意识有着广阔的可塑性与潜在范畴，人的身份是意识，而人们却只认同意识的一部分。不同的意识状态象征不同的知觉之门，进而打开不同的国度。依照萨满等一些人的说法，潜意识镜头中的那个世界，是一个永恒、神圣的世界，住着灵魂，他们在那个国度收获知识与力量。但他们也都表达，"除非你真的要再回到这个世界来，否则就不算完成冒险"。

诸多灵性传统中都在用不同的名字表达这个如诗人一般的心灵状态，比如萨满意识状态、图利亚状态、寂静的知识、道等。不同的意识状态拥有不同的系统，其中已发生了质的改变，一种意识状态的记忆与认知不容易为另一种意识状态所理解，每一种意识状态都有独属于每一种意识状态的实相与相应记忆，

[①] [瑞士] 荣格：《荣格自传：回忆·梦·思考》，刘国彬、杨德友译，译林出版社，2014年，第200页。

需要进入特定的意识状态才能将其捕获。现代普遍认为只有理性意识才是标准与王道，然而很多人却在超意识状态中寻找到了归属、永恒、灵感与至乐。虽然意识与潜意识位于不同的轨道中，各自有各自的表现，却并非完全隔离，偶尔也相互渗透与影响。

在荣格看来，部落社会中所谓的神灵鬼魅都只是潜意识心理的投射，而所有的神秘、神圣的体验都是源于与潜意识原型的亲密接触。因此，原住民并不发明神话，而是体验神话，体验不为我们所熟悉的心理。体验型神话从情感处激发人们，规定着原始生活的方方面面。体验型神话潜意识是定性而非定量，人们只能通过体验它而感受它，确认它，成为它。潜意识的这一特性使得它与主流心理学背道而驰。主流心理学的研究大部分是在科学技术的原则下进行的，常常把心理学的研究范围限制在可观察的行为上，片面追求标准化、可操作化、可测量化，对不符合此标准的心理学现象则置之不理乃至打压。于是，无法被科学标准测量的潜意识一直处于心理学研究的边缘，虽然它在民间秘密盛行，大受欢迎。这看似是在用科学的严谨态度对事物进行验证与概括，其实与真正的科学精神一点也不相符。

事实上，近代西方的自然科学是作为一种反抗教会权威的力量出现的。当时宗教统治着人们的思想，以至于任何与《圣经》教义不同的观点都被视为异端邪说而遭到无情的打压。1645年，爱尔兰主教詹姆斯·厄舍使用《圣经》中的谱系学计算出地球诞生的日期是公元前4004年10月23号。然而并不是所有人都相信地球会这么年轻。早在16世纪，法国思想家内尔纳·帕利西就认为如果岩石的侵蚀是多年风雨侵袭造成的，那么地球的年龄绝不止几千年。他还提出一个在当时看来非常激进的看法，认为化石来源于史前动物，而不是《圣经》中的大洪水。他最终为科学献了身——因为这些"异端邪说"，法国当局最终将他投入了监狱。① 伽利略因为支持与拥护哥白尼基于科学观察所提出的日心说，而不是《圣经》的理念——地心说，当时也被认为是异端邪说。他讲道："我认为在讨论自然问题时，我们不应该从《圣经》出发，而应从实验和实例出发。"② 可惜的是，伽利略同样遭受到了宗教裁判，被迫放弃了自己的观点。

---

① [美] 大卫·克里斯蒂安主编：《大历史：从宇宙大爆炸到我们人类的未来，138亿年的非凡旅程》，徐彬、谭瑾、王小琛译，中信出版社，2019年，第86页。

② [美] 大卫·克里斯蒂安主编：《大历史：从宇宙大爆炸到我们人类的未来，138亿年的非凡旅程》，徐彬、谭瑾、王小琛译，中信出版社，2019年，第25页。

在教会势力占统治地位的时候，人们的思想必须与教会观点一致，任何质疑、反叛都会因为与信仰不符被处置。而科学的出现打破了唯宗教主义。最初的科学就是一种反叛，它对未知保持开放，允许不同的观点出现。对于事物究竟是什么，科学态度有一种都很好，却不是全然的保留。它总会把答案闪出一条缝，露出光，等待人们去颠覆、超越与扩充。对于科学，吴军博士在《锵锵行天下》这个访谈节目中有过精彩的表述："科学主要是质疑，它不是一个信。所以你要说你是一个科学家，（其实）是一个比较悲催的行业，因为你要被质疑。如果你说我不被质疑，那你就不是科学家，你是教主好吧。你要允许别人质疑你，别人质疑你以后，找到新的证据把你这原来的错误改了，再往前进一步，然后他又要被质疑。所以科学本身是一个质疑。"

科学是不断遭受质疑，不断前进的学问，这就使得它随时接受新证据的检验，向新信息保持开放，以待进一步验证。它更像是一种手段，而绝非最终的事实。对于现阶段的一些未可知，比如精神方面的神秘体验等，科学要承认只是暂时未可知，并以开放和包容的态度与之合作，展开研究，探测它是否对已知造成冲击以及在何种程度上造成冲击，而不能仅仅因为某些精神现象难以用目前的科学标准进行研究，就简单地予以否认。如果科学仅仅实践后者，那么它与最初所反叛的宗教教会有何不同呢。这其实已经背离了最初的科学精神，而是一种典型的唯科学主义。[①] 而唯科学主义与中世纪的教会主义一样，最后都变成一种带有权力色彩的宗教迷信，离就事论事的科学研究早已失之千里。即便科学目前能够探知关于未知的一些线索，比如说，一些致幻物是因为含有生物碱才拥有致幻力，但科学所做到的也仅仅是描述，而不是终极解释。一些未知的心灵，仍旧藏在科学所定义与发现不了的地方。事实上，连一些萨满巫师也认为，关于那些神迹，就是没有逻辑可言，自己也不甚理解。他们不明白，为什么念一首咒诵或者往耳边吹一口气，病人的疼痛就会消失。他们只是单纯地信任，并把这份对于古老神圣的信任，当作治病的一个步骤。

鉴于此，荣格心理学在20世纪60年底之前一直属于小规模的心理学流派，对主流心理学没有什么影响。但是随着20世纪六七十年代的文化变迁，以及超个人心理学开始形成气候，心理治疗师再次发现了荣格。与灵性有关的议题越来越多地纳入心理学研究的范畴，这使得荣格在今天广受欢迎，其影响力甚至与老师弗洛伊德相媲美。虽然同样关注灵性的潜意识，但荣格与当今盛行的超

[①] 杨绍刚：《超个人心理学》，上海教育出版社，2006年，第82页。

个人心理学的研究视角并不同。在荣格生活的 20 世纪前半叶，物质的形而上学取代精神的形而上学，成为进步、物质、理性的人们所追求的主流，"丢失灵魂的现代人"这一现象刚露端倪。此时，荣格主要关注没有能力利用或者错用潜意识的文化现象，针对的是无法控制投射的现代神经病人，这其实是一种病态现象。对于现在社会而言，神经质是压抑潜意识遭其反噬的后果。当意识一再压抑潜意识的表达与要求时，这些精神能量并没有消失，而只是暂时退行，待攒聚能量后，它们会在潜意识源头处激活复苏所有那些至关重要的东西、那些与意识不一致的倾向等，并进行投射。它们化为某种声音、某种形象与患者进行交谈，异质且独立地存在着，被患者当作唯一真实。此时，潜意识再也不受意识的控制，它们导致意识的分裂，使其无法整合潜意识幻象。后期以荣格思想为先导的超个人心理学理论诞生于 20 世纪 60 年代末 70 年代初。这时，西方社会已经不满于建立在工业革命基础上的现代文明，视其为"诅咒"，开始向东方社会、"原初"人群学习，对灵性的兴趣陡增，试图将世界精神传统的智慧整合到现代西方心理学的知识系统中，以实现现代人的精神自愈。于是后期超个人心理学理论关注的重点转移到像"高峰体验"之类的善用潜意识的现象，针对的人群是像萨满巫师一类的有过特殊经历与训练，进而拥有超意识的神秘家们。与现代神经症人的被动投射不同，萨满巫师可以凭借意愿随意进出潜意识领域，作为神灵使者在意识与潜意识之间来回转换。他们不再受潜意识所投射的神灵控制，而是可以与神灵合作乃至可以控制神灵以辅助人间。萨满巫师能够做到这一点，很可能在于他们的癫狂体验并治愈癫狂的本领。超个人心理学家认为萨满病、受伤的巫师这类的与癫狂相关的灵性危机是当自我停滞不前时，强烈发展的内在灵性力量迫使个体向前发展的一种方式，是深层潜意识和人类灵魂中超意识范畴的动态性外化。当当事人的内在可以吸收、整合这些灵性能量时，会产生突然的开悟、极乐的降临、合一感等，那么他们将会得到帮助，获得重生。癫狂体验是萨满巫师的一次潜意识之旅，在这次旅行中，他们通过了潜意识的考验，吸收了潜意识的灵性知识，带来了意识的扩展与人格的转化。一旦萨满巫师凭借自己的经验进去并成功走出来时，他们也就拥有了随意进出潜意识这块瑰宝的能力，达到了控制潜意识的阶段，运用它带给人间来自潜意识的影响。

在灵性传统与新兴心理学的表述中，潜意识是一股神秘又真实的治愈的能量，从内部给予个体巨大的影响，不仅可治疗个体的心理，甚至扩展到治疗他们的身体。鉴于原型心理有如此巨大的影响力，有些人认为原型本身的构成已经不仅局限于心理，还延伸到了生理领域，它们要么由物质成分构成，要么交织在身体与大脑中的各个部分与物质紧密连接，因此才会对心理、身体都造成影响。这其实是在运用心灵的力量对身心进行调控、修复。而关于心灵的定义在不同的视域存在巨大差异，我们同样从医学人类学的视角对神话的治愈功能进行说明，以补充神话的原型治愈说。

荣格思想与中国文化有着深厚渊源，广博深邃，取之不竭。随时代的发展，它的有效性并没有消失，而是愈加证明其魅力。作为荣格思想重镇、以自性为核心的神话理论亦是如此。可以说荣格找到了那把通往人类永恒心灵的钥匙，而与荣格先进、深邃的思想相比，我们现在才逐渐追赶上了他的脚步。因为对未知的东西了解得过多，荣格经常感到孤独。然而，真正有价值的思想岂能被当时的无知淹没。荣格来自心灵的知识无疑契合现代人对永恒自我的探索与追求，跨越数十年，其深邃思想与见解终于在现代读者、研究者中遇到了知己，彼此碰撞，互寻慰藉。配合着全球灵性热的趋势以及《红书》的出版，荣格又重新火了起来。结合新的灵性学说，荣格思想重新被诠释，出现了新荣格理论一说。前后盛行的美国新时代运动、超个人心理学、神话主义、新神话主义、萨满热、瑜伽热等全球灵性运动全无一不受到荣格思想的影响，它们全都从源头处的心灵探寻人存在的意义及相应的治愈作用，以缓解超物质主义、理性主义的泛滥与袭击。在其影响下，文学、艺术、心理学、认知神经科学、心智科学、冥想神经科学、情绪神经科学等诸多学科都不约而同地探索心灵这块未知的宝地，从心灵视角定义人类的本质并阐释相关的文化现象。期待在诸学科的努力下，能够解开越来越多的关于心灵与相关文化现象的奥秘。

当然，荣格神话理论深刻也偏颇。比如，忽略文化历史的影响，片面强调原型的先验、神秘、普遍、遗传性等。他先验地假设了意识与心理的对应关系，但是却没有说清楚心理与意识的关系是什么；为什么那些属于心理的意象可存在于脑海之中，有时还会独立于脑海之外；如何区分主观性幻象与真实的客观精神生命……这些问题在荣格的表述中一直略显模糊。再者，荣格只是从意识、心理发展的理论视角来观察、定义原住民文化，于是把原住民文化安排在了意识发展的开端，视其为还原状态，极易发生神经质。这一表达与强调文化平等观的文化人类学观点相抵触。最后，传承精神分析，荣格认为潜意识是意识深处内在画面，但与弗洛伊德不同的是，潜意识画面不是童年性欲、创伤性阴影的再现与升华，而是某种玄而又玄的精神生命。在预设的不一致之处可以看见荣格思想的矛盾性与激进性，即如果这些精神生命不是由"我"创造的，那么它到底是深处的心理画面，还是作为既定的先验实体存在。心与灵之间是由心涵括灵，还是灵透过心来说话，抑或是深层心理仅仅是灵的某种无奈的转述。也就是说灵与心理是否存在交界点。不能仅因为心理与灵都有无形的属性，就将其混为一谈。荣格也许正是注意到了这一点，才会在往后的表述中，越来越肯定地将潜意识画面表示为一种活生生的生命，这些生命并非由自己产生，而是自发地出现，可见他后期的神秘倾向。神灵虚无缥缈，难以定义，不同文化与理论都有各自的表述，提出了相应的预设。比如进化心理学认为它是错误性思维，社会人类学认为它是社会的象征性转义，本体论转向后，它又被称为视角主义下的"非人之人"。荣格神话理论有趣之处在于，虽然他从心理的视角研究神灵与幻觉，但是他的预设是开放性的：灵由客观心理解释，那么那个超时空、集宇宙于一瞬的客观心理生活又来自哪里呢……对于那些体验到了的人，他们把神秘始终留给了神秘。正是这一点，使得荣格神话观虽存瑕疵却依旧魅力不减。

学习神话时，笔者经常被神话的模式冲击，好几次经历世界观的崩塌与重组，可还是不知哪来的一股劲儿，总是在收拾好心情后，又浑然不觉地往前冲。人类学家芭芭拉·迈耶霍夫在吃了致幻剂——仙人掌的情况下，向她在幻觉中看见的神灵问了一个笔者也一直想问的问题：

> 我问了一个在我心里留存了数月的问题，"神话意味着什么？"他（神灵——笔者注）用黏连不清的语调说："神话什么都不是，它们就是它们本身。"当然！它们就是它们本身，没有什么与它们相同，没有什么取自其他相似地方的东西可以使它们失真，它们必须在其所属的语境里被理解。[1]

不知是不是资质愚钝，我还是没有很理解这句话，只不过对这几句话印象深刻："要在语境中理解神话"，"神话就是它们本身"。有一次，我与一位达斡尔族知情人聊天，谈起我的困惑，我对他说："你们实践起来有一套自己的说法，外人或者研究者又有另一套说法，我有时候很怕研究这个东西，我敬畏神灵也害怕神灵，我怕把它们搞错……"他说："想必你也已经知道，有些研究者明明知道我们这一套说法，却还是在用你们能接受的说法表达，这其实很好。

---

[1] [美]芭芭拉·迈耶霍夫:《我发现自己被钉在世界的中轴线上》，见[加]杰里米·纳尔贝、[英]弗朗西斯·赫胥黎主编:《穿越时光的萨满：通往知识的五百年之旅》，苑杰译，社会科学文献出版社，2017年，第135页。

我们也害怕你们真的把我们这套东西表达出去，引起不必要的麻烦。你们按你们的表达就行……"这让我有点心安，因为鉴于种种原因，"多样写作"的不止我一个，且达斡尔族人甚至还对此表示理解与支持。看起来语境中的神话与现实密不可分。在我与他们的交流中，有时他们会对我的困惑依旧抱有困惑，比如下面这段对话：

  一个达斡尔族知情人：那你相信灵魂吗？

       我：这个……等我死了才知道吧。

  另一个达斡尔族知情人：那你为什么活着？

       我：我……我不知道。

对于我的回答，他们有的笑笑，有的停顿了一下，说："你说得也对。"给我的感觉是，对于某种太过诚实的回答，他们依据自己的信仰也不能给出全部的答案。我的世界观给他们带来困惑，他们的世界观更是对我造成冲击。可是我们彼此都没有放弃自己的立场，并对另一种立场保持观望，甚至某种程度上的接受。世界观远不是定型的，而是相互碰撞，根据现实，或者根据需求所限定的现实，不断地发生改变。它离真相更近还是更远，离美好是更近还是更远，还需后续观望。但我们对此总归要保持希望，毕竟世界观是活的，不是死的。如果基于世界观的互渗，而不断扩大它的边界，那么我们会对自己和整个世界都将具有更多的包容性。

2020年8月初，学习神话的我第一次参加了达斡尔族萨满举行的最大祭典——斡米南仪式。我像一个凑热闹的人一样，不断在仪式场景进进出出，以感受氛围。当参加仪式中的人集体向降神时的萨满磕头敬拜时，一向不爱下跪的我也突

图5-1 观看斡米南仪式歌舞表演的达斡尔族小娃

第五章 结语 | 303

然有了匍匐下跪的冲动。仪式最后一天是歌舞场景，民神共乐。对降神不怎么感兴趣的达斡尔族小娃，此刻终于来了兴致，他们坐在草地一角，傻傻乐乐地看着载歌载舞的大人们。我对这个场景莫名的感动。突然想到，所谓和谐、心安，不过是人神相洽，相互满意，其乐融融。而神是什么，只有自己知道。

参 考 资 料

［1］弗洛伊德. 图腾与禁忌［M］. 北京：九州出版社，2014.
［2］施勒伯格. 印度诸神的世界：印度教图像学手册［M］. 范晶晶，译. 上海：中西书局，2016.
［3］特雷福仁，达尔可. 疾病的希望：身心整合的疗愈力量［M］. 易之新，译. 北京：当代中国出版社，2011.
［4］埃文思－普里查德. 阿赞德人的巫术、神谕和魔法［M］. 覃俐俐，译. 北京：商务印书馆，2010.
［5］安曼. 沙盘游戏中的治愈与转化：创造过程的呈现［M］. 张敏，蔡宝鸿，潘燕华，等译. 北京：中国人民大学出版社，2012.
［6］奥斯本. 坎贝尔生活美学：从俗世的挑战到心灵的深度觉醒［M］. 朱侃如，译. 杭州：浙江人民出版社，2013.
［7］柏拉图. 柏拉图文艺对话录［M］. 朱光潜，译. 北京：人民文学出版社，1963.
［8］本尼迪克特. 文化模式［M］. 张燕，傅铿，译. 杭州：浙江人民出版社，1987.
［9］伯克特. 神圣的创造：神话的生物学踪迹［M］. 赵周宽，田园，译. 西安：陕西师范大学出版总社，2019.
［10］寇特莱特. 超个人心理学［M］. 易之新，译. 上海：上海社会科学院出版社，2014.
［11］列维－斯特劳斯. 结构人类学［M］. 张组建，译. 北京：中国人民大学出版社，2006.
［12］戴尔. 精微体：人体能量解剖全书［M］. 韩沁林，译. 台北：心灵工坊，2014.
［13］道格拉斯. 洁净与危险［M］. 黄剑波，柳博赟，卢忱，译. 北京：民族出版社，2008.
［14］邓巴. 人类的演化［M］. 徐彬，译. 上海：上海文艺出版社，2016.

[15] 法兰兹. 解读童话：遇见心灵深处的智慧与秘密［M］. 徐碧贞，译. 北京：北京联合出版公司，2019.

[16] 法兰兹. 童话中的女性：从荣格观点探索童话世界［M］. 黄璧惠，译. 台北：心灵工坊文化，2018.

[17] 法兰兹. 童话中的阴影与邪恶：从荣格观点探索童话世界［M］. 徐碧贞，译. 台北：心灵工坊文化，2018.

[18] 范德考克. 身体从未忘记：心理创伤疗愈中的大脑、心智和身体［M］. 李智，译. 北京：机械工业出版社，2016.

[19] 范热内普. 过渡礼仪［M］. 张举文，译. 北京：商务印书馆，2012.

[20] 费根. 考古学与史前文明［M］. 袁媛，译. 北京：中信出版社，2000.

[21] 费根. 世界史前史：插图第8版［M］. 杨宁，周幸，冯国雄，译. 北京：北京联合出版公司，2017.

[22] 福克纳. 亡灵书［M］. 文爱艺，译. 合肥：安徽文艺出版社，2012.

[23] 歌德夏. 讲故事的动物：故事造就人类社会［M］. 许雅淑，李宗义，译. 北京：中信出版社，2017.

[24] 格尔茨. 文化的解释［M］. 韩莉，译. 南京：译林出版社，2014.

[25] 古德. 医学、理性与经验：一个人类学的视角［M］. 吕文江，余成普，余晓燕，译. 北京：北京大学出版社，2009.

[26] 哈利法克斯. 萨满之声：梦幻故事概览［M］. 叶舒宪，主译. 西安：陕西师范大学出版总社，2019.

[27] 哈纳. 萨满与另一个世界的相遇：从洞穴进入宇宙的意识旅程［M］. 达娃，译. 台北：新星球出版社，2016.

[28] 哈纳. 萨满之路：进入意识的时空旅行，迎接全新的身心转化［M］. 达娃，译. 台北：新星球出版社，2014.

[29] 哈特. 超脑智慧：全球顶级脑科学家教你如何开启大脑潜能［M］. 美国生物智能反馈技术研究所，译. 北京：中国青年出版社，2015.

[30] 哈维兰，普林斯，沃尔拉斯，等. 人类学：人类的挑战［M］. 周云水，陈祥，雷蕾，等译. 北京：电子工业出版社，2018.

[31] 汉. 疾病与治疗：人类学怎么看［M］. 禾木，译. 上海：东方出版中心，2010.

[32] 汉娜. 荣格的生活与工作：传记体回忆录［M］. 李亦雄，译. 北京：东方出版社，1998.

[33] 赫顿. 巫师：一部恐惧史［M］. 赵凯，汪纯，译. 桂林：广西师范大学出版社，2020.

[34] 赫拉利. 人类简史：从动物到上帝［M］. 林俊宏，译. 北京：中信出版社，2014.

[35] 赫拉利. 未来简史［M］. 林俊宏，译. 北京：中信出版社，2017.

[36] 赫胥黎. 知觉之门［M］. 庄蝶庵，译. 北京：北京时代华文书局，2019.

[37] 黑格尔. 美学［M］. 朱光潜，译. 北京：商务印书馆，1979.

[38] 黑麋鹿. 黑麋鹿如是说［M］. 龙彦，译. 北京：九州出版社，2016.

[39] 霍夫曼. LSD：我那惹是生非的孩子：对致幻药物和神秘主义的科学反思［M］. 沈逾，常青，译. 北京：北京师范大学出版社，2006.

[40] 霍尼. 我们时代的神经症人格［M］. 冯川，译. 南京：译林出版社，2011.

[41] 九种奥义书［M］. 普拉萨得，英译. 王志成，灵海，汉译. 北京：商务印书馆，2016.

[42] 卡巴金. 多舛的生命：正念疗愈帮你抚平压力、疼痛和创伤［M］. 童慧琦，高旭滨，译. 北京：机械工业出版社，2018.

[43] 卡尔夫. 沙游在心理治疗中的作用［M］. 高璇，译. 北京：中国轻工业出版社，2015.

[44] 卡斯塔尼达. 穿越生命之界［M］. 鲁宓，译. 北京：中国盲文出版社，2003.

[45] 卡斯塔尼达. 寂静的知识：巫师与人类学家的对话［M］. 鲁宓，译. 呼和浩特：内蒙古人民出版社，1998.

[46] 卡斯塔尼达. 力量的传奇：唐望故事［M］. 鲁宓，译. 台北：方智出版社，1997.

[47] 卡斯塔尼达. 内在的火焰：唐望故事［M］. 鲁宓，译. 台北：方智出版社，1997.

[48] 卡西尔. 神话思维［M］. 黄龙保，周振选，译. 北京：中国社会科学出版社，1992.

[49] 坎贝尔. 千面英雄［M］. 张承谟，译. 上海：上海文艺出版社，2000.

[50] 坎贝尔. 神话的力量：在诸神与英雄世界中发现自我［M］. 朱如侃，译. 杭州：浙江人民出版社，2013.

[51] 坎贝尔. 追随直觉之路［M］. 朱侃如，译. 杭州：浙江人民出版

社，2016．

[52] 考迪尔．与痛共舞：慢性疼痛的身心疗法［M］．丹丁，译．北京：人民邮电出版社，2017．

[53] 柯克．希腊神话的性质［M］．刘宗迪，译．上海：华东师范大学出版社，2017．

[54] 克莱曼．疾痛的故事：苦难、治愈与人的境况［M］．方筱丽，译．上海：上海译文出版社，2010．

[55] 克里斯蒂安，布朗，本杰明．大历史：虚无与万物之间［M］．刘耀辉，译．北京：北京联合出版公司，2016．

[56] 克里斯蒂安．大历史：从宇宙大爆炸到我们人类的未来，138亿年的非凡旅程［M］．徐彬，谭瑾，王小琛，译．北京：中信出版社，2019．

[57] 克里斯蒂安．时间地图：大历史，130亿年前至今［M］．晏可佳，段炼，房芸芳，等译．北京：中信出版社，2017．

[58] 寇特莱特．超个人心理学［M］．易之新，译．上海：上海社会科学出版社，2014．

[59] 拉斯特．人类学的邀请：认识自我和他者［M］．王媛，译．北京：北京大学出版社，2021．

[60] 列维-布留尔．原始思维［M］．丁由，译．北京：商务印书馆，2017．

[61] 刘易斯．中心与边缘：萨满教的社会人类学研究［M］．郑文，译．北京：社会科学文献出版社，2019．

[62] 罗布．梦的力量：梦境中的认知洞察与心理治愈力［M］．王尔笙，译．北京：中国人民大学出版社，2020．

[63] 罗森．转化抑郁：用创造力治愈心灵［M］．张敏，高彬，米卫文，译．北京：中国人民大学出版社，2015．

[64] 马林诺夫斯基．巫术科学宗教与神话［M］．李安宅，译．上海：上海社会科学院出版社，2016．

[65] 马斯洛．人性能达到的境界［M］．曹晓慧，张向军，译．北京：世界图书出版公司北京公司，2014．

[66] 麦克塔格特．念力的秘密：释放你的内在力量［M］．梁永安，译．北京：中国青年出版社，2016．

[67] 梅．祈望神话［M］．王辉，罗秋实，何博闻，译．北京：中国人民大学出版社，2012．

[68] 摩根. 从故事到疗愈：叙事治疗入门［M］. 陈阿月，译. 台北：心灵工坊文化事业股份有限公司，2008.

[69] 莫阿卡宁. 荣格心理学与藏传佛教：东西方的心灵之路［M］. 蓝莲花，译. 北京：世界图书出版公司，2015.

[70] 莫洛伊. 体验宗教：传统、挑战和嬗变［M］. 张仕颖，译. 北京：北京联合出版公司，2018.

[71] 莫斯，于贝尔. 巫术的一般理论：献祭的性质与功能［M］. 杨渝东，梁永佳，赵丙祥，译. 桂林：广西师范大学出版社，2007.

[72] 莫斯. 礼物［M］. 汲喆，译. 北京：商务印书馆，2016.

[73] 墨菲，柯瓦奇. 近代心理学历史导引［M］. 林方，王景和，译，北京：商务印书馆，1982.

[74] 墨菲. 澳大利亚土著艺术［M］. 苗纾，译. 长沙：湖南美术出版社，2019.

[75] 穆迪. 死后的世界：生命不息［M］. 林宏涛，译. 北京：中国友谊出版公司，2019.

[76] 纳尔贝，赫胥黎. 穿越时光的萨满：通往知识的五百年之旅［M］. 苑杰，译. 北京：社会科学文献出版社，2017.

[77] 纳尔本. 对着水牛唱歌的女孩［M］. 李小撒，译. 桂林：广西师范大学出版社，2017.

[78] 纳尔本. 帕哈萨帕之歌：与印第安长者的旅行［M］. 潘敏，译. 桂林：广西师范大学出版社，2018.

[79] 诺伊曼. 大母神：原型分析［M］. 李以洪，译. 北京：东方出版社，1998.

[80] 维洛多，浦大卫. 当萨满巫士遇上脑神经医学［M］. 李育青，译. 台北：生命潜能，2012.

[81] 荣格，卫礼贤. 金花的秘密：中国的生命之书［M］. 张卜天，译. 北京：商务印书馆，2016.

[82] 荣格. 红书［M］. 林子钧，张涛，译. 北京：中信出版社，2016.

[83] 荣格. 精神分析与灵魂治疗［M］. 冯川，译. 南京：译林出版社，2013.

[84] 荣格. 人、艺术与文学中的精神［M］. 姜国权，译. 北京：国际文化出版公司，2018.

[85] 荣格. 人格的发展［M］. 陈俊松，程心，胡文辉，译. 北京：国际文化

出版公司，2011.

[86] 荣格. 荣格文集［M］. 北京：国际文化出版公司，2018.

[87] 荣格. 荣格自传：回忆·梦·思考［M］. 刘国彬，杨德友，译. 南京：译林出版社，2014.

[88] 荣格. 文明的变迁［M］. 周朗，石小竹，译. 北京：国际文化出版公司，2018.

[89] 荣格. 象征生活［M］. 储昭华，王世鹏，译. 北京：国际文化出版公司，2018.

[90] 荣格. 心理结构与心理动力学［M］. 关群德，译. 北京：国际文化出版公司，2018.

[91] 荣格. 心理类型：个体心理学［M］. 储昭华，沈学君，王世鹏，译. 北京：国际文化出版公司，2018.

[92] 荣格. 原型与集体无意识［M］. 徐德林，译. 北京：国际文化出版公司，2018.

[93] 荣格. 转化的象征：精神分裂的前兆分析［M］. 孙明丽，石小竹，译. 北京：国际文化出版公司，2018.

[94] 荣格. 自我与自性［M］. 赵翔，译. 北京：世界图书出版公司，2014.

[95] 芮夫. 荣格与炼金术［M］. 廖世德，译. 长沙：湖南人民出版社，2012.

[96] 萨克斯. 错把妻子当帽子［M］. 孙秀惠，译. 北京：中信出版社，2016.

[97] 萨克斯. 说故事的人：萨克斯医生自传［M］. 朱邦芊，译. 北京：中信出版社，2017.

[98] 塞尔旺－施莱伯. 自愈的本能：抑郁、焦虑和情绪压力的七大自然疗法［M］. 曾琦，译. 北京：人民邮电出版社，2017.

[99] 山中康裕. 荣格双重人格心理学［M］. 郭勇，译. 长沙：湖南文艺出版社，2014.

[100] 史蒂文斯. 简析荣格［M］. 杨韶刚，译. 北京：外语教学与研究出版社，2015.

[101] 史蒂文斯. 两百万岁的自性［M］. 杨韶刚，译. 北京：北京师范大学出版社，2014.

[102] 舒尔兹，赫夫曼，拉奇. 众神的植物：神圣、具疗效和致幻力量的植物［M］. 金恒镳，译. 台北：商周出版，2010.

[103] 斯塔夫里阿诺斯. 全球通史：从史前史到21世纪［M］. 吴象婴，梁东

民，译. 北京：北京大学出版社，2006.

[104] 史坦. 荣格心灵地图［M］. 朱侃如，译. 蔡昌雄，校. 台北：立绪文化事业有限公司，2017.

[105] 特恩布尔. 森林人［M］. 冉凡，译. 北京：民族出版社，2008.

[106] 特纳. 象征之林：恩登布人仪式散论［M］. 赵玉燕，欧阳敏，徐洪峰，译. 北京：商务印书馆，2017.

[107] 威尔伯. 灵性的觉醒：肯·威尔伯整合式灵修之道［M］. 金凡，译. 北京：中国文联出版社，2005.

[108] 威尔伯. 意识光谱：20周年纪念版［M］. 杜伟华，苏健，译. 沈阳：万卷出版公司，2011.

[109] 威尔伯. 整合心理学：人类意识进化全景图［M］. 聂传英，译. 合肥：安徽文艺出版社，2015.

[110] 韦尔斯莱夫. 灵魂猎人：西伯利亚尤卡吉尔人的狩猎、万物有灵论与人观［M］. 石峰，译. 北京：商务印书馆，2020.

[111] 维洛多. 印加能量疗法：一位心理学家的萨满学习之旅［M］. 许桂绵，译. 台北：生命潜能文化事业有限公司，2008.

[112] 维泰利，蓝. 零极限：创造健康、平静与财富的夏威夷疗法［M］. 宋馨蓉，译. 北京：华夏出版社，2009.

[113] 沃尔夫. 论语言、思维和现实：沃尔夫文集［M］. 高一虹，译. 北京：商务印书馆，2012.

[114] 沃什，方恩. 超越自我之道［M］. 胡因梦，易之新，译. 北京：中华工商联合出版社，2013.

[115] 西格尔. 心理学与神话［M］. 陈金星，主译. 西安：陕西师范大学出版总社，2019.

[116] 希罗多德. 历史［M］. 周永强，译. 合肥：安徽人民出版社，2012.

[117] 肖斯塔克. 妮萨：一名昆族女子的生活与心声［M］. 杨志，译. 北京：中国人民大学出版社，2016.

[118] 熊心，拉肯. 风是我的母亲：一位印第安萨满巫医的传奇与智慧［M］. 郑初英，译. 台北：橡树林文化，2014.

[119] 伊利亚德. 萨满教：古老的入迷术［M］. 段满福，译. 北京：社会科学文献出版社，2018.

[120] 以利亚德. 不死与自由：瑜伽实践的西方阐释［M］. 武锡申，译. 北

京：中国致公出版社，2001.
[121] 詹姆斯. 宗教经验种种［M］. 尚新建，译. 北京：华夏出版社，2008.
[122] 朱迪斯. 脉轮全书［M］. 林荧，译. 台北：积木文化出版社，2013.
[123] 阿帕尔，奥迈尔，刘明. 维吾尔族萨满文化遗存调查［M］. 北京：民族出版社，2010.
[124] 白庚胜，郎樱. 萨满文化解读［M］. 长春：吉林人民出版社，2003.
[125] 白庚胜，霍伯尔. 萨满文化辩证：国际萨满学会第七次学术讨论会论文集［M］. 北京：大众文艺出版社，2006.
[126] 陈兵. 佛教心理学：上［M］. 西安：陕西师范大学出版总社，2015.
[127] 陈建宪. 一个当代萨满的生活世界：维吾尔老人阿布拉访问记［M］. 武汉：华中师范大学出版社，2015.
[128] 程金城. 原型批判与重释［M］. 西安：陕西师范大学出版总社，2019.
[129] 丁石庆，赛音塔娜. 达斡尔族萨满文化遗存调查［M］. 北京：民族出版社，2011.
[130] 富育光，孟慧英. 满族萨满教研究［M］. 北京：北京大学出版社，1991.
[131] 富育光，赵志忠. 满族萨满文化遗存调查［M］. 北京：民族出版社，2010.
[132] 郭永玉. 精神的追寻：超个人心理学及其治疗理论研究［M］. 武汉：华中师范大学出版社，2002.
[133] 郭宏珍. 宗教信仰与民族文化：第6辑［M］. 北京：社会科学文献出版社，2014.
[134] 郭淑云，薛刚. 萨满文化研究：第3辑［M］. 北京：民族出版社，2013.
[135] 郭淑云，沈占春. 域外萨满学文集［M］. 北京：学苑出版社，2010.
[136] 郭淑云. 中国北方民族萨满出神现象研究［M］. 北京：民族出版社，2007.
[137] 关小云，王宏刚. 鄂伦春族萨满文化遗存调查［M］. 北京：民族出版社，2010.
[138] 高有鹏. 庙会与中国文化［M］. 北京：人民出版社，2008.
[139] 高有鹏. 中国民间文学发展史［M］. 北京：线装书局，2015.
[140] 高长江. 萨满的精神奥秘［M］. 北京：中国社会科学出版社，2015.
[141] 何星亮. 宗教信仰与民族文化：第8辑［M］. 北京：社会科学文献出版社，2016.

［142］何星亮，郭宏珍. 宗教信仰与民族文化：第 13 辑［M］. 北京：社会科学文献出版社，2019.

［143］刘正爱. 宗教信仰与民族文化：第 5 辑［M］. 北京：社会科学文献出版社，2013.

［144］廖旸. 宗教信仰与民族文化：第 4 辑［M］. 北京：社会科学文献出版社，2012.

［145］胡台丽，刘璧榛. 台湾原住民巫师与仪式展演［M］. 台北："中央研究院"民族研究所，2010.

［146］黄强，色音. 萨满教图说［M］. 北京：民族出版社，2002.

［147］吉林省民族研究所. 萨满教文化研究：第 1 辑［M］. 长春：吉林人民出版社，1988.

［148］吉林省民族研究所. 萨满教文化研究：第 2 辑［M］. 天津：天津古籍出版社，1990.

［149］吉布. 唐卡中的度母、明妃、天女［M］. 西安：陕西师范大学出版社，2006.

［150］金泽，梁恒豪. 宗教心理学：第 2 辑［M］. 北京：社会科学文献出版社，2015.

［151］李楠. 北美印第安人萨满文化研究［M］. 北京：社会科学文献出版社，2019.

［152］刘耀中，李以洪. 建造灵魂的庙宇：西方著名心理学家荣格评传［M］. 北京：东方出版社，1996.

［153］吕萍，邱时遇. 达斡尔族萨满文化传承：斯琴掛和她的弟子们［M］. 沈阳：辽宁民族出版社，2009.

［154］吕大吉，何耀华. 中国各民族原始宗教资料集成：达斡尔族卷［M］. 北京：中国社会科学出版社，1999.

［155］刘锡诚. 20 世纪中国民间文学学术史［M］. 开封：河南大学出版社，2006.

［156］李零. 中国方术考［M］. 北京：中华书局，2019.

［157］孟盛彬. 达斡尔族萨满教研究［M］. 北京：社会科学文献出版社，2019.

［158］孟慧英，吴凤玲. 人类学视野中的萨满医疗研究［M］. 北京：社会科学文献出版社，2014.

［159］孟慧英. 论原始信仰与萨满文化［M］. 北京：中国社会科学出版

社，2014.

[160] 诺布旺典，元丹贡布. 图解西藏医心术［M］. 西安：陕西师范大学出版社，2009.

[161] 奇车山. 衰落的通天树：新疆锡伯族萨满文化遗存调查［M］. 北京：民族出版社，2011.

[162] 色音. 中国萨满文化研究［M］. 北京：民族出版社，2011.

[163] 宛杰. 传统萨满教的复兴：对西伯利亚、东北亚和北美地区萨满教的考察［M］. 北京：社会科学文献出版社，2014.

[164] 王宪昭，郭翠潇，屈永仙. 中国少数民族神话共性问题探讨［M］. 北京：中央民族大学出版社，2013.

[165] 薛刚. 萨满文化研究：第4辑［M］. 北京：民族出版社，2015.

[166] 薛刚. 萨满文化研究：第5辑［M］. 北京：民族出版社，2017.

[167] 王恩铭. 美国反正统文化运动：嬉皮士文化研究［M］. 北京：北京大学出版社，2008.

[168] 萧兵. 神话学引论［M］. 西安：陕西师范大学出版总社，2019.

[169] 萧兵，叶舒宪. 老子的文化解读：性与神话学之研究［M］. 武汉：湖北人民出版社，1994.

[170] 杨学政. 原始宗教论［M］. 昆明：云南人民出版社，1991.

[171] 杨绍刚. 超个人心理学［M］. 上海：上海教育出版社，2006.

[172] 叶舒宪. 文学人类学教程［M］. 北京：中国社会科学出版社，2010.

[173] 张洪友. 好莱坞神话学教父约瑟夫·坎贝尔研究［M］. 西安：陕西师范大学出版总社，2018.

[174] 张光直. 考古学专题六讲［M］. 北京：文物出版社，1986.

[175] 张光直. 艺术、神话与祭祀［M］. 刘静，乌鲁木加甫，译. 北京：北京出版社，2017.

[176] 朱狄. 信仰时代的文明：中西文化的趋同与差异［M］. 武汉：武汉大学出版社，2008.

[177] 斯迪克. 维吾尔乡村的萨满巫医［J］. 西北第二民族学院学报（哲学社会科学版），2007（5）.

[178] 冯川. 荣格对当代思想的影响［J］. 社会科学研究，1999（1）.

[179] 郭淑云. 催眠术与萨满附体状态下的人格变化［J］. 世界宗教文化，2006（4）.

［180］郭淑云. 萨满面具的功能与特征［J］. 民族研究，2001（6）.

［181］郭淑云. 萨满出神术及相关术语界定［J］. 世界宗教研究，2009（1）.

［182］赵志忠. "萨满"词考［J］. 中央民族大学学报，2002（3）.

［183］李世武. 萨满教"艺术治疗"的艺术治疗学研究评述［J］. 世界民族，2016（1）.

［184］孟慧英，吴凤玲. 考古发现与萨满教解释［J］. 社会科学战线，2014（6）.

［185］曲枫. 张光直萨满教考古学理论的人类学思想来源述评［J］. 民族研究，2014（5）.

［186］曲枫. 变形与变性：青海柳湾裸体人像性别认读与意义分析［J］. 华夏考古，2016（3）.

［187］曲枫. 商周青铜器纹饰的神经心理学释读［J］. 辽宁省博物馆馆刊，2007（2）.

［188］曲枫. 真实的幻象：萨满教神话的神经心理学成因［J］. 河池学院学报（社会科学版），2005（3）.

［189］曲枫. 平等、互惠与共享：人与动物关系的灵性本体论审视：以阿拉斯加爱斯基摩社会为例［J］. 广西民族大学学报（哲学社会科学版），2020（3）.

［190］萧兵. 中国上古文物中人与动物的关系：评张光直教授"动物伙伴"之泛萨满理论［J］. 社会科学. 2006（1）.

［191］ACHTERBERG J. Imagery in healing：shamanism and modern medicine［M］. Boston：Shambhala Publications, Inc, 1985.

［192］ALLPORT G W. Letter form Jenny［M］. New York：Harcourt Brace Jovanovich, 1965.

［193］ANTHONY S. The two million-year-old self［M］. Texas：Texas A & M University Press, 1993.

［194］ARMSTRONG K. A short history of myth［M］. Edinburgh：Canongate Books, 2005.

［195］BALIKCI A. Shamanistic behavior among the Netslik Eskimos［D］. Middleton J's magic, witchcraft and curing. New York：The Natural History Press, 1967.

［196］BLODGETT J. The coming and going of the shaman：Eskimo shamanism and art［M］. Winnipeg：The Winnipeg Art Gallery, 1978.

[197] CAMPBELL J. Myths to live by[M]. New York: Bantam Books, 1980.

[198] CASTRO V D E. Cosmological deixis and amerindian perspectivism[J]. The Royal Anthropological Institute, 1998, 4(3).

[199] CASTRO V D E. Perspectival anthropology and the method of controled equivocation[J]. Tipiti, 2004, 2(1).

[200] DRURY N. The shaman and the magician: journeys between worlds[M]. London: Arkana, 1982.

[201] DUBOIS M A. An introduction to shamanism[M]. Cambridge: Cambridge University Press, 2009.

[202] FAUSTO C. Feasting on people: eating animals and human in Amazonia[J]. Current Anthropology, 2007, 48(4).

[203] Furst P T. Hallucinogens and culture[M]. California: Chandler & Sharp, 1976.

[204] GEERTZ C. The interpretation of cultures [M]. New York: Basic Books, Inc, 1973.

[205] HAVILAND W A, PRINS H E L, MCBRIDE B. Anthropology: the human challenge[M]. Boston: Cengage Learning, 2016.

[206] HULTKRANT A. The religions of the American Indians[M]. Berkeley and Los Angeles, Califonia: University of California Press, 1980.

[207] HUNT H T. A collective unconscious reconsidered: Jung's archetypal imagination in the light of contemporary psychology and social science[J]. Analytical Psychology, 2012, 54(1).

[208] JOKIC Z. Yanomami shamanic initiation: the meaning of death and postmortem consciousness in transformation[J]. Anthropology of Consciousness, 2008, 19(1).

[209] JUNG C G, ADLER G, HULL R F C. Symbols of transformation[M]. Princeton: Princeton University, 1977.

[210] JUNG C G, Sigmund F. The spirit in man, art, and literature[M]. Princeton: Princeton University Press, 1971.

[211] JUNG C G. Civilization in transition[M]. Princeton: Princeton University Press, 1970.

[212] JUNG C G. Psychological types [M]. Princeton: Princeton University Press, 1976.

[213] JUNG C G. The archetypes and the collective unconscious[M]. Princeton: Princeton University, 1981.

[214] JUNG C G. The development of personality[M]. Princeton: Princeton University Press, 1981.

[215] JUNG C G. The structure and dynamics of the psyche[M]. Princeton: Princeton University Press, 1970.

[216] JUNG C G. The symbolic life[M]. Princeton: Princeton University Press, 1976.

[217] LEWIS L M. Ecstatic religion: a study of shamanism and spirit possession[M]. London & New York: Routledge, 2003.

[218] LEWIS-WILLIAMS J D, DOWSON T A. Signs of all times: entoptic phenomena in upper paleolithic art[J]. Current Anthropology, 1988, 29(2).

[219] LINEWEAVER C H. Cosmic perspectives and myths we need to survive[J]. Big History, 2019, 3(3).

[220] LOMMEL A. Shamanism: the beginning of art[M]. New York: McGraw-Hill, 1976.

[221] MURDOCK G P. Tenino shamanism[J]. Ethnology, 1965, iv(2).

[222] NARBY J, Huxley F. Shamans through time: 500 years on the path to knowledge[M]. United Kingdom: Thames &Hudson Ltd, 2000.

[223] NEUMANN E. The origins and history of consciousness[M]. London: Karnac Book Ltd, 1989.

[224] PRATT C. An encyclopedia of shamanism[M]. New York: The Rosen Publishing Group, Inc, 2007.

[225] RASMUSSEN K. The Netsilik Eskimos: social life and spiritual culture[M]. Copenhagen: Gyldendalske Boghandel, Nordisk Forlag, 1931.

[226] WASHBURN M. Transpersonal psychology in the philosophy of psychology[M]. New York: State University of New York press, 1994.

[227] WINKELMAN M. Shamanism as the original neurotheology[J]. Zygon, 2004, 39(1).

[228] ZNAMENSKI A A. The beauty of the primitive: shamanism and the Western imagination[M]. Oxford: Oxford University Press, Inc, 2007.